"十四五"时期国家重点出版物出版专项规划项目

河南省"十四五"普通高等教育规划教材

目/标/信/息/获/取/与/处/理/丛/书

空间光电信息处理技术

KONGJIAN GUANDIAN XINXI
CHULI JISHU

王锋 林建粦 孟凡坤 沈智毅 吴楠 编著

国防工业出版社
·北京·

内容简介

本书以空间光电信息获取与处理理论、系统与技术为主线，紧跟技术前沿和装备发展动态，详细阐述了利用光学手段开展空间目标测量、信息处理、特性分析的技术和方法。全书共7章，主要内容包括空间目标监视的基本概念、几何光学基础知识、傅里叶光学理论、各种光电测量系统及其工作原理、空间目标轨道计算及编目、空间目标成像数据处理以及空间目标光学特性分析等。

本书可供从事空间目标监视和态势感知领域相关工作的初学者、工程技术人员和研究人员参考，也可作为高校相关专业课程教材使用。

图书在版编目(CIP)数据

空间光电信息处理技术/王锋等编著. —北京：国防工业出版社，2022.1

(目标信息获取与处理丛书)

ISBN 978-7-118-12456-9

Ⅰ.①空… Ⅱ.①王… Ⅲ.①信息光学②光电技术-应用-信息处理 Ⅳ.①O438②TP391

中国版本图书馆CIP数据核字(2021)第278174号

※

国防工业出版社出版发行

(北京市海淀区紫竹院南路23号　邮政编码100048)

三河市腾飞印务有限公司印刷

新华书店经售

*

开本 787×1092　1/16　**印张** 19¾　**字数** 448千字

2022年1月第1版第1次印刷　**印数** 1—2000册　**定价** 86.00元

(本书如有印装错误，我社负责调换)

国防书店：(010)88540777　　书店传真：(010)88540776

发行业务：(010)88540717　　发行传真：(010)88540762

丛书编委会

主 任 委 员　陈　鲸

副主任委员　赵拥军　黄　洁

委　　　员　孙正波　陈世文　王　锋　彭华峰

党同心　刘　伟　张红敏　胡德秀

骆丽萍　邓　兵　王建涛　吴　楠

丛书序

知己知彼,百战不殆。现代战争是具有明显的数字化、网络化、智能化特征的信息化战争,打赢现代战争的关键是具备强大的战场情报、监视和侦察能力,并夺取制电磁权、制信息权、制目标权。空间目标、图像目标和电子目标等目标信息获取与处理技术是现代侦察监视的核心技术,也是信息科学与技术领域发展最为迅速的技术之一,对全面、实时、精准掌握战场态势,廓清战场迷雾和抢占信息优势起着决定性作用。

卫星、导弹等空间目标信息获取与处理,主要围绕目标的物理属性和活动态势行为在特定环境下所呈现的光学、电磁散射和辐射等特性,利用光电观测、雷达探测和电子侦察等传感器对目标进行探测、跟踪、测量和识别。该技术涉及电子信息与通信工程、卫星工程、导弹工程、雷达工程、光学工程、无线电工程、控制工程、人工智能等多学科专业领域,具有明显的学科交叉融合特点,且理论性和工程应用性很强。图像目标信息获取与处理,主要围绕合成孔径雷达(SAR)目标的微波成像特性,通过全天时、全天候、高分辨率的遥感图像实现目标信息自动提取与识别分类。该技术涉及 SAR 成像原理、图像目标自动提取与识别处理及应用,并辅以可见光、红外特征提取与光电目标识别处理及应用。雷达辐射源和无源电子目标信息获取与处理,主要开展对目标的搜索发现、跟踪测量、精准定位和信号参数估计与分选识别等研究工作。它涉及雷达系统与无源侦察系统的建模仿真评估、定位应用工程、雷达信号特征提取与识别技术。

近年来,空间目标、图像目标和电子目标等目标信息获取与处理技术得到了飞速的发展,其理论体系、技术内涵和应用方法也发生了较大的更新迭代,及时总结和凝炼现有技术成果,对于促进技术发展和应用大有裨益。

鉴于此,我们依托国内电子信息领域知名高校和科研院所,以信息工程大学和西南电子电信技术研究所专家学者为主体组织编写了“目标信息获取与处理”丛书,科学总结学者们多年来在光电信息处理、雷达目标探测、SAR 成像与处理、电子侦察、目标识别与信息融合等方面的研究成果,旨在为业内从事相关专业领域教学和科研工作的同行们提供一套有益的参考书。丛书主要突出目标信息获取与处理技术的理论性和工程性,以目标信息获取的技术手段、处理方法和定位识别为主线构建内容体系,分为 4 个部分共 13 分册,按照基础理论和技术手段分为基础篇、空间目标探测篇、图像目标信息处理篇和电子侦察篇,内容涵盖目标特性、信息获取技术、信息处理方法,丛书内容大多是编著者近年来在电子信息领域取得的最新研究和学术成果,具有先进性、新颖性和实用性。

本套丛书是相关研究领域的院校、科研院所专家集体智慧的结晶，丛书编写过程中，得到了业界各位专家、同仁的大力支持与精心指导，在此对参与编写及审校工作的各单位专家和领导表示衷心感谢！

陳鈞

前 言

随着航天技术的迅猛发展，人造地球卫星、空间站、空天飞机以及远程洲际导弹等大量航天飞行器驻留或飞经外太空，以侦察、监视和打击为主要目的军事应用越来越广泛，军事效益日益显著。近年来，世界各国逐渐关注太空，大力提升各自的空间目标监视和空间态势感知能力，夺取太空优势，进而掌握现代战争的主动权。光学观测是空间目标监视的主要手段，是获取目标光学和轨道特性的重要途径，国内部分高校相关专业开设了相应的光学课程。但是，现有的光学理论与技术图书大都偏重于光学理论或光学系统设计，鲜有系统阐述空间目标光学测量、光电信息处理和特性分析的教材和著作。鉴于此，我们编写本书，旨在阐述光学的基本理论、光电望远镜跟踪测量系统、光电信息处理方法，为从事空间目标监视和态势感知领域相关工作的初学者、工程技术人员和研究人员提供一本有益的参考书和工具书。

本书以空间光电信息获取与处理的理论、系统与技术为主线，紧跟技术前沿和装备发展动态，详细阐述了利用光学手段开展空间目标测量、数据采集、信息处理、特性分析的流程和方法。全书分为 7 章：第 1 章介绍空间目标监视的基本概念、现有系统和发展趋势；第 2 章介绍几何光学基础知识，重点是望远镜的光学原理和设计；第 3 章介绍波动光学，重点是傅里叶光学、光学信号与系统、光波衍射及其对望远镜分辨率的影响；第 4 章介绍各种光电测量系统及其工作原理，包括光学测角方法、误差修正、电视自动跟踪、CCD 漂移扫描和高分辨率自适应光学成像；第 5 章介绍空间目标轨道计算及编目，主要包括时空基准、航天器轨道理论基础、卫星轨道预报与初轨计算、空间目标编目等；第 6 章介绍空间目标成像数据处理，主要包括空间目标检测、图像退化与质量评价、图像复原、序列图像三维重建等；第 7 章介绍空间目标光学特性分析，主要是光度分析、红外探测及特性分析。

在撰写过程中，实验室硕士研究生储雪峰做了大量的文字校对和插图工作，在此表示衷心的感谢！

由于作者水平有限，本书难免错误和疏漏之处，恳请读者和同行批评指正。

编著者

2021 年孟夏于郑州

目 录

第1章 绪　　论

随着航天科技和空间技术的迅猛发展,地球外层空间得到了广泛的开发、利用,并逐步成为新的军事斗争战场,空间卫星在通信、气象、导航定位、跟踪与数据中继、预警、侦察和监视等国民经济和军事应用方面具有不可替代的优势,并在以信息战为核心的高技术现代战争中起到极为关键的作用。据统计,70% 以上的军事情报、80% 以上的军用通信、90% 以上的导航信息和 100% 的气象信息均依靠人造地球卫星获取并实现。以美军军事作战行动为例,1999 年在科索沃战争中使用卫星数量为 89 颗,而在 2003 年伊拉克战争中使用的卫星数量达到 188 颗。可以预计,在未来的现代化战争中,谁掌握了空间优势,谁就有了赢得战争的主动权。因此,世界各国越来越重视空间目标侦察监视力量建设,不断增强其空间态势感知能力。

1.1　空间及空间目标概述

1.1.1　空间的基本概念

19 世纪初,美国莱特兄弟发明了飞机,人类进入了航空时代,航空技术的迅速发展使得飞机已成为便捷的运输工具和重要的武器装备。1957 年 10 月 4 日,苏联发射了世界上第一颗人造地球卫星——"斯普特尼克"1 号,标志着人类航天时代的开始;1961 年 4 月 12 日,苏联宇航员加加林首次乘宇宙飞船飞向太空,打开了人类进入和利用太空的大门。为了区分人类在不同空间的航行活动,人们通常将贴近地球、在大气层内的航行活动称为航空,太阳系内的航行活动称为航天,到太阳系之外更远的空间航行活动称为航宇。

1. 大气空间

地球周围聚集的大量气体构成了地球的大气层,大气密度随距离地球表面高度的增大而减小,人们普遍认为大气层的最高限度可达 16000km,但由于航天器绕地球运动的最低轨道高度为 150km(也有文献将卡门线 100km 界定为航天飞行器的最低轨道高度),并规定此高度以下的空间为大气空间。

图 1.1 是大气空间分布示意图,大气空间在垂直高度范围内自下而上可分为对流层、平流层、中间层、热层(或电离层)。对流层是大气的最下层,其高度因纬度和季节而异,低纬度平均为 17km,中纬度平均为 10 ~ 12km,高纬度仅为 8 ~ 9km,且对流层上界的高度在夏季要大于冬季。在对流层内,气温随着高度增加而降低,空气对流活动极为明显,天气变化最复杂。飞机通常在对流层飞行,其静升限(即最高飞行高度)一般为 18 ~ 20km。平流层位于对流层之上,层顶距离地面约 50km,该层空气稀薄、气流平稳,且以水平运动为主,能见度好。地球大气中的臭氧主要集中在平流层内,臭氧吸收太阳紫外辐

射。在平流层内，随着高度的增加，起初温度保持不变（故平流层的下部称为同温层），到20～30km以上的高度，温度升高很快。从平流层顶以上至85km处的大气层称为中间层，中间层的气温随高度增加而迅速降低，其顶界气温低至-83～-113℃，导致出现强烈的对流运动，但由于该层空气稀薄，空气的对流明显不如对流层。从中间层顶到800km高度称为热层（或电离层），该层气温随高度增大迅速升高，在太阳紫外线和宇宙射线的作用下，空气处于高度电离状态，氧分子和部分氮分子被分解，具有发射无线电波的能力。

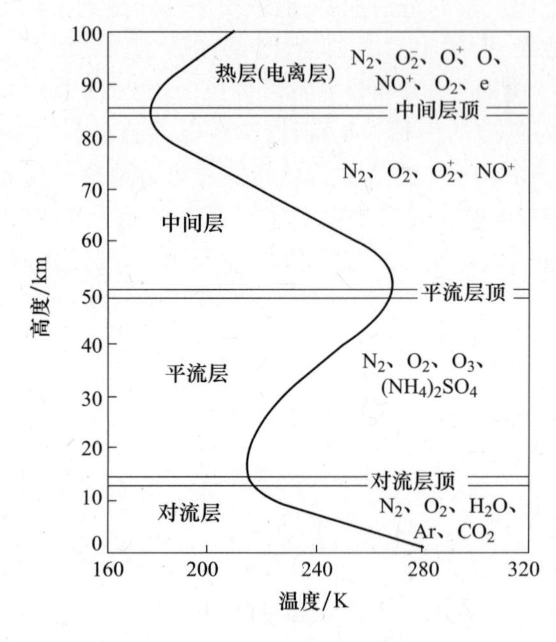

图1.1 大气空间分布示意图

2. 外层空间

外层空间是指离地球表面150km（或卡门线100km）以外空间。随着高度的增加大气越来越稀薄，也越来越接近真空。大气密度减小，气压也随之降低。大气压力是度量环境真空度高低的指标。高空大气压力在90km处约为10^{-1}Pa，400km处约为4×10^{-6}Pa，800km处约为10^{-7}Pa，2100km处约为10^{-9}Pa。2000km以上，压力随高度而下降的速度变缓，10000km处约为10^{-10}Pa。在空间轨道飞行的航天器，环境压力范围从高真空到极高真空，距地面数百千米的近地轨道环境为高真空，距地面数千千米的中轨道环境为超高真空，距地面数万千米的高轨道环境为极高真空。

1.1.2 空间目标及其分类

广义上说，空间目标是外层空间的所有目标，包括自然天体和人造天体，特指战略导弹、运载火箭、航天器以及空间碎片等人造空间飞航目标。空间目标具有一定的尺寸、形状，运行在一定的轨（弹）道上，每个目标都有其独有的轨（弹）道特性、几何特性、物理特性或信号特性。这些特性可以通过雷达探测、光学观测、无线电测量等技术手段获得，并据此实现对空间目标的测轨编目和识别。

轨道特性是空间目标编目与识别的主要依据。根据空间目标的轨道高度，空间目标大致可分为低轨目标、中高轨目标和高轨目标。图 1.2 为不同轨道高度的空间目标分布示意图。

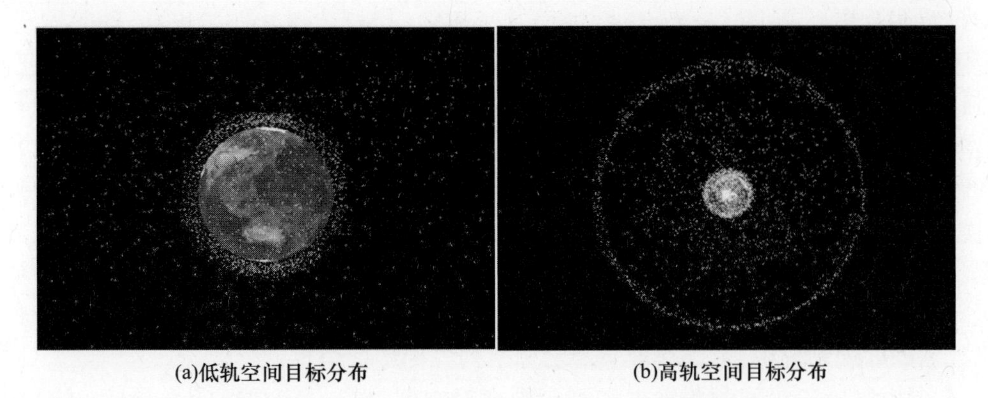

(a)低轨空间目标分布 (b)高轨空间目标分布

图 1.2 不同轨道高度的空间目标分布示意图

低轨目标是指轨道半长轴小于 8378km(距离地表的平均高度小于 2000km)的目标，约占目标总数的 75%。事实上，轨道高度在 300km 以下的空间目标几乎不存在，这是因为此范围的大气阻力大，目标会迅速陨落。轨道高度在 300～1600km 的空间，约集中了低轨目标总数的 98%，尤其以 900km 和 1450km 高度的目标为最多，这些目标大多是太阳同步卫星和移动通信卫星。低轨目标基本都是近圆轨道，偏心率小于 0.015 的达 80%，小于 0.1 的占 99%，低轨目标中 99% 以上的目标轨道倾角在 25°以上，90% 的轨道倾角在 65°以上。

中高轨目标是指轨道半长轴在 20000～30000km 的目标，约占目标总数的 10%，以全球导航定位卫星为代表。例如，美国全球定位系统(GPS)卫星的轨道高度约为 20200km。

高轨目标是指轨道半长轴在 40000～45000km 的目标，约占目标总数的 9%，以地球同步轨道通信卫星为代表，例如地球静止卫星的轨道高度为 35786km，其飞行速度为 3.07km/s。

1.2 空间目标监视手段

空间目标监视是利用现代测量技术对空间目标进行搜索、捕获、跟踪和测量，并通过数据处理进行轨道确定、特性分析、目标识别与编目，其主要技术手段包括雷达探测、光学观测和无线电测量[1]。

雷达探测通过接收和处理空间目标反射的雷达信号对其搜索、捕获、监视、跟踪、测量和目标识别以获取目标态势信息，其特点是全天候、全天时工作，常见的空间目标探测雷达有大型相控阵雷达、精密跟踪雷达、对空警戒电子篱笆等。

光学观测是利用空间目标反射(或辐射)的可见光(或红外)对其进行搜索、捕获、监视、跟踪、测量和目标识别，以获取目标态势情报的过程，其特点是测量精度高，但易受天气、环境的影响，常见的光学观测设备有精密跟踪测量望远镜系统、大口径自适应光学望远镜系统、漂移扫描望远镜系统、阵列光学望远镜系统等。

无线电测量是对空间目标发射的无线电信号(遥感、遥测及通信信号等)进行信号跟踪、测量和信息还原解译,以获取目标信号和态势的过程,其特点是全天候、全天时工作、信号特征可靠,但受空间目标发送信号限制。常见的无线电测量设备主要是抛物面天线和接收解调系统。

图1.3是利用各种技术手段对空间目标进行搜索、跟踪、测量以及数据处理、特征分析、目标编目识别和应用的工作流程。从图中可以看出,通过各种技术手段对空间目标进行有效跟踪与测量,得到目标关于时间序列不同类型的测量数据。例如,雷达探测系统的测量数据包括测角数据、测距数据、雷达散射截面积(RCS)数据、一维距离像回波数据、逆合成孔径雷达(ISAR)成像回波数据;光学观测系统的测量数据包括测角数据、光度数据、图像数据、红外辐射谱数据;无线电测量系统获取的数据主要是空间目标辐射的各频段无线电信号,例如遥感卫星信号有S频段遥测信号、X频段数传信号。通过对这些测量数据的处理和分析,可以获取空间目标下列各种特性信息:

(1)轨道特征,根据测角数据和测距数据对空间目标进行初轨计算和精密定轨,得到目标的轨道根数;

(2)几何尺寸特征,根据不同视角的雷达成像和光学图像获取目标的几何形状、尺寸等特征信息;

(3)无线电信号特征,根据空间目标辐射的无线电信号分析确定其射频频率、中频信号调制方式、码元速率、编码方式等信号特征,澄清信号的规格,甚至还原各类目标传感器的工作状态和通联信息;

(4)姿态特征,根据RCS和光度时间序列信号分析获取空间目标的姿态、载荷工作方式等信息;

(5)温度分布特征,根据空间目标红外辐射谱信号反演目标及其载荷的温度分布特征信息。

其中,相关的轨道理论和轨道计算方法已经比较成熟,轨道特征是目前空间目标监视与编目的主要依据。

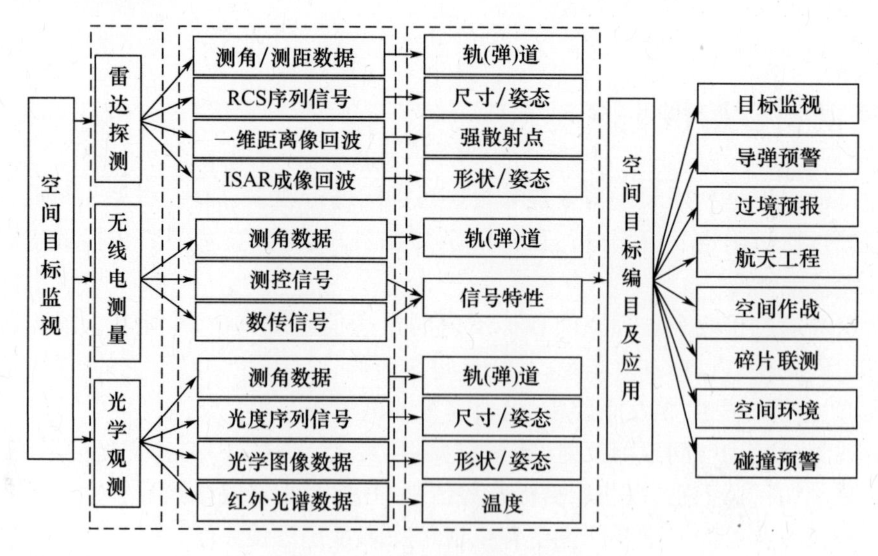

图1.3 空间目标监视示意图

1.3　美国空间目标监视系统

随着航天科技水平的不断提高,人类对宇宙空间的开发利用以及空间资源的争夺日益激烈。以美国为首的军事强国一直在大力推进空间军事化,积极发展空间对抗装备和技术,以实现“独霸太空”的图谋。空间态势感知与空间防御成为美国空间对抗的发展重点。空间态势感知系统获取空间监视和环境监测信息,为防御性和进攻性空间对抗提供全面信息支持。

全球航天活动日益频繁,空间碎片和空间碰撞问题越来越突出,尤其是2009年初美俄卫星相撞事件后,美国军方更加重视发展空间态势感知能力。2011年2月,美国“五角大楼”公布了《美国国家安全太空战略》,该战略明确提出:“我们将提高我们的情报能力,加强预测性感知、特征描述、预警以及责任归咎,更好地监控太空领域内的活动。因此,太空态势感知和基础性情报将继续是最具优先的事务,因为它们是我们保持了解自然干扰的能力,了解其他行为体能力、活动和意图的关键。”同时,美国还将太空感知能力作为领导和约束其他航天国家的重要手段,“美国是太空态势感知的领导者,可以使用其知识来促进太空感知合作,支持安全的太空活动,并保护美国及盟国的太空能力和活动。”因此,美国不断加大空间态势感知系统的构建,在继续完善、增强地基空间目标监视系统的同时,加大了天基空间目标监视系统的建设[2-3]。

经过50多年的发展,美国建立了部署在全球多个地点,由30多部探测雷达、跟踪雷达、成像雷达、光电望远镜以及无源射频信号探测器组成的地基空间监视网,可以编目管理大部分空间目标。美国的空间目标监视系统由美国空间司令部管辖。美国空间司令部创建于1985年9月,隶属于美国国防部,下辖三个军种司令部:空军空间司令部、海军空间司令部和陆军空间司令部,每个军种司令部运作各自的空间监视系统。美国空间目标监视系统主要包括美国空军的“空间跟踪系统”、其他可用于空间目标监视的系统和正在建设中的天基空间目标监视系统。

1.3.1　空军的空间跟踪系统

美国空军的空间跟踪系统主要由相控阵雷达探测系统、深空光电监视系统和对空电子警戒雷达网(电子篱笆)组成[4-6],其主要任务是:对空间目标进行判别、分类;为美国卫星遭遇攻击时提供警报;监视空间条约执行情况;为美国反卫星武器系统提供目标特征、轨道信息和毁伤效果评估信息。

1. 相控阵雷达探测系统

美国用于空间监视的相控阵雷达探测系统包括三个雷达跟踪站:埃格林空军基地(佛罗里达州)AN/FPS-85大型相控阵雷达,其工作频率为442MHz,作用距离为4000km,可同时跟踪200多个空间目标;大福克斯空军基地AN/FPS-16型相控阵雷达,其工作频率为2200~3300MHz和5400~5900MHz,作用距离为900~52100km,可从2000个空间目标的运行数据中判明是导弹、卫星或空间碎片;谢米亚岛(阿拉斯加州)AN/FPS-108大型“丹麦·眼镜蛇”相控阵雷达,其工作频率为1175~1375MHz,作用距离为4600km,可同时跟踪100个目标。图1.4是美国用于空间监视的典型相控阵雷达系统。

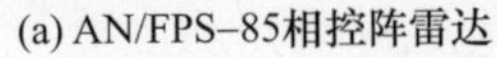
(a) AN/FPS-85相控阵雷达

(b) AN/FPS-108相控阵雷达

图 1.4 美国典型相控阵雷达探测系统

2. 深空光电监视系统

美国的深空光电监视系统包括地基光电深空监视系统(GEOSS)和毛伊光学跟踪识别设施,主要用于监测深空目标,弥补相控阵雷达探测系统的不足。原计划建5个GEOSS观测站,到1987年已先后在新墨西哥州的白沙、夏威夷州的毛伊岛、韩国的大邱和印度洋上的迪格加西亚岛建4个站,第五个原计划设在葡萄牙的站后被取消。大邱站在1993年关闭,现役的GEOSS观测站有3个。每个站装备三台望远镜,白沙和毛伊岛观测站各配2台主镜、1台辅镜,而迪格加西亚岛观测站配3台主镜。主镜口径为101.6cm,焦距为218cm,视场为2.1°,主要用于观测运动速度慢的高轨目标,可探测到地球同步轨道上足球大小的目标。主镜还配有一台测量目标亮度变化的辐射计,晚上分辨率为16星等,最大分辨率为18.5星等,白天可以观测8星等目标。辅镜口径为38cm,视场为6°,主要用于观测运动速度较快的低轨目标。毛伊光学跟踪识别设施包含2台1.2m主镜和1台0.56m辅镜,能对可见光光度、长波红外光谱和微光信号探测和成像。图1.5是美国部署在夏威夷毛伊岛上的光电监视站。

图 1.5 美国空军位于夏威夷毛伊岛的光电监视站

3. 对空电子警戒雷达网(电子篱笆)

电子篱笆包含3个大功率发射站和6个接收站,沿美国南部北纬33°的弧线一字排开,收发机工作频率为216.98MHz,图1.6是电子篱笆的主站天线。该系统能探测从其扇形连续波雷达波束中通过的卫星和其他空间物体,并精确确定它们的位置,探测空间目标的高度可达24100km。该系统尤其适合探测不发射无线电信号的卫星及碎片,当卫星过境时,接收站测量卫星的反射信号,并将数据发送到系统控制中心进行分析处理。该系统年运行经费约为3300万美元(1美元约合人民币6.5元),在探测新出现的空间目标及目标解体产生的碎片方面发挥主导作用,每月对大于篮球、高度在10000km以下的物体进行500万次的探测,约占美国空间司令部编目数据库总数的60%。从2004年10月起,"电子篱笆"系统由空军航天司令部接管。

图1.6 位于美国基卡普湖的"电子篱笆"系统主站天线

1997年,美国海军航天司令部准备对"电子篱笆"系统进行S波段升级,但由于经费短缺,升级计划被搁置。在接下来的几年里,美政府提供3.5亿美元初始研发资金用于启动升级改造计划。改造后的系统拟建设三个站,仅一个站设在美国本土,其余站分散部署在澳大利亚、欧洲等地,每站拥有一个S频段发射/接收雷达,功率更大、波长更短,可以探测中轨道以外直径为5cm的微小物体。改造后的系统有望将美国空间编目扩展到10万个目标。新的S频段"电子篱笆"设计和采购费用超过60亿美元。

1.3.2 其他可用于空间目标监视的系统

1. 美国空军菲利普实验室管理的自适应光学望远镜

菲利普实验室管理的自适应光学望远镜包括空军毛伊光学站的3.67m自适应光学望远镜和星火光学实验场的3.5m自适应光学望远镜。空军毛伊光学站的自适应光学望远镜架设在海拔4048m的哈莱卡拉山顶,能探测300km近地轨道上10cm大小的碎片,并可清晰拍摄到在轨卫星的照片。星火光学实验场的3.5m自适应光学望远镜位于新墨西哥州克尔特兰德空军基地,架设在海拔6240英尺(1英尺=0.3048m)的山顶,于1994年投入运行,用于研究空间目标跟踪和大气补偿技术,能分辨空间1600km处篮球大小的物体。

2. 美国国防高级研究计划局的“阿尔泰”跟踪雷达和“阿尔柯”成像雷达

“阿尔泰”跟踪雷达是一种单脉冲跟踪雷达，抛物面天线直径为45.7m；“阿尔柯”成像雷达对近地轨道的空间目标识别提供宽带雷达成像数据，如图1.7和图1.8所示。

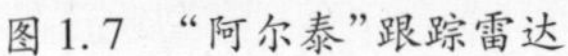
图1.7 “阿尔泰”跟踪雷达

图1.8 “阿尔柯”成像雷达

3. 麻省理工学院林肯实验室的“磨刀石”深空跟踪雷达和“干草堆”成像雷达

“磨刀石”深空跟踪雷达天线直径25.6m，能跟踪同步轨道上$1m^2$的目标；“干草堆”雷达是一种高质量成像雷达，在1600km内可探测直接小于1cm的目标，在27000km内可探测到$1m^2$的目标，被称为“具有大高度探测能力的雷达”，如图1.9和图1.10所示。

图1.9 “磨刀石”深空跟踪雷达

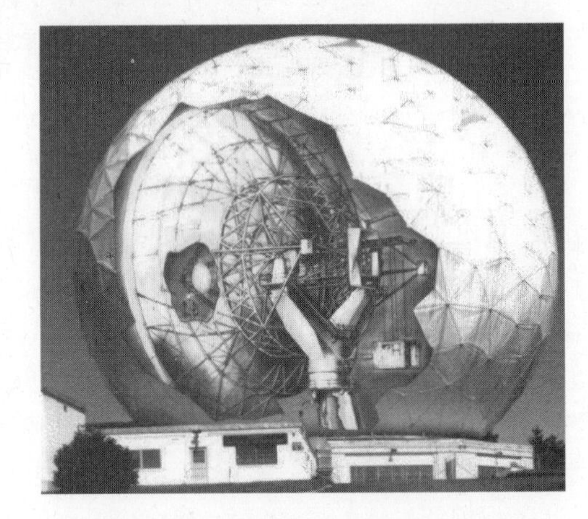

图1.10 “干草堆”成像雷达

1.3.3 天基空间目标监视系统

美国地基空间目标监视系统不能充分满足美军空间态势感知和空间对抗的军事需求。一是存在覆盖盲区，二是地基观测设备受到天气、大气环境的影响较大，容易产生测量误差。天基空间目标监视系统的发展则有效地克服了这些缺点。采取在不同轨道上部署空间目标监视卫星、多颗卫星进行组网、天基系统与地基空间目标监视系统相联合等措施，将有效地减少对空间目标的观测盲区。美空军在《空军转型飞行计划》中明确提到，在未来将研制和部署天基空间监视（SBSS）系统和轨道深空成像仪（ODSI）系统；2010

年 SBSS－1 卫星成功发射运行,标志着空间目标监视正式进入天基时代;Block20 计划发射 4 颗卫星,于 2022 年部署完成,SBSS 系统预计将美国空间目标监视能力提高 50%,可以覆盖高中低各类轨道或弹道目标,并具有目标特性探测能力。ODSI系统是一个运行在地球静止轨道的成像卫星星座,主要通过拍摄地球静止轨道空间目标的高分辨率图像,执行空间目标识别任务。此外,美国还在寻求对空间小区域范围,对某一特定空间目标,或对本国空间资产周围环境进行监视的能力,为此美国正积极研制可用于空间监视的微小卫星。

1. 中段空间试验卫星

早在 1996 年,美国弹道导弹防御组织(BMDO)发射了中段空间试验(MSX)卫星。MSX 卫星位于地球同步轨道,搭载的主要设备有空间红外成像望远镜、紫外和可见光照相机及天基可见光(SBV)传感器,其最初使命是跟踪洲际弹道导弹,通过对导弹中段的发现和跟踪,实现导弹中段预警。2002 年,紫外线、红外线和光谱成像探测器相继失效,只有可见光探测器能够利用可见光搜索和跟踪探测低空和深空 7～15 星等亮度的卫星和碎片,具有很强的监视和跟踪空间目标的能力,可有效降低 GEO 轨道上未被发现的物体数目。2008 年,MSX 卫星退出使用,该卫星验证了新一代导弹预警和防御所用探测器技术,收集和统计了有价值的背景和目标数据,其成熟技术都将转换到新一代天基空间目标监视系统上,被认为是美国空间态势感知(SSA)领域的一个里程碑。

SBV 探测器能够同时对多个太空常驻物体进行探测。如图 1.11 所示,SBV 探测器依靠这些常驻物体反射的恒星光线对其进行探测,因此其收集数据模式类似于恒星的轨迹,监视数据随后交由星载信号处理器提取数据。

SBV 探测器性能参数如下:

(1) 光谱范围:300～900nm;

(2) 空间分辨率:12.1(″)/像素;

(3) 每个 CCD 的视角:1.4°×1.4°;

(4) 光圈:15cm,*f*/3;

(5) 平均每秒的帧数:4～16 帧;

(6) 每帧图像生成所用时间:0.4s、0.625s、1s、1.6s;

(7) 图像像素:420 像素×420 像素。

(a)SBV探测器

(b)420×420粗糙图像

(c)星载信号处理器

(d)图像处理后的框架图像

图 1.11 MSX 卫星的 SBV 探测器和星上图像处理

2. “天基空间监视”系统

MSX 卫星关闭后,空间态势感知任务将由未来的“天基空间监视”系统承担。SBSS

系统于2002年正式启动，主要目的是建立一个低地球轨道光学遥感卫星星座，拥有较强的轨道观测能力，重复观测周期短，并可全天候观测，旨在大幅度提高美国对深空物体的探测能力。据称，SBSS系统将使美国对地球静止轨道卫星的跟踪能力提高50%，同时美国空间目标编目信息的更新周期由现在的5天左右缩短到2天，从而大幅提高美军的空间态势感知能力。

计划中的SBSS系统将由4~8颗卫星组成，轨道高度为1100km，设计寿命为5年。SBSS系统发展将分两个阶段进行：第一阶段是研制和部署一颗“探路者”(Pathfinder)卫星Block10，其主要任务验证空间通信、情报、监视和测量技术，监视近地轨道物体，以此来替代在轨的SBV探测器，从而提供一种过渡的天基空间监视能力。该卫星由轨道科学公司在2010年9月25日发射升空，已拥有初步作战能力，目前正收集地球同步轨道物体的相关情报。第二个阶段将部署由4颗卫星组成的高效的卫星星座Block 20，并将应用更为先进的全球空间监视技术，稳定性更好。但是，SBSS专案预算从最初的1.89亿美元，增加到30亿美元。目前SBSS卫星的任务期已重新修订，计划于2022年部署完成。

3. “天基红外系统”(SBIRS)

SBIRS是美国“冷战”时期国防支援计划(DSP)红外预警卫星系统的后继，是20世纪80年代计划用于取代DSP系统的先进预警系统、助推段情报与跟踪系统和稍后的早期预警系统等方案的自然延伸。作为美国空军研制的新一代天基红外探测与跟踪系统，它是美国弹道导弹防御系统探测预警的核心，其主要任务是为美军提供全球范围内的战略和战术弹道导弹预警，对弹道导弹从助推段开始进行可靠稳定的跟踪，为反导系统提供关键的目标指示。

如图1.12所示，SBIRS分为空间段和地面段两部分，空间段是卫星星座，地面段为运控应用系统。最早规划的SBIRS是一个包括高轨道星座、低轨道星座和地面数据接收处理设施构成的复杂的综合传感器系统。高轨道星座包括2颗高椭圆轨道卫星(HEO)和4颗静止轨道卫星(GEO)，主要用于接替国防支援计划卫星进行关键的战略和战术弹道导弹发射和助推段飞行探测任务。2002年，美国调整天基预警卫星发展计划，将低轨部分拆分为独立的“空间跟踪和监视系统”计划，高轨部分保留“天基红外系统”的名称。调整后的“天基红外系统”计划仍由美国空军负责，由6个GEO卫星和4个HEO卫星载荷组成。HEO-1、HEO-2、HEO-3分别于2006年、2008年、2014年发射升空。经过长时间的测试，美国空军于2008年11月7日宣布接收SBIRS HEO-1卫星及相关的地面系统，2009年7月27日美国空军宣布接收SBIRS HEO-2卫星，SBIRS HEO-1和HEO-2卫星的性能都超过了预期。GEO-1和GEO-2分别于2011年、2013年成功发射，GEO-1卫星造价13亿美元，这次发射是美国天基红外预警系统的一个里程碑式成就，开启了替换国防支援计划星座工作的序幕。SBIRS GEO-1卫星定位于西经99°附近的赤道上空，并于2011年6月21日尚在系统调试时就发回首张红外图像，最终GEO-1卫星于2012年2月交付美国空军。图1.13是SBIRS的GEO-2在轨飞行示意图。

为探测处于助推段飞行的弹道导弹，SBIRS-GEO卫星采用高速扫描型和高分辨率凝视型双红外探测器，均为短红外、中红外和地面可见波段三色红外探测器，采用被动辐

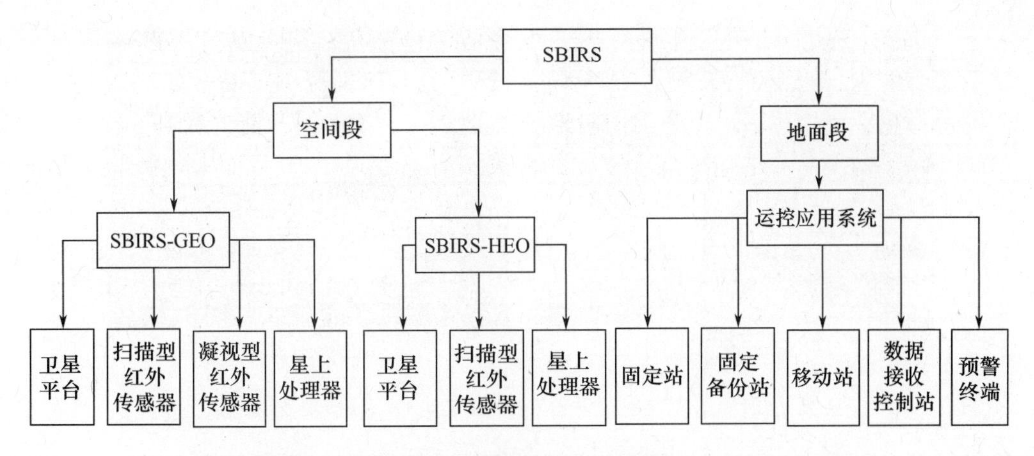

图 1.12 SBIRS 组成示意图

图 1.13 SBIRS 的 GEO－2 在轨飞行示意图

射制冷方式,具有很高的指向控制能力,如图 1.14 所示。高速扫描探测器采用一维线阵结构,以推扫方式对地球南北半球进行扫描,对导弹发动机尾焰进行初步探测,将探测到的目标信息传递给凝视探测器[7]。凝视探测器采用二维平面阵列,将扫描探测器传递的目标画面进行拉近放大,实施凝视跟踪。凝视探测器跟踪精度比较高,可以获得目标更多的细节特征。GEO 卫星扫描探测器摆动的角度范围为南北 20°、东西 10°,分辨率为 1 ~ 1.5km,周期为 1 ~ 2s,能够在导弹发射后 10 ~ 20s 内将预警信息发送给地面的运控应用系统[8]。GEO 卫星的红外平面阵列视场视野宽广,有利于发现中短程战区弹道导弹目标,大面积凝视阵进一步提高了对战术目标的探测跟踪能力。扫描平面阵红外探测器和凝视平面阵红外探测器的结合使用,使天基红外系统静止轨道卫星的探测跟踪能力比国防支援计划卫星有了大幅提高。SBIRS－HEO 卫星仅搭载一台宽视场的扫描型探测器,可以灵活地调节探测方向,重点监视从北极地区发射的弹道导弹,探测导弹助推段尾焰信息,并将探测信息直接传递给地面运控应用系统进行处理。

天基红外系统拆分出的空间跟踪和监视系统(STSS)建设任务从美国空军转交给美国弹道导弹防御局,最初设想由 24 颗低轨卫星组成,主要用于执行对弹道导弹飞行中段的精确跟踪任务,并提供了将弹头从诱饵和弹体碎片中区分出来的识别能力,并可直接向拦截弹提供目标引导数据。2009 年 STSS 的两颗技术演示验证卫星发射上天并验证了

(a) GEO卫星

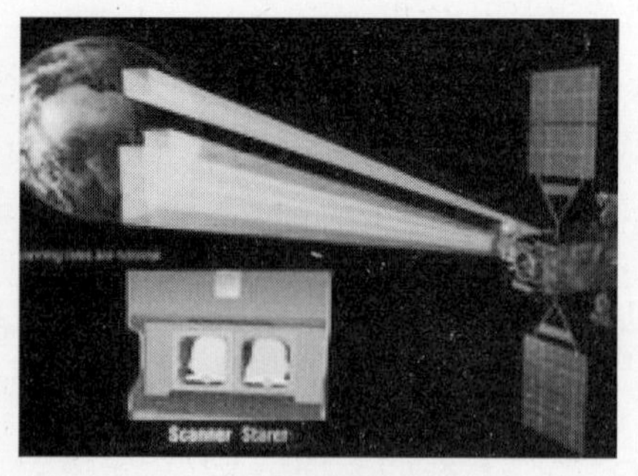

(b) 扫描和凝视探测

图 1.14 热真空测试中的 GEO 卫星及其扫描和凝视探测

其能力。STSS 卫星分布在三个不同平面的太阳同步轨道上，这些低轨道卫星装备了宽视场扫描探测器和窄视场凝视多光谱探测器。宽视场扫描探测器采用波长 0.7 ~ 3μm 的短波红外线，可以捕获地平线以下弹道导弹的尾焰，以尽快完成高轨道卫星转交的跟踪工作；窄视场多光谱探测器具有中长波和可见光探测能力，能锁定目标并对整个弹道中段和再入段进行跟踪，利用极为灵敏的多光谱探测器，STSS 可以实现对助推器燃尽后母舱弹头等冷目标的探测，在杂波和噪声中跟踪弹头分离并具有分辨弹头、弹头母舱和诱饵的能力。

4. "轨道深空成像仪"系统

根据《空军转型飞行计划》，美国空军发展和完善空间态势感知系统的中期计划是发展"轨道深空成像仪"系统。与部署在低轨的 SBSS 系统不同，美国空军正在研制和部署的 ODSI 系统则是一个由运行在地球静止轨道的成像卫星星座，其主要任务是执行空间目标识别、拍摄地球静止轨道空间目标的高分辨率图像，并实时或定期地提供相关信息，支持整个空间战场感知和空间对抗作战。天基深空成像器采用天基成像系统和星上处理系统把图像传送给用户。ODSI 系统比运行在较低轨道的 SBSS 系统更适合跟踪和监测深空轨道中的物体，可提供空间系统的详细特征。2005 年 1 月，波音、洛克希德·马丁和诺斯罗普·格鲁曼三家公司通过竞标成为 ODSI 概念研究的合同商。

5. 微卫星空间监视

微小卫星成本低、研制周期短，可以在战时或紧急时刻及时发射，并且可以由多颗航天器组成星座或进行编队，完成对重点目标的及时准确跟踪监测。美国正在研制的微卫星也将成为空间监视的力量之一。由多颗微卫星编队飞行，每颗微卫星可搭载不同类型的探测器，如可见光、红外和微波探测器等。这些微卫星组成一个观测系统，同时观测、监视特定区域或特定目标，实现全方位、高精度的目标观测、监视和识别。这种用于空间监视的微卫星能有效满足美军未来空间对抗的需求，与其他具有广域空间监视能力的系统配合使用，相互补充，可极大地提升美军空间监视能力，从而更为有效地支持美军空间攻防。

美军设想的未来空间监视微卫星应用方案如下：针对突然出现的可能有敌意的空间目标，首先由其他空间监视探测器发现目标，并进行跟踪和识别。当其他天基、地基空间监视探测器无法获取所需的关于目标更为详细的信息时，用于空间监视的微卫星（包括在轨驻留和及时响应发射的微卫星）可靠近目标，对目标进行近距离观测和拍摄，获取更为详细的目标特征数据。

目前美国可能用于空间监视的微卫星项目主要有试验卫星系列计划和自主纳卫星护卫者计划。

1）试验卫星系列计划

试验卫星系列（XSS）计划利用多颗小卫星执行近距离军事行动，即围绕其他卫星机动，以便执行监视、服务或攻击等任务。美国空军的试验卫星系列微卫星已经进行了一系列的飞行试验，演示了对空间目标的监视能力。

由波音卫星系统公司研制第一颗试验微卫星 XSS－10 重 28kg，于 2003 年 1 月由德尔塔－2 火箭发射入轨，该卫星三次逼近德尔塔－2 火箭第 2 级，在 200m、100m 和 35m 的距离上对火箭第 2 级进行了拍照，演示了半自主运行和近距离监视空间目标的能力。XSS－11 卫星于 2004 年发射，是美国空军研究实验室研制的新一代 XSS 系列微卫星，质量为 100kg。作为先进的空间试验平台，XSS－11 主要试验对空间目标的监视能力以及演示先进的轨道机动与位置保持能力。2005 年，XSS－11 微卫星成功进行了针对某一卫星的逼近、绕飞等试验，验证了空间微卫星近距离定点监视的最为关键的技术。

2）自主纳卫星护卫者计划

2005 年 11 月，美国空军研究实验室提出自主纳卫星护卫者（ANGELS）研制计划，该计划是利用质量小于 15kg 的纳卫星对在轨空间资产进行监视，作为其他空间监视手段的有力补充。ANGELS 卫星主要执行监视空间天气情况、探测反卫星武器（ASAT）和诊断主卫星技术问题等操作。ANGELS 计划中的空间态势感知系统能对 GEO 轨道上卫星附近区域提供连续的监视，并详细探测进入这一区域内的目标并确定该目标的特征，这是其他地基和天基空间监视系统难以做到的。这一能力对有效地保护空间资源至关重要。美国 XSS－10 和 XSS－11 微卫星相关工作以及部件小型化技术取得的进展，已经为 ANGELS 计划奠定了基础。

1.3.4 美国空间目标侦察监视水平

美国空间目标监视数据表明，空间目标数量逐年剧增，截至 2020 年 6 月 1 日，其空间目标的全部编目数据为 45625 个，其中在轨目标 20656 个（含在轨载荷 5808 个，碎片 14848 个），在用的有效载荷 2871 个[9]。图 1.15 是美国公布的自第一颗人造卫星发射以来的历年空间目标监视数据数量增长情况。

据称，美国已实现对直径 10cm 以上的低轨空间目标和 20cm 以上的中高轨目标进行编目识别，低轨目标的定位精度为 500m，同步轨道目标的定位精度为 2000m。美国正在努力提升其能力，预期目标是：对 1cm 以上的低轨空间目标和 10cm 以上的中高轨目标进行编目识别，低轨目标的定位精度达到 10m，同步轨道目标的定位精度达到 100m。

1.4 空间目标侦察监视的发展趋势

空间目标侦察监视的本质是对影响空间活动所有因素的认知和分析，是空间攻防对抗的基础。目前，空间监视能力越来越受到世界各国的重视。例如，美国认为其空间监视能力远远不能适应未来战争的形势，因此，把发展空间态势感知系统作为空间对抗的

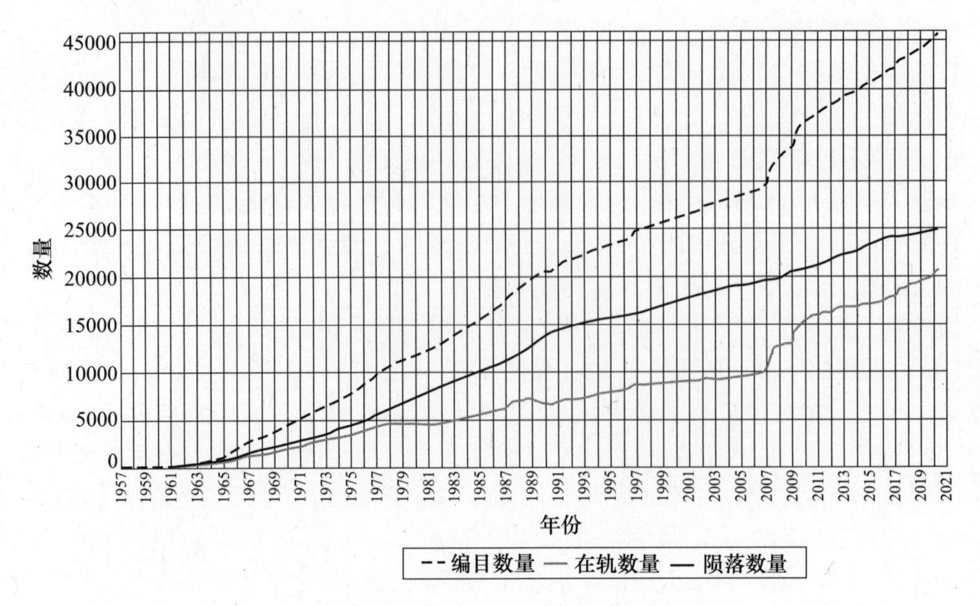

图 1.15 空间目标年监视数据的数量增长情况

首要任务。空间态势感知已经在美国空间对抗领域中获得了最高的发展优先权,从军方到国会均高度重视空间态势感知能力建设。军方负责人多次宣称要重点增强美国的空间态势感知能力,国会也对该领域加大投资。因此,美国当前的太空政策不再强调太空的支配权,而是更强调太空的知情权和防御性。美国正在构建基于全球布站的地基和天基一体化的综合空间态势感知体系,以加强其空间态势感知能力,为未来的空间作战提供情报和信息支持。

未来的现代化战争和作战样式对空间态势感知能力的要求越来越高,即精准的多种测量数据、近实时的空间态势感知能力和及时的情报信息传输能力。因此,空间目标监视技术的发展呈现以下特点和趋势:①技术手段的综合化;②监视平台的多样化(向天基拓展);③组网的立体化。

习　　题

1. 什么是空间目标?按照轨道高度,如何对空间目标进行分类?
2. 什么是空间目标监视?空间目标监视有哪些技术手段?
3. 雷达探测技术有何特点?能获取空间目标的哪些特征?
4. 光学观测技术有何特点?能获取空间目标的哪些特征?
5. 无线电测量技术有何特点?能获取空间目标的哪些特征?
6. 简述美国的空间目标监视系统。
7. 美国目前的空间目标监视水平如何?
8. 如何理解空间目标监视技术的发展趋势?

第2章　几何光学基础

光学是一门古老的科学。在古代,人们早就掌握了光直线传播的特点,发现了光的反射和折射。然而,在很长的一个历史时期,人类的光学知识仅限于对光传播的一些简单现象和规律的描述。人们对光的本性的认识是逐步发展的,对光的本质的探讨始于17世纪。当时,存在着两个不同的学说:一个是以牛顿为代表的微粒说,另一个是以惠更斯为代表的波动说。微粒说认为,光是按照惯性定律沿直线运动着的微小粒子流。微粒说直接地说明了光的直线传播,部分地解释了光的反射和折射。但微粒说在研究光的折射时,得出了光在水中的速度大于光在空气中速度的错误结论。波动说认为,光是在一种特殊弹性媒质中传播的机械波。波动说解释了光的反射和折射,也能解释光的干涉和衍射现象。但惠更斯认为光是纵波,这是不正确的。19世纪60年代,麦克斯韦提出了电磁波理论,预言了电磁波的存在,并指出光实际上是一种电磁波。后来,赫兹的实验证实了电磁波的存在,光的波动说胜过了微粒说。

19世纪末和20世纪初,针对黑体辐射和光电效应等新的光学现象,普朗克提出了量子理论。爱因斯坦在普朗克量子理论的基础上,提出了新的微粒说,即光是由被称为光子的能量粒子组成,光子的能量与光的频率成正比。

现在我们知道,光是一种特殊的物质,它既具有波动性,又具有微粒性,即波粒二象性。在宏观世界中彼此不相容的波动和粒子的概念,在微观世界却是如此协调一致,构成了微观世界物质特性两个既对立又统一的侧面。光具有波动性,是一种频率非常高的电磁波。光具有粒子性,它只能一小份、一小份地发生和传递能量。

2.1　几何光学基本定律

光波是一种频率非常高的电磁波,波长很短(可见光的波长范围是0.38~0.76μm)。当光在传播过程中与其他物体相遇时,如果物体(例如小孔、单缝等)的几何线度可以与照射光的波长相比拟,则会产生光的衍射现象;但当物体的线度远远大于照射光的波长时,则可以不考虑光的波动特征,而仅将其视为一种能量流,并将这种能量流抽象成空间的一束几何线,用以表征光能量的传播方向,称为光线。

几何光学是以光线为基础,研究光的传播和成像规律的实用性分支学科,即把组成物体的物点看作几何点,把它所发出的光束看作无数几何光线的集合,光线的方向代表光能的传播方向。几何光学只是波动光学在波长很小时的极限情况近似,可以不涉及光的物理本性,以便于用几何光学基本定律解决光学仪器中的光学技术问题。在此假设下,根据光线的传播规律,研究物体经透镜或其他光学元件成像的过程,以及设计光学仪器的光学系统等都显得十分方便和实用。

在自然界中,光的传播现象按几何光学理论可以归纳为四个基本定律:光的直线传播定律、光的独立传播定律、光的反射定律和折射定律。

2.1.1 光的直线传播定律

在各向同性的均匀媒质里,光是沿着直线传播的。

光的直线传播定律最初是由实验得到的,是一种常见的普遍规律。直觉上,在光源的照射下,不透明物体后出现清晰的黑影,影子的形状与不透明物体的形状是一致的。一切精密的天文测量、大地测量和其他测量也都以此定律为基础。但是,光的直线传播是有条件的。在均匀媒质里,光沿直线传播;在非均匀媒质里,光线往往是弯曲的。实验表明,在光路中放置一个不透明的屏障时,特别是当光通过细孔时,光的传播将偏离直线,这是由于产生了衍射现象的缘故。因此,光的直线传播定律只有光在均匀媒质中无阻拦地传播时才成立。

2.1.2 光的独立传播定律

从不同的光源发出的光线以不同的方向通过某点时,彼此互不影响,各光线的传播不受其他光线的影响,称为光的独立传播定律。

根据光的独立传播定律,当两束光线会聚于空间某点时,其作用是简单地相加。这一定律只对不同发光点发出的光线来说是正确的。如果是发自同一光源的光线被分成两束,各自以不同途径到达空间某点时,这些光线的合成作用不再是简单的相加,这两束光在某点的作用不一定使光强度增加,也可能互相抵消而变暗,这就是光的干涉现象。

2.1.3 光线经两种均匀介质分界面时的传播现象——反射定律和折射定律

当一束光投射到两种透明媒质的光滑分界面上时,光的传播方向将发生变化,光线发生反射和折射现象。

如图 2.1 所示,设平面 Ox 是媒质 1 和媒质 2 的分界面,直线 Oy 是分界面 Ox 的法线。点 O 是光线的入射点,AO 表示点 O 处的入射光线,OB 是点 O 处的反射光线,OC 是点 O 处的折射光线。则称 α 为 O 点处光线的入射角,β 为点 O 处光线的反射角,ϕ 为点 O 处光线的折射角。

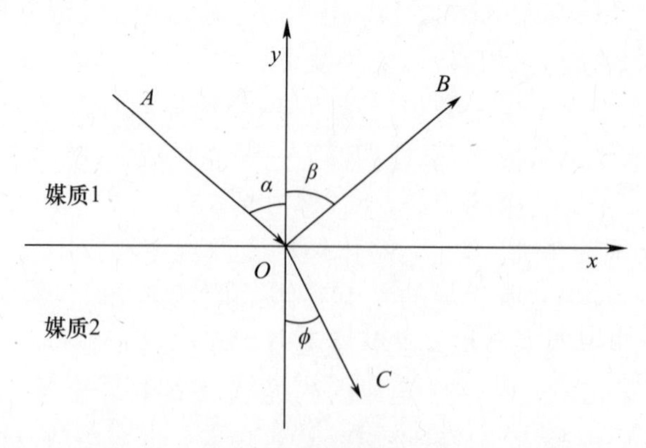

图 2.1 光在不同媒质界面上的反射和折射

1. 光的反射定律

光在两种不同媒质的界面上产生反射。光的入射线、反射线和界面的法线在同一平面上,并且反射角等于入射角,即

$$\beta=\alpha \tag{2.1}$$

2. 光的折射定律

光在两种不同媒质的界面上产生折射。光的入射线、折射线和界面的法线在同一平面上,并且入射角的正弦与折射角的正弦之比与入射角的大小无关,而与两种媒质的折射率有关。设 n_1 和 n_2 分别为媒质1和媒质2的折射率,则光的折射定律可表示为

$$\frac{\sin\alpha}{\sin\phi}=\frac{n_2}{n_1} \tag{2.2}$$

该定律又称为斯涅耳定律。记 $n_{12}=\frac{n_2}{n_1}$,为媒质2对媒质1的相对折射率。

任何媒质对真空的相对折射率称为该媒质的绝对折射率,简称为该媒质的折射率。设媒质中光的传播速度为 v,真空中光的传播速度为 c,则该媒质的折射率为

$$n=\frac{c}{v} \tag{2.3}$$

折射率 n 与媒质有关,不同媒质的折射率一般是不相同的。例如,钠黄光(波长 $\lambda=0.5893\mu m$)在几种常见媒质中的折射率如表2.1所列。

表2.1　钠黄光的折射率

媒质	折射率 n
空气	1.00028
水	1.333
玻璃	1.5~2.0
钻石	2.417

媒质的折射率还与光的波长有关。对于同一种媒质,不同波长的光的折射率一般也不同。例如,典型光学玻璃对不同波长的光的折射率如表2.2所列。折射率较大的媒质称为光密媒质,折射率较小的媒质称为光疏媒质。

表2.2　典型光学玻璃对不同波长的光的折射率

波长/μm	0.3650	0.4047	0.5461	0.7665	0.8630
冕玻璃	1.53582	1.52982	1.51829	1.51104	1.50918
重冕玻璃	1.63862	1.63049	1.61519	1.60592	1.60268
轻火石玻璃	1.61197	1.59968	1.57832	1.56638	1.56366
重火石玻璃	1.70022	1.68229	1.65218	1.63609	1.63254

当光线从光密媒质射向光疏媒质时,由于 $n_1>n_2$,根据式(2.2),折射角 ϕ 大于入射角 α。若入射角 α 达到某一个角度 α_c 时,折射角 $\phi=90°$,则光线将不再从光密媒质折射向光疏媒质。在这种情况下,入射光线在媒质的界面上只反射不折射,这种现象称为光的全反射。α_c 称为光线全反射的临界角,将 $\phi=90°$ 代入式(2.2),可得到

$$\alpha_c = \arcsin\left(\frac{n_2}{n_1}\right) \tag{2.4}$$

式(2.4)表明,光线全反射的临界角 α_c 仅与媒质的折射率有关。光的全反射在理论上可使入射光的全部能量反射回原媒质,在光学仪器、光纤通信中有着重要的应用。例如,为了转折光路,常利用全反射棱镜代替平面反射镜,如图 2.2(a)所示。通信用的光导纤维将低折射率玻璃包在高折射率的纤维芯外面。由于纤维芯的折射率大于外玻璃的折射率,纤维芯内入射角大于临界角的光线,将在分界面上不断发生全反射,光信号能量不衰减,如图 2.2(b)所示。

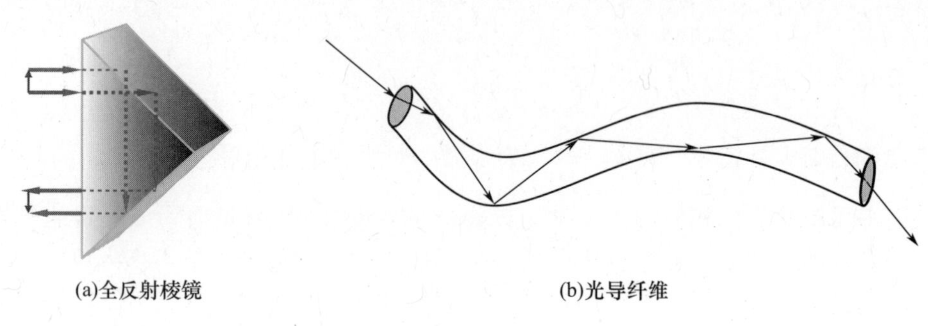

(a)全反射棱镜　　(b)光导纤维

图 2.2　光的全反射应用

2.1.4　光传播的可逆性原理

在图 2.1 中,若将光传播的方向颠倒过来,即 *BO* 为入射光线,则 *OA* 为反射光线;若 *CO* 为入射光线,则 *OA* 为折射光线。这一现象称为光传播的可逆性,它可由如下的光传播的可逆性原理表述:设光沿路径 *S* 由点 *A* 传播到点 *B*,若将传播的方向颠倒过来,则光将沿路径 *S* 由点 *B* 传播到点 *A*。

以上所讨论的光学定律最初都是由实验得到的,即这些光学定律是实验定律。由于光是一种频率极高的电磁波,波长极短,在一般情况下,应用几何光学定律处理光学问题简单方便,对于许多实际的光学问题,应用几何光学理论得到的结果也是足够准确的。因此,在近代光学理论飞速发展的现在,几何光学理论依然应用非常广泛,成为各种光学仪器设计和分析的基础。

2.2　光点成像

光学成像是几何光学的中心问题,本节从光点成像开始讨论光学成像问题。

2.2.1　物点和像点

图 2.3 所示为光点经光学系统不同的成像情形。设光线或光线的反向延长线交于点 *Q*,称点 *Q* 为光点,这些光线是以点 *Q* 为中心的同心光束。例如,从点光源发出的所有的光线形成了一个同心光束。若以点 *Q* 为中心的同心光束,在经过某种方式的传播后成为以点 *Q′*为中心的同心光束,则称点 *Q* 为物点,点 *Q′*为点 *Q* 的像点,并将由入射同心光束到出射同心光束的所有光学设备和媒质称为光学系统。

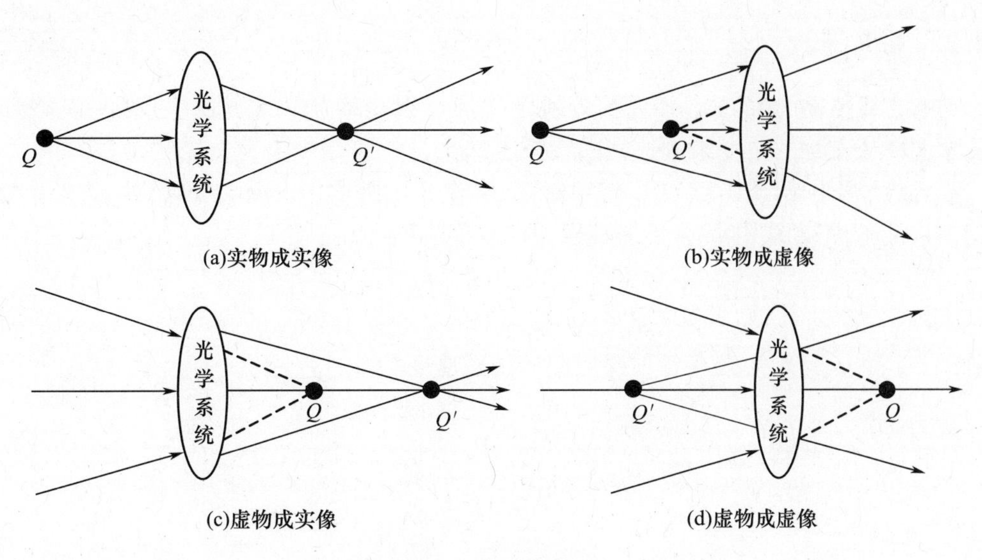

图2.3　物点和像点

若入射同心光束的反向延长线交于点 Q,则点 Q 为实物点;若入射同心光束延长会聚于点 Q,则点 Q 为虚物点。若出射的同心光束是会聚的,则点 Q'为实像;若出射的同心光束反向延长线交于点 Q',则点 Q'为虚像。

平面镜成像如图2.4所示。MM'是平面镜面,镜面前(图左侧)发光点 Q 发出的光,经镜面反射后发散。根据光的反射定律,反射光线反向延长后交于镜后(图右侧)的点 Q',点 Q'到镜面的距离和点 Q 到镜面的距离相等。因此,点 Q'是点 Q 的像,且在这种情况下点像 Q'是虚像。

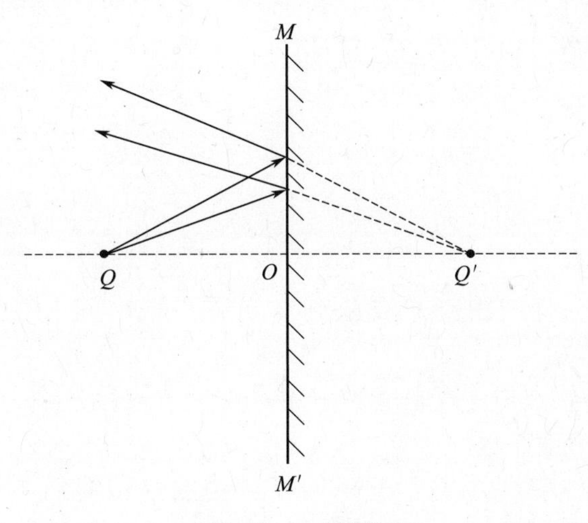

图2.4　平面镜成像

图2.3表明,物点和像点可以在光学系统的两侧,也可以同在光学系统的一侧。无论是何种情形,若将物点置于像点的位置,则由光传播的可逆性原理,这时像点出现在原来物点的位置。对于给定的光学系统,物点和像点的这种互易性质称为物点和像点的共轭性,称物点和像点为一对共轭点。图2.4中的 Q 点和 Q'点就是一对共轭点。

2.2.2 费马原理

光的直线传播、光的独立传播、折射定律和反射定律构成了光线传播的基本规律。费马原理则从光程的角度来阐述光的传播定律。

若光线经不同媒质由点 Q 传播到点 Q',如图 2.5 所示。设图中各媒质的折射率分别为 n_1、n_2 和 n_3,则光线由点 Q 传播到点 Q'的时间为

$$t=\frac{QA}{v_1}+\frac{AB}{v_2}+\frac{BQ'}{v_3} \tag{2.5}$$

式中:v_1、v_2 和 v_3 分别为光在各种媒质中的传播速度。

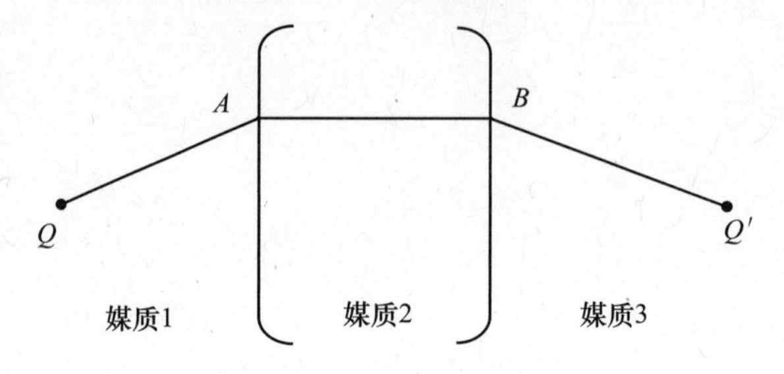

图 2.5 光线的光程

由式(2.3)可得

$$t=\frac{QA}{\frac{c}{n_1}}+\frac{AB}{\frac{c}{n_2}}+\frac{BQ'}{\frac{c}{n_3}}=\frac{l}{c} \tag{2.6}$$

式中:l 为光线由点 Q 传播到点 Q'的光程,是光在不同媒质中传播的路程与折射率的乘积之和,即

$$l=n_1\cdot QA+n_2\cdot AB+n_3\cdot BQ' \tag{2.7}$$

由式(2.6)可知

$$l=ct \tag{2.8}$$

式(2.8)表明,光程 l 为光线由点 Q 传播到点 Q'的一段时间 t 中,在真空中可传播的路程。

需要指出的是,若物点或像点是虚的,则相应的物方或像方路径对应的光程是负的,这种取负值的光程称为虚光程。

1657 年,法国数学家费马从数学上证明,光线由点 Q 传播到点 Q'的路径,必定是光程平稳的路径,称为费马原理。费马原理也可理解为光线总是沿着所需时间为极值的路径传播,唯一地确定了光线由一点传播到另一点的路径。

利用费马原理可以很方便地导出包括光的反射定律、折射定律在内的几何光学定律,读者可以自行证明。

在以上讨论的基础上,可以给出光学成像的等光程原理:物点和像点之间,光线所有路径的光程相等。

2.3 薄透镜成像

2.3.1 光在球面上的折射和反射

2.2 节讨论了光学成像的基本概念。为了进一步讨论光点成像,本小节讨论光在球面上的折射和反射。如图 2.6 所示,MA 是以 c 为球心、r 为半径的球面,Ac 是球面的光轴。球面外媒质的折射率为 n_1,球面内媒质的折射率为 n_2。从光轴上的一点 Q 发出一条光线与球面 MA 交于点 M,该光线在点 M 处折射,与光轴相交于另一点 Q'。

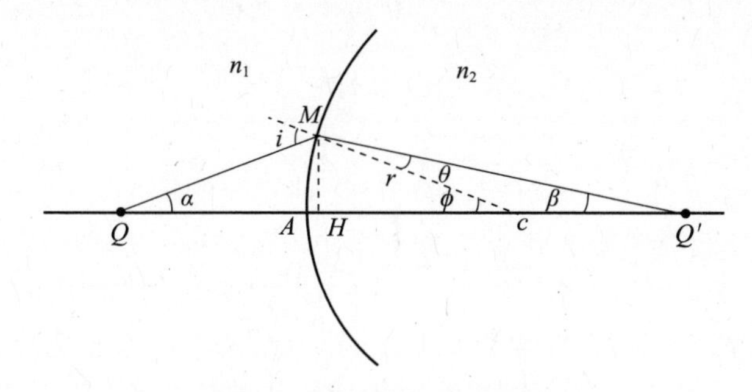

图 2.6 光在球面上的折射

设 $u = QA, s = AQ', p = QM, q = MQ'$。在△$QcM$ 中,由正弦定理可得

$$\frac{u+r}{\sin i} = \frac{p}{\sin\phi} \tag{2.9}$$

在△$Q'cM$ 中,由正弦定理同样可得

$$\frac{s-r}{\sin\theta} = \frac{q}{\sin\phi} \tag{2.10}$$

由以上式(2.9)和式(2.10)可得

$$\left(\frac{u+r}{\sin i}\right) \Big/ \left(\frac{s-r}{\sin\theta}\right) = \frac{u+r}{s-r} \cdot \frac{\sin\theta}{\sin i} = \frac{p}{q} \tag{2.11}$$

由折射定律式(2.2)可得

$$\frac{\sin\theta}{\sin i} = \frac{n_1}{n_2} \tag{2.12}$$

因此

$$\frac{u+r}{s-r} \cdot \frac{n_1}{n_2} = \frac{p}{q} \tag{2.13}$$

在△QcM 中,由余弦定理可得

$$p^2 = (u+r)^2 + r^2 - 2r(u+r)\cos\phi \tag{2.14}$$

在△$Q'cM$ 中,由余弦定理同样可得

$$q^2 = (s-r)^2 + r^2 + 2r(s-r)\cos\phi \tag{2.15}$$

由式(2.13)~式(2.15)可得

$$\left(\frac{u+r}{s-r}\cdot\frac{n_1}{n_2}\right)^2=\frac{p^2}{q^2}=\frac{(u+r)^2+r^2-2r(u+r)\cos\phi}{(s-r)^2+r^2+2r(s-r)\cos\phi} \tag{2.16}$$

由图2.6可以看出，若给定u和ϕ，则光线QM就给定了。根据式(2.16)可以求得s，即折射光线与光轴的交点Q'也就确定了。

如果光线QM为近轴光线，即$\phi \ll 1$。在这种情况下，$\cos\phi \approx 1$。由式(2.16)可得如下近似公式

$$\left(\frac{u+r}{s-r}\cdot\frac{n_1}{n_2}\right)^2\approx\frac{(u+r)^2+r^2-2r(u+r)}{(s-r)^2+r^2+2r(s-r)} \tag{2.17}$$

进一步化简可得

$$\frac{n_1}{u}+\frac{n_2}{s}\approx\frac{n_2-n_1}{r} \tag{2.18}$$

由式(2.18)可以看出，u和s一一对应，即对于近轴光线的情形，由光点Q发出的光线经球面折射后近似地与光轴相交于点Q'。此时，点Q'就是物点Q的像点，称u为点Q到球面的物距，s为点Q'到球面的像距，称式(2.18)为折射球面的物像距公式。

若像点在无限远处，折射光线为平行光线，称此时物点的位置为物方焦点（第一焦点或前焦点），用F_o表示。物方焦点到球面的距离称为物方焦距（第一焦距或前焦距），用f_o表示。若物点在无限远处，入射光线为平行光线，称此时像点的位置为像方焦点（第二焦点或后焦点），用F_i表示。像方焦点到球面的距离称为像方焦距（第二焦距或后焦距），用f_i表示。

令$s\to+\infty$，即光线经折射球面成像于无穷远，则由式(2.18)可得折射球面的物方焦距

$$f_o=\frac{n_1}{n_2-n_1}r \tag{2.19}$$

令$u\to+\infty$，则由式(2.18)可得折射球面的像方焦距

$$f_i=\frac{n_2}{n_2-n_1}r \tag{2.20}$$

式(2.19)和式(2.20)表明，折射球面的物方焦距和像方焦距与球面半径r成正比，与己方的折射率成正比，而与双方的折射率之差成反比。

将式(2.19)、式(2.20)代入式(2.18)，可得

$$\frac{f_o}{u}+\frac{f_i}{s}\approx 1 \tag{2.21}$$

式(2.21)为以物方焦距和像方焦距表示的折射球面物像距公式，若已知折射球面的物方焦距f_o和像方焦距f_i，像距s可根据式(2.21)由物距u求得。

在以上球面折射的讨论中，所有参数，如物距u、像距s、物方焦距f_o、像方焦距f_i等都是正数。事实上，这些参数可取任何实数值，即可正、可负，也可等于零。对物距u，若物点是实物点，则物距$u>0$；若物点是虚物点，则物距$u<0$。对像距s，若像点是实像点，则像距$s>0$；若像点是虚像点，则像距$s<0$。物方焦距f_o和像方焦距f_i在本质上是特殊的物距和像距，其正负取值的情形是类似的。对于任意取值的上述参数，式(2.21)均成立。

光在凸球面上反射的情形如图2.7所示。从光轴上的一点Q发出一条光线与球面MA交于点M,该光线在点M处反射,反射光线的反向延长线与光轴相交于另一点Q'。

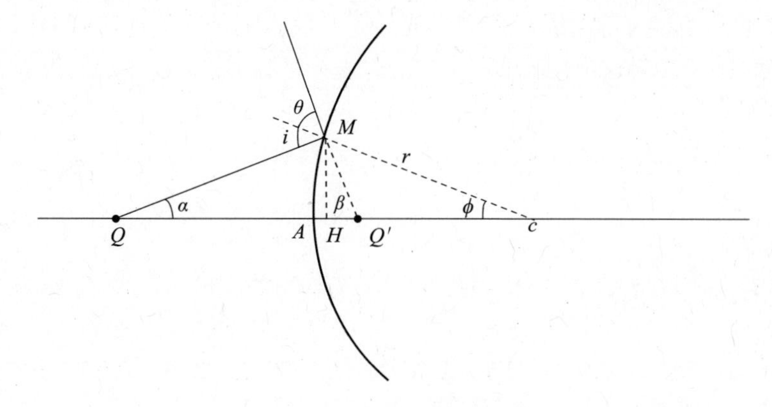

图2.7　光在球面上的反射

设$u=QA, s=-AQ', p=QM, q=MQ'$。在$\triangle QcM$中,由正弦定理可得

$$\frac{u+r}{\sin i}=\frac{p}{\sin\phi} \tag{2.22}$$

在$\triangle Q'cM$中,由正弦定理同样可得

$$\frac{s+r}{\sin\theta}=\frac{q}{\sin\phi} \tag{2.23}$$

根据光的反射定律,$\theta=i$。因此,由式(2.22)、式(2.23)可得

$$\left(\frac{u+r}{\sin i}\right)\Big/\left(\frac{s+r}{\sin\theta}\right)=\frac{u+r}{s+r}=\frac{p}{q} \tag{2.24}$$

在$\triangle QcM$中,由余弦定理可得

$$p^2=(u+r)^2+r^2-2r(u+r)\cos\phi \tag{2.25}$$

在$\triangle Q'cM$中,由余弦定理同样可得

$$q^2=(s+r)^2+r^2-2r(s+r)\cos\phi \tag{2.26}$$

由式(2.24)~式(2.26)可得

$$\left(\frac{u+r}{s+r}\right)^2=\frac{p^2}{q^2}=\frac{(u+r)^2+r^2-2r(u+r)\cos\phi}{(s+r)^2+r^2-2r(s+r)\cos\phi} \tag{2.27}$$

由图2.7可以看出,若给定u和ϕ,则光线QM就给定了。根据式(2.27)可以求得s。若考虑光线QM为近轴光线,即$\phi\ll 1$。在这种情况下,$\cos\phi\approx 1$,代入式(2.27)可得

$$\frac{1}{u}+\frac{1}{s}\approx-\frac{2}{r} \tag{2.28}$$

由式(2.28)可以看出,u和s一一对应,即对于近轴光线的情形,由光点Q发出的光线经球面反射反向延长后与光轴相交于点Q'。此时,点Q'就是物点Q的像点,而且是虚像点。式(2.28)为反射球面的物像距公式,称u为点Q到球面的物距,s为点Q'到球面的像距,由于像点是虚像点,像距s是负数。

令 $s \to -\infty$，则由式(2.28)可得反射球面的物方焦距

$$f_o = -\frac{r}{2} \tag{2.29}$$

式(2.29)表明，对于反射球面的情形，要使反射光为平行光，入射光延长后应相交于球面内距球心 $r/2$ 处。

令 $u \to +\infty$，则由式(2.28)可得反射球面的像方焦距

$$f_i = -\frac{r}{2} \tag{2.30}$$

式(2.30)表明，对于反射球面的情形，若入射光为平行光，则反射光反向延长后应相交于球面内距球心 $r/2$ 处。这个结果与光传播的可逆性原理的结论是一致的。式(2.29)和式(2.30)表明，反射球面的物方焦距和像方焦距相等，其大小均为球面半径 r 的一半，且物方焦点和像方焦点重合，在球面内侧的光轴上。

2.3.2 薄透镜成像公式

在讨论了光在单个球面上的折射和反射成像后，本小节讨论薄透镜成像。薄透镜成像可看作是两个折射球面，如图 2.8 所示，图中直线 $Q_1Q_2Q_3$ 为透镜的主光轴，O 为透镜的光心。

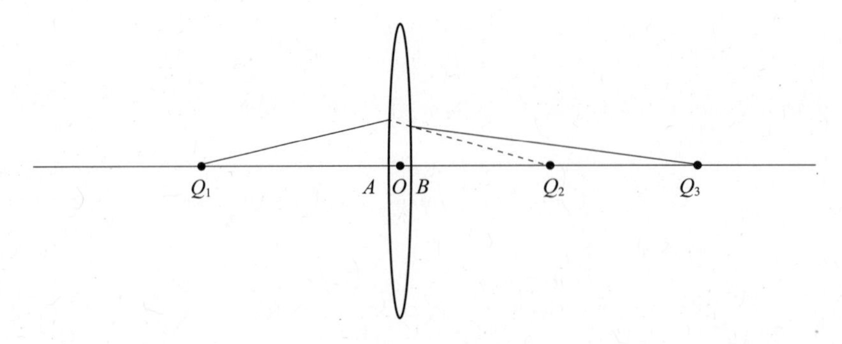

图 2.8 薄透镜成像

设球面 A 的半径为 r_1，球面 B 的半径为 r_2，球面 A 与光轴 Q_1Q_3 的交点为 A，球面 B 与光轴 Q_1Q_3 的交点为 B，O 为线段 AB 的中点。设 $d = AB$，若 d 很小，可忽略不计，则称由两球面构成的光学部件称为薄透镜。薄透镜一般由玻璃制成，设其折射率为 n，薄透镜两边通常是空气，其折射率近似等于 1。

薄透镜成像过程可看作光线经球面 A 和球面 B 两次球面折射后的成像。设物点 Q_1 由折射球面 A 得到的像点为 Q_2，设物点 Q_1 的物距为 $u_1 = Q_1A$，其像 Q_2 的像距 $s_1 = AQ_2$，则由式(2.18)可得球面 A 的物像距公式

$$\frac{1}{u_1} + \frac{n}{s_1} = \frac{n-1}{r_1} \tag{2.31}$$

对折射球面 B 来说，像点 Q_2 是它的物点，但这是一个虚物点。虚物点 Q_2 经折射球面 B 得到的像点为 Q_3，且 Q_3 为实像点。设虚物点 Q_2 的物距为 $u_2 = -BQ_2$，其像点 Q_3 的像距为 $s_2 = BQ_3$，则由式(2.18)可得球面 B 的物像距公式

$$\frac{n}{u_2}+\frac{1}{s_2}=\frac{1-n}{r_2} \tag{2.32}$$

很明显地，$u_2=-s_1$，因此，式(2.31)与式(2.32)相加，可得

$$\frac{1}{u_1}+\frac{1}{s_2}=(n-1)\left(\frac{1}{r_1}-\frac{1}{r_2}\right) \tag{2.33}$$

对于薄透镜而言，点 Q_1 即为薄透镜的物点，点 Q_3 为薄透镜的像点，式(2.33)给出的即为薄透镜物距和像距的关系。令薄透镜的物距 $u=u_1$，像距 $s=s_2$，则式(2.23)化为

$$\frac{1}{u}+\frac{1}{s}=(n-1)\left(\frac{1}{r_1}-\frac{1}{r_2}\right) \tag{2.34}$$

在式(2.34)中，令 $s\to+\infty$，可得薄透镜的物方焦距为

$$f_{\mathrm{o}}=\frac{1}{(n-1)\left(\frac{1}{r_1}-\frac{1}{r_2}\right)} \tag{2.35}$$

同理，令 $u\to+\infty$，可得薄透镜的像方焦距为

$$f_{\mathrm{i}}=\frac{1}{(n-1)\left(\frac{1}{r_1}-\frac{1}{r_2}\right)} \tag{2.36}$$

容易看到，薄透镜的物方焦距和像方焦距相等，统称为薄透镜的焦距 f_1，即

$$f_1=f_{\mathrm{o}}=f_{\mathrm{i}}=\frac{1}{(n-1)\left(\frac{1}{r_1}-\frac{1}{r_2}\right)} \tag{2.37}$$

式(2.37)称为薄透镜的磨镜者公式，它给出了薄透镜的焦距与透镜折射率、球面半径的关系。图2.8所示的薄透镜是由凹面相对的球面 A 和球面 B 组成的，这样的薄透镜称为凸透镜。若薄透镜由凸面相对的球面 A 和球面 B 组成，则称这样的薄透镜为凹透镜。一般来说，球面 A 和球面 B 可由不同半径、不同凹凸方向的球面构成，也可由平面构成，实际使用的薄透镜形式是多种多样的。

值得注意的是，式(2.37)中球面 A 和球面 B 的半径 r_1 和 r_2 可以是正数，也可以是负数，因此计算得到的透镜焦距可能为正数，也可能为负数。若 $f_l>0$，则称为凸透镜或正透镜，反之则为凹透镜或负透镜。根据构成透镜的两个曲面的形状分类，薄透镜可分为如图2.9所示不同形式的凸透镜或凹透镜。

将式(2.37)代入式(2.34)中，得到薄透镜高斯形式的物像距公式

$$\frac{1}{u}+\frac{1}{s}=\frac{1}{f_1} \tag{2.38}$$

式中：u 和 s 为透镜光心到物点和像点的距离，分别称为薄透镜的高斯物距和高斯像距。

设 $x=u-f_1$，则 x 为物方焦点到物点的距离；$y=s-f_1$，则 y 为像方焦点到像点的距离。x 和 y 分别称为薄透镜的牛顿物距和牛顿像距。将式(2.38)化为由 x 和 y 表示的物像距公式为

$$\frac{1}{x+f_1}+\frac{1}{y+f_1}=\frac{1}{f_1} \tag{2.39}$$

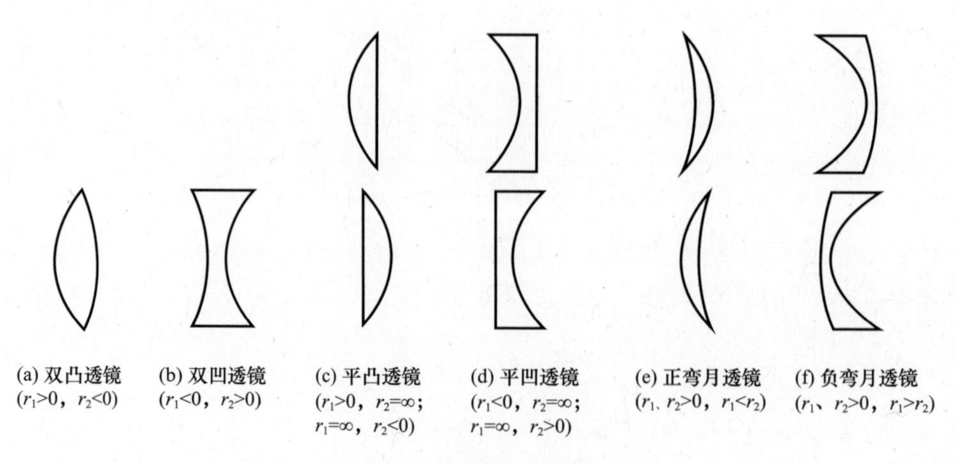

图 2.9 薄透镜的不同形式

进一步化简得

$$xy = f_1^2 \tag{2.40}$$

式(2.40)为薄透镜牛顿形式的物像距公式。

在实际应用中，往往将多个不同的薄透镜组合起来使用。例如，可以将两个薄透镜紧密地靠在一起，将它们黏合起来，构成复合透镜。在这种情况下，只需将式(2.38)应用两次，即

$$\frac{1}{u_1} + \frac{1}{s_1} = \frac{1}{f_1} \tag{2.41}$$

$$\frac{1}{u_2} + \frac{1}{s_2} = \frac{1}{f_2} \tag{2.42}$$

与前面的讨论类似，由于 $u_2 = -s_1$，可得

$$\frac{1}{u_1} + \frac{1}{s_2} = \frac{1}{f_1} + \frac{1}{f_2} = \frac{1}{f_l} \tag{2.43}$$

式中：f_l 为复合透镜的焦距。式(2.43)表明，将两个薄透镜紧密地靠在一起构成复合透镜，复合透镜焦距的倒数等于单个透镜焦距倒数的和。

2.3.3 薄透镜成像的图解法

通常，人们用双箭头线段表示凸透镜，用双箭尾线段表示凹透镜，并通过对光线作图的方法给出经过薄透镜后物体的像，图 2.10 是薄透镜的焦点、焦平面及典型光线的作图。

图 2.10(a)表示凸透镜成像，F_1 为凸透镜的物方焦点，F_1' 为凸透镜的像方焦点。过物方焦点与光轴垂直的平面称为物方焦平面(或第一焦平面，前焦平面)，过像方焦点与光轴垂直的平面称为像方焦平面(或第二焦平面，后焦平面)。由物方焦平面上的一点 P 发出的入射同心光束，经凸透镜后成为出射的平行光束。该出射光束平行于过光心的光线 PO，称过光心的直线 PO 为凸透镜的副光轴。

图 2.10(b)表示凹透镜成像，F_1 为凹透镜的物方焦点，F_1' 为凹透镜的像方焦点。由

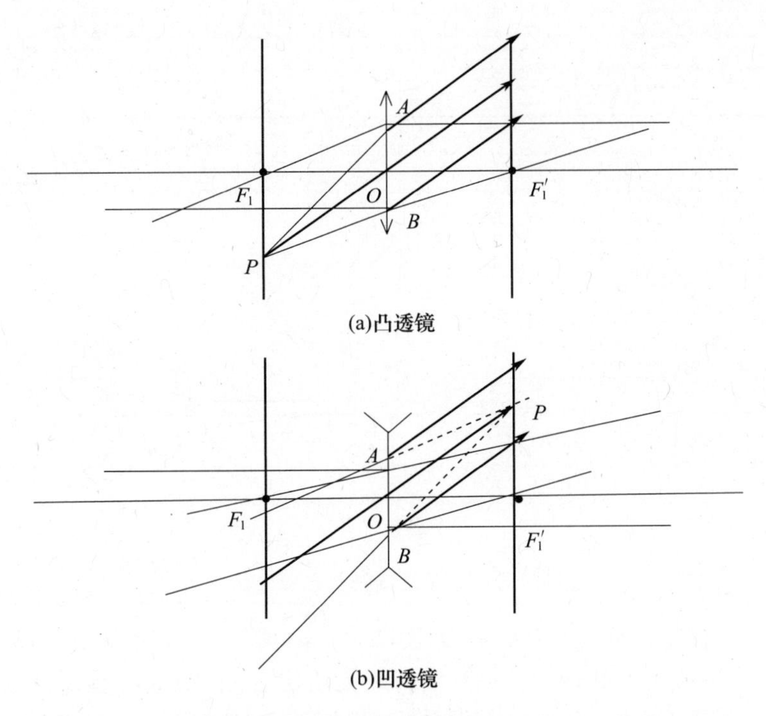

图 2.10 薄透镜的焦点和焦平面

物方发出的入射光线延长会聚于像方焦平面上的一点 P，经凹透镜后成为出射的平行光束。该出射光束平行于过光心的光线 OP，称直线 OP 为凹透镜的副光轴。

由图 2.10 可以看到，通过作图方法可以得到经过透镜后物体的像。对于凸透镜，通过光心的入射光线方向不变，过物方焦点的入射光线经过透镜后平行于主光轴，平行于主光轴的入射光线经透镜后过像方焦点，物方焦平面上一点发出的同心光束经透镜后成为平行光线，任意平行光入射经透镜后会聚于像方焦平面。对于凹透镜，通过光心的入射光线方向不变，延长后过像方焦点的入射光线经过透镜后平行于主光轴，平行于主光轴的入射光线经透镜后反向延长过物方焦点，延长会聚于像方焦平面的入射光线经透镜后成为平行光线，任意平行光入射经透镜后的出射光线反向延长交于物方焦平面。

如图 2.11(a)所示，对凸透镜的情形，为求主光轴外物点 Q 的像，可由 Q 点作过光心的直线 QOQ'。由 Q 再作平行于主光轴的光线 QA，交凸透镜于 A 点，并经透镜后的出射光线 $AF_1'Q'$ 过像方焦点 F_1'，与直线 QOQ' 相交于点 Q'，点 Q' 就是物点 Q 的像。也可由 Q 作过物方焦点 F_1 的光线 QF_1B，交凸透镜于 B 点，并经透镜后的出射光线平行于主光轴，与直线 QOQ' 相交于 Q'，点 Q' 就是物点 Q 的像。凹透镜的情形如图 2.11(b)所示，可由 Q 点作过光心的直线 QOQ'。由 Q 再作平行于主光轴的光线 QA，交凹透镜于 A 点，并经透镜后的出射光线 AD 反向延长过物方焦点 F_1，直线 AD 与直线 QOQ' 相交于点 Q'，点 Q' 就是物点 Q 的像，此时的像点 Q' 为虚像。也可由 Q 作延长过像方焦点 F_1' 的直线 QBF_1'，交凹透镜于 B 点，再由 B 点作平行于主光轴的直线 BE，反向延长与直线 QOQ' 相交于点 Q'，点 Q' 就是物点 Q 的像。若不作过光心的直线 QOQ'，由直线 AD 和直线 BE 反向延长相交，也可得到物点 Q 的像。

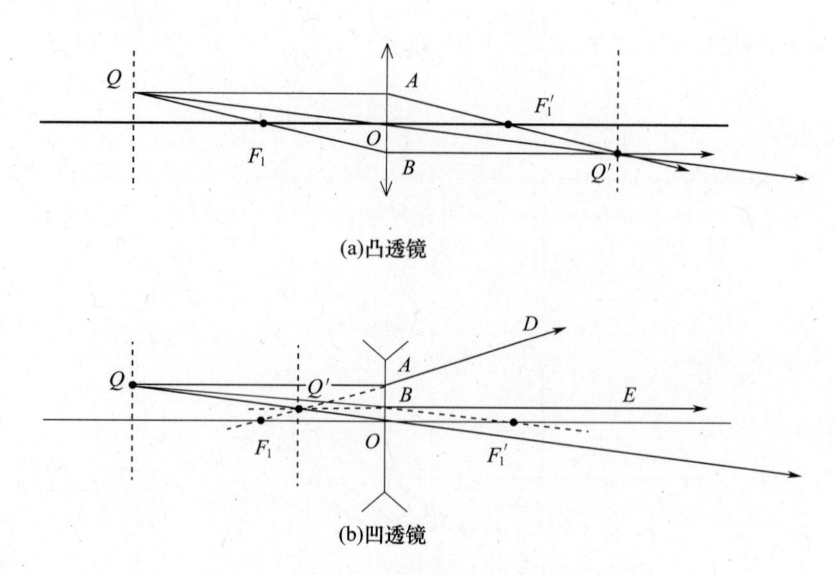

图 2.11 图解法求薄透镜主光轴外物点的像

若物点在主光轴上，对于凸透镜（如图 2.12（a）所示），可由 Q 点作斜上方的光线 QA，并由光心作平行于 QA 的直线 OB，交凸透镜的像方焦平面 BF_1' 于 B 点，连接直线 AB 并延长与主光轴相交于点 Q'，点 Q' 就是物点 Q 的像。对于凹透镜（如图 2.12（b）所示），可由 Q 点作斜上方的光线 QA，并由光心作平行于 QA 的直线 OB，交凹透镜的物方焦平面 F_1B 于 B 点，再由 A 点作光线 AD，其反向延长线过 B 点且与主光轴相交于点 Q'，点 Q' 就是物点 Q 的像。

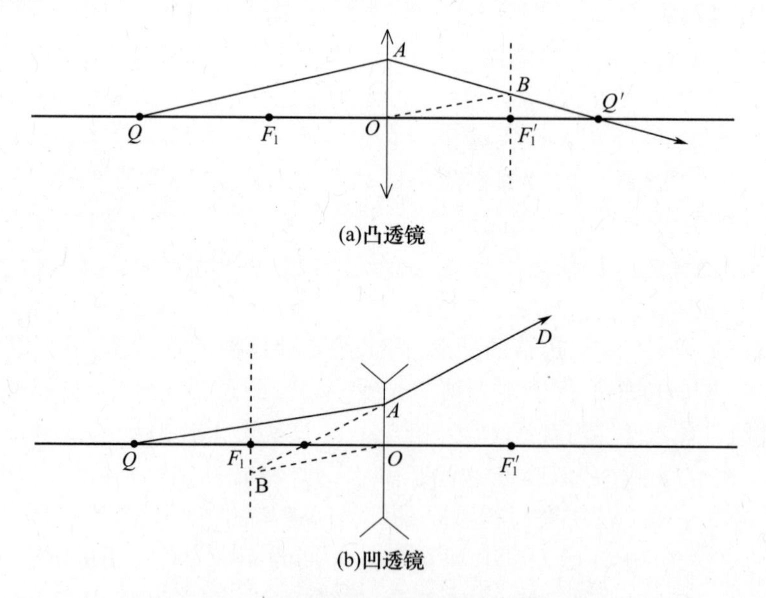

图 2.12 图解法求薄透镜主光轴上物点的像

由上述的作图方法可以得到物点的像，这种图解法形象直观，但与前面讨论的计算方法相比，图解法的准确程度较差。在实际的光学系统中，往往使用多个不同的透镜，这些透镜互相配合，完成特定的光学成像。对于这样由多个透镜所组成的透镜组，可以综合利用理论计算和图解法,以得到所需要的结果。

2.4　光阑

前面介绍了球面光学系统和薄透镜的近轴成像规律,在实际的光学系统中,需要把光束和物限制在近轴范围内才能近似地成像,为此在实际光学系统中引入光阑,用来限制光束和光学视场,从而达到改善成像质量、控制像的亮度和调节景深等目的。

2.4.1　孔径光阑

在实际光学系统中,除了折射镜和反射镜外,往往还放置一些中央开孔的黑色不透明屏,让一定范围的光线通过,这些有孔屏称为光阑[10]。实际上所有光学元件的尺寸都是有限的,只能使一定范围的光线进入光学系统。因此,每一个光学元件边缘就相当于一个光阑。

图2.13为单透镜简单光学相机示意图,透镜边缘、叶片光阑和底片框架都起着光阑的作用。很明显,三者作用不尽相同,可变叶片光阑的大小决定有多少光束参与成像,即限制成像光束的孔径,这种光阑称为孔径光阑(相当于相机光圈)。底片框架的大小限制相机底片所能记录实像的物区范围,即限制相机的视场,这种光阑称为视场光阑。图中A点能够成像,而B点的光束虽然能进入孔径光阑,但由于视场光阑的限制不能成像。由此可见,任何一个光学系统光阑总是存在的,按其作用可分为孔径光阑和视场光阑。孔径光阑是限制物上每一点参加成像光束的大小,它可以控制像的亮度;视场光阑是限制能成像物体的范围,即限制视场。

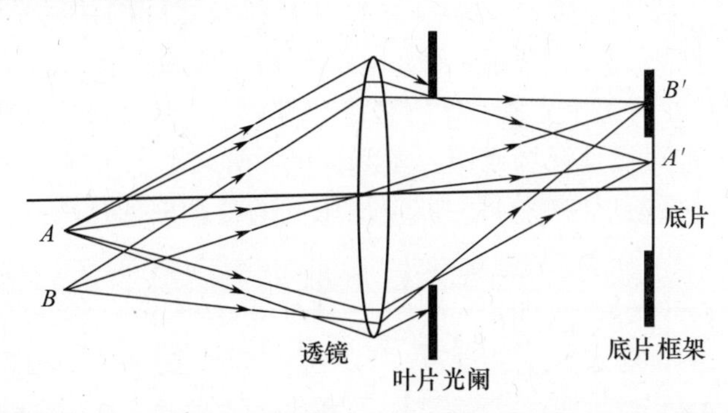

图2.13　相机的孔径光阑和视场光阑

在实际的成像系统中,都有一定数量的光阑。从物点发出的光束通过成像系统时,不同的光阑对此光束的孔径限制的程度不同,其中对光束孔径限制最多的光阑,决定了通过该系统成像光束的大小,这个光阑称为孔径光阑或有效光阑。

决定入射光束大小的孔径称为系统的入射光瞳,简称入瞳。决定出射光束大小的孔径称为系统的出射光瞳,简称出瞳。由于孔径光阑是决定成像光束大小的光阑,所以入瞳、出瞳和孔径光阑是有关系的。从光轴上物的位置看孔径光阑边缘所张的角,实际上决定了入射光束的大小,如果孔径光阑前面有透镜,看到的是孔径光阑对前面系统所成的像,如图2.14(a)所示,这个像就是入瞳,即入瞳是孔径光阑对其前面系统所成的像。

同理,出射光束的大小是由光轴上像的位置看孔径光阑所张的角而决定,如果孔径光阑与像平面之间有透镜,在光轴上像的位置看孔径光阑实际上看到的是孔径光阑对后面系统所成的像,这个像就是出瞳,如图 2.14(b)所示。

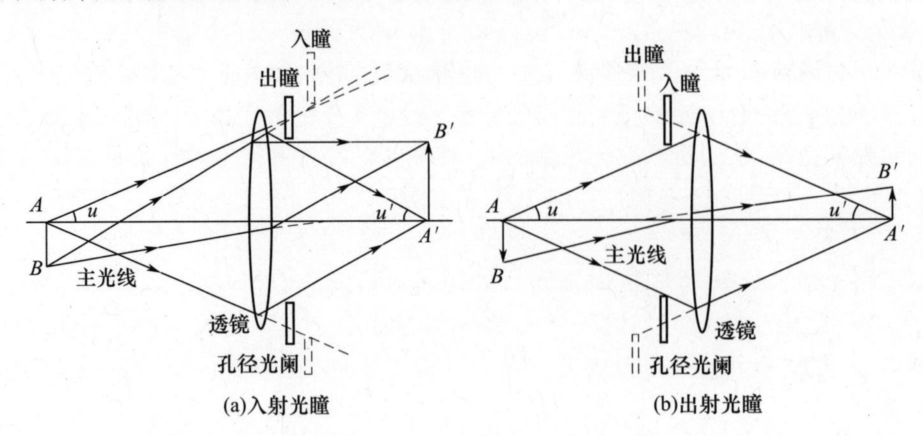

图 2.14 入射光瞳和出射光瞳

2.4.2 视场光阑

孔径光阑确定了在光轴上的物点所形成像点的亮度,透过的光线锥的立体角越大则透过的光通量越大,像就越亮。对于物平面上离开光轴的物点,经过成像系统所形成的像,其亮度还与视场光阑有关。

图 2.15 中,入射光瞳中心 O 与出射光瞳中心 O'对整个成像系统是一对共轭点,若入射光线经过 O,出射光线必经过 O'。轴外共轭点 P 和 P'之间的共轭光束中,通过 O 和 O'的那条共轭光线称为此光束的主光线。当 P 和 P'到光轴的距离增大到图中的位置时,主光线通过光学系统时会与某个光阑 CD 的边缘相遇,离光轴更远的共轭点的主光线将被此光阑所阻断,这个光阑就是视场光阑。主光线 PO 和 $O'P'$与光轴的夹角 ω 和 ω'分别称为入射视场角和出射视场角,物平面上被 ω 所限制的范围称为视场。

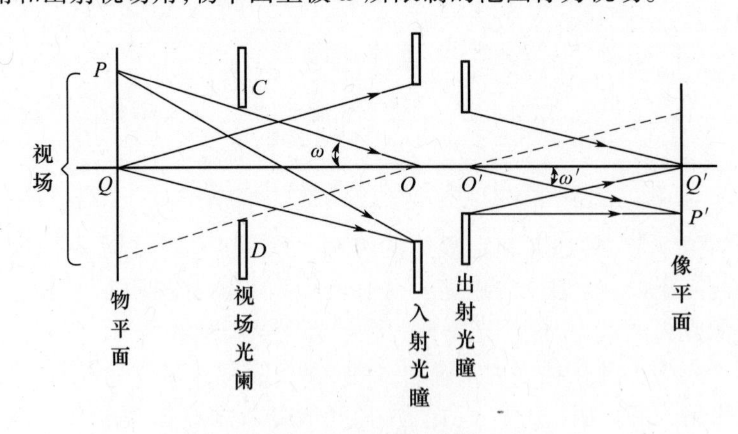

图 2.15 视场和渐晕

实际上并不是只有视场内的物点才能经过光学系统成像。设想某个物点比图 2.15 中的 P 点离轴更加远一点,其主光线虽然被阻断,但仍然有一些光束可以通过光学系统到达像点，不过随着离轴距离的增大，参加成像的光束越来越窄，因而像点也越来越暗，这种现象称为渐晕。事实上在视场边缘以内区域就有渐晕现象了。粗略地估计，可以认为 P' 点的亮度是 Q' 点亮度的一半。如果将视场光阑 CD 放在物平面上，像平面上的渐晕现象会得到抑制。

在光学成像系统中，视场光阑的位置应放置在适当的位置上，它常被放在物平面或像平面上。例如，投影仪的视场光阑放在物平面上，其共轭像在像平面上；照相机的视场光阑放在像平面上，其共轭物在物平面上。望远镜的视场光阑既不放在物平面上，也不放在像平面上，而是放在中间像的平面上，图 2.16 中的 CD 就是望远镜的视场光阑。视场光阑对其前面系统所成的像称为入射窗，简称入窗，对其后面系统所成的像称为出射窗，简称出窗，图 2.16 中的 $C'D'$ 和 $C''D''$ 分别是望远镜的入窗和出窗。

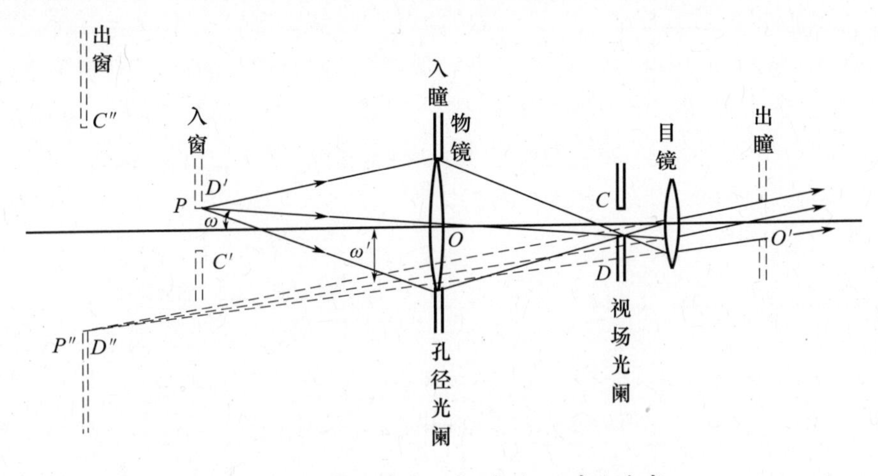

图 2.16 望远镜的入瞳、出瞳、入窗和出窗

2.5 光学像差

近轴光学系统是一种理想的、无像差的光学系统，只有近轴的小物体以细光束成像时才符合。人们都希望光学成像系统能够有如下性能：物方每点发出的同心光束经过光学成像系统后仍保持为同心光束，垂直于光轴的物平面上各点的像仍在垂直于光轴的一个平面上；像平面内单向放大率为常数，能保持像与物之间的几何相似性；像的亮暗层次完全相似。但是，实际的光学成像系统都满足不了以上这些要求，通常将光学系统这种偏离理想成像的现象统称为像差。

事实上，任何一个实际光学系统都有一定的通光孔径和视场，也不可避免地存在像差。因此，物空间的一个物点发出的光束经实际光学系统后，不再会聚于像空间的一点，而是形成一个弥散的像斑。事实上，实际光学系统成像像质的影响因素主要有衍射和像差，即：一是由于光的波动性产生的衍射效应；二是由于光学表面几何形状和光学材料色散产生的像差。

光学系统成像都存在像差，完全消除像差是不可能的，也是没有必要的。光学设计的任务就是把影响像质的主要像差校正到允许的公差范围内，以满足系统的技术性能指标要求。衍射不同于像差，衍射效应在系统通光口径确定后是无法控制的，即使光学系统本身无任何像差,点光源的像也不是一个几何点,而是一个弥散斑(这是光学系统的衍射问题,将在第3章详细论述)。

单色光会产生性质不同的5种像差[11],即球差、彗差、像散、场曲和畸变,这五种像差统称为单色像差。球差是球面不能理想成像产生的,共轴球面系统轴上光束成像只有球差,没有其他4种像差。轴外光束成像不仅存在球差,还存在彗差、像散、场曲、畸变等轴外像差。

2.5.1 球差

当透镜孔径较大时,光轴上一物点发出的同心光束经共轴球面光学系统后,不再是同心光束,不同入射高度或孔径角的光线将与光轴相交于不同位置,交点位置相对于近轴理想像点的轴向偏离称为轴向球差,简称球差。球差是最容易理解的一种像差,由于不同孔径角的光线的会聚点将在光轴上不同位置,在理想像平面上得不到点像,而是一个圆形的弥散斑,像斑的半径称作垂轴球差,如图2.17所示。因此,在有球差的光学系统后面,如果在一个垂直于光轴的平面上来观察,光线将形成一个圆斑,且随着观察平面的移动,圆斑的大小也在变化。在某一观察平面位置上,可以找到一个最小的圆斑,称为最小模糊圆。

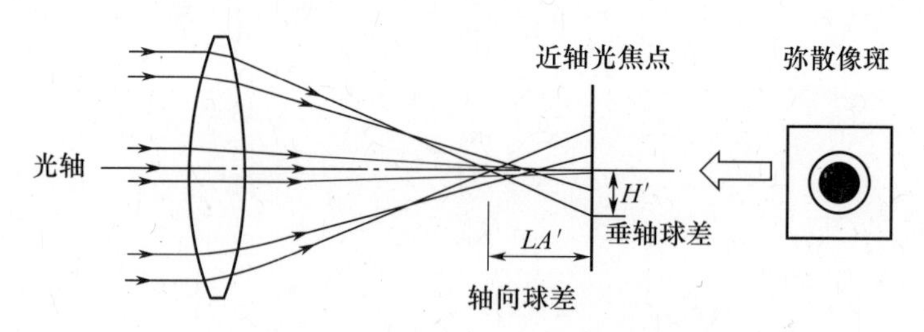

图2.17 球差及其形成的弥散像斑

通常用平行的入射光线确定球差,近轴光线的焦点在轴向球差 δL 可表示为

$$\delta L = L' - l' \tag{2.44}$$

式中:L'为实际光线的像距,l'为近轴光线的像距。$\delta L > 0$ 表示正球差,空气中凸透镜的球差为正球差;$\delta L < 0$ 表示负球差,空气中凹透镜的球差为负球差。由于凸透镜和凹透镜的球差有相反的符号,把凸凹两个透镜胶合起来,组成一个复合透镜,可减小球差。

球差只与孔径有关,即球差仅是入射光线高度或孔径角的函数。物在无限远时,轴向球差可用高度 h_1 的幂级数展开表示为

$$LA' = A_1 h_1^2 + A_2 h_1^4 + A_3 h_1^6 + \cdots \tag{2.45}$$

球差具有轴对称性,幂级数展开式中不存在 h_1 的奇次项。幂级数展开式中没有常数项,其第一项称为初级球差,第二、三项分别称为二级球差、三级球差。二级以上球差为高级球差,孔径较大时高级球差才起作用。大部分光学系统二级以上球差很小,可以忽略,球差的幂级数展开式可只取前两项。孔径较小时,主要考虑初级球差。

2.5.2 彗差

在消球差系统中,由靠近光轴的物点发出的大孔径光束,经过光学系统后不能会聚

成一点,而是在理想像平面上成一锥形弥散斑,其形状像拖着尾巴的彗星,称为彗差。用放大镜对太阳光聚焦时只要把放大镜倾斜一些,将看到聚焦的光点散开成彗星状的弥散斑,这就是彗差。如图 2.18所示,一束平行光经过透镜成像,理想情况下,该束光线应该聚焦于透镜的像方焦平面。但是,由于偏离主光线的上边光、下边光会在主光线像点处垂直于光轴的平面内形成一系列圆周,但这些圆周不是同心圆,偏离主光线越远,圆周半径越大,这样就形成了如彗星般的弥散光斑。

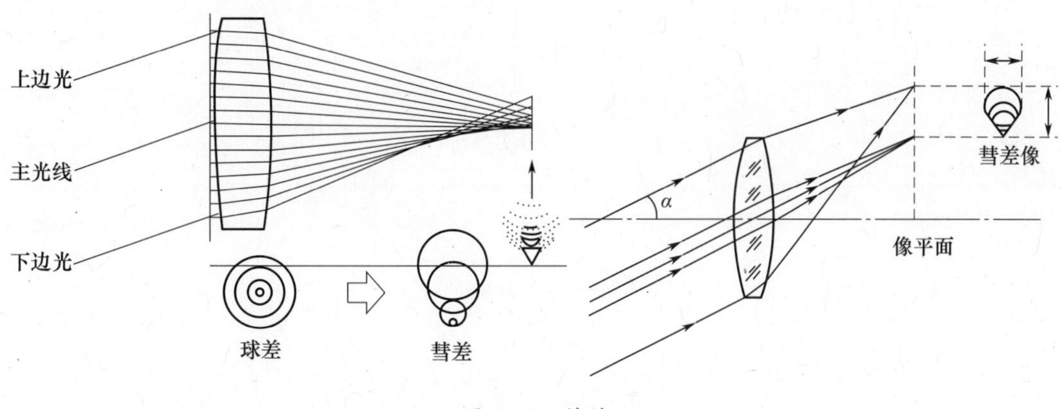

图 2.18 彗差

2.5.3 像散和像场弯曲

工程光学中,通常将轴外点发出的光束中通过入瞳中心的光线称为它的主光线,主光线与光轴构成的平面称为子午面,包含主光线并与子午面垂直的平面称作弧矢面,如图 2.19 所示。对于共轴球面系统,其轴上点发出光束的主光线始终与光轴重合,光束始终保持相对于光轴的对称性。

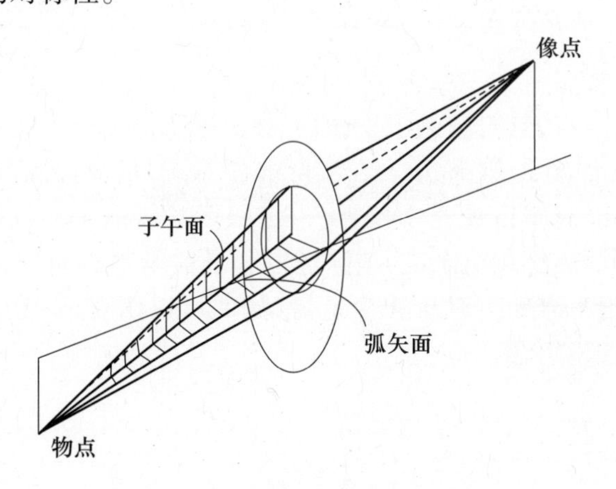

图 2.19 子午面和弧矢面的定义

1. 像散

像散与彗差相似,是不在轴上的物点成像时引起的像差,两者不同之处在于彗差是把一个点的像在垂直于光轴的平面内扩展成彗星形状,而像散则是沿轴的方向扩展一个点的像。如图 2.20所示,轴外点光源 P 经过透镜后出射光束不再是同心光束,而是像散光束,它不能会聚成一个点像,该像散光束的截面呈椭圆形,在 T 和 S 处椭圆退化为直线，T 处为子午焦线，S 处为弧矢焦线，在两焦线之间有一处光束的截面呈圆形，称为最小弥散圆，即成像最好的位置。

T' 和 S' 分别为子午焦线和弧矢焦线在光轴上的投影，T' 与 S' 之间的距离称为像散差。像散差越大，像散现象越严重；像散差越小，子午焦线和弧矢焦线越靠近。在无像散时，子午焦线和弧矢焦线长度为零并相互重合，此时的光束为同心圆。

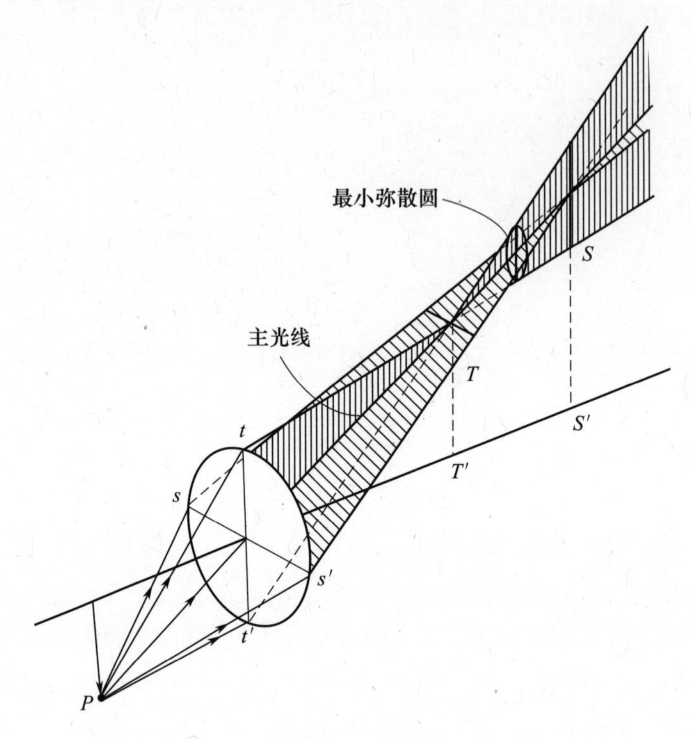

图 2.20 像散

2. 像场弯曲（场曲）

对于物平面上的各点，其对应的子午像面、弧矢像面和最小弥散圆像面是曲面，称为像场弯曲，简称场曲，如图 2.21 所示。在实际光学系统，场曲导致物平面的轴上点和轴外点不在一个像平面。对于目视光学仪器，一定限度的场曲是允许的，因为人眼可以适应它。但对于大视场的遥感相机来说，消除像散和场曲是很必要的，否则感光 CCD 需要制作成曲面状安装，很不方便。对于单个透镜，场曲可以用在适当位置放置光阑来交易改善，消像散则需用透镜组合。

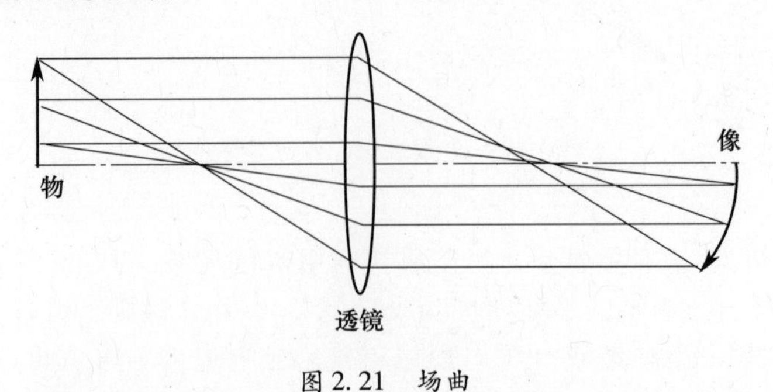

图 2.21 场曲

2.5.4 畸变

当物体发出的光线与光轴构成大角度时,即使是狭窄的光束,由于物体上离轴不等距的各点单向放大率不同,形成的像也会存在偏差,这种偏差称为畸变。若放大率随离轴的距离增大而减小,则得到的像会发生负畸变(桶形畸变);若放大率随离轴的距离增大而增大,则一个正方形网状物体的像将发生正畸变(枕形畸变),如图 2.22 所示。

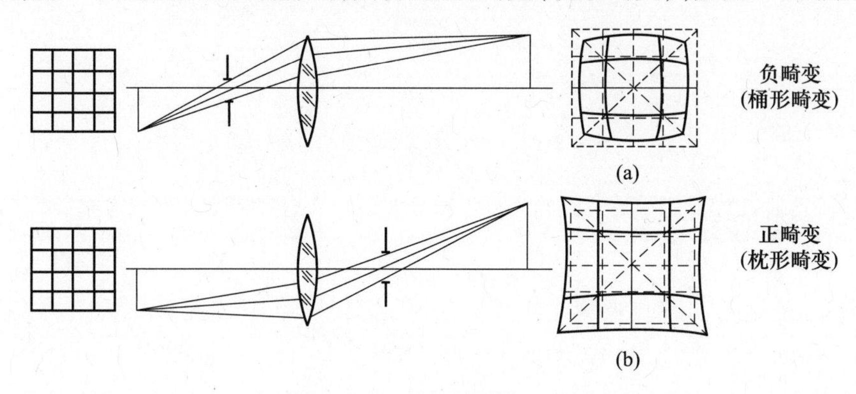

图 2.22 畸变

2.5.5 色差

由于光学材料的折射率与波长有关,一束平行的白光入射到凸透镜上时,在像方空间可得到一系列彩色的焦点,如图 2.23 所示,在光轴上有红、橙、黄、绿、青、蓝、紫色的焦点。

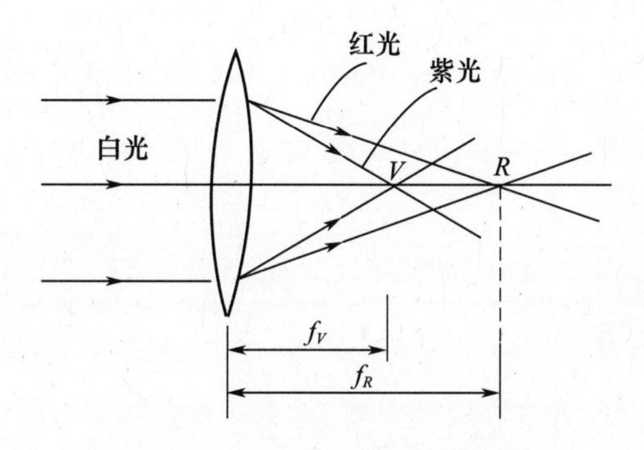

图 2.23 色差形成彩色的焦点

因折射率不同而导致成像位置和放大倍率的差异,称为色差。色差分为两种,如图 2.24所示,不同色光成像位置差异的像差称为位置色差,这是由于透镜的焦距随光的颜色而变化,使得光轴上各色像的位置不同,在光轴上的各色像间呈现不同的水平距离差,因此位置色差也称轴向色差或纵向色差。不同色光的横向放大率也不相同,各色像高度存在垂直距离差,这种像差称为倍率色差或横向色差。

单个透镜的色差现象是无法消除的,将两种不同材料的透镜胶合起来可以消除色差。例如,把冕牌玻璃的正透镜和火石玻璃的负透镜胶合在一起,可以组成一个消色差透镜。

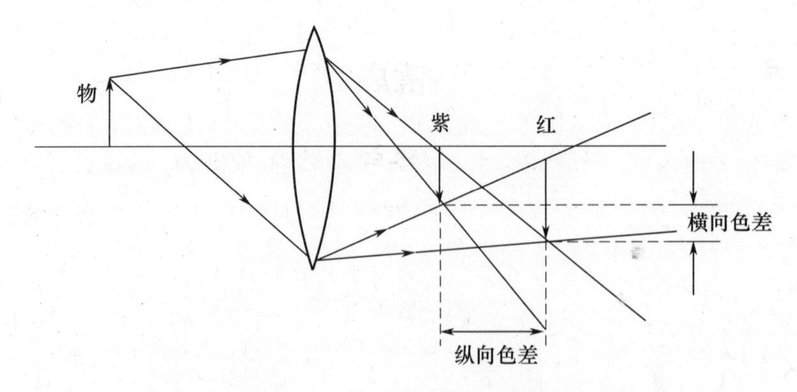

图 2.24 纵向色差和横向色差

2.6 光学望远镜

光学望远镜是帮助人眼观测远距离物体的工具，通常由物镜和目镜组成，主要用于目视观测。望远镜最早是由荷兰眼镜商 Lippershey 于 1608 年发明的。1609 年，意大利天文学家伽利略制成一架望远镜，如图 2.25 所示，物镜是会聚透镜，目镜是发散透镜。伽利略用它来观测月亮、太阳、恒星和银河系，发现了木星的卫星，并测定了太阳黑子周期。1611 年，德国天文学家开普勒制作了物镜和目镜均采用凸透镜的光学望远镜，称为开普勒望远镜，如图 2.26 所示，其特点是目镜采用凸透镜，观测物体呈倒像。

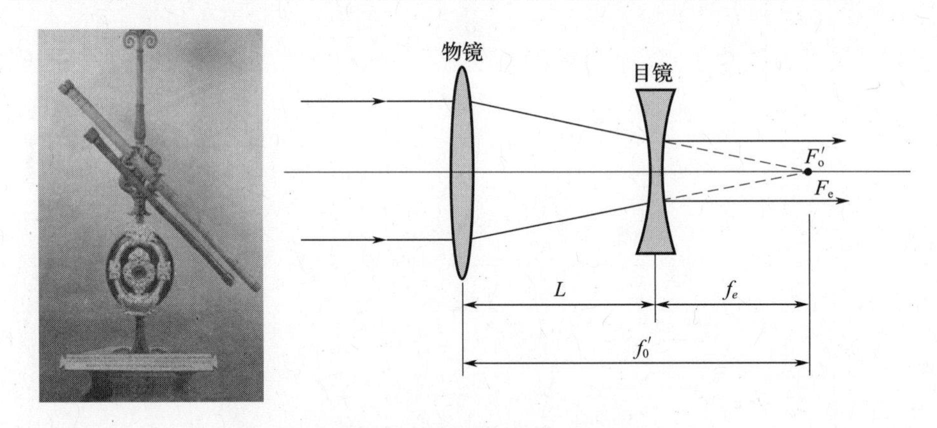

图 2.25 伽利略望远镜及其结构图

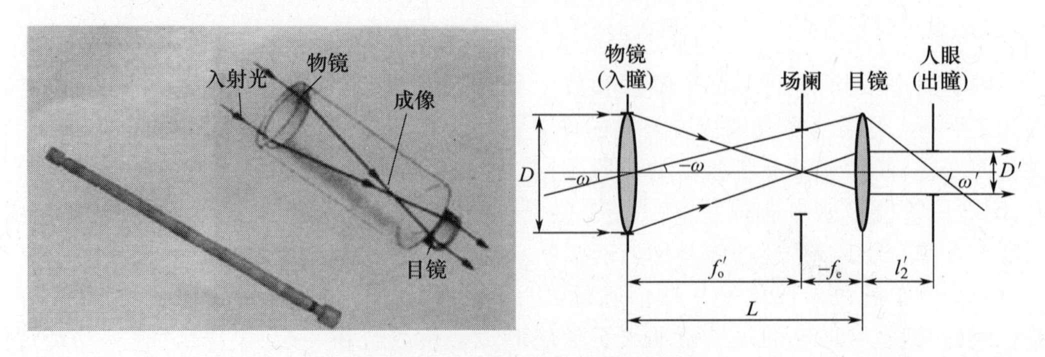

图 2.26 开普勒望远镜及其结构图

2.6.1　望远镜的光路

几何光学意义上的望远镜系统是指入射光和出射光均为平行光的光学系统。光学望远镜的典型光路如图2.27所示，望远镜物镜将无穷远处物体发出的光会聚在其像方焦平面上，成倒立的实像，然后经目镜把该实像放大，实像同时位于目镜的物方焦平面处，成像于无穷远，人眼透过目镜就能观察到物体的像。

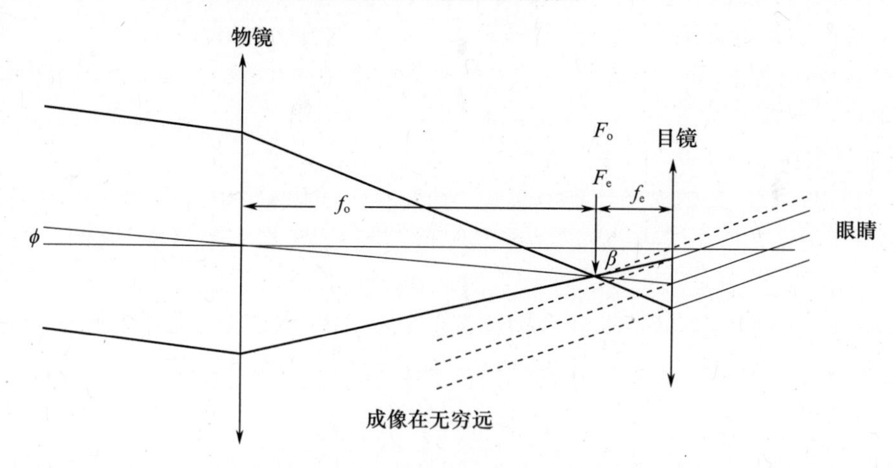

图2.27　光学望远镜的光路

用光学望远镜观察不同位置的物体时，只需调节物镜和目镜的相对位置，使中间实像落在目镜物方焦面上，这就是望远镜的“调焦”。光学望远镜的调焦方式分为外调焦和内调焦两种，外调焦是通过调节分划板和目镜的位置实现的，而内调焦是通过调整物镜和目镜之间的一个调焦凹透镜的位置来实现的，如图2.28所示。

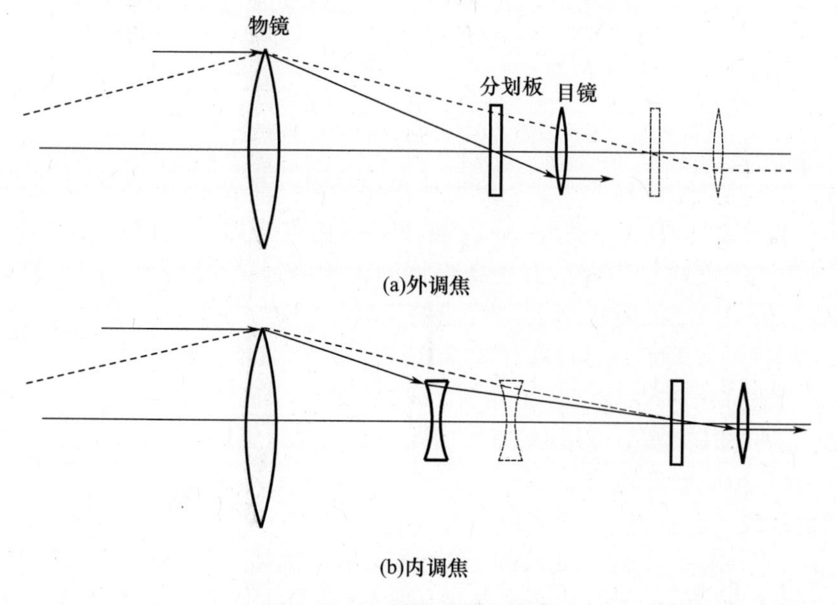

图2.28　光学望远镜的调焦

2.6.2 望远镜的光学系统

望远镜的光学系统根据其光路结构大体上可分为折射系统、反射系统和折反射系统[11]。一般来说,折射系统不需要镀膜,一次性使用的寿命长。但由于透射材料体量的限制,口径不可能做得很大,一般折射系统的物镜直径不超过500mm。历史上研制的大型折射望远镜口径达到1m以上,由于造价过于昂贵又太重,且折射系统存在色差,现在已经退出潮流。反射系统除了尺寸可以做得较大外,还有不存在色差的优点,其缺点是需要定期镀膜,且反射面由于重力和温度变化等因素造成的变形对光程的影响较大,造成光学像质的下降。

1. 折射系统

小型目视科普望远镜多采用折射系统,大体上分为伽利略望远镜和开普勒望远镜两类,伽利略望远镜无实焦平面,成正立虚像;开普勒望远镜有实焦平面,成倒立实像。折射系统的物镜类型,直径小于50mm的一般采用双胶合物镜,直径大于50mm的一般采用双分离物镜,如图2.29所示。双胶合物镜有3个折射面,光学设计可校正球差、彗差和色差,双分离透镜有4个折射面,能更好地校正像差。物镜的焦比一般不大于7,视场在3°左右。

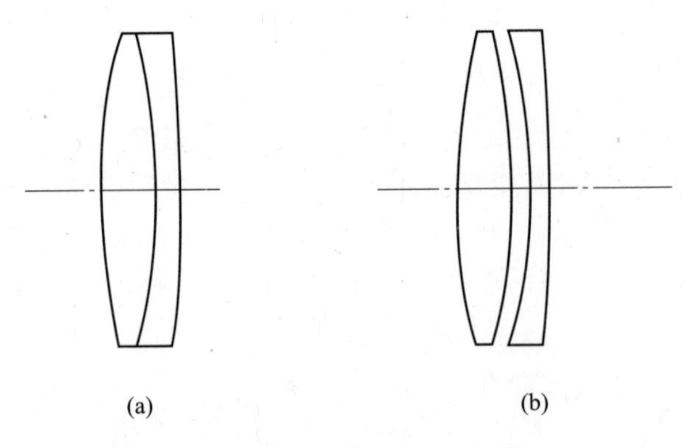

图2.29 双胶合物镜和双分离物镜

口径稍大的科普望远镜或专业望远镜多采用物镜焦点成像,用CCD作为接收器来记录观测物体,如图2.30所示。图中,CCD置于物镜的像方焦平面,无穷远处物体经物镜后成像在像方焦平面的CCD上。与配备目镜的光学望远镜相同,通光口径越大,望远镜分辨率越高、光能量越强,视场越大则观测的天区范围越大;所不同的是:配备目镜的光学望远镜强调视觉放大率,这与其内部的物镜组、目镜组的焦距之比有关,而采用CCD的望远镜则强调底片比例尺,这与焦距有关。若需要更大的物像,可在CCD后加一级转像镜进行放大(图2.31);实际应用中,有时需要在平行光路中放置滤光器和光栅,则可以加准直镜,最后用成像镜成像(图2.32)。

2. 反射系统

常用的反射系统有主焦点望远镜、牛顿式反射望远镜、卡塞格林望远镜和格雷戈里望远镜。如图2.33所示,主焦点系统多采用抛物面,相对口径一般在1/5~1/2.5,光学视场只有几个角分。

牛顿式反射望远镜是牛顿于1668年首先研制成功的,采用球面主镜,口径为2.5cm,

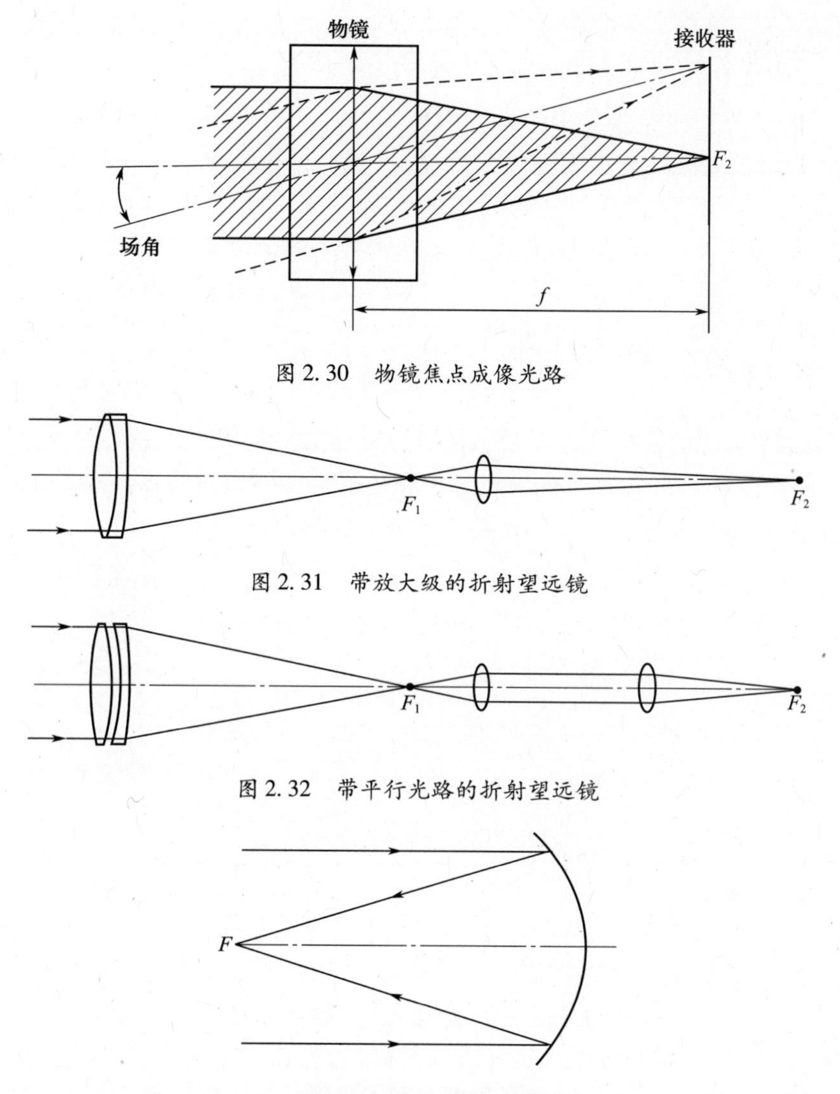

图 2.30　物镜焦点成像光路

图 2.31　带放大级的折射望远镜

图 2.32　带平行光路的折射望远镜

图 2.33　主焦点望远镜

镜筒长 15cm,其光路中采用一块 45°反射镜将焦点置于镜筒之外,以便于放置接收器进行观测,如图 2.34所示。如此短小的望远镜观测效果,竟然能抵得上当时 2m 长的折射望远镜。由于牛顿式反射望远镜采用凹面反射镜作为物镜,而凹面镜可以用金属材料制造,从而突破了口径的瓶颈。因此,牛顿式反射望远镜的发明是望远镜技术发展里程中的一次重要飞跃。

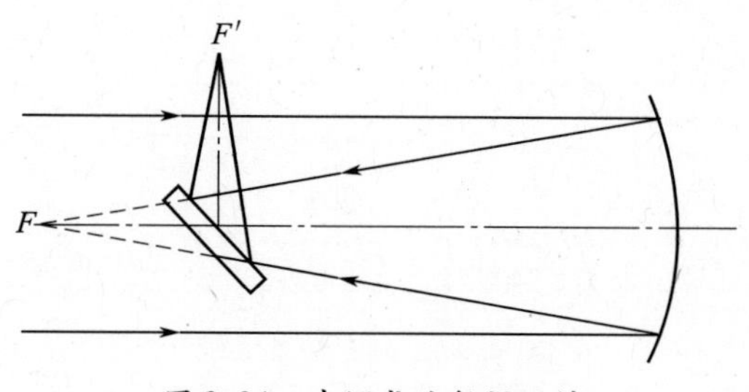

图 2.34　牛顿式反射望远镜

卡塞格林望远镜是最常用的天文望远镜光学系统，如图 2.35 所示，一般采用抛物面作为主镜、双曲面作为副镜，视场为 9′，能消除球差，其特点是焦距较长，底片比例尺较大。

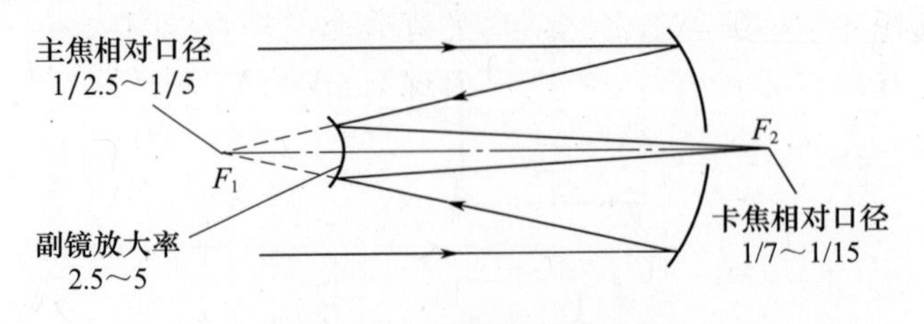

图 2.35 卡塞格林望远镜

格雷戈里望远镜的结构和性能与卡塞格林望远镜类似，如图 2.36 所示，但它有实主焦点，可在此设置视场光栏或可切换的主焦点接收器。因焦面附近的结构温度很高，所造成的气流和空气折射率不均会严重影响像质，所以要加以冷却。

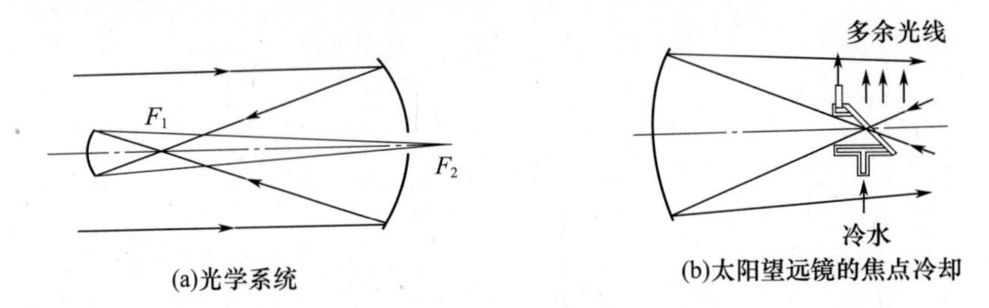

图 2.36 格雷戈里望远镜

3. 折反射系统

目前常用的折反射望远镜是施密特望远镜和马克苏托夫望远镜。施密特望远镜是最常用的大视场望远镜，最大视场可达 5°×5°。如图 2.37 所示，施密特望远镜的结构特点是前端采用一块非球面改正镜，主镜为球面镜，在球心位置设置孔径光阑，这种特殊结构使得焦平面上各处像点具有成像对称性，因而轴外像差很小。施密特望远镜的缺点是镜筒较长，焦平面接收器必须置于镜筒内部，操作较麻烦。最大的施密特望远镜在德国陶登堡史瓦西天文台，改正镜直径为 1.34m，球面直径为 2m，焦距为 4m，光学视场为 3.4°×3.4°。

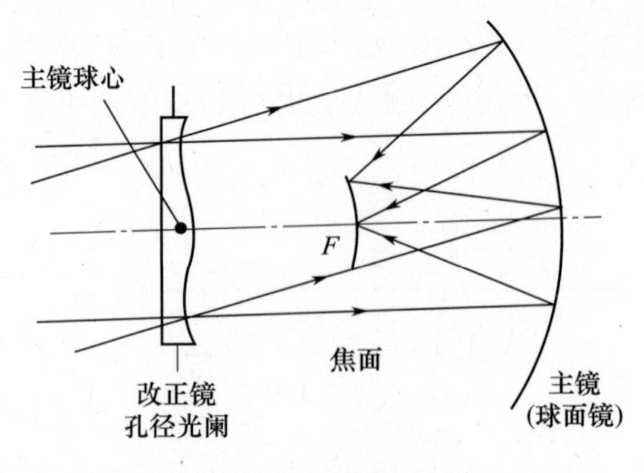

图 2.37 施密特望远镜

图2.38所示的马克苏托夫望远镜是另一种折反式大视场望远镜,其结构特点是前端采用一块较厚的双球面改正镜,称为弯月镜,主镜仍为球面镜,可消除球差、色差和彗差。世界上最大的马克苏托夫望远镜的弯月镜直径为700mm,球面直径为980mm,焦距为2.1m。马克苏托夫望远镜同施密特望远镜有类似的特点:焦平面弯曲,且处于镜筒内部。与后者相比,其优点是镜筒短,弯月镜为球面,容易加工;而缺点是弯月镜较厚、较重,视场稍小。

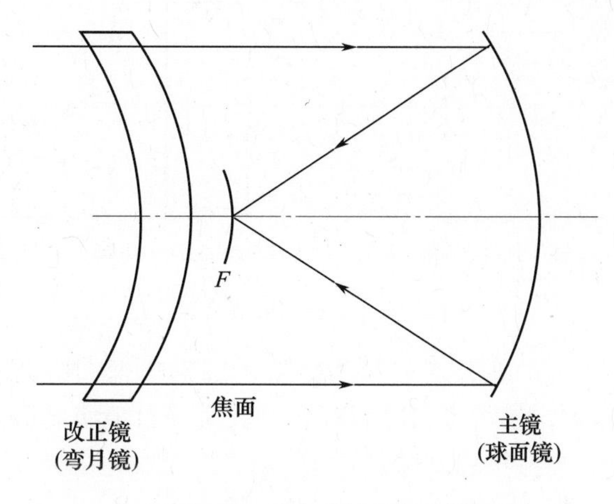

图2.38 马克苏托夫望远镜

2.6.3 望远镜的视场、孔径和放大率

光学视场和孔径是光学望远镜的两个重要概念,如果将光学望远镜系统的物镜看作是一块没有厚度的薄透镜,则很容易区分视场和孔径。如图2.39所示,视场是从镜头中心出发向观测物体张开的角度,表示可以观测的范围;孔径是从物面(或像面)上的一点出发向镜头张开的角度,表示成像光束的粗细(即反映光能量的集中程度)。

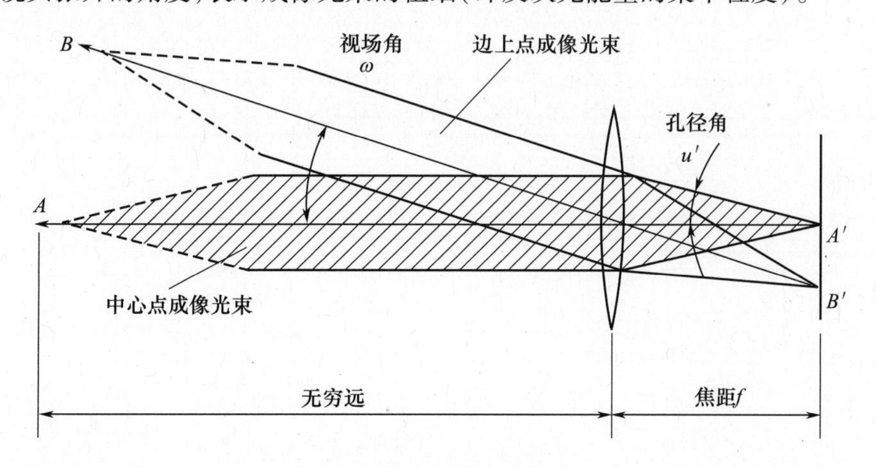

图2.39 视场和孔径

实际光学系统都有一定的厚度,而且结构较为复杂。如图2.40所示,设物面中心点A经光学系统成像于A',其成像光束受限制的最小的圆为P,称为孔径光阑,P经系统前部的像P',称为入瞳,经后部的像为P'',称为出瞳,显然所有通过孔径光阑的光线必定都

通过入瞳和出瞳，入瞳和出瞳互为物像关系。对于边缘的物点 B，通过入瞳的光线可能不能完全通过孔径光阑和出瞳，称为渐晕，但对于一个设计得较好的光学系统，渐晕程度不应该很大。

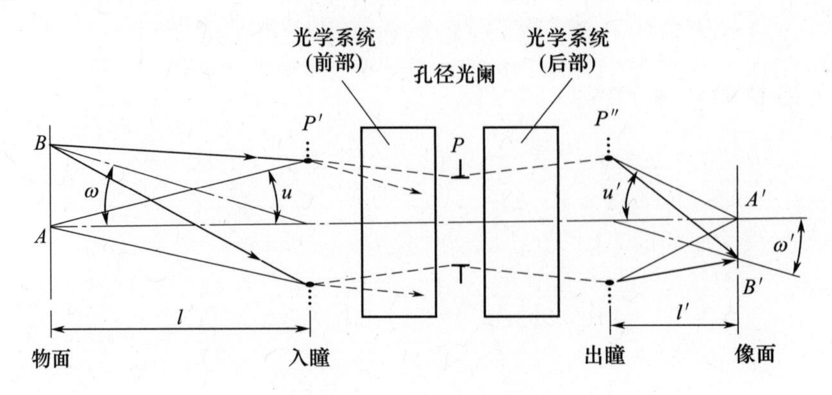

图 2.40 孔径光阑和光瞳

一般来说，光学望远镜的孔径光阑选为物镜的圆形边框，其入瞳即为物镜本身。由于望远镜的物镜焦距比目镜长得多，其出瞳（孔径光阑经目镜所成的像）比较靠近第二透镜的后焦点。入射光束中经过入瞳（第一透镜）中心的光线为主光线，主光线与光轴的夹角 ω 即为物方视场角。

如图 2.41 所示，此主光线经第二透镜后的出射光线为 CP，CP 与光轴的夹角 ω' 即为像方视场角。在近轴光路的条件下，由图中的相似三角形关系，求得像方视场角与物方视场角之比，即光学望远镜的角放大率为

$$\gamma = \frac{\omega'}{\omega} \approx \frac{\tan\omega'}{\tan\omega} = -\frac{H_1H_2}{H_2P} = -\frac{f_1}{f_2} \tag{2.46}$$

式(2.46)说明光学望远镜的角放大率为常数，其绝对值等于物镜与目镜的焦距之比，负号表示从光轴到光线转过角度的方向是相反的，即图 2.41 所示的光学望远镜系统成倒立的实像。通过望远镜进行观测时，人眼对观测像的张角与直接观测时人眼对物体的张角之比称为望远镜的视觉放大率，近似等于望远镜的角放大率。

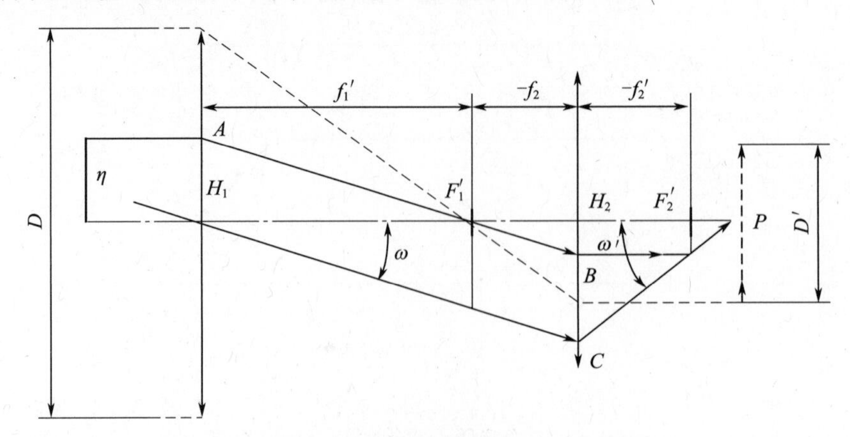

图 2.41 望远镜光路的角放大率

若用光学望远镜系统对任意有限远处高度为 η 的物体进行成像，显然其像的高度 η' 与物的高度之比为

$$\beta = \frac{\eta'}{\eta} = -\frac{f_2}{f_1} = \frac{1}{\gamma} \tag{2.47}$$

2.6.4 望远镜的机架形式

光学望远镜多采用两轴式机架[11]，即两根机械轴和一根光轴相互串联，通过一定结构连接成一个整体，使得前者可以带动后者一起旋转。望远镜机架上最主要的结构就是这两根旋转轴，其次是传动系统及其转动传感器(码盘)。望远镜机架是决定其稳固程度的主要因素，而机架上轴系的精度及传动系统的性能是关系到望远镜指向精度和跟踪精度的决定因素。

1. 赤道式机架形式

如图 2.42 所示，赤道式望远镜机架的赤经轴指向北极，赤纬轴与其垂直，在赤经轴上通常有恒动(即转移钟)，可以抵消地球自转，对观测恒星非常有利。因此，在空间目标观测中，赤道式望远镜主要用来观测高轨和地球同步轨道的空间目标。赤道式望远镜的缺点是，在极区有跟踪盲区，且由于要求赤经轴指向北极，望远镜需要根据测站位置调整定制，不能随意将望远镜安装到其他测站。

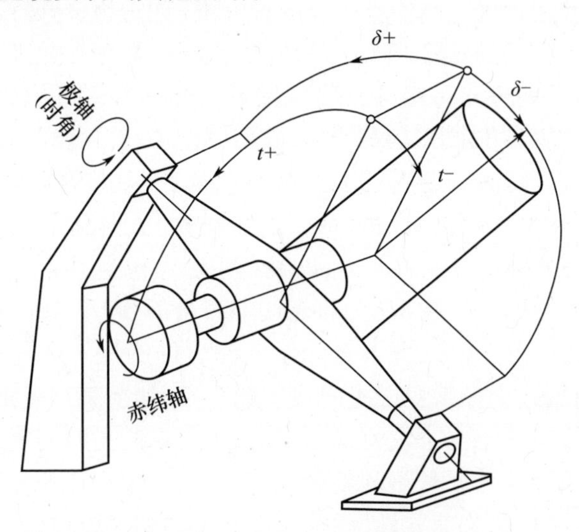

图 2.42 赤道式望远镜机架

2. 地平式机架形式

如图 2.43 所示，地平式望远镜机架的两个轴是方位轴和高度轴，安装在这两个轴上的码盘可以测量目标的方位角和俯仰角，其机架结构比较紧凑，体积小，受力状况好。因此，地平式望远镜的质量较轻，特别适合于大型望远镜。但地平式望远镜的最大缺点是在天顶附近有跟踪盲区。

3. 水平式机架形式

如图 2.44 所示，水平式望远镜机架的两个轴是水平经轴和水平纬轴，水平经轴指向地平正北，水平纬轴与其垂直，其跟踪盲区在南点和北点附近。

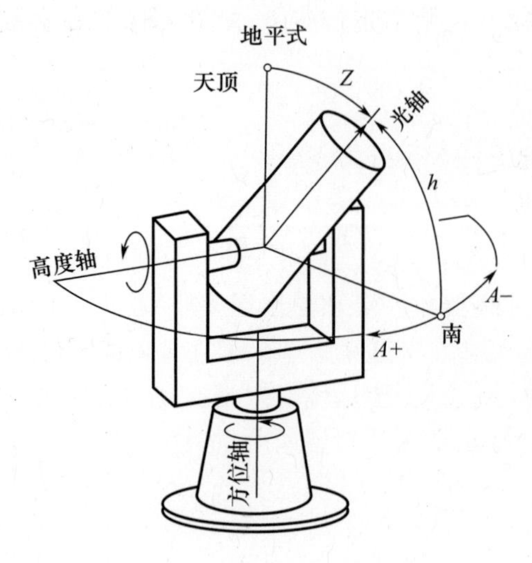

图 2.43 地平式望远镜机架

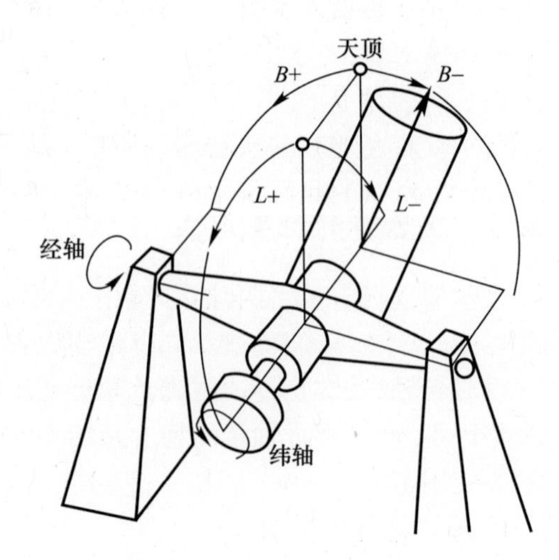

图 2.44 水平式望远镜机架

2.6.5 望远镜轴系转动对像场的影响

望远镜观测天区是一个二维平面，平面内的方向可以用天区中任一方向（如北天极的方向）来定义。不管望远镜光路中有多少成像元件（如透镜、球面镜或平面镜），每经过一个元件都会产生观测天区的像，即像场，每一个像场中都存在北天极的像。因此，在后方光路中只要考察北天极的方向就可以确定像场的方向。理想的情况是从望远镜获得的像场（包括方向和位置）相对于观测者或接收器固定不动。这样，观测过程中的图像既不会旋转，也不会晃动。解决像场旋转的办法有两种：一是将接收器放在可控的转台上随动观测；二是在光路中加多夫棱镜进行补偿。像场的方向确定后，其位置就可以用任意一点来确定，通常用光轴经过的那一点，即视场中心点作为参考点。

一般来说，成像光路均为线性系统，即光线经过此系统后，图像不会发生扭曲，只可能发生缩放、旋转或镜对称变换。直角坐标系成像后仍然是一个直角坐标系，但可能成为镜对称的（例如，右旋式坐标系变成左旋式坐标系）。如果某一光路内部元件之间是相对固定的，并且输入的“物”相对于它也是固定的，则无论此光路的复杂程度如何，输出图像也必定是相对固定的，即与该光路的整体运动无关。对于上述内部相对固定的光路，如果输入的“物”相对于它作匀速旋转，则输出图像也会相对旋转。

为了分析望远镜像场旋转，需要先确定与镜筒相对固定的一个参考方向。当望远镜的第二轴向北转动时，光轴在天球上行进的方向可用一个矢量表示，该矢量及其在望远镜光路中所成的像定义为仪器北。

习 题

1. 什么是光程？试用费马原理证明光的反射定律和折射定律。
2. 几何光学成像过程中存在哪些像差？
3. 如图所示，由光源 S 发出的 $\lambda=600\text{nm}$ 的单色光，自空气射入折射率 $n=1.23$ 的一层透明物质再射入空气中。若透明物质的厚度 $d=1.0\text{cm}$，入射角为 $\theta=30^\circ$，且 $SA=BC=5.0\text{cm}$。求：

(1) 折射角 θ_1 为多少？

(2) 此单色光在这层透明物质里的频率、速度和波长各为多少？

(3) S 到 C 的几何路程和光程分别为多少？

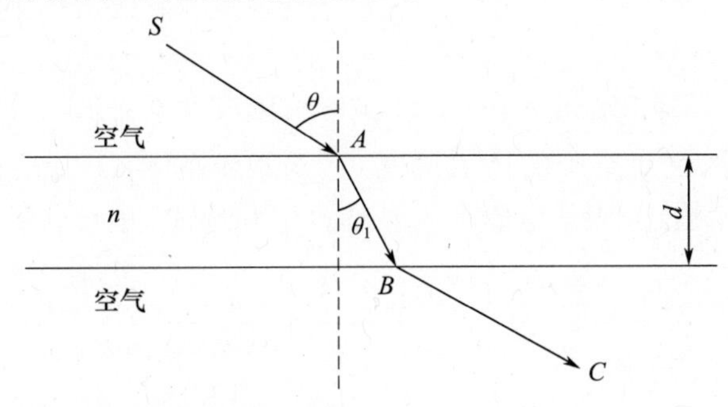

4. 利用球面折射公式推导薄透镜成像公式。
5. 简述光学望远镜的光路及工作原理。
6. 如何计算光学望远镜的放大率？
7. 简述光学望远镜的结构形式，不同结构形式有何特点？
8. 简述光学望远镜的机架形式，不同机架形式有何特点？
9. 什么是孔径光阑和视场光阑？
10. 什么是光学望远镜的内调焦和外调焦？
11. 说明薄透镜成像的物、像虚实判别方法。
12. 如何选购光学望远镜？
13. 赤道仪装置的作用是什么？

第3章　波动光学基础

光是频率极高的一种电磁波，可见光的频率范围为 $3.9 \times 10^5 \sim 7.7 \times 10^5$ GHz。光可在真空或媒质中传播，在真空中的传播速度 $c = 2.99792458 \times 10^8$ m/s。光波可由电场强度 $\boldsymbol{E}$ 和磁场强度 $\boldsymbol{H}$ 来描述，服从电磁场的基本理论和规律，并通过麦克斯韦方程组相互联系。

3.1　麦克斯韦方程组

电磁波是在空间传播并随时间变化的电磁场。对空间中的任一点，在任意时刻，该点既有电场又有磁场，电场和磁场的变化能相互感应，电场和磁场的能量在介质或真空中自行传播，形成电磁波。对于空间任一点的电场，人们用电场强度 $\boldsymbol{E}$ 和电位移强度 $\boldsymbol{D}$ 描述；而对于空间任一点的磁场，人们用磁感应强度 $\boldsymbol{B}$ 和磁场强度 $\boldsymbol{H}$ 描述。电荷产生电场，单位体积中的电荷用电荷密度 ρ 表示。电流产生磁场，单位面积上的电流用电流密度 $\boldsymbol{J}$ 表示。对空间中的任一点，在线性媒质中，以上各场量之间的关系可由如下的麦克斯韦方程组给出

$$\nabla \times \boldsymbol{E} = -\frac{\partial \boldsymbol{B}}{\partial t} \tag{3.1}$$

$$\nabla \times \boldsymbol{H} = \boldsymbol{J} + \frac{\partial \boldsymbol{D}}{\partial t} \tag{3.2}$$

$$\nabla \cdot \boldsymbol{D} = \rho \tag{3.3}$$

$$\nabla \cdot \boldsymbol{B} = 0 \tag{3.4}$$

以上4个偏微分方程是麦克斯韦方程组的电磁方程。式(3.1)为电磁感应定律，麦克斯韦提出了涡旋电场的概念，表示变化的磁场会产生感应的电场，这是一个涡旋场，其电力线是闭合的，只要所限定面积中磁通量发生变化，不管有无导体存在，必定伴随变化的电场。式(3.2)为全电流定律，麦克斯韦提出了位移电流的概念，揭示出变化的电场可以在空间激发磁场，并通过全电流概念的引入，得到了一般形式下的安培环路定理，即在交变电磁场的情况下，磁场既包括传导电流产生的磁场，也包括位移电流产生的磁场。传导电流意味着电荷的流动，位移电流意味着电场的变化，两者在产生磁效应方面是等效的。位移电流的引入，进一步揭示了电场和磁场之间的紧密联系。式(3.3)为电场的高斯定理，它表明电场是有源场，电力线发自正电荷，终止于负电荷。式(3.4)为磁场的高斯定理(磁通连续定律)，即穿过一个闭合面的磁通量等于零，表示穿入和穿出任一闭合面的磁力线的数目相等，表明磁场是个无源场，磁力线永远是闭合的。

式(3.1)~式(3.4)中的符号:

$$\nabla = \boldsymbol{i}\frac{\partial}{\partial x} + \boldsymbol{j}\frac{\partial}{\partial y} + \boldsymbol{k}\frac{\partial}{\partial z} \tag{3.5}$$

称为哈密顿(Hamilton)算子,$\boldsymbol{i}$、$\boldsymbol{j}$ 和 $\boldsymbol{k}$ 分别为直角坐标系中 x、y、z 三个坐标轴方向的单位矢量。对空间任一点 $Q(x,y,z)$ 处的电场强度

$$\boldsymbol{E}(x,y,z,t) = E_x(x,y,z,t)\boldsymbol{i} + E_y(x,y,z,t)\boldsymbol{j} + E_z(x,y,z,t)\boldsymbol{k} \tag{3.6}$$

其旋度为

$$\begin{aligned}\nabla \times \boldsymbol{E} &= \begin{pmatrix} \boldsymbol{i} & \boldsymbol{j} & \boldsymbol{k} \\ \dfrac{\partial}{\partial x} & \dfrac{\partial}{\partial y} & \dfrac{\partial}{\partial z} \\ E_x & E_y & E_z \end{pmatrix} \\ &= \left(\frac{\partial E_z}{\partial y} - \frac{\partial E_y}{\partial z}\right)\boldsymbol{i} + \left(\frac{\partial E_x}{\partial z} - \frac{\partial E_z}{\partial x}\right)\boldsymbol{j} + \left(\frac{\partial E_y}{\partial x} - \frac{\partial E_x}{\partial y}\right)\boldsymbol{k}\end{aligned} \tag{3.7}$$

其散度为

$$\nabla \cdot \boldsymbol{E} = \frac{\partial E_x}{\partial x} + \frac{\partial E_y}{\partial y} + \frac{\partial E_z}{\partial z} \tag{3.8}$$

哈密顿算子也可应用于标量函数,如对标量 $E_x(x,y,z,t)$,其梯度为

$$\nabla E_x = \boldsymbol{i}\frac{\partial E_x}{\partial x} + \boldsymbol{j}\frac{\partial E_x}{\partial y} + \boldsymbol{k}\frac{\partial E_x}{\partial z} \tag{3.9}$$

麦克斯韦方程组中各场物理量还有如下关系:

$$\boldsymbol{J} = \sigma \boldsymbol{E} \tag{3.10}$$

$$\boldsymbol{D} = \varepsilon \boldsymbol{E} = \varepsilon_0 \boldsymbol{E} + \boldsymbol{P} \tag{3.11}$$

$$\boldsymbol{B} = \mu \boldsymbol{H} = \mu_0 \boldsymbol{H} + \boldsymbol{M} \tag{3.12}$$

式(3.10)~式(3.12)构成了电磁场的物质方程组,其中,σ 为空间介质的电导率;ε 为空间介质的介电常数;ε_0 为真空的介电常数;μ 为空间介质的磁导率;μ_0 为真空的磁导率;$\boldsymbol{P}$ 为空间介质的电极化强度;$\boldsymbol{M}$ 为空间介质的磁极化强度。

3.2　光波的波动方程

3.2.1　光波波动方程的推导过程

对式(3.1)两边求旋度可得

$$\nabla \times (\nabla \times \boldsymbol{E}) = -\nabla \times \frac{\partial \boldsymbol{B}}{\partial t} = -\frac{\partial}{\partial t}(\nabla \times \boldsymbol{B}) \tag{3.13}$$

代入式(3.12),得

$$\nabla \times (\nabla \times \boldsymbol{E}) = -\mu \frac{\partial}{\partial t}(\nabla \times \boldsymbol{H}) \tag{3.14}$$

将式(3.2)代入式(3.14),得

$$\nabla \times (\nabla \times \boldsymbol{E}) = -\mu \frac{\partial}{\partial t}\left(\boldsymbol{J} + \frac{\partial \boldsymbol{D}}{\partial t}\right) \tag{3.15}$$

将式(3.10)和式(3.11)代入式(3.15),得

$$\begin{aligned}\nabla \times (\nabla \times \boldsymbol{E}) &= -\mu \frac{\partial}{\partial t}\left(\sigma \boldsymbol{E} + \varepsilon \frac{\partial \boldsymbol{E}}{\partial t}\right) \\ &= -\mu\sigma \frac{\partial \boldsymbol{E}}{\partial t} - \mu\varepsilon \frac{\partial^2 \boldsymbol{E}}{\partial t^2}\end{aligned} \tag{3.16}$$

式(3.16)是电场强度 $\boldsymbol{E}$ 一般形式的波动方程。

光波是一种电磁波,由其电矢量 $\boldsymbol{E}$ 和磁矢量 $\boldsymbol{H}$ 来描述,空间某一点的光振动可能是各向同性的,也可能是偏振或局部偏振的。由于引起生理视觉效应、光化学效应以及探测器对光频段电磁波的响应主要是电矢量 $\boldsymbol{E}$,因此通常把电矢量 $\boldsymbol{E}$ 称为光矢量,把电矢量 $\boldsymbol{E}$ 随时间的变化称为光振动。

为简单起见,本书中仅考虑定态光波场,即满足以下两个条件:

(1) 光波场中各点的光振动为相同时间频率的简谐振动;

(2) 光波场中各点的光振动的振幅不随时间变化,仅与空间位置有关,在空间形成稳定分布。

一般来说,光波需要用时间、空间的矢量函数来描述。对于定态光波场,各场量随时间的变化是时间的正弦函数,可用实值标量函数表示其在空间传播时任一点 $Q(x,y,z)$ 处的光振动为

$$\boldsymbol{E}(x,y,z,t) = u(x,y,z)\cos[\omega t + \phi(x,y,z)] \tag{3.17}$$

式中:$u(x,y,z)$ 为光波的振幅;ω 为时间角频率;$\phi(x,y,z)$ 为光波在 Q 点的初相,通常可以选择合适的坐标系和坐标原点,使 $\phi(x,y,z)=0$。为了数学运算方便,通常把光波场用复指数函数表示为

$$\tilde{\boldsymbol{E}}(x,y,z,t) = u(x,y,z)\mathrm{e}^{\mathrm{j}[\omega t + \phi(x,y,z)]} \tag{3.18}$$

式中:$\tilde{\boldsymbol{E}}(x,y,z,t)$ 为光波的复电场强度,由于时间项 $\mathrm{e}^{\mathrm{j}\omega t}$ 不随空间位置变化,在研究光振动的空间分布时,可将其略去。由此引入光波复振幅的概念,定义光波的复振幅为

$$\hat{\boldsymbol{E}}(x,y,z) = u(x,y,z)\mathrm{e}^{\mathrm{j}\phi(x,y,z)} \tag{3.19}$$

复振幅和复电场强度仅相差一个时间复指数信号 $\mathrm{e}^{\mathrm{j}\omega t}$。由于复电场强度 $\tilde{\boldsymbol{E}}(x,y,z,t)$ 的平均功率等于复振幅 $\hat{\boldsymbol{E}}(x,y,z)$ 模数的平方 $|\hat{\boldsymbol{E}}(x,y,z)|^2$,因此,称复振幅模数的平方 $|\hat{\boldsymbol{E}}(x,y,z)|^2$ 为光波的强度。将式(3.18)和式(3.19)代入式(3.16),可得

$$\nabla \times (\nabla \times \hat{\boldsymbol{E}}) = -\mathrm{j}\omega\mu\sigma\hat{\boldsymbol{E}} + \omega^2\mu\varepsilon\hat{\boldsymbol{E}} \tag{3.20}$$

式(3.20)是定态光波的电场强度 $\tilde{\boldsymbol{E}}(x,y,z,t)$ 复数形式的波动方程,该式表明,只有复振幅 $\hat{\boldsymbol{E}}(x,y,z)$ 才与波动方程有关。

在均匀各向同性介质中,介电常数 ε 是不变的。设电荷密度 $\rho=0$(即光波场中没有

其他的光源)，由式(3.3)可得

$$\nabla \cdot \boldsymbol{D} = \nabla \cdot (\varepsilon \hat{\boldsymbol{E}}) = 0 \tag{3.21}$$

即$\nabla \cdot \hat{E} = 0$。由矢量恒等式($bac-cab$ 法则)

$$\nabla \times (\nabla \times \hat{\boldsymbol{E}}) = \nabla(\nabla \cdot \hat{\boldsymbol{E}}) - (\nabla \cdot \nabla)\hat{\boldsymbol{E}} = \nabla(\nabla \cdot \hat{\boldsymbol{E}}) - \nabla^2 \hat{\boldsymbol{E}} \tag{3.22}$$

式中

$$\nabla^2 = \nabla \cdot \nabla = \frac{\partial^2}{\partial x^2} + \frac{\partial^2}{\partial y^2} + \frac{\partial^2}{\partial z^2} \tag{3.23}$$

是拉普拉斯(Laplace)算子。将式(3.21)和式(3.22)代入式(3.20)，可得

$$\nabla^2 \hat{\boldsymbol{E}} = \mathrm{j}\omega\mu\sigma\hat{\boldsymbol{E}} - \omega^2\mu\varepsilon\hat{\boldsymbol{E}} = -\omega^2\mu\varepsilon\left(1 - \mathrm{j}\frac{\sigma}{\omega\varepsilon}\right)\hat{\boldsymbol{E}} \tag{3.24}$$

令

$$\sigma_{\mathrm{i}} = \frac{\sigma}{\omega\varepsilon} \tag{3.25}$$

$$\varepsilon_{\mathrm{c}} = 1 - \mathrm{j}\sigma_{\mathrm{i}} = 1 - \mathrm{j}\frac{\sigma}{\omega\varepsilon} \tag{3.26}$$

式中：σ_{i} 为介质的相对电导率；ε_{c} 为介质的复相对介电常数。

若将复相对介电常数 ε_{c} 开方，可以得到介质的复比折射率

$$n_{\mathrm{c}} = \sqrt{\varepsilon_{\mathrm{c}}} = \sqrt{1 - \mathrm{j}\sigma_{\mathrm{i}}} = n_{\mathrm{r}} - \mathrm{j}\xi_{\mathrm{i}} \tag{3.27}$$

由式(3.27)可得介质的比折射率

$$n_{\mathrm{r}} = \sqrt{\frac{1}{2}\left(\sqrt{1+\sigma_{\mathrm{i}}^2} + 1\right)} = \sqrt{\frac{1}{2}\left(\sqrt{1+\frac{\sigma^2}{\omega^2\varepsilon^2}} + 1\right)} \tag{3.28}$$

和比衰减系数

$$\xi_{\mathrm{i}} = \sqrt{\frac{1}{2}\left(\sqrt{1+\sigma_{\mathrm{i}}^2} - 1\right)} = \sqrt{\frac{1}{2}\left(\sqrt{1+\frac{\sigma^2}{\omega^2\varepsilon^2}} - 1\right)} \tag{3.29}$$

将式(3.26)代入式(3.24)，可得

$$\nabla^2 \hat{\boldsymbol{E}} = -\omega^2\mu\varepsilon\varepsilon_{\mathrm{c}}\hat{\boldsymbol{E}} = -k^2\hat{\boldsymbol{E}} \tag{3.30}$$

即为定态光波场复电场强度 $\tilde{E}(x,y,z,t)$ 的复振幅 $\hat{E}(x,y,z)$ 的波动方程。式(3.30)中：

$$k = \omega\sqrt{\mu\varepsilon\varepsilon_{\mathrm{c}}} = \omega\sqrt{\mu\varepsilon}\,n_{\mathrm{c}} = \omega\sqrt{\mu\varepsilon}(n_{\mathrm{r}} - \mathrm{j}\xi_{\mathrm{i}}) = \Omega - \mathrm{j}\hat{\xi} \tag{3.31}$$

式中：

$$\Omega = \omega\sqrt{\mu\varepsilon}\,n_{\mathrm{r}} = \omega\sqrt{\mu\varepsilon}\sqrt{\frac{1}{2}\left(\sqrt{1+\frac{\sigma^2}{\omega^2\varepsilon^2}} + 1\right)} \tag{3.32}$$

$$\hat{\xi} = \omega\sqrt{\mu\varepsilon}\,\xi_{\mathrm{i}} = \omega\sqrt{\mu\varepsilon}\sqrt{\frac{1}{2}\left(\sqrt{1+\frac{\sigma^2}{\omega^2\varepsilon^2}} - 1\right)} \tag{3.33}$$

设 $\boldsymbol{l}$ 为光波传播方向的单位矢量,称 $\boldsymbol{k}=k\boldsymbol{l}$ 为光波传播的复波矢量。Ω 为空间角频率,即光波传播单位距离的相位变化,$\hat{\xi}$ 为衰减系数。

3.2.2 平面波和球面波

在均匀各向同性介质的电磁波中,平面电磁波和球面电磁波是非常重要的两类电磁波。对平面波而言,空间任一点电磁波传播的方向相同,电场强度的方向也相同,并且电场强度垂直于电磁波传播的方向。在垂直于电磁波传播方向的平面上,任一点、任意时刻平面波的电场强度都相等。

设平面波的传播方向是空间直角坐标系 z 坐标轴的正方向,电场强度的方向是 x 坐标轴的正方向,则空间某一点 $Q(x,y,z)$ 处的复电场强度 $\tilde{E}(x,y,z,t)$ 的复振幅可表示

$$\hat{\boldsymbol{E}}(x,y,z)=\hat{E}_x(z)\boldsymbol{i} \tag{3.34}$$

由式(3.30)可得

$$\nabla^2\hat{E}_x(z)=-k^2\hat{E}_x(z) \tag{3.35}$$

即

$$\frac{\mathrm{d}^2\hat{E}_x(z)}{\mathrm{d}z^2}=-k^2\hat{E}_x(z) \tag{3.36}$$

求解式(3.36)所表示的微分方程,可得

$$\hat{E}_x(z)=A\mathrm{e}^{-\mathrm{j}(kz-\theta)}+B\mathrm{e}^{\mathrm{j}(kz+\phi)} \tag{3.37}$$

式中:A、B、θ 和 ϕ 是常数,与光波在初始位置的电场强度有关。将式(3.37)代入光波复电场强度,得

$$\begin{aligned}\tilde{\boldsymbol{E}}(z,t)&=\hat{E}_x(z)\mathrm{e}^{\mathrm{j}\omega t}\boldsymbol{i}\\&=A\mathrm{e}^{-\mathrm{j}(kz-\omega t-\theta)}\boldsymbol{i}+B\mathrm{e}^{\mathrm{j}(kz+\omega t+\phi)}\boldsymbol{i}\\&=\tilde{E}_+(z,t)\boldsymbol{i}+\tilde{E}_-(z,t)\boldsymbol{i}\end{aligned} \tag{3.38}$$

式(3.38)给出了平面波情形,麦克斯韦方程组复数形式的解。其中,$\tilde{E}_+(z,t)$ 描述了沿 z 坐标轴正方向传播的平面电磁波,称为顺行波;$\tilde{E}_-(z,t)$ 描述了沿 z 坐标轴负方向传播的平面电磁波,称为逆行波。

将式(3.31)代入顺行波 $\tilde{E}_+(z,t)$ 中,得

$$\tilde{E}_+(z,t)=A\mathrm{e}^{-\hat{\xi}z}\mathrm{e}^{-\mathrm{j}(\Omega z-\omega t-\theta)} \tag{3.39}$$

由于衰减系数 $\hat{\xi}\geqslant 0$,顺行波在沿 z 坐标轴正方向传播时,电场强度的幅度呈指数减小。

在非导电介质中,电导率 $\sigma=0$,由式(3.33)可知,衰减系数 $\hat{\xi}=0$。在这种情形下,顺行波沿 z 坐标轴正方向传播时的电场强度幅度大小不变,其复电场强度为

$$\tilde{E}_+(z,t) = A\mathrm{e}^{-\mathrm{j}(\Omega z - \omega t - \theta)} \tag{3.40}$$

此时,空间角频率 Ω 为

$$\Omega = \omega\sqrt{\mu\varepsilon} \tag{3.41}$$

在空间位置 z 和时刻 t,顺行波的相位为

$$\beta(z,t) = -(\Omega z - \omega t - \theta) \tag{3.42}$$

在时刻 t,顺行波在空间位置 $z_1 = z + \Delta z$ 处的相位为

$$\beta(z_1,t) = -(\Omega(z+\Delta z) - \omega t - \theta) \tag{3.43}$$

因此,在同一时刻 t,顺行波在空间位置 z_1 和 z 处的相位差为

$$\Delta\beta = \beta(z,t) - \beta(z_1,t) = \Omega\Delta z \tag{3.44}$$

$$\Omega = \frac{\Delta\beta}{\Delta z} \tag{3.45}$$

式(3.45)表明,空间角频率 Ω 给出了在传播方向上单位距离顺行波相位的变化。

在空间位置 $z_1 = z + \Delta z$ 和时刻 $t_1 = t + \Delta t$,顺行波的相位为

$$\beta(z_1,t_1) = -(\Omega(z+\Delta z) - \omega(t+\Delta t) - \theta) \tag{3.46}$$

若 $\beta(z_1,t_1) = \beta(z,t)$,即在 Δt 的时间里,相位 $\beta(z,t)$ 沿 z 坐标轴正方向传播了 Δz 的距离,事实上,光波在空间中的传播也可理解为光波的相位传播。因此,可得到

$$-(\Omega(z+\Delta z) - \omega(t+\Delta t) - \theta) = -(\Omega z - \omega t - \theta) \tag{3.47}$$

式(3.47)化简得

$$\frac{\Delta z}{\Delta t} = \frac{\omega}{\Omega} \tag{3.48}$$

式(3.48)左边表示单位时间内顺行波传播的距离,即电磁波在介质中传播的速度。由式(3.41)和式(3.48)可得

$$v = \frac{\Delta z}{\Delta t} = \frac{\omega}{\Omega} = \frac{1}{\sqrt{\mu\varepsilon}} \tag{3.49}$$

式(3.49)表明,电磁波在介质中的传播速度等于电磁波的时间角频率 ω 与空间角频率 Ω 的比值,它仅与介质的磁导率和介电常数有关,等于磁导率和介电常数几何平均值的倒数。由此可计算光波在真空中的传播速度为

$$c = \frac{1}{\sqrt{\mu_0\varepsilon_0}} = 2.99792458\times10^8 \approx 3\times10^8\,(\mathrm{m/s}) \tag{3.50}$$

电磁波在一个时间周期内传播的距离 λ 称为电磁波的波长,即

$$\lambda = vT = \frac{\omega}{\Omega}T = \frac{2\pi}{\Omega} \tag{3.51}$$

式(3.51)表明,电磁波的波长就是电磁波传播方向上的空间周期。光波是波长极短的电磁波,可见光的波长范围是 0.38 ~ 0.76μm。

在非导电介质中,由式(3.1)和式(3.38)可得

$$\begin{aligned}\frac{\partial \tilde{\boldsymbol{B}}(z,t)}{\partial t} &= -\nabla\times\tilde{\boldsymbol{E}}(z,t)\\ &= -\nabla\times\left(A\mathrm{e}^{-\mathrm{j}(\Omega z-\omega t-\theta)}\boldsymbol{i}+B\mathrm{e}^{\mathrm{j}(\Omega z+\omega t+\phi)}\boldsymbol{i}\right)\\ &= \mathrm{j}A\Omega\mathrm{e}^{-\mathrm{j}(\Omega z-\omega t-\theta)}\boldsymbol{j}-\mathrm{j}B\Omega\mathrm{e}^{\mathrm{j}(\Omega z+\omega t+\phi)}\boldsymbol{j}\end{aligned} \tag{3.52}$$

对时间积分得

$$\tilde{\boldsymbol{H}}(z,t)=\frac{A\Omega}{\mu\omega}\mathrm{e}^{-\mathrm{j}(\Omega z-\omega t-\theta)}\boldsymbol{j}-\frac{B\Omega}{\mu\omega}\mathrm{e}^{\mathrm{j}(\Omega z+\omega t+\phi)}\boldsymbol{j} \tag{3.53}$$

可以看出,平面波磁场强度的方向是 y 坐标轴的正方向,分别与电场强度方向和电磁波传播方向垂直。

将式(3.49)代入式(3.53),可得

$$\begin{aligned}\tilde{\boldsymbol{H}}(z,t) &= A\sqrt{\frac{\varepsilon}{\mu}}\mathrm{e}^{-\mathrm{j}(\Omega z-\omega t-\theta)}\boldsymbol{j}-B\sqrt{\frac{\varepsilon}{\mu}}\mathrm{e}^{\mathrm{j}(\Omega z+\omega t+\phi)}\boldsymbol{j}\\ &= \tilde{H}_{+}(z,t)\boldsymbol{j}+\tilde{H}_{-}(z,t)\boldsymbol{j}\end{aligned} \tag{3.54}$$

式中

$$\tilde{\boldsymbol{H}}_{+}(z,t)=A\sqrt{\frac{\varepsilon}{\mu}}\mathrm{e}^{-\mathrm{j}(\Omega z-\omega t-\theta)}\boldsymbol{j} \tag{3.55}$$

是顺行波的磁场强度。

对顺行波的情形,空间电场强度、磁场强度和电磁波传播的方向如图 3.1 所示。图中,z 方向是电磁波传播的方向,点 Q 处电场强度、磁场强度和电磁波传播的方向符合右手法则。由式(3.40)和式(3.55)可知,电场强度和磁场强度的时间角频率 ω、空间角频率 Ω 和初相位 θ 都相同,即在任何位置和任何时刻,顺行波电场强度和磁场强度是同相位的,且

$$R=\frac{\tilde{E}_{+}(z,t)}{\tilde{H}_{+}(z,t)}=\sqrt{\frac{\mu}{\varepsilon}} \tag{3.56}$$

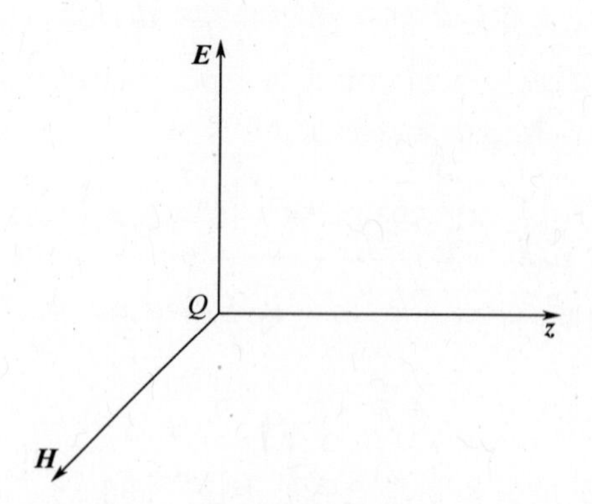

图 3.1 平面波各场量和传播方向

顺行波电场强度与磁场强度之比是一个常数,比值 R 仅与介质的磁导率和介电常数有关,等于磁导率和介电常数比值的平方根,称 R 为介质的波阻抗。

在任何时刻电场强度相位相同的点构成的曲面称为等相位面。对顺行波的情形,由式(3.40)可以看出,坐标 z 相同的点在任何时刻电场强度的相位都相同。因此,等相位面是垂直于 z 轴的平面,即等相位面与电磁波传播的方向都是垂直的。事实上,在空间的任何一点,任何形式电磁波的等相位面与电磁波传播方向都是垂直的。对光波来说,在空间的任何一点与等相位面垂直的曲线称为光线,光线给出了空间中光传播的路径。对于平面波情形,光线是互相平行的直线,平面波的等相位面和光线如图 3.2(a)所示。

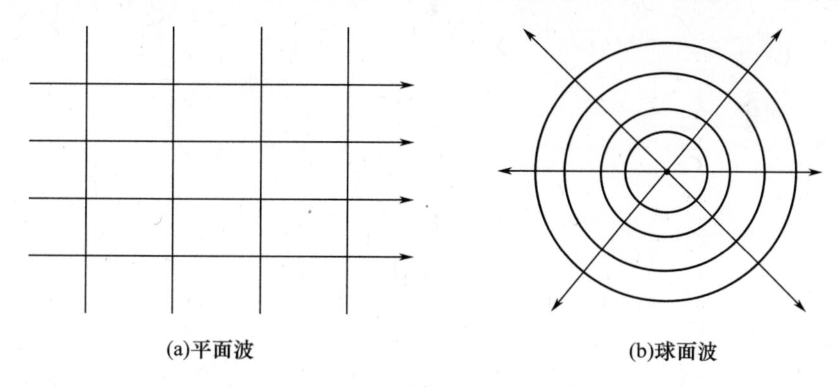

图 3.2　光波的等相位面和光线

若等相位面是以某点为中心的球面,则称这种电磁波为球面波,球面波的等相位面和光线如图 3.2(b)所示。对球面波的情形,由麦克斯韦方程组可解得在空间任何一点、任一时刻的复电场强度为

$$\tilde{\boldsymbol{E}}(r,t)=\begin{cases}\dfrac{A}{r}\mathrm{e}^{\mathrm{j}(\Omega r-\omega t-\theta)}\boldsymbol{r}_0 & (发散)\\ \dfrac{A}{r}\mathrm{e}^{-\mathrm{j}(\Omega r-\omega t-\theta)}\boldsymbol{r}_0 & (会聚)\end{cases}\tag{3.57}$$

式中:r 是该点到球心的距离;$\boldsymbol{r}_0$ 是由球心到该点方向的单位矢量。

若光源是一个点,则这样的光源称为点光源,点光源产生的光波是球面波。若某点到点光源的距离足够大,则球面等相位面近似为平面,球面波可近似为平面波。例如,在地球上,太阳光就可以看作平面波。点光源是一种基本光源,其他形式的光源,如线光源、面光源等,都可看作是点光源的集合,并以点光源为基础进行分析。

3.3　光波的度量

3.3.1　光波的能量

光是一种电磁波,在光波的传播过程中,必然伴随着能量的传播。由麦克斯韦方程组可得到电场强度 $\boldsymbol{E}$ 与磁场强度 $\boldsymbol{H}$ 的关系式

$$\nabla\times\boldsymbol{E}=-\mu\frac{\partial\boldsymbol{H}}{\partial t}\tag{3.58}$$

用磁场强度 $\boldsymbol{H}$ 点乘式(3.58),得

$$\boldsymbol{H}\cdot(\nabla\times\boldsymbol{E})=\boldsymbol{H}\cdot\left(-\mu\frac{\partial\boldsymbol{H}}{\partial t}\right)$$

$$=-\frac{1}{2}\frac{\partial}{\partial t}(\mu\boldsymbol{H}\cdot\boldsymbol{H})=-\frac{1}{2}\frac{\partial}{\partial t}(\mu H^2)\tag{3.59}$$

类似地,设电流密度 $\boldsymbol{J}=0$,可得

$$E\cdot(\nabla\times\boldsymbol{H})=\frac{1}{2}\frac{\partial}{\partial t}(\varepsilon E^2)\tag{3.60}$$

式(3.59)减去式(3.60),得

$$\boldsymbol{H}\cdot(\nabla\times\boldsymbol{E})-\boldsymbol{E}\cdot(\nabla\times\boldsymbol{H})=-\frac{1}{2}\frac{\partial}{\partial t}(\mu H^2)-\frac{1}{2}\frac{\partial}{\partial t}(\varepsilon E^2)$$

$$=-\frac{\partial}{\partial t}\left(\frac{1}{2}\mu H^2+\frac{1}{2}\varepsilon E^2\right)\tag{3.61}$$

应用矢量恒等式

$$\nabla\cdot(\boldsymbol{E}\times\boldsymbol{H})=\boldsymbol{H}\cdot(\nabla\times\boldsymbol{E})-\boldsymbol{E}\cdot(\nabla\times\boldsymbol{H})\tag{3.62}$$

可得

$$\nabla\cdot(\boldsymbol{E}\times\boldsymbol{H})=-\frac{\partial}{\partial t}\left(\frac{1}{2}\mu H^2+\frac{1}{2}\varepsilon E^2\right)=-\frac{\partial}{\partial t}G\tag{3.63}$$

式中:G 为空间相应点处单位体积内电磁场的能量,即

$$G=\frac{1}{2}\mu H^2+\frac{1}{2}\varepsilon E^2\tag{3.64}$$

称 G 为电磁场的能量密度。对平面波的情形,由式(3.56)可得

$$G=\frac{1}{2}\mu H\cdot E\sqrt{\frac{\varepsilon}{\mu}}+\frac{1}{2}\varepsilon E\cdot H\sqrt{\frac{\mu}{\varepsilon}}=\sqrt{\mu\varepsilon}\,EH=\frac{EH}{v}\tag{3.65}$$

式(3.65)表明,电磁场中某点处的能量密度,分别与电场强度和磁场强度成正比,与电磁波的速度成反比。

设

$$\boldsymbol{S}=\boldsymbol{E}\times\boldsymbol{H}\tag{3.66}$$

称 $\boldsymbol{S}$ 为坡印廷(Poynting)矢量。式(3.63)表示为

$$\nabla\cdot\boldsymbol{S}=-\frac{\partial}{\partial t}G\tag{3.67}$$

式(3.67)表明,空间某点处坡印廷矢量 $\boldsymbol{S}$ 的散度等于该点处单位时间内能量密度的减少。根据散度的物理概念,$\boldsymbol{S}$ 描述了电磁波在经与波传播方向垂直的单位面积平面传播的单位时间内电磁波的能量。因此,称坡印廷矢量 $\boldsymbol{S}$ 为电磁波的能流密度。

对平面波的情形,由式(3.40)和式(3.55)可得到复数形式的能流密度 $\boldsymbol{S}$ 的大小为

$$S=EH^*=A\mathrm{e}^{-\mathrm{j}(\Omega z-\omega t-\theta)}\cdot A\sqrt{\frac{\varepsilon}{\mu}}\mathrm{e}^{\mathrm{j}(\Omega z-\omega t-\theta)}=\frac{1}{R}A^2\tag{3.68}$$

式(3.68)说明电磁波的能流密度与电场强度幅度的平方成正比。

电磁波的电场和磁场是同等重要的。但对光波来说,与磁场相比较,电场是主要的。实验表明,使底片感光的是电场,对人眼视网膜作用的也是电场。因此,在光学中,主要讨论电场。

3.3.2　光波的辐射度度量

光辐射在空间传播,按光的粒子性,每个光子携带的能量为

$$h\nu = \frac{hc}{\lambda} = 1.9865 \times 10^{-19}\lambda^{-1} \tag{3.69}$$

式中:$h = 6.63 \times 10^{-34}$(J·s)为普朗克常量;c 为光速;λ 为光波波长;ν 为光子频率。由于光子能量随其频率增高而增大,短波光子比长波光子具有更大的能量。每瓦对应的每秒光子数为 $5.034 \times 10^{18}\lambda$($\lambda$ 的单位为 μm)。在原子物理和粒子物理中,经常用电子伏特(eV)来表示能量单位,代表一个电子经过 1V 的电位差加速后所获得的动能,即 1.6×10^{-19}J。一个光子的能量用 eV 表示为(λ 的单位取 nm)

$$E = \frac{hc}{\lambda} \cdot \frac{1}{1.6 \times 10^{-19}} \approx \frac{1242}{\lambda}\,\text{eV} \tag{3.70}$$

光的度量在历史上形成了辐射度学和光度学两套度量系统。辐射度学是建立在物理测量基础上的辐射能客观度量,不受人眼主观视觉的限制,其概念和方法适用于整个光谱辐射范围(红外辐射、紫外辐射等必须采用辐射度学)。光度学是建立在人眼对光辐射的主观感觉基础上,是一种心理物理法的测量,只适用于电磁波谱中很窄的可见光区域。

通常,把以电磁波形式传播的能量称为辐射能 Q,辐射能既可以表示在确定的时间内由辐射源发出的全部电磁能,也可表示被阻挡物体表面所接收的能量。但由于所使用的探测器大多数不是积累型的,其响应的不是传递的总能量,而是辐射能的传递速率,即辐射功率。因此,辐射功率及其派生的辐射度学物理量通常用来作为光辐射的度量方式。

1. 辐射功率 P

辐射功率 P 是单位时间内发射(传输或接收)的辐射能

$$P = \frac{\partial Q}{\partial t} \tag{3.71}$$

不少文献常使用辐射能通量 Ψ 这个术语,其物理意义与辐射功率相同。

2. 辐射出射度 M

同等条件下,辐射源的发射面积越大,发出的辐射功率也越大。为描述辐射源表面所发出的辐射功率沿表面位置的分布特性,需要明确辐射源单位表面积向半球空间(2π球面度)发出的辐射功率,即辐射出射度 M 为

$$M = \frac{\partial P}{\partial A} \tag{3.72}$$

式中:A 为辐射源表面积。对于表面发射不均匀的辐射源物体,辐射出射度 M 是表面位

置的函数，M 在源发射表面的积分即为辐射源的总辐射功率

$$P = \int_A M\mathrm{d}A \tag{3.73}$$

3. 辐射强度 I

为了描述点源辐射功率在空间不同方向上的分布特性，引入辐射强度的概念。如图3.3所示，若点源围绕某指定方向 θ 的小立体角 $\Delta\Omega$ 内发出的辐射功率为 ΔP，则辐射源在 θ 方向的辐射强度 I 为

$$I = I(\theta) = \lim_{\Delta\Omega\to 0}\frac{\Delta P}{\Delta\Omega} = \frac{\partial P}{\partial\Omega}\Big|_{\theta} \tag{3.74}$$

4. 辐亮度 L

对于扩展源（如天空），无法确定探测器对辐射源所张的立体角，且即使在给定某立体角时，扩展元的辐射功率不仅与立体角大小有关，还与辐射源的发射表面及探测方向有关。如图3.4所示，在扩展源表面上某位置 x 附近取面元 ΔA，面元向半球空间发出的辐射功率为 ΔP，若在与该面元法线夹角为 θ 的方向取一个小立体角元 $\Delta\Omega$，从 ΔA 向 $\Delta\Omega$ 发出的辐射功率为二阶小量 $\Delta^2 P$。由于 ΔA 在 θ 方向的等效面积是其投影面积 $\Delta A_\theta = \Delta A \cdot \cos\theta$，面元 ΔA 在 θ 方向的立体角元 $\Delta\Omega$ 内发出的辐射，相当于从面元的投影面积 ΔA_θ 上发出的辐射，即源面积 x 处在 θ 方向上的辐亮度 L 为

$$L = L(\theta) = \frac{\partial^2 P}{\partial A_\theta \partial\Omega}\Big|_{\theta} = \frac{\partial^2 P}{\partial A\partial\Omega\cos\theta}\Big|_{\theta} \tag{3.75}$$

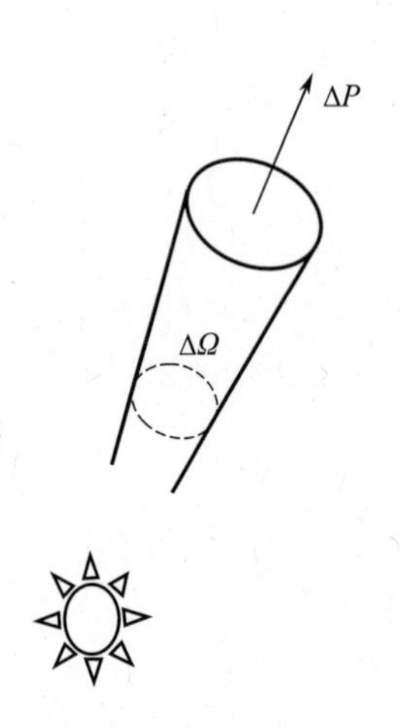

图3.3 点源的辐射强度

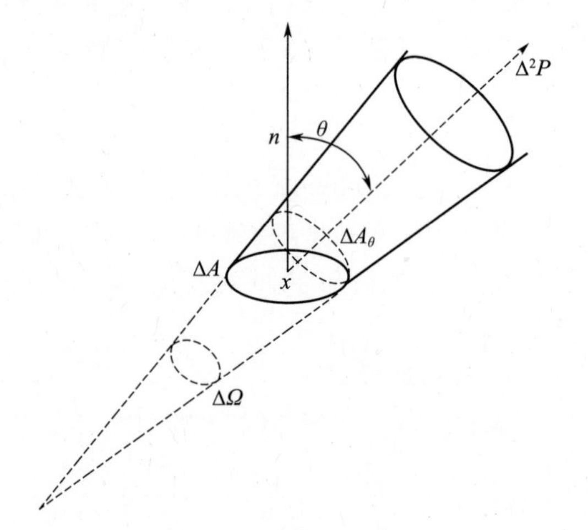

图3.4 扩展源的辐亮度

5. 辐照度 E

辐照度是表示物体表面接收辐射功率的物理量，其定义为

$$E = \frac{\partial P}{\partial A} \tag{3.76}$$

需要指出，虽然辐射出射度与辐照度的定义式和单位都相同，但它们却有完全不同的物理意义。辐射出射度是离开辐射源表面的辐射功率，而辐照度是入射到被照表面位置上的辐射功率，可能包含一个或几个辐射源投射来的辐射，也可以是来自指定方向上

某一个立体角投射来的辐射。

辐射度量基本物理量的名称、符号、意义、定义式和单位如表3.1所列。

表3.1 辐射度量基本物理量的名称、符号、意义和单位

名称	符号	意义	定义式	单位
辐射能	Q	以电磁波的形式发射、传递或接收的能量		J
辐射功率	P	单位时间内发射、传输或接收的辐射能	$P=\frac{\partial Q}{\partial t}$	W
辐射出射度	M	源单位表面积向半球空间发出的辐射功率	$M=\frac{\partial P}{\partial A}$	W/m^2
辐射强度	I	点源向某方向单位立体角发出的辐射功率	$I=\frac{\partial P}{\partial \Omega}\Big\vert_{\theta}$	W/sr
辐亮度	L	扩展源在某方向上单位投影面积和单位立体角内发出的辐射功率	$L=\frac{\partial^2 P}{\partial A_\theta \partial \Omega}\Big\vert_{\theta}$	$W/(sr\cdot m^2)$
辐照度	E	入射到单位接收表面积上的辐射功率	$E=\frac{\partial P}{\partial A}$	W/m^2

上述基本辐射量仅考虑了辐射功率的分布特性,即认为辐射量包含了波长从0~∞的全部辐射,称为全辐射量。然而,任何辐射源发出的辐射或投射到物体表面的辐射都有一定的光谱分布特征。因此,上述各量均有相应的光谱辐射量。

在某特定波长λ附近的辐射特性可在λ附近取一个小的波长间隔$\Delta\lambda$,设在该波长间隔内辐射量有一增量,则辐射增量与波长间隔之比的极限定义为对应的光谱辐射量。例如,光谱辐射功率为

$$P_\lambda=\frac{\partial P}{\partial \lambda} \tag{3.77}$$

式(3.77)表征在波长λ处单位波长间隔内的辐射功率,各光谱辐射量如表3.2所列。

表3.2 光谱辐射量和光子辐射量

名称	符号	意义	定义式	单位
光谱辐射功率	P_λ	在波长λ处单位波长间隔内的辐射功率	$P_\lambda=\frac{\partial P}{\partial \lambda}$	$W/\mu m$
光谱辐射出射度	M_λ	在波长λ处单位波长间隔内的辐射出射度	$M_\lambda=\frac{\partial M}{\partial \lambda}$	$W/(m^2\cdot\mu m)$
光谱辐射强度	I_λ	在波长λ处单位波长间隔内的辐射强度	$I_\lambda=\frac{\partial I}{\partial \lambda}$	$W/(sr\cdot\mu m)$
光谱辐亮度	L_λ	在波长λ处单位波长间隔内的辐射亮度	$L_\lambda=\frac{\partial L}{\partial \lambda}$	$W/(m^2\cdot sr\cdot\mu m)$
光谱辐照度	E_λ	在波长λ处单位波长间隔内的辐射照度	$E_\lambda=\frac{\partial E}{\partial \lambda}$	$W/(m^2\cdot\mu m)$
光子辐射出射度	M_q	源单位表面积每秒向半球空间发出的光子数	$M_q=\frac{M}{h\nu}$	$1/(s\cdot m^2)$
光谱光子辐射出射度	$M_{q\lambda}$	在波长λ处单位波长间隔内的光子辐射出射度	$M_{q\lambda}=\frac{\partial M_q}{\partial \lambda}$	$1/(s\cdot m^2\cdot\mu m)$

3.3.3 光波的光度度量

与辐射度量相对应的各种光度量名称、符号、意义、定义式及单位如表 3.3 所列。

表 3.3 光度量基本物理量的名称、符号、意义和单位

名称	符号	意义	定义式	单位
光能	Q_V	可被人眼接收的辐射能	—	lm·s
光能密度	W_V	单位体积中的光能	$\frac{\partial Q_V}{\partial V}$	$lm \cdot s/m^3$
光通量	Φ_V	单位时间内传输或接收的光能	$\frac{\partial Q_V}{\partial t}$	lm
光出射度	M_V	光源单位表面积向半球空间发出的光通量	$\frac{\partial \Phi_V}{\partial A}$	lm/m^2
发光强度	I_V	在给定方向上,单位立体角内的光通量	$\left.\frac{\partial \Phi_V}{\partial \Omega}\right\|_\theta$	cd
光亮度	L_V	表面一点处的面元,在给定方向上的发光强度除以该面元在垂直于给定方向上的投影	$\left.\frac{\partial^2 \Phi_V}{\partial A \partial \Omega \cos\theta}\right\|_\theta$	cd/m^2
照度	E_V	照射到表面处单位面积上的光通量	$\frac{\partial \Phi_V}{\partial A}$	lx

发光强度单位坎德拉(cd)是光度学中的基本单位,其定义为光源在给定方向上的发光强度,其他光度量单位均可按表 3-3 导出。例如,点光源在某方向上的发光强度为 1cd 时,则在该方向单位立体角内传出的光通量就是 1 流明(lm),1lm 的光通量均匀分布在 $1m^2$ 的面积所产生的照度是 1 勒克斯(lx)。

值得一提的是,本书所涉及空间目标的明亮程度,用目标反射产生的光的照度来衡量,单位为星等。规定零等星的照度为 2.65×10^{-4}lx,相差五等的照度比为 100 倍,即相邻两星等的照度比为 $\sqrt[5]{100}=2.512$ 倍。目标星等的数值越大,表示其照度越弱,目标越暗。人的肉眼能看见的极限星等是 6 等星。常见星体中,太阳为 27 等星,满月为 12 等星,北极星为 2 等星,卫星的亮度一般暗于 9 星等。

由于视星等随观测者与目标之间的距离而变化,通常采用绝对星等来衡量目标的辐射能力,它是把目标假想置于 10 秒差距(即 32.62 光年)处所得到的视星等,其归算式为

$$M = m + 5\lg\left(\frac{d_0}{d}\right) \tag{3.78}$$

式中:m 为视星等;d_0 为 10 秒差距;d 为观测者与目标之间的距离。例如,夜间最亮的天狼星距离地球 8.6 光年,视星等约为 -1.46 星等,则其绝对星等为 1.44;同理,可计算太阳的绝对星等为 4.8。

3.3.4 辐射度量与光度度量的关系

辐射度量与光度量之间通过光谱视见函数进行转换。人眼对不同波长的光有不同的灵敏度。为确定人眼对不同波长的灵敏度,可将各波长的光引起相同亮暗感觉效果所需的辐射能量进行比较。大量对正常视力人眼的观察实验表明:在光照足够的条件下,人眼对波长为 555nm 的绿光最灵敏。因此,以波长 555nm 的绿光为基准,设任意波长为

λ 和波长为555nm的绿光产生相同亮暗感觉所需的辐射能量分别为 P_λ 和 P_{555}，则波长为 λ 的视见函数为

$$V_\lambda = \frac{P_{555}}{P_\lambda} \tag{3.79}$$

若波长为 λ 的光波辐射能量为 P_λ 时，人眼主观感受的光通量为 Φ_λ，则定义该波长光谱的光功当量为

$$K_\lambda = \frac{\Phi_\lambda}{P_\lambda} \tag{3.80}$$

绿光的光功当量最大，即 $K_m = 683\text{lm/W}$。人眼的光谱视见效率曲线如图3.5所示。

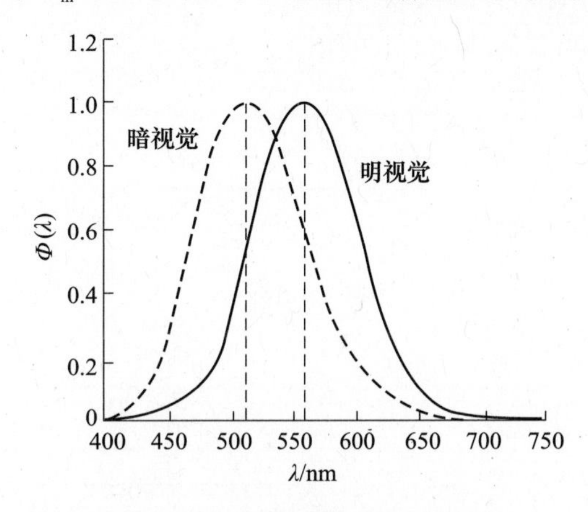

图3.5　人眼的光谱视见效率曲线

由光谱的光功当量和视见函数可得出辐射度量与光度量之间的转换关系。根据式(3.79)和式(3.80)，波长为 λ 的辐射能量 P_λ 引起人眼感受的光通量 Φ_λ 为

$$\Phi_\lambda = K_m \cdot V_\lambda \cdot P_\lambda \tag{3.81}$$

对某波段 $[\lambda_a, \lambda_b]$ 的辐射能量所产生的光通量为

$$\Phi_{\lambda_a \sim \lambda_b} = K_m \int_{\lambda_a}^{\lambda_b} V_\lambda P_\lambda \mathrm{d}\lambda \tag{3.82}$$

3.4　光学信号与系统

3.4.1　常用的非初等函数与特殊函数

在现代光学中，常用各种非初等函数和特殊函数来描述光波场的分布。在函数论中，将幂函数、指数函数、对数函数、三角函数和反三角函数称为基本初等函数。初等函数是指在自变量的定义域内，能用单一解析式对五种基本初等函数进行有限次数的四则运算和复合所构成的函数。

非初等函数[12]是指在自变量的定义域内，不能用单一解析式表示的函数，下面介绍几种在光学变换中常用的非初等函数的定义和性质。

1. 一维非初等函数

1）矩形函数

矩形函数又称门函数，表示为 rect(*x*)，其定义为

$$\operatorname{rect}(x)=\begin{cases}1 & |x|<1/2\\ 1/2 & |x|=1/2\\ 0 & |x|>1/2\end{cases} \tag{3.83}$$

矩形函数如图 3.6(a)所示，其曲线下面积为 1，即满足 $\int_{-\infty}^{+\infty}\operatorname{rect}(x)\mathrm{d}x=1$。在光学上，常用一维矩形函数表示狭缝衍射孔径和矩形光源。

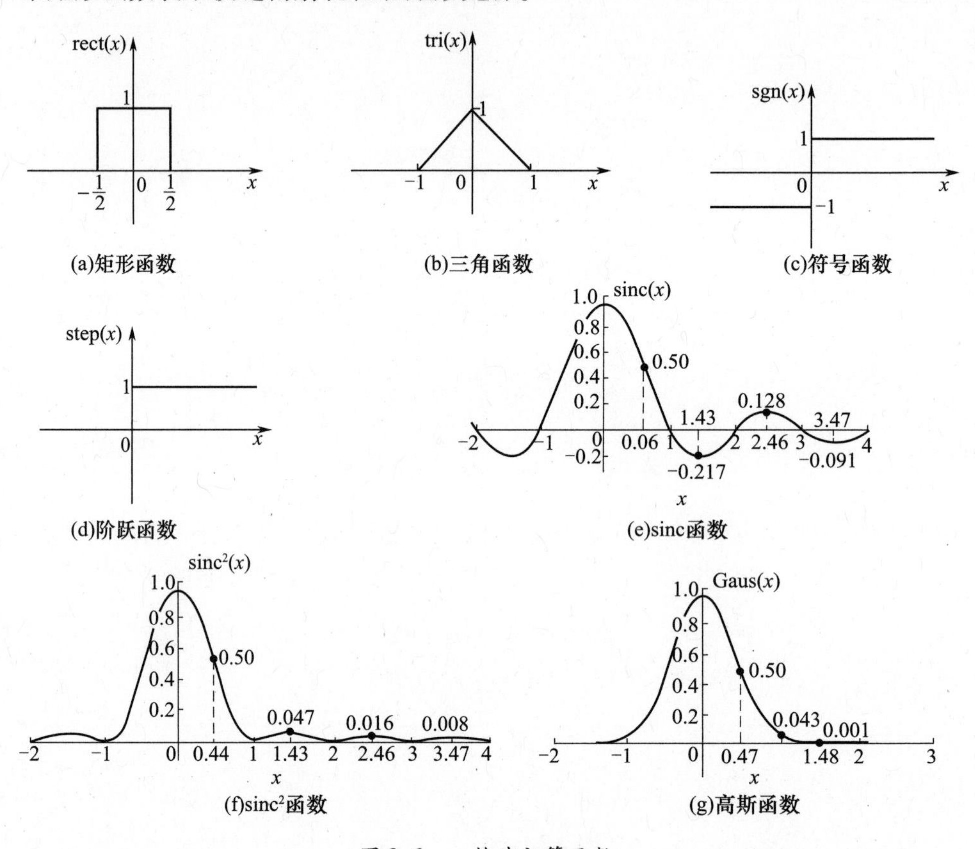

图 3.6 一维非初等函数

2）三角函数

三角函数记作 tri(*x*)，其定义为

$$\operatorname{tri}(x)=\begin{cases}1-|x| & |x|\leqslant 1\\ 0 & |x|>1\end{cases} \tag{3.84}$$

三角函数如图 3.6(b)所示，也具有曲线下面积等于 1 的性质，即满足 $\int_{-\infty}^{+\infty}\operatorname{tri}(x)\mathrm{d}x=1$。

3）符号函数

符号函数也称正负号函数，记作 sgn(*x*)，其定义为

$$\operatorname{sgn}(x)=\begin{cases}1 & x>0\\0 & x=0\\-1 & x<0\end{cases}\tag{3.85}$$

符号函数的图形如图3.6(c)所示。

4）阶跃函数

阶跃函数记作step(x),其定义为

$$\operatorname{step}(x)=\begin{cases}1 & x>0\\1/2 & x=0\\0 & x<0\end{cases}\tag{3.86}$$

阶跃函数的图形如图3.6(d)所示。在光学上,常用阶跃函数表示刀口或直边衍射物体。

5）sinc 函数

sinc 函数记作 sinc(x),其定义为

$$\operatorname{sinc}(x)=\frac{\sin(\pi x)}{\pi x}\tag{3.87}$$

sinc 函数图形如图3.6(e)所示,它由宽度为2的中央主瓣和一系列宽度为1的旁瓣组成。在光学上,可用它表示单缝夫琅禾费衍射的复振幅分布。

6）sinc^2 函数

sinc^2 函数的定义直接由 sinc 函数得出

$$\operatorname{sinc}^2(x)=\frac{\sin^2(\pi x)}{(\pi x)^2}\tag{3.88}$$

sinc^2 函数图形如图3.6(f)所示,在光学上它表示单缝夫琅禾费衍射的辐照度分布。

7）高斯函数

高斯函数记作 Gaus(x),其定义为

$$\operatorname{Gaus}(x)=\exp(-\pi x^2)\tag{3.89}$$

高斯函数图形如图3.6(g)所示。高斯函数在概率论和数理统计中表示正态分布时间的分布函数。在线性系统分析中,高斯函数是一个很有用的数学工具,它具有一些特殊的性质。首先,它的各阶导数都是连续的,是一个良好的平滑函数;其次,高斯函数是一个自傅里叶变换函数,即它的傅里叶变换仍然是高斯函数。

2. δ 函数

δ 函数是英国物理学家狄拉克(P. A. M. Dirac)于1947年在其著作《量子力学原理》中正式引入的。δ 函数被称为奇异函数或广义函数,它不存在普通函数那样确定的函数值,而是一种极限状态,其极限不是收敛到定值,而是收敛到无穷大。另外,δ 函数不能像普通函数那样进行四则运算和乘幂运算,它对别的函数的作用只能通过积分来确定。

δ 函数定义为

$$\begin{cases} \delta(x) = \begin{cases} 0 & x \neq 0 \\ \infty & x = 0 \end{cases} \\ \int_{-\infty}^{+\infty} \delta(x)\,\mathrm{d}x = 1 \end{cases} \tag{3.90}$$

上述定义表明 δ 函数是在 $x \neq 0$ 时处处为零,在 $x = 0$ 点取值无穷大的奇异函数,$x = 0$ 点称为奇异点。尽管 δ(0)趋于无穷大,但对它的积分却等于 1,对应着 δ 函数的面积或强度等于 1。因此,$\delta(x)$又称为单位脉冲函数或冲激函数。

图 3.7 是 δ 函数和 δ 函数对的图形。在光学中,$\delta(x)$常用来表示位于坐标原点的具有单位光功率的点光源,由于光源所占面积趋于零,所以在 $x = 0$ 点功率密度趋于无穷大。

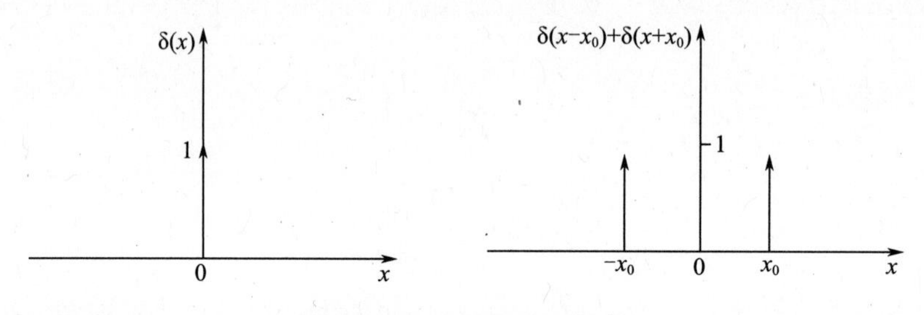

图 3.7 δ 函数和 δ 函数对

3. 常用二维函数

将上述函数的自变量由一维拓展到二维,就是光学中常用的二维函数和信号。

1)二维点冲激函数

二维点冲激函数 $\delta(x,y)$是位于(x,y)平面坐标原点处的一个单位脉冲,其定义类似于式(3.90),即

$$\begin{cases} \delta(x,y) = \begin{cases} \infty & x = y = 0 \\ 0 & \text{其他} \end{cases} \\ \int_{-\infty}^{+\infty}\int_{-\infty}^{+\infty} \delta(x,y)\,\mathrm{d}x\mathrm{d}y = 1 \end{cases} \tag{3.91}$$

$\delta(x,y)$的图形如图 3.8 所示,除了在点(0,0)处取值无穷大外,在其他坐标处均为零。

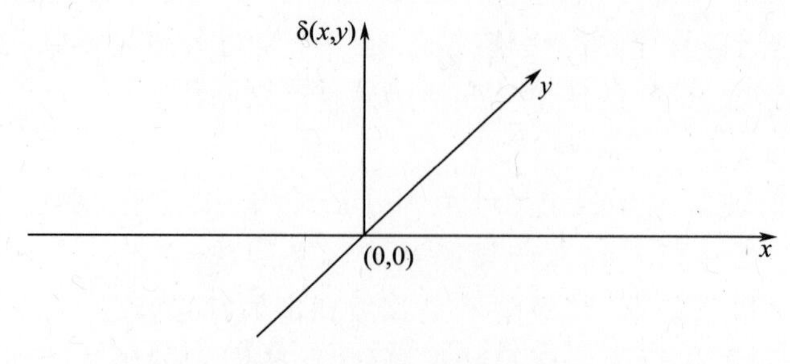

图 3.8 二维点冲激函数

（1）$\delta(x,y)$具有尺度变换性质。

$$\delta(ax,y)=\delta(x,ay)=\frac{1}{|a|}\delta(x,y)\quad a\neq 0 \tag{3.92}$$

（2）$\delta(x,y)$具有筛选性质。

$$\int_{-\infty}^{+\infty}\int_{-\infty}^{+\infty}u(x,y)\delta(x,y)\mathrm{d}x\mathrm{d}y=\int_{-\infty}^{+\infty}\int_{-\infty}^{+\infty}u(0,0)\delta(x,y)\mathrm{d}x\mathrm{d}y=u(0,0) \tag{3.93}$$

另一种常用的二维冲激函数是二维线冲激函数。y 方向二维线冲激函数为

$$\mathrm{liny}(x,y)=\begin{cases}+\infty & x=0\\ 0 & 其他\end{cases} \tag{3.94}$$

并且

$$\int_{-\infty}^{+\infty}\mathrm{liny}(x,y)\mathrm{d}x=1 \tag{3.95}$$

$\mathrm{liny}(x,y)$函数的图形如图 3.9 所示。

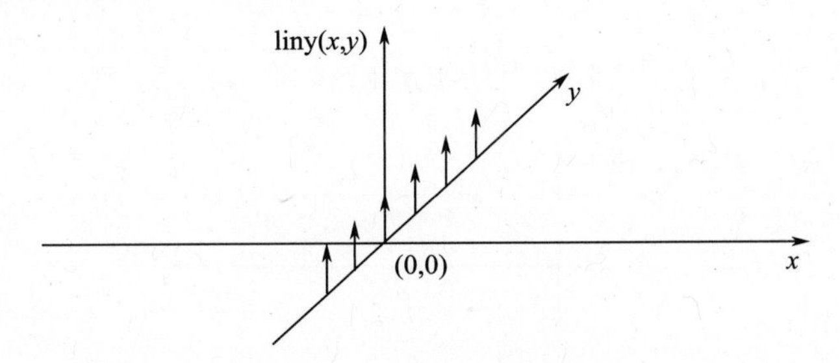

图 3.9　二维线冲激函数

x 方向二维线冲激函数的表示式为

$$\mathrm{linx}(x,y)=\begin{cases}+\infty & y=0\\ 0 & 其他\end{cases} \tag{3.96}$$

并且

$$\int_{-\infty}^{+\infty}\mathrm{linx}(x,y)\mathrm{d}y=1 \tag{3.97}$$

容易证明，二维点冲激函数是以上两种线冲激函数的乘积，即

$$\delta(x,y)=\mathrm{linx}(x,y)\,\mathrm{liny}(x,y) \tag{3.98}$$

2）二维阶跃函数

y 方向阶跃函数的表示式为

$$\mathrm{stey}(x,y)=\begin{cases}1 & x\geqslant 0\\ 0 & 其他\end{cases} \tag{3.99}$$

其图形如图 3.10 所示。x 方向阶跃函数的表示式为

$$\mathrm{stex}(x,y)=\begin{cases}1 & y\geqslant 0\\ 0 & 其他\end{cases} \tag{3.100}$$

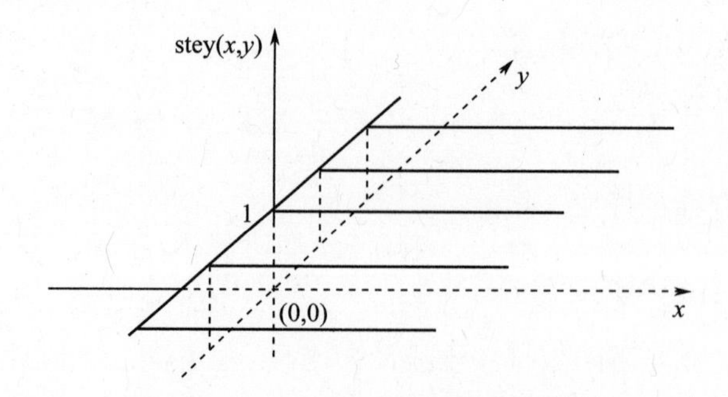

图 3.10 y 方向的二维阶跃函数

$x-y$ 方向阶跃函数的表示式为

$$\mathrm{ste}(x,y)=\begin{cases}1 & x\geqslant 0,y\geqslant 0\\ 0 & 其他\end{cases} \tag{3.101}$$

其图形如图 3.11 所示。很明显地，$x-y$ 方向阶跃函数是 x 方向阶跃函数与 y 方向阶跃函数的乘积，即

$$\mathrm{ste}(x,y)=\mathrm{stex}(x,y)\,\mathrm{stey}(x,y) \tag{3.102}$$

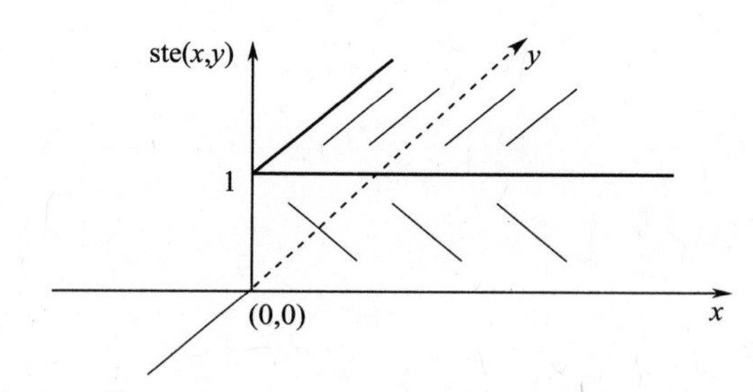

图 3.11 $x-y$ 方向的二维阶跃函数

3）二维矩形函数

二维矩形函数也是一种常用的光学空间函数，其表达式为

$$\mathrm{rect}(x,y)=\begin{cases}1 & -a\leqslant x\leqslant a,\ -b\leqslant y\leqslant b\\ 0 & 其他\end{cases} \tag{3.103}$$

rect(x,y)函数的图形如图 3.12 所示，其立体形状是一个矩形盒，常用来表示光学中的矩形孔。

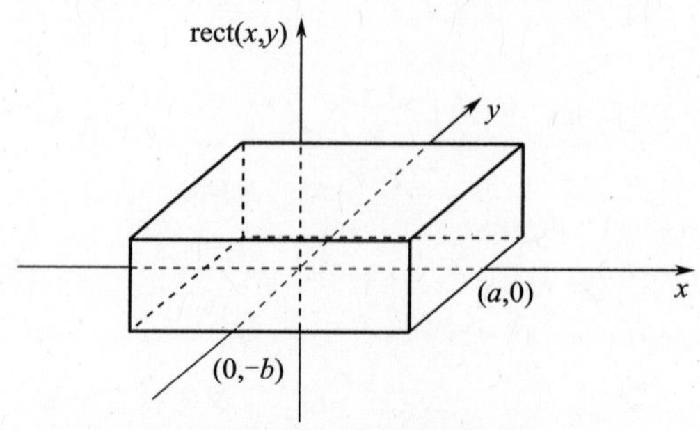

图 3.12 二维矩形函数

4）二维圆形函数

二维圆形函数的表示式为

$$\mathrm{cir}(x,y)=\begin{cases}1 & \sqrt{x^2+y^2}\leqslant a\\0 & \text{其他}\end{cases}\tag{3.104}$$

$\mathrm{cir}(x,y)$的图形如图3.13所示，其立体形状是一个短粗的圆柱，常用来表示光学中的圆形孔。

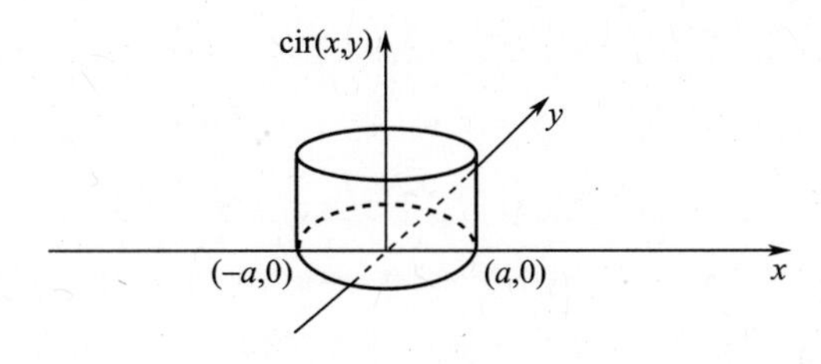

图3.13 二维圆形函数

3.4.2 光学信号的线性卷积和线性相关

1. 光学信号的线性卷积

首先以一维函数为例，给出线性卷积的定义和运算法则。函数$f(x)$和$h(x)$的线性卷积是一个含参量的无穷积分，积分结果是参量x的函数，可表示为

$$g(x)=f(x)*h(x)=\int_{-\infty}^{+\infty}f(\tau)h(x-\tau)\mathrm{d}\tau\tag{3.105}$$

信号与系统课程中应用几何作图法来说明线性卷积运算的方法和步骤。事实上，式(3.105)的卷积积分可表示为微分求和取极限的形式，即

$$g(x)=\int_{-\infty}^{+\infty}f(\tau)h(x-\tau)\mathrm{d}\tau=\lim_{\Delta\tau\to 0}\sum_{i=-\infty}^{+\infty}f(\tau_i)\Delta\tau h(x-\tau_i)\tag{3.106}$$

式中：τ_i为变量τ的第i个取值。式(3.106)的含义是，对$f(\tau)$微分，当$\Delta\tau\to 0$时，$f(\tau_i)\Delta\tau$代表$f(\tau)$在$\tau=\tau_i$处的函数值，在x处嵌上一个函数$h(-\tau_i)$的图形，图形高度放大$f(\tau_i)\Delta\tau$倍，表示为$f(\tau_i)\Delta\tau h(x-\tau_i)$。最后，卷积值$g(x)$，就等于所有$f(\tau_i)\Delta\tau h(x-\tau_i)$的图形对这点的贡献量之和。用这个观点可以更直观地描述光学成像系统像分布与物分布之间的关系。

将一维线性卷积推广到二维情形，设$u(x,y)$和$v(x,y)$为二维光学信号，称下述二重积分运算

$$u(x,y)*v(x,y)=\int_{-\infty}^{+\infty}\int_{-\infty}^{+\infty}u(\alpha,\beta)v(x-\alpha,y-\beta)\mathrm{d}\alpha\mathrm{d}\beta\tag{3.107}$$

为$u(x,y)$和$v(x,y)$的二维连续线性卷积。

与一维线性卷积类似，二维线性卷积也有许多重要的性质。对这些性质，在此不加以证明地给出来。

1）交换性质

在线性卷积的表达式中，两个光学信号的位置可以互换，结果不变，即卷积运算符合

交换律。

$$u(x,y)*v(x,y)=v(x,y)*u(x,y) \tag{3.108}$$

卷积的交换性表明,在计算卷积的过程中,可以不必考虑各信号的位置,这无疑给实际计算带来了方便。

2) 结合性质

在多个二维光学信号的卷积式中,任意两个信号的卷积先计算,结果不变,即卷积运算符合结合律。

$$(u(x,y)*v(x,y))*w(x,y)=u(x,y)*(v(x,y)*w(x,y)) \tag{3.109}$$

3) 移位性质

$$u(x-d,y)*v(x,y)\big|_{x=\alpha,y=\beta}=u(x,y)*v(x,y)\big|_{x=\alpha-d,y=\beta} \tag{3.110}$$

式中:信号由 $u(x,y)$ 到 $u(x-d,y)$ 的过程称为 $u(x,y)$ 对变量 x 的移位运算。$u(x,y)$ 对变量 y 的移位,以及信号 $v(x,y)$ 对变量 x 或变量 y 的移位,也有类似的结论。

4) 分配性质

信号和的卷积等于相应信号卷积的和,即信号相加与卷积运算符合分配律。

$$(u_1(x,y)+u_2(x,y))*v(x,y)=u_1(x,y)*v(x,y)+u_2(x,y)*v(x,y) \tag{3.111}$$

5) 冲激不变性

信号与点冲激函数的卷积等于原信号。

$$u(x,y)*\delta(x,y)=u(x,y) \tag{3.112}$$

6) 折卷性质

参与卷积的所有信号同一变量都变号后的卷积,等于原信号卷积结果相同变量的变号。

$$u(-x,y)*v(-x,y)\big|_{x=\alpha,y=\beta}=u(x,y)*v(x,y)\big|_{x=-\alpha,y=\beta} \tag{3.113}$$

式中:信号由 $u(x,y)$ 到 $u(-x,y)$ 的过程称为 $u(x,y)$ 对变量 x 的折卷运算。$u(x,y)$ 和 $v(x,y)$ 对变量 y 的折卷,也有着类似的结论。

对于一维线性卷积或二维线性卷积,卷积运算具有平滑效应。通常情况下,信号 $f(x)$ 和 $h(x)$ 的卷积 $g(x)$ 总是比参与卷积的任何一个信号更平滑,或者说,卷积运算具有"磨光"输入信号精细结构的趋势。卷积平滑效应的程度,完全取决于参与卷积各信号的分布特性。例如,$\mathrm{rect}(x/b)$、$\mathrm{tri}(x/b)$ 是一类良好的平滑函数,且是有界函数,宽度 b 越大,平滑展宽效果越好。若 $f(x)$、$h(x)$ 均为有界函数,其宽度分别为 b_1 和 b_2,则 $g(x)=f(x)*h(x)$ 也是有界函数,其宽度将扩展到 $b_3=b_1+b_2$。但是,由式(3.112)可知,δ 函数是非平滑函数,完全不具有平滑和展宽的作用。

2. 光学信号的线性相关

为研究两个信号或函数之间的相互关联性,如模式识别、信号检测、光波的部分相干理论等,对其进行相关运算来衡量其相互关联程度。

首先以一维函数为例,设两个函数 $f(x)$ 和 $g(x)$,定义如下含参量的无穷积分

$$y(x)=\int_{-\infty}^{+\infty}f(\tau)g(\tau-x)\mathrm{d}\tau \tag{3.114}$$

为$f(x)$和$g(x)$的线性相关运算。线性相关和线性卷积一样，必须满足相应的存在条件，即要求$f(x)$和$g(x)$绝对可积，且$\int_{-\infty}^{+\infty}|f(x)|^2\mathrm{d}x$，$\int_{-\infty}^{+\infty}|g(x)|^2\mathrm{d}x$和$\int_{-\infty}^{+\infty}|f(x)\cdot g(x)|\mathrm{d}x$收敛。

对照定义式，线性相关和线性卷积运算十分相似。实际上，式(3.114)可改写为卷积的形式

$$y(x)=\int_{-\infty}^{+\infty}f(\tau)g(\tau-x)\mathrm{d}\tau=\int_{-\infty}^{+\infty}f(\tau)g[-(x-\tau)]\mathrm{d}\tau=f(x)*g(-x) \tag{3.115}$$

因此，可以利用卷积运算来计算线性相关。

将一维线性卷积推广到二维情形，设$u(x,y)$和$v(x,y)$为二维光学信号，称下述二重积分运算

$$u(x,y)\lozenge v(x,y)=\int_{-\infty}^{+\infty}\int_{-\infty}^{+\infty}u(\alpha,\beta)v(\alpha-x,\beta-y)\mathrm{d}\alpha\mathrm{d}\beta \tag{3.116}$$

为$u(x,y)$和$v(x,y)$的二维连续线性相关。

线性相关运算既无交换性，也无结合性。但它与线性卷积很相似，根据式(3.115)，可将线性相关运算转化为线性卷积运算

$$u(x,y)\lozenge v(x,y)=u(x,y)*v(-x,-y) \tag{3.117}$$

3.4.3　光学信号的傅里叶变换

傅里叶变换是现代科学技术研究中的十分重要的数学工具，在电子、通信、自动控制、射电天文、遥感地理、生物医学等领域有着广泛的用途。在现代光学研究中，由于傅里叶分析方法的引入，逐渐形成了现代光学的一个重要分支——傅里叶光学。傅里叶光学采用空间频谱的分析方法来研究有关光波的传播、分解与叠加(干涉、衍射、偏振等)和光学系统成像的规律。

1. 傅里叶级数及频谱的概念

设$f(x)$是周期为T的周期函数，满足狄里赫利条件，即①$f(x)$在$\left(-\frac{T}{2},\frac{T}{2}\right)$区间分段连续；②只存在有限个极值点；③只存在有限个第一类间断点；④绝对可积，即$\int_{-T/2}^{T/2}|f(x)|\mathrm{d}x<\infty$。于是$f(x)$可展开为傅里叶级数

$$f(x)=\frac{a_0}{2}+\sum_{n=1}^{+\infty}\left[a_n\cos\left(\frac{2\pi nx}{T}\right)+b_n\sin\left(\frac{2\pi nx}{T}\right)\right] \tag{3.118}$$

其中，傅里叶级数的系数为

$$a_0=\frac{2}{T}\int_{-T/2}^{T/2}f(x)\mathrm{d}x \tag{3.119}$$

$$a_n=\frac{2}{T}\int_{-T/2}^{T/2}f(x)\cos\left(\frac{2\pi nx}{T}\right)\mathrm{d}x \tag{3.120}$$

$$b_n = \frac{2}{T}\int_{-T/2}^{T/2} f(x)\sin\left(\frac{2\pi nx}{T}\right)\mathrm{d}x \tag{3.121}$$

应用欧拉公式

$$\cos\left(\frac{2\pi nx}{T}\right) = \frac{1}{2}\left[\exp\left(\mathrm{j}\frac{2\pi nx}{T}\right) + \exp\left(-\mathrm{j}\frac{2\pi nx}{T}\right)\right] \tag{3.122}$$

$$\sin\left(\frac{2\pi nx}{T}\right) = \frac{1}{2\mathrm{j}}\left[\exp\left(\mathrm{j}\frac{2\pi nx}{T}\right) - \exp\left(-\mathrm{j}\frac{2\pi nx}{T}\right)\right] \tag{3.123}$$

傅里叶级数展开式(3.118)可化为

$$f(x) = \frac{a_0}{2} + \sum_{n=1}^{+\infty}\left[\frac{1}{2}(a_n - \mathrm{j}b_n)\exp\left(\mathrm{j}\frac{2\pi nx}{T}\right) + \frac{1}{2}(a_n + \mathrm{j}b_n)\exp\left(-\mathrm{j}\frac{2\pi nx}{T}\right)\right] \tag{3.124}$$

令 $c_0 = \frac{a_0}{2}, c_n = \frac{1}{2}(a_n - \mathrm{j}b_n), c_{-n} = c_n^* = \frac{1}{2}(a_n + \mathrm{j}b_n)$，于是，式(3.118)可以表示为复指数函数的形式

$$f(x) = \sum_{n=-\infty}^{+\infty} c_n \exp\left(\mathrm{j}\frac{2\pi nx}{T}\right) \tag{3.125}$$

式中

$$c_n = \frac{1}{2}(a_n - \mathrm{j}b_n) = \frac{1}{T}\int_{-T/2}^{T/2} f(x)\exp\left(-\mathrm{j}\frac{2\pi nx}{T}\right)\mathrm{d}x \tag{3.126}$$

周期 T 的倒数$\frac{1}{T}$称为函数$f(x)$的基频，表示为 $\Delta\mu = \frac{1}{T}$，而 $\mu = \frac{n}{T} = n\Delta\mu$ 称为$f(x)$的谐频，或简称为频率。若$f(x)$是时间函数，则 μ 代表时间频率；若$f(x)$是空间函数，则 μ 代表空间频率。式(3.125)表明，周期函数$f(x)$可以分解为一系列频率为 μ，复振幅为 c_n 的谐波。反之，若将各个谐波线性叠加，则可以精确地重建出原周期函数$f(x)$。

一个周期变化的物理量既可以在时间(或空间)域 x 中用$f(x)$来描述，也可以在频率域 μ 中用 c_n 来描述，二者是等效的。由于 c_n 表示频率为 f_n 的谐波成分的复振幅，所以将 c_n 按频率 μ 的分布图形称为$f(x)$的频谱。c_n 一般是复函数，其模值 $|c_n|$ 随频率 μ 的分布图称为$f(x)$的振幅谱，而 c_n 的幅角 φ_n 随 μ 的分布图称为$f(x)$的相位谱。由式(3.126)可得

$$c_n = \frac{1}{2}\sqrt{a_n^2 + b_n^2} \tag{3.127}$$

$$\varphi_n = \arctan\left(-\frac{b_n}{a_n}\right) \tag{3.128}$$

图 3.14 是一个周期的锯齿波及其傅里叶级数展开后的振幅谱图，由图看出，周期函数的频谱具有离散分布的结构特点。

将一个系统的输入函数$f(x)$展开成傅里叶级数，在频率域中分析各谐波的变化，最后综合出系统的输出函数，这种处理方法称为频谱分析方法。频谱分析方法在光学的应用，为认识和分析复杂的光学现象并进行光信息处理提供了全新的思路和手段。

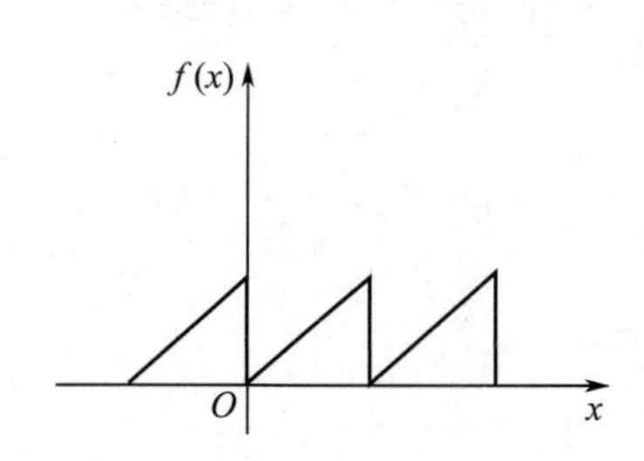

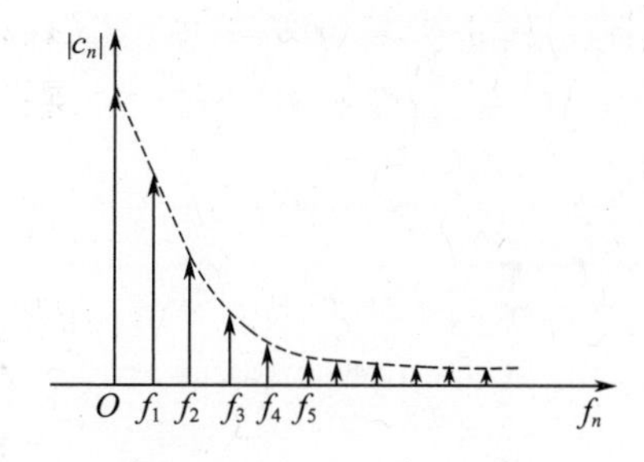

图3.14　锯齿波及其振幅谱

2. 傅里叶变换及其性质

从前面的分析可知,一个满足狄里赫利条件的周期函数$f(x)$可以展开成式(3.125)表示的傅里叶级数,将式(3.126)表示的傅里叶级数系数c_n代入$f(x)$的展开式,得

$$f(x) = \sum_{n=-\infty}^{+\infty}\left[\frac{1}{T}\int_{-T/2}^{T/2} f(x')\exp\left(-\mathrm{j}\frac{2\pi nx'}{T}\right)\mathrm{d}x'\right]\exp\left(\mathrm{j}\frac{2\pi nx}{T}\right) \tag{3.129}$$

将$\Delta\mu = \frac{1}{T}, \mu = \frac{n}{T} = n\Delta\mu$代入式(3.129),得

$$f(x) = \sum_{n=-\infty}^{+\infty}\left[\int_{-T/2}^{T/2} f(x')\exp(-\mathrm{j}2\pi\mu x')\mathrm{d}x'\right]\exp\left(\mathrm{j}\frac{2\pi nx}{T}\right)\Delta\mu \tag{3.130}$$

若将式(3.130)方括号中的积分表示为

$$F(\mu) = \int_{-T/2}^{T/2} f(x')\exp(-\mathrm{j}2\pi\mu x')\mathrm{d}x' \tag{3.131}$$

则有

$$f(x) = \sum_{n=-\infty}^{+\infty} F(\mu)\exp\left(\mathrm{j}\frac{2\pi nx}{T}\right)\Delta\mu \tag{3.132}$$

若令$T\to\infty$,即$f(x)$为非周期函数,则$\Delta\mu = \mathrm{d}\mu\to 0$,式(3.132)中对参数$n$在$(-\infty, +\infty)$区间的求和转变为对参数$\mu$在$(-\infty, +\infty)$区间的积分。于是,周期函数的傅里叶级数展开转化为非周期函数的傅里叶变换,表示为

$$F(\mu) = \int_{-\infty}^{\infty} f(x)\exp(-\mathrm{j}2\pi\mu x)\mathrm{d}x \tag{3.133}$$

$$f(x) = \int_{-\infty}^{\infty} F(\mu)\exp(\mathrm{j}2\pi\mu x)\mathrm{d}\mu \tag{3.134}$$

在数学上,傅里叶变换存在的条件是,$f(x)$必须满足狄里赫利条件。式(3.133)称为$f(x)$的傅里叶变换,式(3.134)称为傅里叶反(逆)变换。复指数函数$\exp(\pm\mathrm{j}2\pi\mu x)$称为傅里叶核函数,它表示一个频率为$\mu$的谐波成分。通过比较式(3.125)和式(3.134)可知,$F(\mu) = c_n/\mathrm{d}\mu$,所以$F(\mu)$具有频谱密度的含义,不过习惯上仍然将$F(\mu)$称为$f(x)$的频谱。非周期函数$f(x)$的频谱$F(\mu)$具有连续分布的性质。

将一维傅里叶变换推广到二维情形,设$u(x,y)$为定义在(x,y)平面的空间光学信号,称下述二重积分

$$U(f_\xi, f_\eta) = \int_{-\infty}^{+\infty}\int_{-\infty}^{+\infty} u(x,y)\mathrm{e}^{-\mathrm{j}2\pi(f_\xi x + f_\eta y)}\mathrm{d}x\mathrm{d}y \tag{3.135}$$

为 $u(x,y)$ 的二维连续傅里叶变换，其中，f_ξ 和 f_η 为光学信号的空间频率；$U(f_\xi,f_\eta)$ 为 $u(x,y)$ 的空间频谱，并称下述积分

$$u(x,y) = \int_{-\infty}^{+\infty}\int_{-\infty}^{+\infty} U(f_\xi,f_\eta)\mathrm{e}^{\mathrm{j}2\pi(f_\xi x+f_\eta y)}\mathrm{d}f_\xi\mathrm{d}f_\eta \tag{3.136}$$

为 $U(f_\xi,f_\eta)$ 的二维连续傅里叶反变换。

式(3.136)表明，光学信号 $u(x,y)$ 的二维傅里叶反变换是由二重积分给出的，其中被积函数 $U(f_\xi,f_\eta)\mathrm{e}^{\mathrm{j}2\pi(f_\xi x+f_\eta y)}$ 是空间频率为 f_ξ 和 f_η 的二维连续复指数信号，$u(x,y)$ 是许多二维连续复指数信号叠加（积分）的结果。因此，光学信号 $u(x,y)$ 的二维傅里叶反变换本质上是二维信号的一种分解，它将一般的二维信号分解为无穷多个复指数信号。这些复指数信号的幅度和相位一般彼此不同，它们由二维信号的傅里叶变换 $U(f_\xi,f_\eta)$ 唯一确定。由频谱分析理论可知，这些复指数信号就是二维信号 $u(x,y)$ 不同的频率分量。称 $U(f_\xi,f_\eta)$ 为二维信号 $u(x,y)$ 的频谱密度，其模 $|U(f_\xi,f_\eta)|$ 为 $u(x,y)$ 的幅度谱，其幅角 $\arg[U(f_\xi,f_\eta)]$ 为 $u(x,y)$ 的相位谱。

傅里叶变换的性质和有关定理是对信号作傅里叶分析的有效工具，它可以简化傅里叶变换的运算，并对某些物理过程进行定性分析和合理解释。下面以一维信号为例，不加证明地给出傅里叶变换的性质，这些性质可以直接推广到二维信号。

1）线性性质

设 $f(x)$ 和 $g(x)$ 的傅里叶变换分别为 $F(\mu)=\mathrm{FT}[f(x)]$，$G(\mu)=\mathrm{FT}[g(x)]$，且 a、b 为任意给定的常数，则有

$$\mathrm{FT}[af(x)+bg(x)] = a\cdot\mathrm{FT}[f(x)] + b\cdot\mathrm{FT}[g(x)] = aF(\mu)+bG(\mu) \tag{3.137}$$

线性组合信号的傅里叶变换等于各信号傅里叶变换的线性组合。

2）对偶性质

设 $f(x)$ 的傅里叶变换为 $F(\mu)=\mathrm{FT}[f(x)]$，则有

$$\mathrm{FT}[F(\mu)] = f(-x) \tag{3.138}$$

根据傅里叶变换和傅里叶反变换的定义式，很容易得到式(3.138)。

3）时移性质

设 $f(x)$ 的傅里叶变换为 $F(\mu)=\mathrm{FT}[f(x)]$，x_0 为任意给定的实数，则有

$$\mathrm{FT}[f(x\pm x_0)] = \mathrm{e}^{\pm\mathrm{j}2\pi\mu x_0}F(\mu) \tag{3.139}$$

信号在时域或空域的平移会引起信号在时频域或空频域的相移。

4）频移性质

设 $f(x)$ 的傅里叶变换为 $F(\mu)=\mathrm{FT}[f(x)]$，μ_0 为任意给定的实数，则有

$$\mathrm{FT}[\mathrm{e}^{\pm\mathrm{j}2\pi\mu_0 x}f(x)] = F(\mu\mp\mu_0) \tag{3.140}$$

信号在时域或空域的相移会引起信号在时频域或空频域的平移。

5）尺度变换性质

设 $f(x)$ 的傅里叶变换为 $F(\mu)=\mathrm{FT}[f(x)]$，a 为任意不等于零的实常数，则有

$$\mathrm{FT}[f(ax)] = \frac{1}{|a|}F\left(\frac{\mu}{a}\right) \tag{3.141}$$

信号在时域或空域的收缩（$|a|>1$）或扩展（$|a|<1$），会引起信号在时频域或空频域的

扩展和收缩。

6）奇偶对称性质

设$f(x)$的傅里叶变换为$F(\mu)=\mathrm{FT}[f(x)]$，若$f(x)=\pm f(-x)$，即$f(x)$是关于原点偶对称或奇对称的，则

$$F(\mu)=\pm F(-\mu) \tag{3.142}$$

式(3.142)说明，$f(x)$对于变量x与$F(\mu)$对于变量μ具有相同的关于原点的奇偶对称性。

7）共轭对称性质

设$f(x)$的傅里叶变换为$F(\mu)=\mathrm{FT}[f(x)]$，且$f(x)=f_r(x)+\mathrm{j}f_i(x)$，$f_r(x)$和$f_i(x)$都是实信号，$F_e(\mu)$是$F(\mu)$关于原点的共轭偶部

$$F_e(\mu)=\frac{1}{2}[F(\mu)+F^*(-\mu)] \tag{3.143}$$

$F_o(\mu)$是$F(\mu)$关于原点的共轭奇部

$$F_o(\mu)=\frac{1}{2}[F(\mu)-F^*(-\mu)] \tag{3.144}$$

则

$$F_e(\mu)=\mathrm{FT}[f_r(x)] \tag{3.145}$$

$$F_o(\mu)=\mathrm{FT}[\mathrm{j}f_i(x)] \tag{3.146}$$

由此性质可知，若$f(x)$为实信号，则

$$F(\mu)=F^*(-\mu) \tag{3.147}$$

即实信号的傅里叶变换是关于原点共轭偶对称的。

8）微分性质

设$f(x)$的傅里叶变换为$F(\mu)=\mathrm{FT}[f(x)]$，则

$$\mathrm{FT}\left[\frac{\mathrm{d}f(x)}{\mathrm{d}x}\right]=\mathrm{j}2\pi\mu F(\mu) \tag{3.148}$$

$f(x)$对变量x求微分后的傅里叶变换等于原信号的傅里叶变换乘以$\mathrm{j}2\pi\mu$。

9）积分性质

设$f(x)$的傅里叶变换为$F(\mu)=\mathrm{FT}[f(x)]$，则

$$\mathrm{FT}\left[\int_0^x f(\tau)\mathrm{d}\tau\right]=\frac{1}{\mathrm{j}2\pi\mu}F(\mu) \tag{3.149}$$

10）线性卷积定理

设$g(x)=f(x)*h(x)$，且$F(\mu)=\mathrm{FT}[f(x)]$，$H(\mu)=\mathrm{FT}[h(x)]$，则

$$\mathrm{FT}[g(x)]=\mathrm{FT}[f(x)]\cdot\mathrm{FT}[h(x)]=F(\mu)H(\mu) \tag{3.150}$$

$$\mathrm{FT}[f(x)h(x)]=F(\mu)*H(\mu) \tag{3.151}$$

式(3.150)表明，两个信号卷积的傅里叶变换，等于这两个信号各自傅里叶变换的乘积。式(3.151)则说明两个信号乘积的傅里叶变换，等于这两个信号傅里叶变换的卷积。该定理可简单表述为时间（或空间）域的卷积等于频率域的乘积，而时间（或空间）域的

乘积等于频率域的卷积。卷积定理将傅里叶变换和卷积这两种重要的运算联系起来,为频率域滤波和信息处理提供了理论依据,并且它提供了计算复杂函数信号的傅里叶变换或卷积的一个有效方法,即利用卷积运算来计算复杂函数的傅里叶变换,或利用傅里叶变换来计算复杂函数的卷积。

3.4.4 线性非空变光学系统

应用线性系统理论和傅里叶变换方法分析光学系统,始于20世纪40年代。最早是法国科学家杜非克斯(P. M. Duffieux)将傅里叶变换方法引入光学系统分析,他将光学系统看作一个传递信息的线性系统,应用傅里叶分析的方法来研究光学系统的成像特性,开创了新的成像理论。

在数学意义上,系统可以定义为一个变换,它把一组输入函数变换为一组对应的输出函数。在物理上,系统即是实现上述变换的一个装置或过程,其性质由它的输入和输出关系来描述。对某个信号传输或处理系统,如果它的输入和输出信号都是二维连续空间信号,则称这种系统为二维连续空间系统,其框图如图3.15所示。

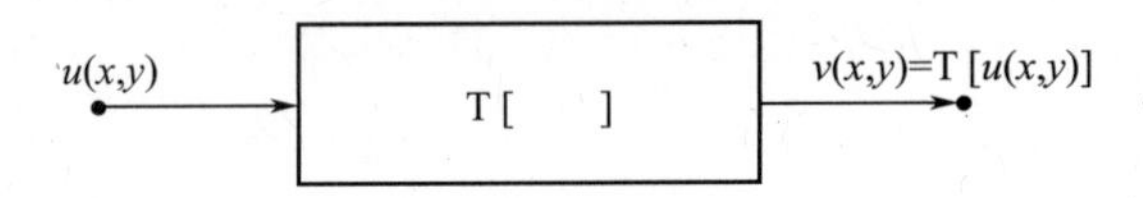

图3.15 二维连续空间系统

图中,输入信号为$u(x,y)$,输出信号为$v(x,y)$,系统的输入和输出运算关系可以表示为

$$v(x,y)=\mathrm{T}[u(x,y)] \tag{3.152}$$

式中:T为系统运算符。对于输入信号为二维点冲激函数$\delta(x,y)$的情形,设系统的输出信号为$h(x',y';x,y)$,即

$$h(x',y';x,y)=\mathrm{T}[\delta(x,y)] \tag{3.153}$$

式中:(x',y')为输出平面坐标;(x,y)为输入平面坐标;$h(x',y';x,y)$为该二维系统的点冲激响应(或点扩展函数),如图3.16所示。

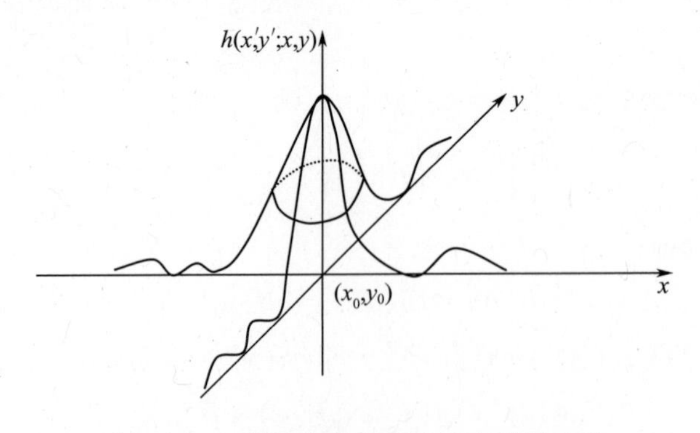

图3.16 二维连续空间系统的点冲激响应

对于式(3.152)描述的二维连续空间系统,若对任意给定的常数a和b,下式成立

$$\mathrm{T}[au_1(x,y)+bu_2(x,y)]=a\mathrm{T}[u_1(x,y)]+b\mathrm{T}[u_2(x,y)] \tag{3.154}$$

则称该系统为线性系统,否则为非线性系统。线性系统最显著的特征是,它对复杂函数的响应,能够表示成它对输入函数分解成的一系列基元函数响应的线性叠加。系统对基元函数的输入、输出性质清楚了,对任意复杂输入函数的响应特性也就清楚了,这是线性系统分析的基本方法。对于光学系统,直接将输入面上的光场分布分解为一系列点光源的线性叠加,并用二维点冲激函数 $\delta(x,y)$ 来表示各个点光源,则 $\delta(x,y)$ 的筛选性质正好提供了这种分解方法

$$u(x,y) = \iint_{\infty} u(x_0,y_0)\delta(x-x_0,y-y_0)\mathrm{d}x_0\mathrm{d}y_0 \tag{3.155}$$

式(3.155)的物理含义是,光学系统输入面上的任意光强分布(复振幅或光强),总可以看作是位于坐标(x_0,y_0),振幅(或功率)等于 $u(x_0,y_0)$ 的一系列点光源 $u(x_0,y_0)\delta(x-x_0,y-y_0)$ 叠加而成。

将式(3.155)代入式(3.152),可得

$$v(x,y) = \mathrm{T}\left[\iint_{\infty} u(x_0,y_0)\delta(x-x_0,y-y_0)\mathrm{d}x_0\mathrm{d}y_0\right] \tag{3.156}$$

由于 $u(x_0,y_0)$ 仅是各点基元函数的权重系数,应用式(3.154)的线性性质,可将系统运算直接作用于各基元函数上,于是

$$v(x,y) = \iint_{\infty} u(x_0,y_0)\mathrm{T}[\delta(x-x_0,y-y_0)]\mathrm{d}x_0\mathrm{d}y_0 \tag{3.157}$$

式中:$\mathrm{T}[\delta(x-x_0,y-y_0)]$为以基元函数 $\delta(x-x_0,y-y_0)$ 作为输入函数时,线性系统的输出,即线性系统对点基元函数的响应。对于光学系统,若将光学系统的输入称为物,对应的输出称为像,则 $\mathrm{T}[\delta(x-x_0,y-y_0)]$就是物平面上位于$(x_0,y_0)$处一个点光源的像。可以用点扩展函数$h(x',y';x,y)$来表示光学系统,即

$$h(x',y';x,y) = \mathrm{T}[\delta(x-x_0,y-y_0)] \tag{3.158}$$

将式(3.158)代入式(3.157),于是线性系统的输入、输出关系就可以用下述积分式来表示

$$v(x',y') = \iint_{\infty} u(x,y)h(x',y';x,y)\mathrm{d}x\mathrm{d}y \tag{3.159}$$

式(3.159)是一个叠加积分,其物理含义是,线性系统的输出是以输入函数作为权重的系统点冲激响应函数的叠加积分,也就是说,线性系统的性质完全由它的点冲激响应函数来表征。只要求得系统对输入平面上全部点基元的响应,系统输出就可以完全确定。对于光学系统来说,只要确定了物平面上各个点光源的像,就可以利用式(3.159)来完整地描述系统的像分布。

值得注意的是,一般线性系统的点冲激响应函数既是输出平面坐标(x',y')的函数,又是输入平面坐标(x,y)的函数。对二维连续空间系统,设其输入和输出关系如式(3.152),若对任意给定的实数 x_0 和 y_0,下式成立

$$v(x-x_0,y-y_0) = \mathrm{T}[u(x-x_0,y-y_0)] \tag{3.160}$$

则称该系统为非空变系统,否则为空变系统。当一个二维连续空间系统的输入函数发生平移时,如果其输出函数的形式不变,只是伴随着一个相应的平移,该系统就是非空变系

统。式(3.160)表明,非空变系统的输入、输出关系与空间起点的确定无关,或者说非空变系统的特性不随空间的变化而变化。

线性系统和非空变系统是两个不同的概念。线性系统未必非空变,非线性系统也未必空变,它们之间不存在任何联系。有这样一类二维连续空间系统,它既是线性的,又是非空变的,称为线性非空变系统。理想光学成像系统可看作是线性非空变系统,它符合点对点成像关系;实际的光学成像系统,由于成像原理和像差的存在,一般来说不具有严格的空间不变性。

对线性非空变的二维连续空间系统,其点冲激响应函数 $h(x',y';x,y)$ 并不直接依赖于物点的坐标 (x,y),而只依赖于距离 $x-x_0$ 和 $y-y_0$,此时 $h(x',y';x,y)$ 可简化为

$$h(x',y';x,y)=h(x-x_0,y-y_0) \tag{3.161}$$

式(3.157)表示的线性系统输入、输出关系进一步简化为

$$v(x,y) = \iint_{\infty} u(x_0,y_0)h(x-x_0,y-y_0)\mathrm{d}x_0\mathrm{d}y_0 = u(x,y) * h(x,y) \tag{3.162}$$

上述分析表明,如果在空间域描述一个线性非空变系统,它的输入、输出关系符合式(3.162)的卷积运算,即线性非空变系统的输出等于输入与点冲激响应的卷积。对于光学系统,其像的分布等于物的理想像分布与系统点冲激响应的卷积。

3.4.5 光学系统的频域描述

式(3.162)在空间域描述了一个线性非空变系统的输入、输出关系,是建立在对输入函数进行点基元分解的基础之上的。这种描述虽然直观形象,但由于像平面和物平面的基元不存在一一对应关系,因而物像关系必须通过复杂的卷积运算来描述。按照线性系统理论,基元函数的选择以及对输入函数的分解都不是唯一的,傅里叶变换理论提供了另一种全新的分解思路和方法。

设输入信号 $u(x,y)$,输出信号 $v(x,y)$ 和系统点冲激响应函数 $h(x,y)$ 的傅里叶变换分别为 $U(f_\xi,f_\eta)$、$V(f_\xi,f_\eta)$ 和 $H(f_\xi,f_\eta)$。对式(3.162)两边作傅里叶变换,并应用傅里叶变换的卷积定理,可得到在空间频率域中的线性非空变系统的输入、输出关系为

$$V(f_\xi,f_\eta)=U(f_\xi,f_\eta)\cdot H(f_\xi,f_\eta) \tag{3.163}$$

式(3.163)表明,线性非空变系统的输入、输出关系既可以用空间域卷积关系来描述,也可以用频域乘积关系来描述,即输出信号的频谱等于输入信号频谱与系统点冲激响应的频谱的乘积。

上述两种分析方法,虽然在描述线性非空变系统的输入、输出关系上是等价的,但在运算流程和物理意义上却明显不同。式(3.162)是在空间域描述系统输入、输出关系,通过卷积运算直接得出输出信号的空间分布,而式(3.163)则给出了系统输入、输出信号在空间频率域的关系,要从输入信号出发计算输出信号,必须完成以下3个中间步骤:第一步,对输入信号作傅里叶变换,求得输入信号的频谱;第二步,通过频率域的相乘运算,求得输出信号的频谱;第三步,对输出信号的频谱作傅里叶反变换,求得输出信号的空间分布。频域的运算看似步骤繁琐,但整个计算过程实则比空域的卷积运算更为简单快捷。而且空域的描述是以对输入信号进行点基元函数分解为基础,而点基元输入函数的像并

不是点基元，而是系统的点冲激响应函数 $h(x,y)$。这就是说，在对线性非空变系统的空间域描述中，输入面上的基元函数与输出面上的基元函数不是一一对应的，输出面上任意一个像点的光振幅或光强，不仅有来自于对应物点的贡献，也有来自于周围其他物点的贡献，因而只能用卷积关系来描述。频域的描述方法则不同，输入信号和输出信号都可以分解为一系列平面波基元函数的线性叠加，即

$$u(x,y) = \int_{-\infty}^{+\infty}\int_{-\infty}^{+\infty} U(f_\xi,f_\eta)\,\mathrm{e}^{\mathrm{j}2\pi(f_\xi x+f_\eta y)}\,\mathrm{d}f_\xi\mathrm{d}f_\eta \tag{3.164}$$

$$v(x,y) = \int_{-\infty}^{+\infty}\int_{-\infty}^{+\infty} V(f_\xi,f_\eta)\,\mathrm{e}^{\mathrm{j}2\pi(f_\xi x+f_\eta y)}\,\mathrm{d}f_\xi\mathrm{d}f_\eta \tag{3.165}$$

从式(3.164)和式(3.165)可以看出，输入平面和输出平面具有相同的形式为 $\mathrm{e}^{\mathrm{j}2\pi(f_\xi x+f_\eta y)}$ 的基元函数，输入信号的频谱 $U(f_\xi,f_\eta)$ 可看作是空间频率为 (f_ξ,f_η) 的平面波基元成分的复振幅，而输出信号频谱 $V(f_\xi,f_\eta)$ 则表示传播到输出面的同一平面波基元成分的复振幅。因此，输出信号频谱相对于输入信号频谱的变化就完全反映了系统的性能。

设二维连续线性非空变系统的点冲激响应为 $h(x,y)$，当以平面波基元函数 $u(x,y)=\mathrm{e}^{\mathrm{j}2\pi(f_\xi x+f_\eta y)}$ 作为输入时，系统的输出为

$$\begin{aligned} v(x,y) &= \iint_{\infty} u(x_0,y_0)h(x-x_0,y-y_0)\,\mathrm{d}x_0\mathrm{d}y_0 \\ &= \iint_{\infty} \mathrm{e}^{\mathrm{j}2\pi(f_\xi x_0+f_\eta y_0)}h(x-x_0,y-y_0)\,\mathrm{d}x_0\mathrm{d}y_0 \end{aligned} \tag{3.166}$$

作变量代换，令 $x_1=x-x_0$，$y_1=y-y_0$，则

$$\begin{aligned} v(x,y) &= \mathrm{e}^{\mathrm{j}2\pi(f_\xi x+f_\eta y)}\iint_{\infty} \mathrm{e}^{-\mathrm{j}2\pi(f_\xi x_1+f_\eta y_1)}h(x_1,y_1)\,\mathrm{d}x_1\mathrm{d}y_1 \\ &= \mathrm{e}^{\mathrm{j}2\pi(f_\xi x+f_\eta y)}H(f_\xi,f_\eta) \\ &= H(f_\xi,f_\eta)u(x,y) \end{aligned} \tag{3.167}$$

式(3.167)说明，对线性非空变系统，输入、输出信号的基元成分具有一一对应关系。

根据上面的分析，在空间频率域中，可以用输出信号频谱 $V(f_\xi,f_\eta)$ 和输入信号频谱 $U(f_\xi,f_\eta)$ 的比值来表征一个线性非空变系统的性能，称为系统传递函数，其定义为

$$H(f_\xi,f_\eta) = \frac{V(f_\xi,f_\eta)}{U(f_\xi,f_\eta)} \tag{3.168}$$

在通常情况下，$H(f_\xi,f_\eta)$、$V(f_\xi,f_\eta)$ 和 $U(f_\xi,f_\eta)$ 均为复数，可分别用模和幅角来表示

$$|H(f_\xi,f_\eta)| = \frac{|V(f_\xi,f_\eta)|}{|U(f_\xi,f_\eta)|} \tag{3.169}$$

$$\phi_h(f_\xi,f_\eta) = \phi_v(f_\xi,f_\eta) - \phi_u(f_\xi,f_\eta) \tag{3.170}$$

系统传递函数的模 $|H(f_\xi,f_\eta)|$ 反映了空间频率为 (f_ξ,f_η) 的平面波基元成分通过系统时振幅的衰减；系统函数的相位幅角则反映了同一平面波基元成分通过系统时发生的相移。

通过前面的分析已经知道，$H(f_\xi,f_\eta)$ 既表示系统点冲激响应函数 $h(x,y)$ 的傅里叶变换，又是系统传递函数，它将点基元分析法和平面波基元分析法联系在一起，清楚地说明

了用 $H(f_\xi,f_\eta)$ 来表示系统性能的合理性。当输入信号为点基元时，$u(x,y)=\delta(x,y)$，输入信号的频谱 $U(f_\xi,f_\eta)=1$，此时输出信号的频谱为 $V(f_\xi,f_\eta)=H(f_\xi,f_\eta)$。由于输入信号的频谱呈均匀分布，传递函数 $H(f_\xi,f_\eta)$ 很好地表征了系统对不同空间频率平面波基元成分的传递特性。需要说明的是，上述 $H(f_\xi,f_\eta)$ 都是由线性非空变系统导出的，如果系统不具有线性非空变性质，则不存在上述定义的系统传递函数。

3.5 光波的衍射

光的衍射是光波传播过程中的一种基本现象。在 17 世纪以前，人们认为光总是沿直线传播的，这种认识加上反射定律和折射定律，构成了几何光学的基础。17 世纪中叶，意大利学者格里马第首先发现，当光在传播过程中遇到障碍物（如小孔或细棒）时，不再遵循直线传播规律，一部分光会绕过障碍物，射向阴影区域，使得障碍物的投影边缘模糊，甚至出现亮暗条纹，于是称这种现象为衍射（或绕射）。衍射现象无法用牛顿的微粒说解释，因而它的发现在历史上对光的波动学说确立发挥了重要作用。索末菲给衍射所下的定义是“不能用反射或折射解释的光对直线光路的偏离”，这一定义是对衍射现象的概括，但未能阐明衍射现象的波动光学原理。从衍射现象的波动本质出发，可将衍射定义为“光波在传播过程中，由于受到限制（即空间调制）时所发生的偏离直线传播规律的现象”。衍射是光传播过程中的普遍现象，衍射现象是否发生与光源的性质（如波长、振幅、偏振态等）无关，同时也与障碍物的性质（如形状、尺寸等）无关。

在麦克斯韦电磁理论出现之后，人们认识到光波是一种电磁波，光的衍射可以作为电磁场的边界问题来严格求解。但是，这种严格解法相当复杂，很难得出解析结果，现在实际应用的衍射理论几乎都是近似解法。本节主要介绍衍射的基本理论，即研究已知光源和衍射物体，求解衍射图样分布，要解决的问题是：分析由光源 S 发出的光波，受到衍射物体 Σ 的限制后，在观察平面 Π 上的复振幅分布。按照图 3.17 的衍射问题物理模型，这一衍射过程可以分解为三个子过程来处理，即：①光源 S 发出的光波，在自由空间传播距离 d_0，到达衍射物体 Σ 的过程；②衍射物体 Σ 对入射光波的限制（或调制过程）；③离开衍射物体 Σ 的光波在自由空间传播距离 d，到达观察屏 Π 的过程。

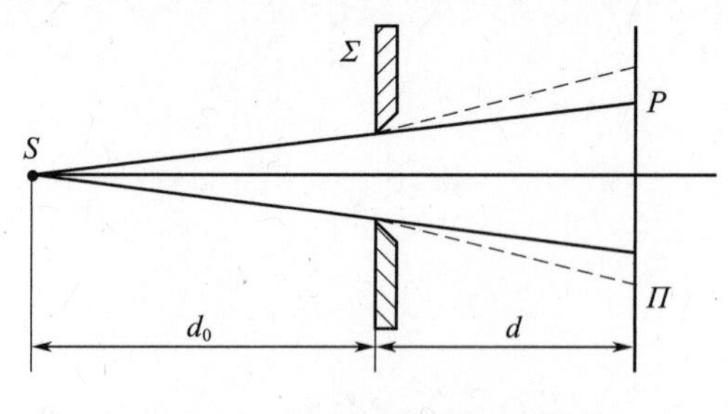

图 3.17 衍射问题的物理模型

3.5.1 惠更斯－菲涅耳原理

光的衍射实际是光波叠加的必然结果，叠加原理可描述为：当两个或多个光波同时在同一空间传播时，空间每一点都将受到各个分量波的作用。在波的独立传播原理成立的条件下，光波叠加区域中任何一个点的扰动，都等于各个分量波单独存在时该点的扰动之和。图3.17中，如果把受衍射物体限制（或调制）的光波分解为一系列基元光波，这些基元光波在自由空间传播一段距离之后，在 Π 面上叠加，于是 Π 面上任何一点 P 处的扰动，就等于各个基元光波在该点的扰动之和。

1690年，惠更斯在其著作《论光》中提出假设："波前上的每一个面元都可以看作是一个次级扰动中心，它们能产生球面子波"，并且"后一时刻的波前位置是所有这些子波波前的包络面。"波前即是某一时刻光波的等相位面，次级扰动中心可看作是一个点光源或称为子波源，这些子波源球面波的包络就构成以后的传播过程中新的波阵面。惠更斯原理正确地指出了衍射的波动光学本质，并得到了大量的实验验证。但是，惠更斯原理是建立在假设基础上的，缺乏严格的理论依据和定量分析。法国科学家菲涅耳最早应用波动光学原理成功解释了衍射现象，他把惠更斯原理用干涉理论加以补充，发展为惠更斯－菲涅耳原理，即"波前上任何一个未受阻挡的面元，可看作是一个子波源，发射频率与入射波相同的波面子波，在其后任意点的光振动，是所有子波叠加的结果。"惠更斯－菲涅耳原理实际上是惠更斯的子波假设和干涉叠加原理结合的产物，根据该定理可以建立一个定量计算衍射问题的公式，来描述单色光波在传播过程中任意两个面（例如衍射物体 Σ 和观察屏 Π）之间光振动分布的关系。

3.5.2 亥姆霍兹－基尔霍夫衍射积分公式

基尔霍夫在惠更斯－菲涅耳原理的基础上，从波动微分方程出发，利用场论中的格林（Green）积分定理和电磁场边界条件，将齐次波动方程在场中任一点 P 的解用 P 点周围任一闭合曲面上所有各点的解及其一次微分来表示，为衍射的定量分析奠定了理论基础。基尔霍夫衍射理论采用标量处理方法，只考虑电场或磁场的一个横向分量的标量振幅，而假定其他有关分量也可用同样方法独立处理，忽略了电磁场矢量分量之间的耦合特性，称为标量衍射理论[14]。

场论中的格林定理指出，对图3.18所示的闭曲面 S 和由曲面 S 所包围的形体 V，若标量函数 $p(x,y,z)$ 和 $q(x,y,z)$ 以及它们的一阶与二阶导数在曲面 S 和形体 V 上连续，则

$$\iiint_V (p\nabla^2 q - q\nabla^2 p)\,\mathrm{d}v = \iint_S (p\nabla q - q\nabla p)\cdot \boldsymbol{n}\,\mathrm{d}s \tag{3.171}$$

式中：$\boldsymbol{n}$ 为曲面 S 的法线向 V 外方向的单位矢量。

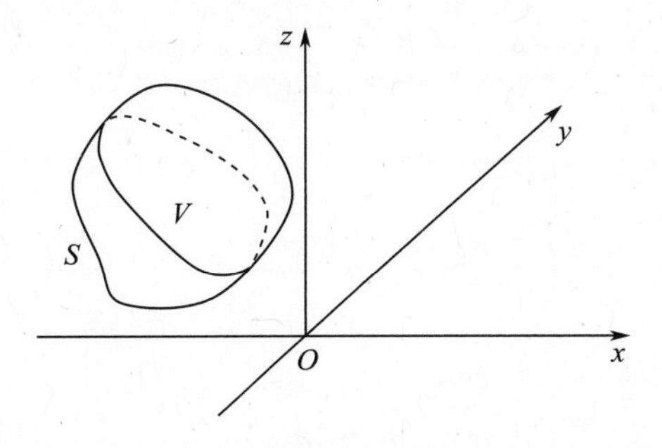

图3.18 格林定理示意图

假设在闭曲面 S 内有一单色标量光波场，P 为 S 内的任意一点。在 t 时刻，P 点的电场强度为

$$\tilde{\boldsymbol{E}}(P,t)=\hat{\boldsymbol{E}}\boldsymbol{P}\mathrm{e}^{-\mathrm{j}\omega t}=E(P)\mathrm{e}^{-\mathrm{j}\omega t}\boldsymbol{e} \tag{3.172}$$

式中：$\boldsymbol{e}$ 为电场强度矢量的方向。则光波场应满足标量波的波动方程，即亥姆霍兹方程

$$\nabla^2 E+k^2 E=0 \tag{3.173}$$

对光波场中同一点不同的电场强度 $E_1(x,y,z)$ 和 $E_2(x,y,z)$，它们均为标量函数，同样满足亥姆霍兹方程，即

$$\nabla^2 E_1+k^2 E_1=0 \tag{3.174}$$

$$\nabla^2 E_2+k^2 E_2=0 \tag{3.175}$$

将式(3.174)和式(3.175)代入格林定理式(3.171)左边，得

$$\iiint_V (E_1\nabla^2 E_2-E_2\nabla^2 E_1)\mathrm{d}v=\iiint_V (E_1(-k^2E_2)-E_2(-k^2E_1))\mathrm{d}v=0 \tag{3.176}$$

因此，式(3.171)右侧

$$\iint_S (E_1\nabla E_2-E_2\nabla E_1)\cdot\boldsymbol{n}\mathrm{d}s=0 \tag{3.177}$$

如图3.19所示，设闭曲面内任一点 P，P 处有一点光源。点光源所发出的光波是球面波，由式(3.57)，设其电场强度的复振幅矢量为

$$\hat{\boldsymbol{E}}_2(r)=E_2(r)\boldsymbol{r}_0=\frac{1}{r}\mathrm{e}^{\mathrm{j}\Omega r}\boldsymbol{r}_0 \tag{3.178}$$

式中：$E_2(r)$ 为复振幅矢量 $\hat{\boldsymbol{E}}_2(r)$ 的复值。在 P 点处，由于 $r=0$，复值 $E_2(r)$ 的模为无穷大。为避开 P 点，以 P 点为球心、ε 为半径作一个小球面 S_1，由 S_1 和 S_2 构成闭曲面 S，S_1 和 S_2 之间的部分构成体积 V，闭曲面 S 的法线方向为由 V 向外。

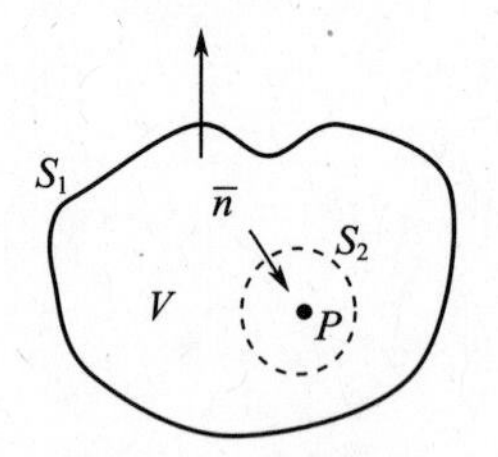

图3.19 积分曲面的选取示意图

由式(3.177)，闭曲面 S 上的积分为

$$\iint_S (E_1\nabla E_2-E_2\nabla E_1)\cdot\boldsymbol{n}\mathrm{d}s=\iint_{S_1} (E_1\nabla E_2-E_2\nabla E_1)\cdot\boldsymbol{n}\mathrm{d}s+\iint_{S_2} (E_1\nabla E_2-E_2\nabla E_1)\cdot\boldsymbol{n}\mathrm{d}s=0 \tag{3.179}$$

在曲面 S 上的积分为

$$\iint_{S_2} (E_1\nabla E_2-E_2\nabla E_1)\cdot\boldsymbol{n}\mathrm{d}s=\iint_{S_2}\left(E_1\nabla\left(\frac{1}{r}\mathrm{e}^{\mathrm{j}\Omega r}\right)-\left(\frac{1}{r}\mathrm{e}^{\mathrm{j}\Omega r}\right)\nabla E_1\right)\cdot\boldsymbol{n}\mathrm{d}s \tag{3.180}$$

由于$\frac{1}{r}\mathrm{e}^{\mathrm{j}\Omega r}$描述的是球面波，因此

$$\nabla\left(\frac{1}{r}\mathrm{e}^{\mathrm{j}\Omega r}\right)=\frac{\partial}{\partial r}\left(\frac{1}{r}\mathrm{e}^{\mathrm{j}\Omega r}\right)\boldsymbol{r}_0 \tag{3.181}$$

式中:$\boldsymbol{r}_0$ 为从 P 点向曲面 S_2 半径方向的单位矢量。式(3.180)简化为

$$\begin{aligned}\iint_{S_2}(E_1\nabla E_2-E_2\nabla E_1)\cdot\boldsymbol{n}\mathrm{d}s&=\iint_{S_2}\left(E_1\nabla\left(\frac{1}{r}\mathrm{e}^{\mathrm{j}\Omega r}\right)-\left(\frac{1}{r}\mathrm{e}^{\mathrm{j}\Omega r}\right)\nabla E_1\right)\cdot\boldsymbol{n}\mathrm{d}s\\&=\iint_{S_2}\left(\mathrm{e}^{\mathrm{j}\Omega r}\left(E_1\left(\frac{-1+\mathrm{j}\Omega r}{r^2}\right)\boldsymbol{r}_0-\frac{1}{r}\nabla E_1\right)\cdot\boldsymbol{n}\mathrm{d}s\end{aligned} \tag{3.182}$$

曲面 S_2 为微小球面，对曲面 S_2 上的小面元 $\mathrm{d}s$，设面元 $\mathrm{d}s$ 所对应的球面角为 $\mathrm{d}\phi$，则 $\mathrm{d}s=\varepsilon^2\mathrm{d}\phi$ 。因此，式(3.182)化为球面积分

$$\iint_{S_2}(E_1\nabla E_2-E_2\nabla E_1)\cdot\boldsymbol{n}\mathrm{d}s=\iint_{\Phi}\mathrm{e}^{\mathrm{j}\Omega\varepsilon}(E_1(-1+\mathrm{j}\Omega\varepsilon)\boldsymbol{r}_0-\varepsilon\nabla E_1)\cdot\boldsymbol{n}\mathrm{d}\phi \tag{3.183}$$

式中:Φ 为小球面的球面角，其大小为 4π。

令 $\varepsilon\to0$，对式(3.183)求极限，可得

$$\begin{aligned}\lim_{\varepsilon\to0}\iint_{S_2}(E_1\nabla E_2-E_2\nabla E_1)\cdot\boldsymbol{n}\mathrm{d}s&=\lim_{\varepsilon\to0}\iint_{\Phi}\mathrm{e}^{\mathrm{j}\Omega\varepsilon}(E_1(-1+\mathrm{j}\Omega\varepsilon)\boldsymbol{r}_0-\varepsilon\nabla E_1)\cdot\boldsymbol{n}\mathrm{d}\phi\\&=-\iint_{\Phi}E_1(P)\boldsymbol{r}_0\cdot\boldsymbol{n}\mathrm{d}\phi=4\pi E_1(P)\end{aligned} \tag{3.184}$$

由式(3.179)得

$$\begin{aligned}E_1(P)&=\iint_{S_1}(E_1\nabla E_2-E_2\nabla E_1)\cdot\boldsymbol{n}\mathrm{d}s\\&=-\frac{1}{4\pi}\iint_{S_1}\left(E_1\nabla\left(\frac{1}{r}\mathrm{e}^{\mathrm{j}\Omega r}\right)-\left(\frac{1}{r}\mathrm{e}^{\mathrm{j}\Omega r}\right)\nabla E_1\right)\cdot\boldsymbol{n}\mathrm{d}s\end{aligned} \tag{3.185}$$

式(3.185)称为亥姆霍兹－基尔霍夫积分公式，相应的定理称为亥姆霍兹－基尔霍夫积分定理。被积函数中的 E_1 可认为是由外部光源照射，或由自发光面 S 产生的；式中的球面波$\frac{1}{r}\mathrm{e}^{\mathrm{j}\Omega r}$是基尔霍夫选取构造的格林函数，它表示微小面元 $\mathrm{d}s$ 处发射的球面子波，子波的振幅大小由 $\mathrm{d}s$ 处的电场强度 E_1 决定。曲面 S 内任意点 P 处的电场 $E_1(P)$则由 S 上所有面元发出的子波干涉叠加来确定。∇表示梯度运算，其物理含义是在曲面 S 上各点沿向外法线上的偏导数，即

$$\nabla\left(\frac{1}{r}\mathrm{e}^{\mathrm{j}\Omega r}\right)=\frac{\partial}{\partial\boldsymbol{n}}\left(\frac{1}{r}\mathrm{e}^{\mathrm{j}\Omega r}\right) \tag{3.186}$$

于是得到亥姆霍兹－基尔霍夫积分公式的另外一种形式

$$E_1(P)=-\frac{1}{4\pi}\iint_{S_1}\left(E_1\frac{\partial}{\partial\boldsymbol{n}}\left(\frac{1}{r}\mathrm{e}^{\mathrm{j}\Omega r}\right)-\left(\frac{1}{r}\mathrm{e}^{\mathrm{j}\Omega r}\right)\frac{\partial E_1}{\partial\boldsymbol{n}}\right)\mathrm{d}s \tag{3.187}$$

若已知闭曲面 S 上光波复振幅矢量的复值，则可由式(3.185)或式(3.187)求得曲面

内任一点处光波复振幅的复值,即闭曲面内光波的复振幅完全由曲面上光波的复振幅给定,亥姆霍兹-基尔霍夫积分公式是衍射现象定量分析的基础。

3.5.3 菲涅耳-基尔霍夫衍射公式

亥姆霍兹-基尔霍夫积分公式提供了定量分析衍射问题的基础,但要直接应用公式(3.185)求解衍射问题显然是很困难的。下面通过适当的近似,将上述定理简化为便于计算的形式。

设存在一个无限大的不透明的衍射屏,屏中有一孔 A,假定开孔 A 的线度远大于光波长,但是远小于孔 A 到考察点 P 的距离,如图 3.20 所示。衍射屏左侧有一单色点光源 Q 发出球面波照射带有开孔的衍射屏。

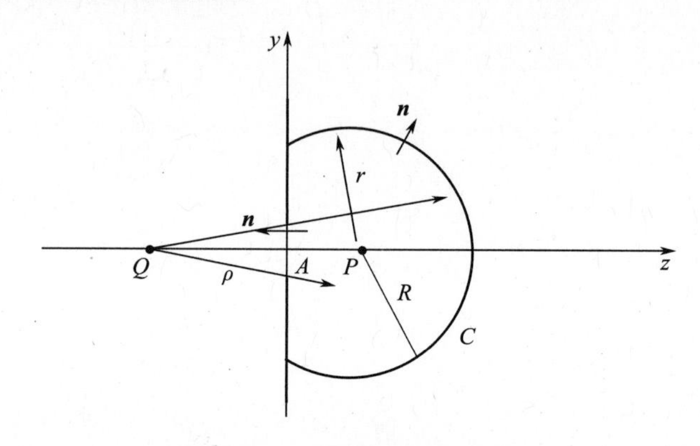

图 3.20 衍射屏右侧光波的计算

为了应用式(3.185)或式(3.187)计算衍射屏右侧点 P 处光波的复振幅,选取如图 3.20所示的包围点 P 的闭曲面 S。以点 P 为球心、R 为半径作一球面,该球面与衍射屏相交,衍射屏右侧的球面记为 C,衍射屏上开孔 A 以外球面交线以内的不透明部分记为 B,则闭曲面 S 由 A、B 和 C 三部分组成。由式(3.187)可得点 P 处光波的复振幅复值为

$$E_1(P) = -\frac{1}{4\pi}\left(\iint_A + \iint_B + \iint_C\right)\left(E_1 \frac{\partial}{\partial \boldsymbol{n}}\left(\frac{1}{r}\mathrm{e}^{\mathrm{j}\Omega r}\right) - \left(\frac{1}{r}\mathrm{e}^{\mathrm{j}\Omega r}\right)\frac{\partial E_1}{\partial \boldsymbol{n}}\right)\mathrm{d}s \tag{3.188}$$

式中:r 为微小面元 $\mathrm{d}s$ 到点 P 的距离。

对于球面 C 上的积分,由于积分面选择的任意性,可以假定 $R\to\infty$,即球面 C 为趋于无限大的半球面。考虑到 E 和构造的格林函数在球面 C 上都按 $1/R$ 随 R 的增大而减小,所以 $R\to\infty$ 时,在球面 C 上被积函数趋于零,但同时积分面的面积按 R^2 增大,故不能直接认为球面 C 上的积分为零。当 $R\to\infty$ 时,在球面 C 上有

$$\begin{cases} G = \dfrac{1}{R}\mathrm{e}^{\mathrm{j}\Omega R} \\ \dfrac{\partial G}{\partial n} = \left(-\dfrac{1}{R} + \mathrm{j}\Omega\right)\dfrac{\mathrm{e}^{\mathrm{j}\Omega R}}{R} \approx \mathrm{j}\Omega G \end{cases} \tag{3.189}$$

球面 C 上的积分

$$\iint_C \left(E_1 \frac{\partial G}{\partial \boldsymbol{n}} - G\frac{\partial E_1}{\partial \boldsymbol{n}}\right)\mathrm{d}s = \iint_\Phi R\mathrm{e}^{\mathrm{j}\Omega R}\left(\mathrm{j}\Omega E_1 - \frac{\partial E_1}{\partial \boldsymbol{n}}\right)\mathrm{d}\phi \tag{3.190}$$

式中:Φ 为球面 C 的球面角。

由于$|e^{j\Omega R}|$在球面 C 上有界,所以只要满足条件

$$\lim_{R\to\infty} R\left(j\Omega E_1-\frac{\partial E_1}{\partial \boldsymbol{n}}\right)=0 \tag{3.191}$$

则

$$\lim_{R\to\infty}\iint_C\left(E_1\frac{\partial G}{\partial \boldsymbol{n}}-G\frac{\partial E_1}{\partial \boldsymbol{n}}\right)\mathrm{d}s=0 \tag{3.192}$$

式(3.191)称为索末菲远场辐射条件,该条件在有限大小光源照明的条件下都能满足。例如,假设点光源,当 $R\to\infty$ 时,其在球面 C 上的光波场复振幅近似为

$$E_1\approx\frac{a\mathrm{e}^{j\Omega R}}{R} \tag{3.193}$$

将式(3.193)代入式(3.191)等号左面,可得

$$\lim_{R\to\infty} R\left(j\Omega\frac{a\mathrm{e}^{j\Omega R}}{R}-\left(j\Omega-\frac{1}{R}\right)\frac{a\mathrm{e}^{j\Omega R}}{R}\right)=\lim_{R\to\infty}\frac{a\mathrm{e}^{j\Omega R}}{R}=0 \tag{3.194}$$

由此可见,在点光源情况下,满足索末菲远场辐射条件。至于有限大小光源照明的情况,可以将其分解为点光源的线性组合,所以也满足索末菲远场辐射条件。

图3.20中,点光源 Q 所发出的光波,在衍射屏不透明部分 B 的后表面上的电场强度可认为是零(基尔霍夫边界条件),因而式(3.188)在 B 平面的积分为

$$\iint_B\left(E_1\frac{\partial}{\partial \boldsymbol{n}}\left(\frac{1}{r}\mathrm{e}^{j\Omega r}\right)-\left(\frac{1}{r}\mathrm{e}^{j\Omega r}\right)\frac{\partial E_1}{\partial \boldsymbol{n}}\right)\mathrm{d}s=0 \tag{3.195}$$

因此,点 P 处光波的复振幅复值为

$$E(P)=-\frac{1}{4\pi}\iint_A\left(E\frac{\partial}{\partial \boldsymbol{n}}\left(\frac{1}{r}\mathrm{e}^{j\Omega r}\right)-\left(\frac{1}{r}\mathrm{e}^{j\Omega r}\right)\frac{\partial E}{\partial \boldsymbol{n}}\right)\mathrm{d}s \tag{3.196}$$

式(3.196)表明,对有孔衍射屏的情形,衍射屏后任一点的光波,仅由衍射屏开孔中的光波确定。

图3.20中,点光源 Q 发出是球面波,设其复振幅复值为

$$E=\frac{a\mathrm{e}^{j\Omega\rho}}{\rho} \tag{3.197}$$

式中:ρ 为开孔平面 A 到 Q 点的距离。由式(3.196)得

$$\begin{aligned}E(P)&=-\frac{1}{4\pi}\iint_A\left(E\frac{\partial}{\partial \boldsymbol{n}}\left(\frac{1}{r}\mathrm{e}^{j\Omega r}\right)-\left(\frac{1}{r}\mathrm{e}^{j\Omega r}\right)\frac{\partial E}{\partial \boldsymbol{n}}\right)\mathrm{d}s\\&=-\frac{1}{4\pi}\iint_A\left(\frac{a\mathrm{e}^{j\Omega\rho}}{\rho}\cdot\left(j\Omega-\frac{1}{r}\right)\frac{\mathrm{e}^{j\Omega r}}{r}\boldsymbol{r}_0-\frac{\mathrm{e}^{j\Omega r}}{r}\cdot\left(j\Omega-\frac{1}{\rho}\right)\frac{a\mathrm{e}^{j\Omega\rho}}{\rho}\boldsymbol{\rho}_0\right)\cdot\boldsymbol{n}\mathrm{d}s\end{aligned} \tag{3.198}$$

前面已假设点光源 Q 到开孔平面 A 的距离 $\rho\gg\lambda$,点 P 到开孔平面 A 的距离 $r\gg\lambda$,则式(3.198)近似为

$$E(P) \approx -\frac{1}{4\pi}\iint_A\left(\frac{a\mathrm{e}^{\mathrm{j}\Omega\rho}}{\rho}\cdot\frac{\mathrm{e}^{\mathrm{j}\Omega r}}{r}\cdot \mathrm{j}\Omega\boldsymbol{r}_0-\frac{\mathrm{e}^{\mathrm{j}\Omega r}}{r}\cdot\frac{a\mathrm{e}^{\mathrm{j}\Omega\rho}}{\rho}\cdot \mathrm{j}\Omega\boldsymbol{\rho}_0\right)\cdot \boldsymbol{n}\mathrm{d}s$$

$$=\frac{a}{\mathrm{j}2\lambda}\iint_A\frac{\mathrm{e}^{\mathrm{j}\Omega(r+\rho)}}{r\rho}(\cos\alpha-\cos\beta)\mathrm{d}s \tag{3.199}$$

式(3.199)称为菲涅耳－基尔霍夫衍射公式，α 是$\boldsymbol{r}_0$ 和开孔平面 A 法线方向 $\boldsymbol{n}$ 的夹角，β 是 $\boldsymbol{\rho}_0$ 和开孔平面 A 法线方向 $\boldsymbol{n}$ 的夹角。其中，积分面积为不透明衍射屏上的开孔 A，$\frac{a\mathrm{e}^{\mathrm{j}\Omega\rho}}{\rho}$为点光源 Q 发出的球面波在孔平面 A 上的复振幅分布，格林函数$\frac{\mathrm{e}^{\mathrm{j}\Omega r}}{r}$仍然表示 A 上任意微小面元 $\mathrm{d}s$ 发出的球面子波对 P 点的贡献，$(\cos\alpha-\cos\beta)$为倾斜因子。

在一般情况下，衍射孔 A 往往很小，此时对衍射问题作傍轴近似：即限定衍射孔径的线度远小于衍射孔径平面到观察屏的距离，并且光源和考察面的有效面积对衍射孔径中心的张角很小。对于大多数衍射问题，傍轴条件都能得到很好满足，在这种情况下，$\alpha\approx 0$，$\beta\approx\pi$，$\cos\alpha-\cos\beta\approx 2$。于是，式(3.199)简化为

$$E(P)=\frac{a}{\mathrm{j}\lambda}\iint_A\frac{\mathrm{e}^{\mathrm{j}\Omega(r+\rho)}}{r\rho}\mathrm{d}s \tag{3.200}$$

应当指出，上述菲涅耳－基尔霍夫衍射公式的推导结论虽然是在点光源球面波的情形得到的，但对于平面波情形，该衍射公式也是正确的。

3.5.4 菲涅耳衍射

在3.5.3节中推导了菲涅耳－基尔霍夫衍射公式。为了使计算公式具有普遍性，必须定义各种与衍射问题有关的物理量，并规定统一的坐标系。如图3.21所示，取直角坐标系，设有孔衍射屏在 $z=z_1$ 处，厚度为 2ε，观察屏在 $z=z_2$ 处，且衍射屏与观察屏平行。

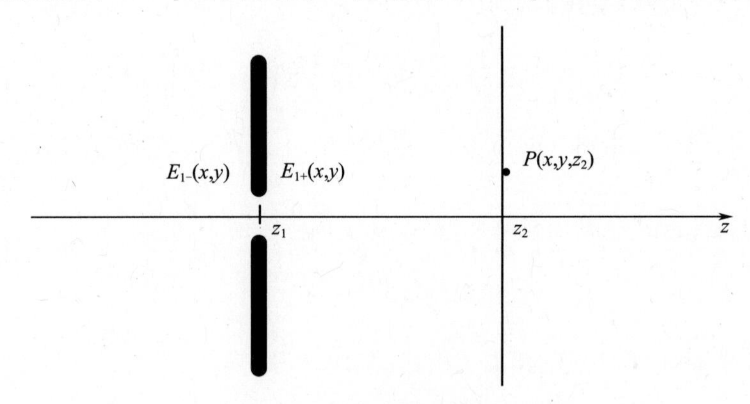

图3.21 衍射问题的模型

设光源发出的光波到达衍射孔径平面的电场强度复振幅分布为 $E_{1-}(x,y)=E(x,y,z_1-\varepsilon)$，透过衍射屏后的光波复振幅为 $E_{1+}(x,y)=E(x,y,z_1+\varepsilon)$。令

$$t_1(x,y)=\frac{E_{1+}(x,y)}{E_{1-}(x,y)} \tag{3.201}$$

则称 $t_1(x,y)$为衍射屏的复振幅透过率，或衍射屏的孔函数(瞳函数)。若已知衍射屏入

射光的复振幅复值 $E_{1-}(x,y)$ 和孔函数 $t_1(x,y)$，则可求得衍射屏输出光波的复振幅复值 $E_{1+}(x,y)$。

若衍射屏的厚度 2ε 很小，可以不予考虑，则孔函数 $t_1(x,y)$ 完全由衍射屏开孔的形状确定。若衍射孔为矩形，则 $t_1(x,y)$ 为二维矩形函数

$$t_1(x,y)=\mathrm{rect}(x,y)=\begin{cases}1 & -a\leqslant x\leqslant a,\ -b\leqslant y\leqslant b\\ 0 & \text{其他}\end{cases} \tag{3.202}$$

若衍射孔为圆形，则 $t_1(x,y)$ 为二维圆形函数

$$t_1(x,y)=\mathrm{cir}(x,y)=\begin{cases}1 & \sqrt{x^2+y^2}\leqslant a\\ 0 & \text{其他}\end{cases} \tag{3.203}$$

对复杂衍射物体，使用孔函数进行衍射分析是比较方便的。在直角坐标系中，适用于任意照射和任意衍射物体的菲涅耳－基尔霍夫衍射公式为

$$E(x,y)=\mathrm{j}\frac{\Omega}{2\pi}\iint_A E_{1-}(u,v)t_1(u,v)\frac{\mathrm{e}^{\mathrm{j}\Omega r}}{r}\mathrm{d}u\mathrm{d}v \tag{3.204}$$

以图3.21为例，计算观察屏上点 $P(x,y,z_2)$ 处光波复振幅的复值 $E_2(x,y)$。将点光源球面波情形下的衍射公式(3.200)推广到平面波情形

$$E(P)=\frac{1}{\mathrm{j}\lambda}\iint_A E_1\frac{\mathrm{e}^{\mathrm{j}\Omega r}}{r}\mathrm{d}s \tag{3.205}$$

因此，点 $P(x,y,z_2)$ 处光波复振幅的复值为

$$E(x,y)=\frac{1}{\mathrm{j}\lambda}\iint_A E_{1+}(u,v)\frac{\mathrm{e}^{\mathrm{j}\Omega r}}{r}\mathrm{d}u\mathrm{d}v \tag{3.206}$$

式中：r 为点 $P(x,y,z_2)$ 到衍射孔平面 A 上一点 (u,v,z_1) 的距离，即

$$r=\sqrt{(x-u)^2+(y-v)^2+z_{12}^2}=z_{12}\sqrt{1+\left(\frac{x-u}{z_{12}}\right)^2+\left(\frac{y-v}{z_{12}}\right)^2} \tag{3.207}$$

式中：$z_{12}=z_2-z_1$，将式(3.207)代入式(3.206)，得

$$E_2(x,y)=\frac{1}{\mathrm{j}\lambda}\iint_A E_{1+}(u,v)\frac{\mathrm{e}^{\mathrm{j}\frac{2\pi}{\lambda}z_{12}\left(1+\left(\frac{x-u}{z_{12}}\right)^2+\left(\frac{y-v}{z_{12}}\right)^2\right)^{\frac{1}{2}}}}{z_{12}\left(1+\left(\frac{x-u}{z_{12}}\right)^2+\left(\frac{y-v}{z_{12}}\right)^2\right)^{\frac{1}{2}}}\mathrm{d}u\mathrm{d}v \tag{3.208}$$

式(3.208)称为瑞利－索末菲衍射公式。

令

$$h_{1+}(x,y)=\frac{\mathrm{e}^{\mathrm{j}\frac{2\pi}{\lambda}z_{12}\left(1+\left(\frac{x}{z_{12}}\right)^2+\left(\frac{y}{z_{12}}\right)^2\right)^{\frac{1}{2}}}}{\mathrm{j}\lambda z_{12}\left(1+\left(\frac{x}{z_{12}}\right)^2+\left(\frac{y}{z_{12}}\right)^2\right)^{\frac{1}{2}}} \tag{3.209}$$

由式(3.208)可得

$$E_2(x,y)=E_{1+}(x,y)*h_{1+}(x,y) \tag{3.210}$$

式(3.210)表明，点 $P(x,y,z_2)$ 处光波复振幅的复值 $E_2(x,y)$ 等于衍射孔后的光波复振幅

的复值 $E_{1+}(x,y)$ 与 $h_{1+}(x,y)$ 的二维线性卷积。

设衍射屏孔径尺寸不大于 L_1，即

$$E_{1+}(u,v)=0 \quad (u^2+v^2)^{\frac{1}{2}}>L_1>0 \tag{3.211}$$

若在 $z=z_2$ 的观察屏上，将观察区域局限在 $\sqrt{x^2+y^2}<L_2$ 内，则 $|x-u|\leqslant L_1+L_2$，$|y-v|\leqslant L_1+L_2$，且要求

$$z_{12}\gg L_1+L_2 \tag{3.212}$$

将式(3.207)右端作泰勒展开，即

$$r=z_{12}+\frac{(x-u)^2+(y-v)^2}{2z_{12}}-\frac{[(x-u)^2+(y-v)^2]^2}{8z_{12}^3}+\cdots \tag{3.213}$$

于是式(3.208)中被积函数分母的 r 值直接用展开式的第一项 z_{12} 来代替，这样引入的相对误差在满足式(3.212)的近似条件时是可以忽略不计的。但是，被积函数复指数中的 r 值却不能直接用 z_{12} 来近似，这是因为 Ωr 表示光波的相位延迟，由于光波波长极短，而 $\Omega=2\pi/\lambda$，其值很大，如果用 z_{12} 代替 r，即使式(3.212)的近似条件成立，引入的误差也是不能接受的。考虑到 r 的展开式(3.213)右端各项的值是递减的，本书规定对复指数函数近似的条件是：要求 r 的展开式中第三项引入的相位误差小于 $\pi/2$，即

$$\frac{2\pi}{\lambda}\frac{[(x-u)^2+(y-v)^2]^2}{8z_{12}^3}\leqslant\frac{\pi}{2} \quad 或 \quad z_{12}^3\geqslant\frac{1}{2\lambda}[(x-u)^2+(y-v)^2]^2 \tag{3.214}$$

在满足上述条件式(3.212)和式(3.214)的前提下，复指数因子中的 r 可用式(3.213)的前两项来代替，这一近似通常称为菲涅耳近似。在菲涅耳近似情形下，式(3.208)简化为

$$E_2(x,y)=\iint_A E_{1+}(u,v)\frac{1}{j\lambda z_{12}}e^{j\frac{2\pi}{\lambda}z_{12}}e^{j\frac{\pi}{\lambda z_{12}}((x-u)^2+(y-v)^2)}\mathrm{d}u\mathrm{d}v \tag{3.215}$$

式(3.215)称为菲涅耳衍射积分公式。将满足式(3.212)和式(3.214)的观察区域称为菲涅耳衍射区，其范围可按式(3.214)大致划分。例如，当光波波长 $\lambda=0.6\mu m$，$(x-u)^2+(y-v)^2$ 的最大值为 $6mm^2$ 时，可以计算出菲涅耳衍射区距衍射孔径的最近距离 $z_{12}=31mm$。

令

$$h_{12}(x,y)=\frac{e^{j\frac{2\pi}{\lambda}z_{12}}}{j\lambda z_{12}}e^{j\frac{\pi}{\lambda z_{12}}(x^2+y^2)}=B_{12}q\left(x,y,\frac{1}{\lambda z_{12}}\right) \tag{3.216}$$

式中

$$B_{12}=\frac{e^{j\frac{2\pi}{\lambda}z_{12}}}{j\lambda z_{12}} \tag{3.217}$$

$$q(x,y,p)=e^{j\pi p(x^2+y^2)} \tag{3.218}$$

式中：$q(x,y,p)$ 为二次相位函数，它是观察屏 xOy 平面上 P 点坐标二次项的函数。由式(3.215)可知，菲涅耳衍射可表示为衍射孔后光波复振幅的复值 $E_{1+}(x,y)$ 与 $h_{12}(x,y)$ 的二维线性卷积

$$E_2(x,y) \approx E_{1+}(x,y) * h_{12}(x,y) \tag{3.219}$$

若将图3.21中的衍射屏和观察屏看作是菲涅耳衍射系统，由于系统的输出信号$E_2(x,y)$是输入信号$E_{1+}(x,y)$的叠加积分，因此该系统是一个二维线性非空变系统，则$h_{12}(x,y)$就是系统的点冲激响应函数，该系统的空域特性完全由$h_{12}(x,y)$确定。根据线性非空变系统点冲激响应函数与传递函数之间的关系，得

$$H_{12}(\xi,\eta) = \mathrm{FT}[h_{12}(x,y)] \tag{3.220}$$

应用卷积定理，可知

$$A_2(\xi,\eta) = A_{1+}(\xi,\eta) H_{12}(\xi,\eta) \tag{3.221}$$

式中：$A_2(\xi,\eta)$、$A_{1+}(\xi,\eta)$分别为$E_2(x,y)$、$E_{1+}(x,y)$的频谱函数。由于系统的点冲激响应函数$h_{12}(x,y)$及其响应的传递函数已知，对于给定的任意形状的衍射孔，可以方便地求得衍射光波场分布或其频谱函数。

将式(3.215)中被积函数的复指数项展开，可得

$$\begin{aligned} E_2(x,y) &\approx \iint_{\infty} E_{1+}(u,v) B_{12} \cdot \mathrm{e}^{\mathrm{j}\frac{\pi}{\lambda z_{12}}(x^2+y^2)} \cdot \mathrm{e}^{\mathrm{j}\frac{\pi}{\lambda z_{12}}(u^2+v^2)} \cdot \mathrm{e}^{-\mathrm{j}2\pi\left(\frac{x}{\lambda z_{12}}u+\frac{y}{\lambda z_{12}}v\right)}\mathrm{d}u\mathrm{d}v \\ &= B_{12} \cdot q\left(x,y,\frac{1}{\lambda z_{12}}\right)\iint_{\infty} E_{1+}(u,v) q\left(u,v,\frac{1}{\lambda z_{12}}\right)\mathrm{e}^{-\mathrm{j}2\pi\left(\frac{x}{\lambda z_{12}}u+\frac{y}{\lambda z_{12}}v\right)}\mathrm{d}u\mathrm{d}v \\ &= B_{12} \cdot q\left(x,y,\frac{1}{\lambda z_{12}}\right)\mathrm{FT}\left[E_{1+}(u,v) q\left(u,v,\frac{1}{\lambda z_{12}}\right)\right]\Bigg|_{\theta=\frac{x}{\lambda z_{12}},\phi=\frac{y}{\lambda z_{12}}} \end{aligned} \tag{3.222}$$

于是，菲涅耳衍射的二维线性卷积可表示为二维傅里叶变换的形式

$$E_{1+}(x,y) * h_{12}(x,y) = B_{12} \cdot q\left(x,y,\frac{1}{\lambda z_{12}}\right)\mathrm{FT}\left[E_{1+}(u,v) q\left(u,v,\frac{1}{\lambda z_{12}}\right)\right]\Bigg|_{\theta=\frac{x}{\lambda z_{12}},\phi=\frac{y}{\lambda z_{12}}} \tag{3.223}$$

式(3.223)表明，除了振幅因子B_{12}和相位因子$q\left(x,y,\frac{1}{\lambda z_{12}}\right)$外，菲涅耳衍射可看作是$E_{1+}(x,y)q\left(x,y,\frac{1}{\lambda z_{12}}\right)$的二维傅里叶变换。

3.5.5 夫琅禾费衍射

如果衍射孔径的尺寸不变，而进一步增大观察屏到衍射屏的距离z_{12}，则衍射图样将随之放大。当观察屏的距离z_{12}超过某一值时，由衍射孔径坐标(u,v)的平方项引入的相位误差将小于$\pi/2$，即

$$\frac{2\pi}{\lambda}\frac{u^2+v^2}{2z_{12}} \leqslant \frac{\pi}{2} \tag{3.224}$$

在这种情况下，可以忽略式(3.213)中的第二项，r的展开式近似为

$$r \approx z_{12} + \frac{x^2+y^2}{2z_{12}} - \frac{ux+vy}{z_{12}} \tag{3.225}$$

这一近似称为夫琅禾费近似，利用式(3.225)可大致计算出夫琅禾费衍射区的范围

$$z_{12} \geqslant \frac{2}{\lambda}(u^2 + v^2) \tag{3.226}$$

例如,当光波波长 $\lambda = 0.6\mu m$,衍射孔径尺寸 $u^2 + v^2 = 2mm^2$,可以计算出观察到夫琅禾费衍射的最近距离 $z_{12} = 6.7m$。

在夫琅禾费近似下,式(3.215)进一步简化为

$$E_2(x,y) \approx B_{12} \iint_{\infty} E_{1+}(u,v) e^{-j2\pi\left(\frac{x}{\lambda z_{12}}u + \frac{y}{\lambda z_{12}}v\right)} du dv \tag{3.227}$$

由式(3.227)所描述的衍射为夫琅禾费衍射,与菲涅耳衍射相比,夫琅禾费衍射要简单得多。除常数 B_{12} 外,夫琅禾费衍射的复振幅复值仅是衍射屏处复振幅复值的傅里叶变换。

对于平面波照射矩形孔的情形,将矩形孔函数公式代入式(3.227),得

$$E_2(x,y) \approx B_{12} \int_{-\infty}^{+\infty} \int_{-\infty}^{+\infty} A\mathrm{rec}(u,v) e^{-j2\pi\left(\frac{x}{\lambda z_{12}}u + \frac{y}{\lambda z_{12}}v\right)} du dv \tag{3.228}$$

即

$$E_2(x,y) = AB_{12} \int_{-a}^{a} e^{-j2\pi\frac{x}{\lambda z_{12}}u} du \int_{-b}^{b} e^{-j2\pi\frac{y}{\lambda z_{12}}v} dv \tag{3.229}$$

进一步简化为

$$E_2(x,y) = 4abAB_{12}\mathrm{sinc}\left(2\pi \frac{ax}{\lambda z_{12}}\right)\mathrm{sinc}\left(2\pi \frac{by}{\lambda z_{12}}\right) \tag{3.230}$$

其中

$$\mathrm{sinc}(u) = \frac{\sin u}{u} \tag{3.231}$$

为抽样函数。

式(3.230)给出了在平面波照射矩形孔的情形,夫琅禾费衍射的复振幅复值的表达式。将式(3.217)代入式(3.230),得

$$E_2(x,y) \approx 4abA \frac{j e^{-j\frac{2\pi}{\lambda}z_{12}}}{\lambda z_{12}} \mathrm{sinc}\left(2\pi \frac{ax}{\lambda z_{12}}\right)\mathrm{sinc}\left(2\pi \frac{by}{\lambda z_{12}}\right) \tag{3.232}$$

若 $a \ll b$,则矩形衍射孔变成了平行于 y 轴的狭缝,如图 3.22 所示。

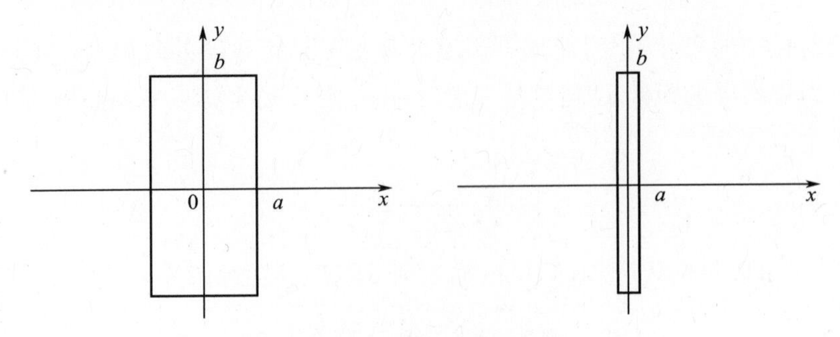

图 3.22 矩形孔和单缝孔

单缝夫琅禾费衍射光波的幅度只与坐标 x 有关。光波幅度与坐标 x 的关系由抽样函数描述，如图 3.23 所示。单缝夫琅禾费衍射光波的幅度 $A_2(x,y)$ 在 $x=0$ 时取得最大值 A_s。随着 $|x|$ 的增加，光波幅度逐渐减小。当 $|x|=\dfrac{\lambda z_{12}}{2b}$ 时，光波幅度减为零。在 $|x|$ 逐渐增加的过程中，光波幅度不断起伏，其峰值逐渐减小。

图 3.23 中光波幅度的各个波峰，称为衍射图样的亮斑。称 $y=0$ 附近的亮斑为主亮斑或零级亮斑，称其他亮斑为旁亮斑，依次是一级亮斑、二级亮斑等。称衍射亮斑两边零值之间的距离为亮斑的宽度。图中主亮斑的宽度为

$$B_m=\frac{\lambda z_{12}}{a} \tag{3.233}$$

旁亮斑的宽度为

$$B_s=\frac{\lambda z_{12}}{2a} \tag{3.234}$$

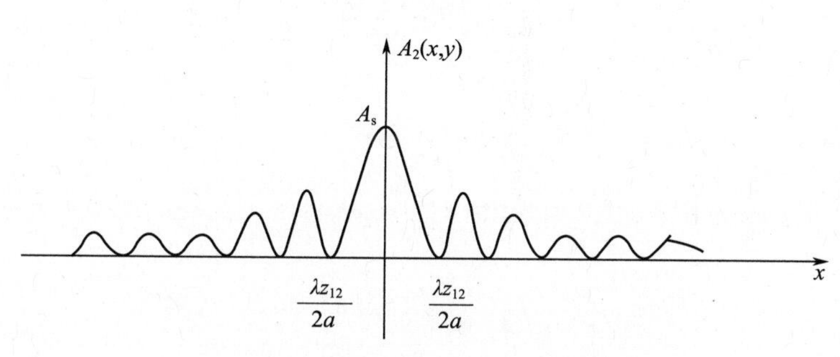

图 3.23　单缝夫琅禾费衍射光波的幅度

由式(3.233)、式(3.234)可见，亮斑的宽度与波长 λ 成正比，与衍射屏和观察屏之间的距离成正比，而与单缝长度 a 成反比。同时，主亮斑的宽度是旁亮斑宽度的两倍，主亮斑的峰值远大于旁亮斑。因此，在夫琅禾费衍射图样的亮斑中，主亮斑居中且最宽、最亮，光波的衍射能量主要集中在主亮斑中。

主亮斑的宽度也与单缝长度 a 成反比。单缝长度越小，主亮斑宽度越大，衍射现象越显著；单缝长度越大，主亮斑宽度越小。若单缝长度趋于无限大，即光波的传播在 y 方向完全不受限制，则主亮斑变成亮线。波长 λ 越小，主亮斑宽度越小。若波长趋于无限小，则主亮斑变成亮点，此时衍射现象消失，光线沿直线传播。

图 3.23 中光波幅度为零的地方，称为衍射图样的暗纹。衍射暗纹的位置为

$$x_k=k\frac{\lambda z_{12}}{2a}\quad k\neq 0 \tag{3.235}$$

一般矩形孔衍射可看作 x 方向单缝衍射和 y 方向单缝衍射相乘的结果，如图 3.24 所示。

对于平面波照射圆孔的情形，设二维圆形孔函数为

$$E_{1+}(x,y)=A\mathrm{cir}(x,y)=\begin{cases}A & (x^2+y^2)^{\frac{1}{2}}\leqslant a\\ 0 & \text{其他}\end{cases} \tag{3.236}$$

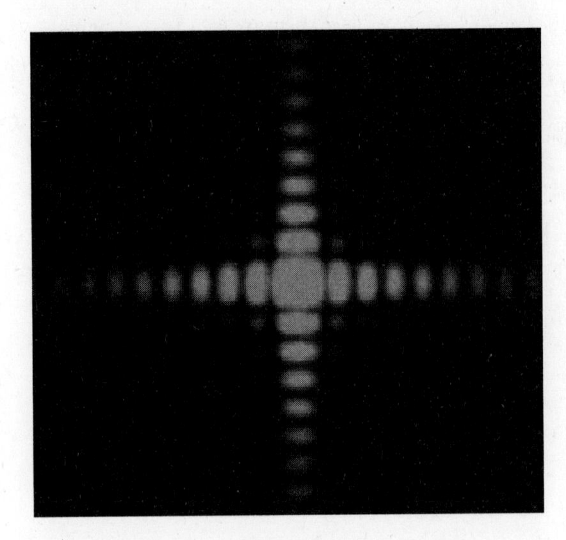

图 3.24 矩形孔的夫琅禾费衍射

将式(3.236)代入式(3.227),得

$$E_2(x,y) \approx B_{12}\iint_{\infty} A\mathrm{cir}(u,v)\,\mathrm{e}^{-\mathrm{j}2\pi\left(\frac{x}{\lambda z_{12}}u+\frac{y}{\lambda z_{12}}v\right)}\mathrm{d}u\mathrm{d}v \tag{3.237}$$

令 $x=r\cos\theta, y=r\sin\theta(r\geqslant 0, 0\leqslant\theta\leqslant 2\pi)$;$u=\rho\cos\phi, v=\rho\sin\phi(\rho\geqslant 0, 0\leqslant\phi\leqslant 2\pi)$,则式(3.237)化为

$$\begin{aligned} E_2(x,y) &= E_2(r\cos\theta, r\sin\theta) = E_{\mathrm{r}}(r,\theta) \\ &= AB_{12}\int_0^a\int_0^{2\pi}\rho\mathrm{e}^{-\mathrm{j}2\pi\frac{r\rho}{\lambda z_{12}}\cos(\phi-\theta)}\mathrm{d}\rho\mathrm{d}\phi \end{aligned} \tag{3.238}$$

进一步简化为

$$E_2(x,y) = AB_{12}\frac{\lambda a z_{12}}{r}J_1\left(2\pi\frac{ar}{\lambda z_{12}}\right) \tag{3.239}$$

式中:$J_1(x)$为第一类一阶贝塞尔函数,其数值可在《数学手册》中查得,表示式为

$$J_1(x) = \frac{1}{2\pi}\int_0^{2\pi}\mathrm{e}^{\mathrm{j}x(\sin\phi-\phi)}\mathrm{d}\phi \tag{3.240}$$

可以用礼帽函数 somb(x)表示

$$E_2(x,y) = \pi a^2 A\frac{\mathrm{e}^{-\mathrm{j}\frac{2\pi}{\lambda}z_{12}}}{\lambda z_{12}}\mathrm{somb}\left(\frac{2ar}{\lambda z_{12}}\right) \tag{3.241}$$

式中

$$\mathrm{somb}(x) = \frac{2J_1(\pi x)}{\pi x} \tag{3.242}$$

由式(3.241),圆孔夫琅禾费衍射的光波幅度为

$$\begin{aligned} A_{\mathrm{r}}(r,\theta) = |E_{\mathrm{r}}(r,\theta)| &\approx \frac{\pi a^2 A}{\lambda z_{12}}\left|\mathrm{somb}\left(\frac{2ar}{\lambda z_{12}}\right)\right| \\ &= A_{\mathrm{c}}\left|\mathrm{somb}\left(\frac{2ar}{\lambda z_{12}}\right)\right| \end{aligned} \tag{3.243}$$

式中：$A_c = \frac{\pi a^2 A}{\lambda z_{12}}$，是 $r=0$ 时即中心位置的光波幅度。

由式(3.243)可以看到，圆孔夫琅禾费衍射的光波幅度与角度 θ 无关，这种衍射是圆对称的，其衍射光波幅度随 r 变化的情形如图3.25所示。

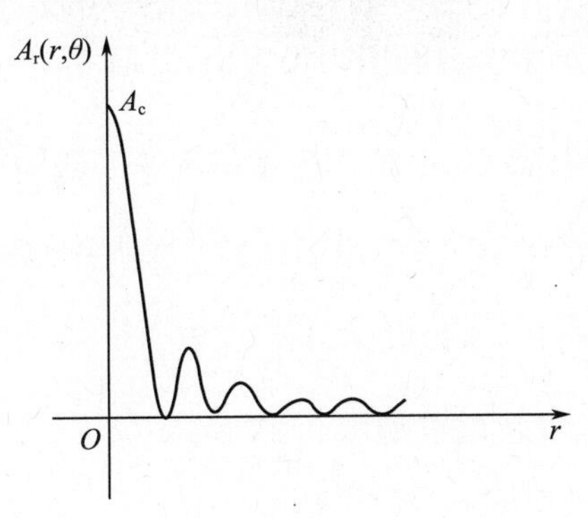

图3.25　圆孔夫琅禾费衍射光波幅度随 r 的变化

圆孔夫琅禾费衍射是由圆孔上各点所发次波在观察屏上的叠加干涉，其衍射图样如图3.26所示，与单缝衍射和矩形孔衍射类似，圆孔衍射光波的能量主要集中在主亮斑中，主亮斑称为爱里斑，包含了84%左右的能量。按照几何光学，对于点光源的情形，其在观察屏上的像应该是一个光点。但是由于光波的衍射效应，这个像变成了一个圆斑，外面依次围着一圈暗、一圈亮的圆环。

图3.26　圆孔夫琅禾费衍射

由式(3.239)，若令衍射屏圆孔的直径 $D=2a$，且 $\sin\theta = \frac{r}{z_{12}}$，通过具体计算，圆孔夫琅禾费衍射光波强度可表示为

$$I(\theta) = I(0)\left[\frac{2J_1\left(\frac{\pi D\sin\theta}{\lambda}\right)}{\frac{\pi D\sin\theta}{\lambda}}\right]^2 \tag{3.244}$$

若令 $u=\dfrac{\pi D\sin\theta}{\lambda}$,式(3.244)可改写为

$$I(\theta)=I(0)\left[\frac{2J_1(u)}{u}\right]^2 \tag{3.245}$$

当 $u=0,\dfrac{J_1(u)}{u}=\dfrac{1}{2}$时,衍射光波强度为极大值,此时 $\theta=0$。当 $u=3.83$ 时,$J_1(u)=0$(由贝塞尔函数表查得),光强最小,也就是爱里斑的第一级暗环发生在$\dfrac{\pi D\sin\theta}{\lambda}=3.83$,即 $D\sin\theta=1.22\lambda$。因此,在圆孔夫琅禾费衍射中,第一级暗环的衍射角为

$$\theta_{\min}=\arcsin\left(1.22\,\frac{\lambda}{D}\right) \tag{3.246}$$

圆孔夫琅禾费衍射光波变化曲线如图 3.27 所示。

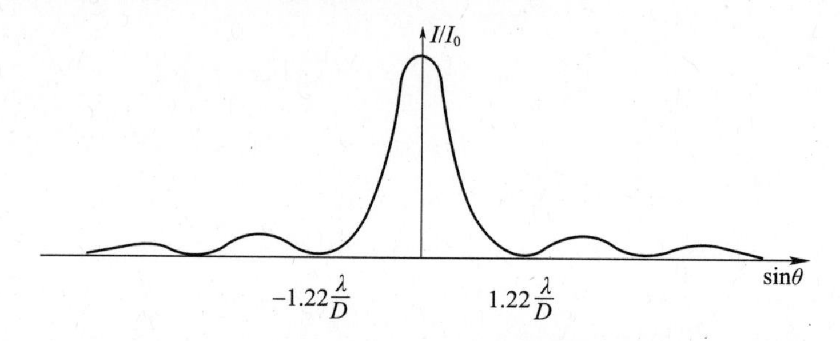

图 3.27 圆孔夫琅禾费衍射光波强度变化曲线

3.5.6 光学望远镜的分辨率

菲涅耳衍射和夫琅禾费衍射是基尔霍夫衍射公式在不同条件下的衍射近似公式,菲涅耳衍射是近场衍射,夫琅禾费衍射是远场衍射。综合前 3.5.4 节与 3.5.5 节的衍射分析,在单色平面光波垂直入射一个无限大不透明衍射屏上的开孔,实验得到的衍射场中离衍射屏不同距离各分区平面上的光强度分布,即衍射图样如图 3.28 所示。

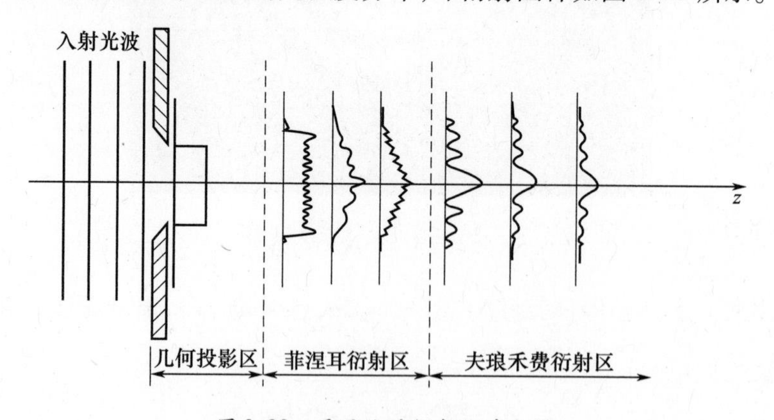

图 3.28 平面孔的衍射及其分区

从图 3.28 中可以看出,在临近衍射屏的一个很小范围内,光强度分布图样就是衍射孔的简单几何投影,其形状和大小与开孔保持一致,此范围称为几何投影区;随着离开衍

射屏的距离增加，先是出现衍射现象，衍射图样锐变的边缘消失，随后衍射图样与孔的相似性也逐渐消失，而且衍射图样的中心产生明暗变化，几何投影区以后的这一部分区域称为菲涅耳衍射区（近场衍射）；继续远离衍射屏观察，发现超过某一距离后，衍射图样只有大小变化，而形状基本保持不变，即光强分布具有相似性，则称衍射图样形状基本保持不变的区域为夫琅禾费衍射区（远场衍射）。

圆孔衍射对于常用光学仪器（如望远镜、显微镜等）有很重要的影响。根据光波的衍射理论，一个物点经过成像系统后，即使是没有任何像差的理想光学系统，所产生的像也不再是一个点，而是一个斑型的衍射图样（即明暗相间的同心圆）。这样就有可能在某种情况下，两个点的像因衍射图样相互重叠，导致角分辨率下降。尤其是对于光学望远镜，按照几何光学成像原理，遥远的星体目标将在望远镜物镜的像方焦平面上成像。由于物镜本身的边缘相当于一个直径为 D 的圆孔光阑，它对来自远方的平行光要产生夫琅禾费衍射。因此，通过望远镜观测到的星体目标的像实际上都不是一个点，而是在焦平面上的衍射像。不过由于物镜的直径比波长 λ 大得多，所以衍射对成像的影响并不严重，但它总是存在的。当两个星体目标靠得很近的时候，它们的衍射像就会发生交叠。一般认为，如果一个点光源衍射图样的中央最亮处刚好与另一个点光源衍射图样的第一级暗环相重合，则这两个点光源恰好为光学仪器所分辨，如果两个光源再接近就分辨不清是两个像还是一个像，如图 3.29 所示。

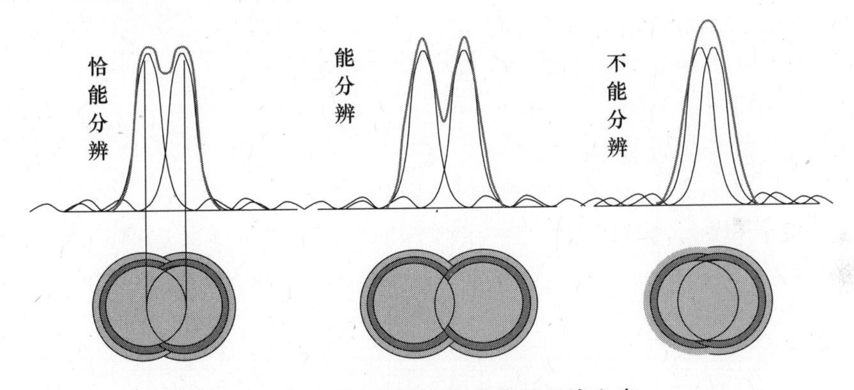

图 3.29　两个点源目标成像的强度分布

在光学上，分辨极限的这种规定称为瑞利判据或瑞利准则。按照瑞利判据，光学望远镜物镜刚刚能分辨开的两个星体目标的角距离 $\Delta\theta$ 应该等于它的第一级衍射暗环的衍射角 $\theta_{\min}$，由式（3.246）得

$$\Delta\theta = \theta_{\min} = \arcsin\left(1.22\,\frac{\lambda}{D}\right) \tag{3.247}$$

由于物镜直径 D 比波长 λ 大得多，$\sin\Delta\theta$ 可以近似用 $\Delta\theta$ 代替，于是得到

$$\Delta\theta = 1.22\,\frac{\lambda}{D} \tag{3.248}$$

这就是光学望远镜刚刚能分辨开的两个星体的角距离。它与物镜直径 D 成反比，与探测光波的波长成正比。物镜的直径越大，它能分辨的角度越小，即分辨率越高。因此，天文学中通常以物镜直径大小作为衡量光学望远镜性能优劣的主要指标。

按照瑞利准则,在光学望远镜的焦平面上可分辨的最小距离为

$$\Delta l_{\min} = 1.22\frac{f\lambda}{D} \tag{3.249}$$

式中:f为望远镜物镜的焦距。

根据上面的讨论,由于光的衍射,一个点光源的像不再是一个点。说得更确切一些,它是一个爱里斑点,该斑点的大小依赖于光学系统的相对孔径。能达到式(3.248)所确定的角分辨率的光学系统称为衍射受限的光学系统,事实上,大多数光学系统的角分辨率都达不到这种理论分辨率。

习　题

1. 写出麦克斯韦方程组,并推导定态光波场的波动方程。

2. 什么是线性空间不变系统?如何在空间域和空间频率域描述一个线性空间不变系统的输入/输出关系?

3. 试说明傅里叶变换和傅里叶反变换的物理含义。

4. 如何对光波进行辐射度度量?

5. 如何对光波进行光度度量?

6. 什么是星等?如何定义星等的量值?

7. 如何用格林定理推导亥姆霍兹 - 基尔霍夫积分公式?

8. 什么是菲涅耳衍射?

9. 什么是夫琅禾费衍射?

10. 什么是瑞利准则?望远镜分辨率与哪些因素有关?

11. 某天文台反射式望远镜的通光孔径为2.5m,人眼对$\lambda = 550$nm的绿光最敏感,求此望远镜的最小分辨角。该望远镜能否分辨距离地球30光年的相距2亿千米的一对双星?

12. 人眼可看作一个凸透镜光学系统,其瞳孔直径约为2~8mm,人眼对$\lambda = 550$nm的绿光最敏感,试计算出人眼的最小分辨角范围。

13. 已知天空中两颗星相对于望远镜的角距离为4.84×10^{-6}rad,由它们发出的光波波长$\lambda = 550.0$nm。问望远镜物镜的口径至少要多大才能分辨出这两颗星?

14. 已知矩形函数定义为

$$\mathrm{rec}(x,y) = \begin{cases} 1 & -a \leqslant x \leqslant a,\ -b \leqslant y \leqslant b \\ 0 & \text{其他} \end{cases}$$

试计算其自身的二维卷积$\mathrm{rec}(x,y) * \mathrm{rec}(x,y)$。

第4章　光电测量系统

光电测量是指利用光学成像原理并通过光电测量设备实现对被测物体外形、结构、几何关系或运动状态的测量。早在400多年前,以牛顿和伽利略为代表的科学家们就开始利用光学望远镜将人类的视野引向浩渺太空,探测或感知遥不可及的天体目标。19世纪中叶以来,随着人们对光学原理及相关理论的深入研究,光学迅速进入军事和民用领域。第二次世界大战期间,德国为了试验其V-2导弹,在佩内明德导弹基地首先使用了以电影经纬仪为主要设备的光学跟踪测量系统。近年来,科学技术发展迅猛,各种新型光电探测器不断涌现,相应的数据处理及图像处理方法与技术得到了快速发展,光电测量方法和手段也愈加丰富,在航天测控、导弹试验、空间目标监视等军事领域的应用越来越广,并已渗透到几乎所有的工业领域。

4.1　光电精密跟踪测量系统

光电测量系统利用光学原理对目标进行成像并采集飞行目标信息,经处理得到所需要的轨(弹)道参数和目标特性参数,获取目标的飞行实况图像资料。在军事航天、导弹试验和空间目标监视应用中,需要对卫星、导弹等目标进行跟踪并测量其飞行轨道、判定其飞行状态,能够对这些飞行目标进行跟踪测量的光电系统称为光电跟踪测量系统。

4.1.1　系统作用和组成

在光电跟踪测量系统中,承载光电测量设备的机架或平台能够随飞行目标运动而运动,机架或平台的随动与其所承载的光电测量设备相互配合,完成对飞行目标的轨(弹)道、飞行状态和目标特性的跟踪测量。控制这个随动机架跟随飞行目标运动而改变其位置和速度的系统称为跟踪系统。

1. 系统作用

光电跟踪测量系统的作用如下。

1) 轨(弹)道测量

在空间目标监视或导弹、航天器飞行试验中,航天器轨道或实时弹道测量参数是实现空间监视或导弹安全控制的重要信息源。光电跟踪测量系统可获得高精度的轨(弹)道参数,并经事后判读处理,根据误差修正模型,将脱靶量(目标偏离视准轴的角偏移量)、轴系误差、零位差、定向差及大气折射误差等进行精确修正,获取比实时测量更高精度的测量数据。高精度测量数据是航天飞行器精确定轨、评定武器系统性能指标、分析制导误差与分析飞行器故障的重要依据。

2）飞行实况记录

光电跟踪测量系统把航天器飞行、变轨或导弹助推、级间分离、再入及遭遇时的实况以摄录图像的方式记录下来，这些影像可供实时监视显示与事后复现，为空间目标测轨、飞行器性能评定和故障分析提供实况数据资料。

3）物理特性参数测量

光电跟踪测量系统还用于对飞行目标的红外辐射特性、光谱和发光亮度等光学物理特性参数测量。飞行目标的物理特性参数测量不但为分析研究提供真实的试验数据，也为导弹再入突防和战略防御提供科学依据，同时也是目标探测与识别的基础。

2. 系统组成[15]

一般而言，光电跟踪测量系统主要包括跟踪系统和光电测量系统两部分，一种典型采用光电经纬仪的光电跟踪测量系统组成如图 4.1 所示。

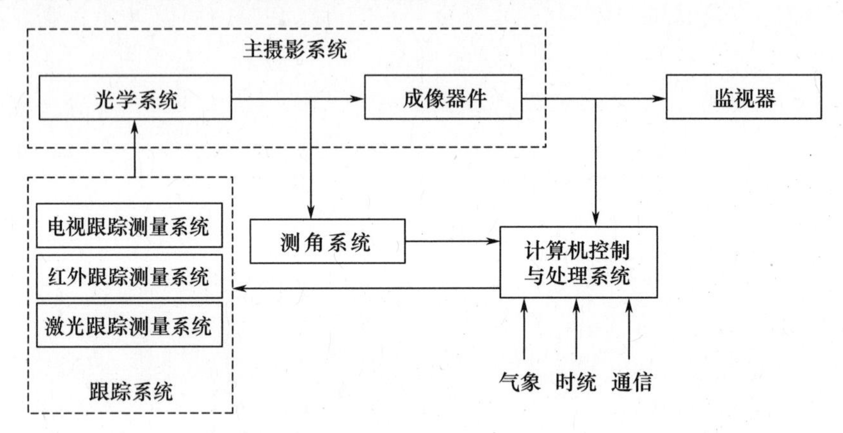

图 4.1 光电跟踪测量系统组成

1）主摄影系统

主摄影系统一般由光学系统、成像器件组成，其中光学系统包括瞄准望远镜、调光调焦组件等。主摄影系统使远距离的目标成像图像清晰，并对飞行目标进行同步摄影记录。瞄准望远镜一般由两种放大倍率的望远镜组成，小倍率大视场望远镜用于搜索捕获目标，大倍率小视场望远镜用于瞄准或跟踪飞行目标。

2）测角系统

测角系统由方位测角和俯仰测角两个轴系测量系统组成，每个测角系统有光机和电控两个部分。光机主要由光源、基板、分光系统、码盘、狭缝和光电器件组成，完成机械轴角到电代码的转换。电控由单板机（或微型计算机）、处理电路组成，完成电代码的采样、放大、码型变换、细分校正及输出显示，通过轴角编码器精确指示望远镜视准轴的指向角度值。

3）机架

机架是跟踪机座，通常是一个地平式精密转动平台，用以承载主摄影系统、瞄准系统、测角系统以及跟踪测量系统等。机架要求刚度好、轴系精度高，能确保光电跟踪测量系统对飞行目标具有快速捕获、高速平稳跟踪的功能，以获取空间目标高精度测量数据和清晰的飞行实况记录。

4）跟踪系统

跟踪系统也称传动系统或伺服系统，主要由力矩电机、测速机、跟踪器、编码器、计算机和传动放大器等组成，它驱动光电经纬仪完成对飞行目标的跟踪任务。跟踪方式有操作单杆（或手轮）进行的半自动（或手动）跟踪，接收引导信息进行的随动跟踪，接收电视、红外或激光测角信息进行的自动跟踪。

（1）电视跟踪测量系统。电视跟踪测量系统由光学镜头、可见光视频探测器件、信号处理系统和监视器等组成。当飞行目标成像在探测器上时，系统对目标图像进行光电转换，并完成目标成像及偏离视准轴的角偏离量测量，其测量结果实时输出，并送给传动系统，实现对目标的自动跟踪。

（2）红外跟踪测量系统。红外跟踪测量系统由光学镜头、红外探测器、信号处理及控制电路组成，可完成目标红外探测及目标偏离量测量。测量结果实时输出，并送给传动系统，实现对目标的自动跟踪。

（3）激光跟踪测量系统。常指激光跟踪测量和测距系统，由激光器、激光发射装置、激光接收装置及处理电路组成，可完成飞行目标偏离电轴的角偏离量测量，测量结果实时输出，并送给传动系统，实现对目标的自动跟踪。同时还可以测量飞行目标到测站的距离，实现实时单站定位。

5）计算机控制与处理系统

由计算机、机上单板机、机上接口和机下接口电路组成，其作用是完成跟踪测量系统的数据交换、信息处理与控制监测等任务，对外可通过有线网络与中心站进行信息交换，对内将外来信息经处理后分发至各分系统，同时产生模拟时统及控制信号，供本系统自检或调用。计算机控制部分是跟踪测量系统的控制中心，各分系统的协调、数据采集与传输、工作方式切换及其检测处理等均在计算机系统控制下运行。

此外，光电跟踪测量系统还需要引导、时统、通信和气象测量等系统的密切配合，方能完成跟踪测量任务。

4.1.2 光电成像探测器

图像是人类获取信息的重要途径，光电成像探测器是视觉图像信号获取的基本器件，能感知并记录空间不同位置的光强变化，即成像。光电成像的方式大体上可分为扫描成像和非扫描成像，扫描成像包括电子束扫描成像、光机扫描成像、固体自扫描成像等。光电成像探测器的功能是把光学图像信号转换为电信号，即把入射到探测器光敏面上按空间分布的光强信号转换为按时序串行输出的电信号（视频信号），从而再现入射的光学图像信号。把空间图像信号转换为按时序变化的电信号的过程称为扫描。

20世纪70年代以前，光电成像任务主要是由各种电子束摄像管来完成的。随着半导体集成电路技术的发展，特别是MOS集成电路工艺的成熟，各种固态图像传感器得到迅速发展，在军事和民用的各个领域得到了广泛的应用。固态成像探测器主要有三种类型：第一种是电荷耦合器件（CCD）；第二种是互补金属氧化物半导体（CMOS）探测器，又称自扫描光电二极管阵列；第三种是电荷注入器件（CID）。

1. CCD固态成像器件[16,17]

CCD固态成像器件是1970年由美国贝尔实验室波伊尔和史密斯提出来的新型半导

体器件,它是在金属氧化物半导体(MOS)集成电路技术基础上发展起来的,具有光电转换、信息存储和延时等功能,且集成度高、功耗小。

1) CCD 的 MOS 结构和存储电荷原理

CCD 是按一定规律排列的 MOS 电容器阵列组成的移位寄存器,其基本单元结构如图 4.2(a)所示。

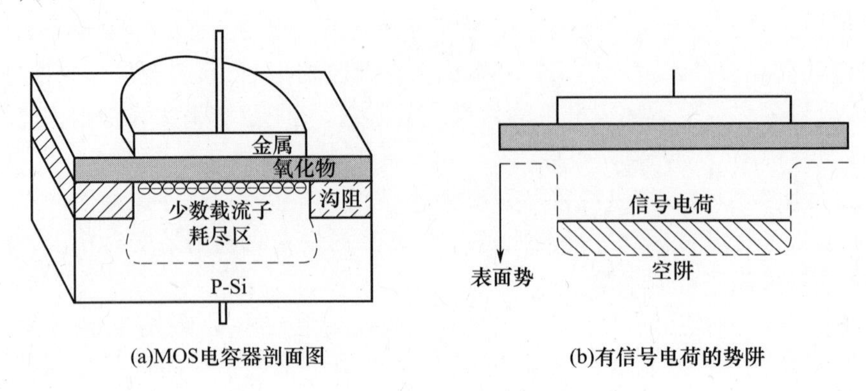

(a)MOS电容器剖面图 (b)有信号电荷的势阱

图 4.2 CCD 的 MOS 结构

以 P 型硅半导体材料为例,当在其金属电极上加正偏压(N 型硅则加负偏压)时,由此形成的电场穿过氧化物(SiO_2)薄层,排斥 Si - SiO_2 界面附近的多数载流子(空穴),留下带负电的空间电荷,形成耗尽层。与此同时,氧化层与半导体界面处的电势(称为表面势)发生相应变化。由于电子在界面处的静电势很低,当金属电极上所加正偏压超过某一个值(阈值电压)后,界面处就可存储电子,即在 Si - SiO_2 界面处形成了电子势阱,如图 4.2(b)所示。

由于界面处势阱的存在,当有自由电子充入势阱时,耗尽层深度和表面势将随电荷的增加而减少。在电子逐渐填充势阱的过程中,势阱中能容纳多少电子取决于势阱的深浅,即表面势的大小,而表面势又依栅极电压的大小而定。

如果没有外来的信号电荷(电注入或光注入),那么电子势阱将被热生少数载流子逐渐填满,而热生多数载流子将通过衬底跑掉,称此时的 MOS 结构达到了稳定状态(热平衡态),热生少数载流子形成的电流称为暗电流。在稳定状态下,不能再向势阱注入信号电荷,这种情况对探测光信号是没有用的。对于光电成像探测,所关心的是非稳态情况,而稳态只是非稳态的极限。

2) 电荷转移工作原理

外加在 MOS 电容器上的电压越高,产生的势阱越深;外加电压一定时,势阱深度随势阱中电荷量的增加而线性下降。利用这一特性,可通过控制相邻 MOS 电容栅极电压的高低来调节势阱深度,让 MOS 电容排列得足够紧密,使相邻的 MOS 电容的势阱相互沟通,即相互耦合(通常相邻 MOS 电容电极间隙小于 3μm),就可使信号电荷由浅的势阱流向深的势阱,从而实现电荷转移。

由 MOS 结构的工作原理可知,CCD 存储和传输信号电荷是通过在各电极上加不同电压实现的。为保证信号电荷按规定的方向和确定的路线转移,在 MOS 电容阵列上所加的各路电压脉冲(时钟脉冲)是严格满足相位要求的。这样在任何时刻的电荷转移总朝着一个方向。CCD电荷转移所采用的电极结构按所加脉冲电压的相数分为二相、三相、四相系统等，下面重点介绍三相CCD的结构和工作原理。

简单的三相CCD结构如图4.3所示，每一极(一个像元)有三个相邻电极(MOS电容栅极)，每隔两个电极的所有电极(如1、4、7、…；2、5、8、…；3、6、9、…)都接在一起，由三个相位相差120°的时钟脉冲电压ϕ_1、ϕ_2、ϕ_3来驱动，共有三组引线，故称为三相CCD。

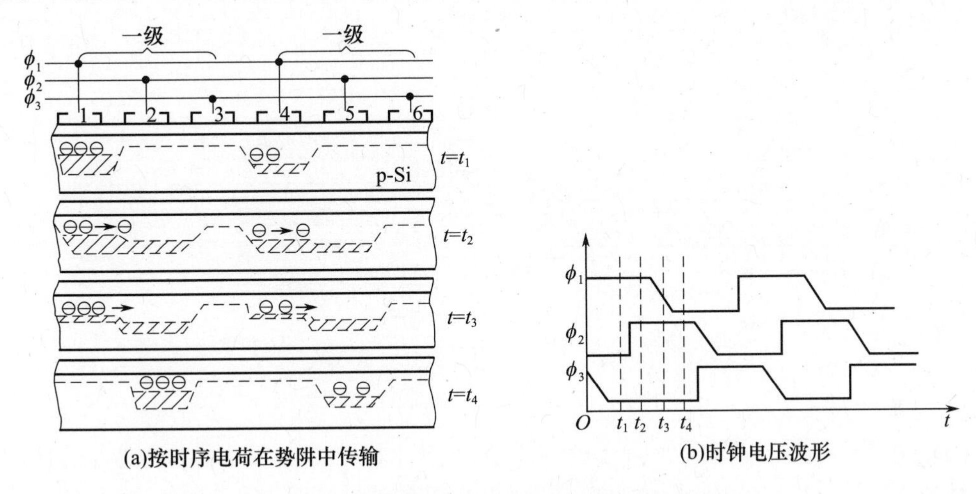

图4.3 三相CCD时钟信号与电荷转移的关系

图4.3中，如果加到ϕ_1上的正电压高于ϕ_2和ϕ_3上的电压(t_1时刻)，这时在电极1、4、7、…下将形成表面势阱，这些势阱中可以存储少数载流子(电子)。在CCD成像探测器中用光注入产生信号电荷，光照到CCD表面后，光电子在耗尽层内激发出电子-空穴对。其中，少数载流子(电子)被收集在表面势阱中，而多数载流子(空穴)被推送到基底内。收集在势阱中的信号电荷的多少与入射光的照度成正比。

为使CCD的电荷向右转移，在ϕ_2上加阶跃正电压，这时在ϕ_1、ϕ_2电极下的势阱具有同样深度(t_2时刻)，ϕ_1电极下存储的信号电荷开始向ϕ_2电极下的势阱扩展。在ϕ_2上加正脉冲之后，ϕ_1电极上的电压开始线性下降，ϕ_1电极下的势阱逐渐上升，有利于电荷转移。在t_3时刻，信号电荷逐步从电极1的势阱中转移到电极2的势阱，从电极4的势阱中转移到电极5的势阱……，直到t_4时刻，原ϕ_1电极下的电荷全部转移到ϕ_2电极下的势阱中，此时ϕ_1电极上无正脉冲电压，形成的势垒可有效防止电荷向左运动。重复类似过程，信号电荷可从ϕ_2转移到ϕ_3，然后再从ϕ_3转移到ϕ_4。当三相时钟电压循环一次(经过一个时钟周期)时，信号电荷向右转移一级(一个像元)。以此类推，信号电荷可从电极1转移到2、3、…、N，最后输出。

3) CCD图像传感器

利用CCD的光电转换和电荷转移功能，可制成CCD图像传感器实现光电成像。CCD图像传感器分为线阵列和面阵列两种结构。

CCD线阵列传感器结构如图4.4所示。图4.4(a)为一种单排结构，用于低位数的CCD传感器，其光敏单元与CCD移位寄存器SR分开，用转移栅极控制光生信号电荷向移位寄存器转移，电荷转移时间一般远小于摄像时间(光积分时间)。转移栅关闭时，光敏单元势阱收集光信号电荷，经过一定的积分时间形成与空间分布的光强信号对应的信号电荷图形。积分周期结束时，转移栅打开，各光敏单元收集的信号电荷并行地转移到CCD移位寄存器SR的响应单元内。转移栅关闭后，光敏单元开始对下一行图像信号进行积分，同时已转移到移位寄存器内的上一行信号电荷通过移位寄存器串行输出，如此重复上述过程。图4.4(b)是一种双排移位寄存器结构。光敏单元在中间，其奇、偶单元的信号电荷分别传送到上、下两列移位寄存器后串行输出，最后合二为一，恢复信号电荷的原有顺序。其优点是光敏单元有较高的密度，转移次数减少一半，可提高转移效率。

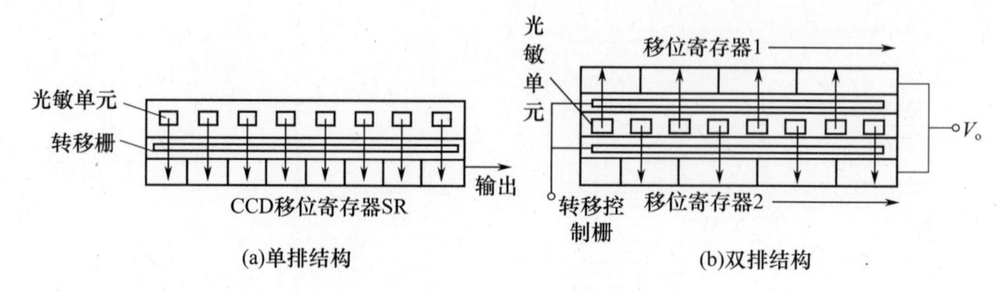

图4.4 CCD线阵列传感器结构

图4.5是CCD面阵列图像信号传感器结构，其中图4.5(a)为帧传输方式CCD，其光敏区和存储区是分开的。在积分周期结束时，利用时钟脉冲将整帧信号转移到读出存储区，然后整个帧的信号再逐行向下移动，进入水平读出移位寄存器而串行输出。这种结构需要一个与光敏区同数量的存储区，芯片尺寸大，但其结构简单，容易实现多个像元，还允许采用背面光照来增加灵敏度。

图4.5(b)为行间传输方式CCD结构，其光敏阵列与寄存器阵列交错排列。光敏阵列采用透明电极，以便接受光子照射。垂直移位寄存器与水平移位寄存器为光屏蔽结构。这种结构方式的芯片尺寸小，电荷转移距离比帧传输方式短，具有较高的工作频率，但其单元结构复杂，且只能以正面透射图像，背面照射会产生串扰而无法工作。

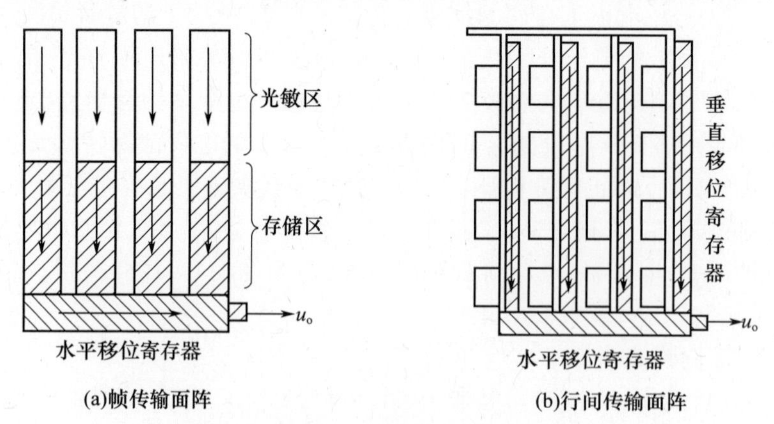

图4.5 CCD面阵列图像信号传感器结构

2. CMOS固态成像器件[18]

CMOS固态成像器件的光生电荷原理与CCD类似，所不同的是，它由光敏元阵列、场效应开关管阵列、地址选通、输出放大器等单元组成。若将CMOS图像传感器比作一个可随机寻访的模拟存储器，一个像元就相当于存储器的一个存储单元。像元被选通后可直接驱动信号总线并放大，依序取出各个像元的光电转换信号即可得到全帧图像。因此，CMOS 的像元不仅有光敏元件和寻址开关，而且还有信号放大和处理等电路，如图 4.6所示。CMOS 的这种结构能提高像元探测灵敏度、减小噪声和扩大动态范围，使其一些性能参数与 CCD 图像传感器相接近，而在功耗、功能集成、尺寸和价格等方面均优于 CCD。

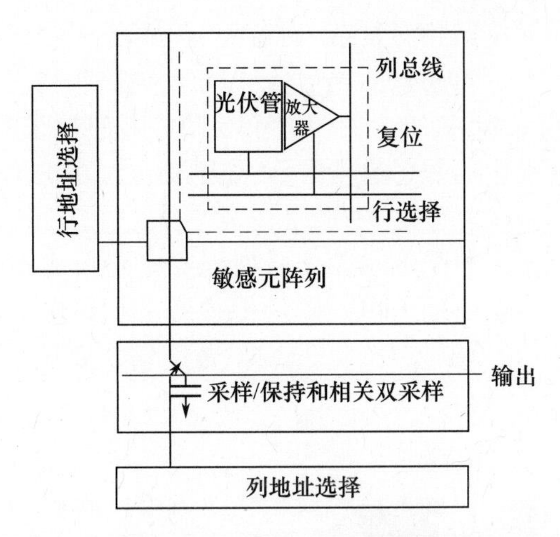

图 4.6 CMOS 的组成单元

CMOS 由光伏二极管及晶体管电路组成，典型的像元读出电路仅含三个晶体管，即用于光伏二极管的复位晶体管、行选择晶体管和源极跟随晶体管，如图 4.7 所示。CMOS 像元的光生电荷存储在光伏二极管的结点电容中，源极跟随的作用是缓冲放大，行选择开关管可将像元与列总线接通或隔断。

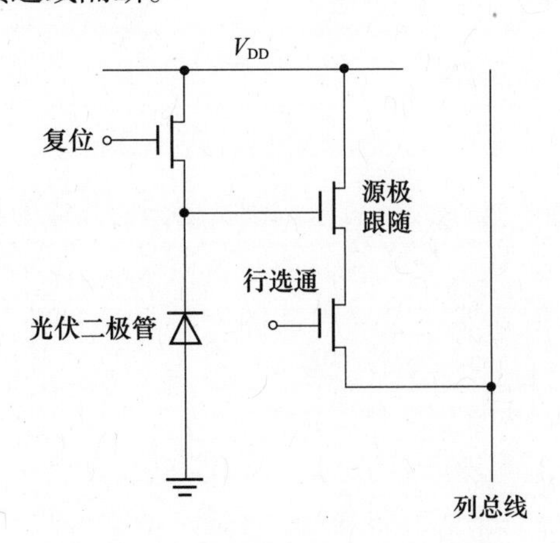

图 4.7 CMOS 像元的基本组成单元

像元的工作过程可分为复位与光电转换两个阶段。在复位阶段，复位管导通，结点电容被充电至复位电平。当复位管由导通转为关断时，复位结束，结点电容在积分时间内向光伏二极管放电，放电速率与入射的光通量近似成正比，积分时间长短受复位管控制。积分周期结束，信号电压经源极跟随器缓冲后驱动列总线。CMOS 图像传感器采用逐行读出方式时，每次选中一行，此时同一行像元的行选择管同时导通，并行输出模拟电压，驱动各自的列总线。再利用一个高速切换的模拟多路开关，依次输出同一行各列像元的模拟信号。此外，CMOS 图像传感器还可以通过行、列选通电路控制光生电荷的窗口读出模式和跳跃读出模式。

目前应用比较多的是 CCD 和 CMOS 图像传感器，其光敏元件都是光伏二极管，光电转换原理相同。CCD 多路传输的信号是电荷，电荷的移位读出需要 3 路以上电源来满足特殊时钟驱动的需要，驱动电路相对复杂，功耗大。CMOS 多路传输的信号是电压，只需加 TTL 电平的时钟、同步信号即可产生选通信号，驱动电路较为简单，仅需单一工作电压供电，如 5V、3.3V 单电源，其功耗低。由于 CMOS 图像传感器采用灵活的选通寻址式读出方式，能以较高的帧频输出局部图像数据，而顺序移位读出的 CCD 图像传感器就不具有这种灵活读出方式。

CCD 图像传感器难以将时序、驱动及信号处理等电路集成在同一芯片上，这些功能只能由多块芯片组合加以实现；而 CMOS 图像传感器由于采用了标准的 CMOS 工艺，可以将光敏元阵列、信号读取、模拟放大、A/D 转换、数字信号处理、计算机接口电路等集成在一块芯片，如图 4.8 所示。

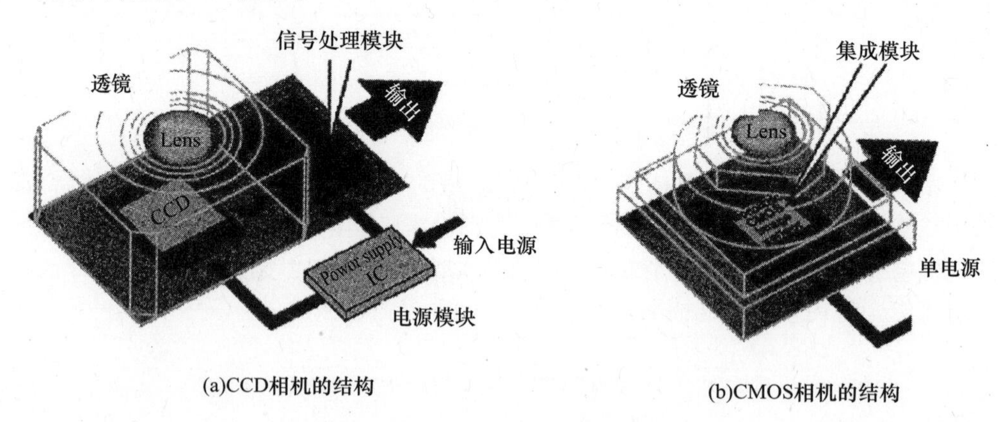

(a)CCD相机的结构

(b)CMOS相机的结构

图 4.8 CCD 和 CMOS 相机结构比较

CCD 图像传感器在像元数、噪声、动态范围、读出速率等方面有明显的技术优势，适用于对灵敏度、空间分辨率、帧频要求较高的成像系统。近年来随着 CMOS 技术的迅速发展，CMOS 与 CCD 图像传感器在上述性能的差距已明显缩小，其应用范围也在日趋扩大。

3. CID 固态成像器件

电荷注入器件（CID）的光敏单元结构与 CCD 类似，是两个靠得很近的小的 MOS 电容，每个电容加高压时均可收集和存储电荷。在适当的电压控制条件下，两者之间的电荷又可互相转移，如图 4.9 所示。左边透明金属（或多晶硅）电极接行电压 V_R，右边电极接列电压 V_C，绝缘薄层可以是 SiO_2或其他绝缘材料，半导体以 P 型硅材料为例。CID 的工作过程分为电荷收集（A）、读出（B）、注入（C）等三部分。

在电荷收集期（A）中，$V_R > V_C$，通过透明电极注入半导体上的光子在半导体中产生电子－空穴对。电子被 V_R 电极下的势阱收集，空穴被电极排斥经衬底而流失。在电荷收集期，列电极悬空。

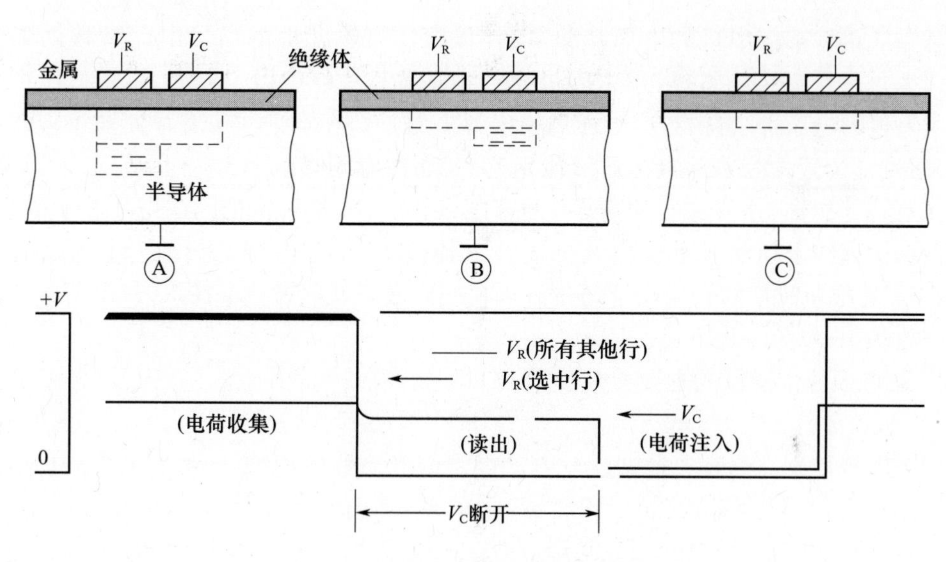

图 4.9　CID 的单元结构及读出原理

在电荷读出期(B)中,被选中行的电压 V_R 减小到零,它迫使原来在行电极下收集的电荷迁移到列电极下。由于列电极悬空,其电压变化与从被选中的行电极迁移到相邻列电极的电荷成比例。在读出周期的末尾,测量列电压 V_C 的变化就可读出 CID 传感器被选中行的信号。

在电荷注入期(C)中,列电压 V_C 也降至零,从而使所收集的电荷注入衬底中和掉。然后,电压 V_R 和 V_C 恢复到原来的状态,开始下一个电荷收集周期。

图 4.10 是一种 CID 面阵结构示意图,图中的 X 相当于上述“行”,而 Y 为“列”。在行扫描开始时,所有各行都加一电压,而各列线通过开关 S_1 ~ S_4 复位到参考电压 V_{REF},并

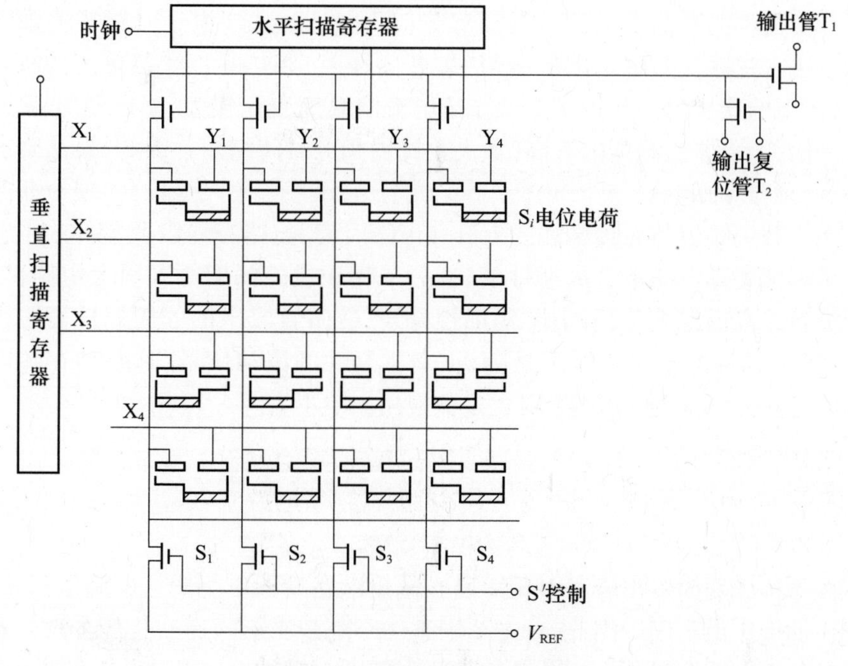

图 4.10　CID 面阵结构示意图

使之悬空。再将被选中行的电压降为零,使该行所有单元里的信号电荷转移到列电极下。那么每一悬空列线上的电压将等于信号电荷除以列线电容。此后,水平移位寄存器扫描所有各列电压,并将视频信号通过输出管 T_1 输出。在水平移位寄存器对每一列扫描之前,通过复位管 T_2 使视频线电压复位到电平(通常为零伏)。

在每一行扫描(水平移位寄存器)的末尾,通过开关 $S_1 \sim S_4$ 把列线电压驱动到零,以便使被选中列线上所有单元的电荷同时注入掉,再开始下一行的扫描。上面的过程表明,CID 需要把所收集的光生电荷通过注入衬底而最后处理掉。在注入时,电荷必须被中和或被收集掉,以免干扰下一次读出。

4. 固态图像传感器的主要特性参数

1)光谱响应特性

固态图像传感器具有典型的硅光电二极管的光谱响应特性,一般在 0.4 ~ 0.9μm 波段范围内可近似看作理想的光子探测器,而在 $\lambda < 0.4\mu m$ 或 $\lambda > 0.9\mu m$ 时,量子效率较低,光谱响应曲线较理想情况明显下降。

2)灵敏度

图像传感器的灵敏度标志着器件光敏区的光电转换效率,通常用在一定光谱范围内,单位曝光量下器件输出的电流或电压幅度来表示,单位为 pA/lx。灵敏度 S 为

$$S = \frac{Q_s}{E_s} \tag{4.1}$$

式中:E_s 为饱和曝光量;Q_s 为饱和电荷。显然,器件工作时应把工作点选在光电转换特性的线性区内,一般宜选择工作点接近饱和区,但最大光强不在饱和区,这样可提高光电转换精度。

3)暗信号

固态成像器件的暗输出信号包括三部分:积分暗流电流、由于时钟开关瞬态通过寄生电容耦合进入视频线的固定图形噪声(即开关噪声)和热噪声。各单元的暗流噪声不相同,但室温下的典型值一般小于 1pA。暗电流随温度变化很大,温度每升高 7℃,暗电流约增加一倍,随着器件温度的升高,最大允许的积分时间缩短。因此,设法降低图像传感器的温度(通常采用液氮或半导体制冷),可使积分时间大大延长,实现对非常微弱光信号的探测。开关噪声与时钟脉冲的上升和下降时间、电路布局以及器件的工艺和设计有密切关系。开关噪声通常是周期性的,通过采用比较好的驱动和放大电路,并用特殊的电荷积分及采样保持电路,可消除周期性噪声,使暗电流中的非周期性固定图像噪声典型值小于 1% 饱和电平。热噪声是随机、非重复性的波动信号,它叠加在暗电平信号上,其典型幅值为 0.1% 饱和电平,对大多数应用影响不大。

4)动态范围

图像传感器的动态范围是指饱和信号与暗场噪声之比,即

$$\mathrm{DR} = V_{sat}/v_n \tag{4.2}$$

暗背景下图像传感器的输出噪声电压主要由读出电路噪声所决定。不同工作条件下,读出电路噪声的电压值不同。因此,动态范围是一个随定义不同而变化的参数。若传感器像元输出的信号电压和噪声电压分别用信号电子数和噪声电子数表示,动态范围可定义

为饱和信号的电子数与读出电路的噪声电子数之比

$$DR = N_{sat}/n_{rd} \tag{4.3}$$

图像传感器的饱和电子数是势阱能存储的最大电子数，也称全阱容量，其暗电流很小，低背景下像元的总噪声电子数近似等于读出电路的噪声电子数，即噪声基底。

5）分辨率

分辨率是用来表示能够分辨图像中明暗细节的能力，图像传感器的分辨率越高，其成像描述物体的细节能力越强。通常用像素来表示图像传感器每个感光单元，对于一定尺寸的图像传感器，像素数越多，意味着每一像素单元的面积越小，那么其分辨率就越高，如表4.1所列。

表4.1　不同分辨率与像素数的关系

	简称	比例	分辨率/(像素×像素)	像素数/万
1	视频图形阵列(VGA)	4:3	640×480	30
2	超级视频图形阵列(SVGA)	4:3	800×600	50
3	扩展图形阵列(XGA)	4:3	1024×768	80
4	超级扩展图形阵列(SXGA)	≈4:3	1280×1024	130
5	全高清(Full HD)	16:9	1920×1080	200
6	超高清(Ultra HD)	16:9	3840×2160	800

4.1.3　轴角编码器

利用光电跟踪测量系统测定卫星、导弹等飞行器的瞬时位置和速度时最重要的两个参数是方位角和高低角(即俯仰角)。传统光学系统采用度盘进行测角，其优点是简单可靠，不需电路控制，但不能实时输出，判读不能实现自动化，数据处理周期长。随着光电测量技术的发展，20世纪60年代后，测角方式逐渐由度盘发展为码盘形式。轴角编码器采用码盘的形式，已成为光电测量系统的关键部件，它把轴角信息转换成数字代码，完成角度和时间信息的实时处理任务。

1. 角度的度量

在讨论轴角编码器之前，先介绍一下角度的度量单位。角度度量单位常用的有60分制、弧度制、百分制和密位制四种。

一般工程测量中常用60分制，其单位是度、分、秒，分别用符号“°”、“′”、“″”表示。它规定一个圆的圆心角为360°，又规定1°=60′，1′=60″，再往下用十进位小数表示。为了区分时间的“分”、“秒”，常将角度“分”称为“角分”，角度“秒”称为“角秒”。

在天文、导航中常采用弧度制，其基本单位是弧度(rad)，规定整个圆周是2π弧度。在弧度制中较小的单位还有$1\text{mrad} = 1\times10^{-3}\text{rad}$，$1\mu\text{rad} = 1\times10^{-6}\text{rad}$。

百分制中，规定一个圆的圆心角为400百分度，一个百分度称为1哥恩(gon)。1哥恩分成1000份，取其1份为“毫哥恩”(mgon)。

在雷达技术中常用密位制。在美制中，把一个圆分为6400等份，每一份对应的圆心角称为1密位(mil)，有的文献也称“密耳”。在俄制和我国的使用习惯中，把一个圆分为6000等份，每一份对应的圆心角是1密位。

各度量单位内的换算关系可以从上述规定中得出,如下:

1rad = 57.29578° = 206265″;

1mil = 1.047×10^{-3} rad = 3.6′ = 216″;

1gon = 0.9° = 54′;

1rad = 63.66198gon;

1rad = 995.1098mil。

2. 绝对式轴角编码器[19]

轴角编码器的形式有很多种,按轴角量输出代码的特性可分为绝对式轴角编码器和增量式轴角编码器。

绝对式轴角编码器的轴角代码是由一个具有多圈同心码道的码盘给出,具有固定的零位。对于一定的轴角位置,只有一个确定的数字代码与之对应,其优点是具有固定零位和单值性,无累积误差,抗干扰能力强。

1)组成及性能指标

绝对式轴角编码器是一个光机电综合体,由光源、光学系统、码盘、狭缝、光电器件、记忆单元和逻辑处理电路构成,如图 4.11 所示。

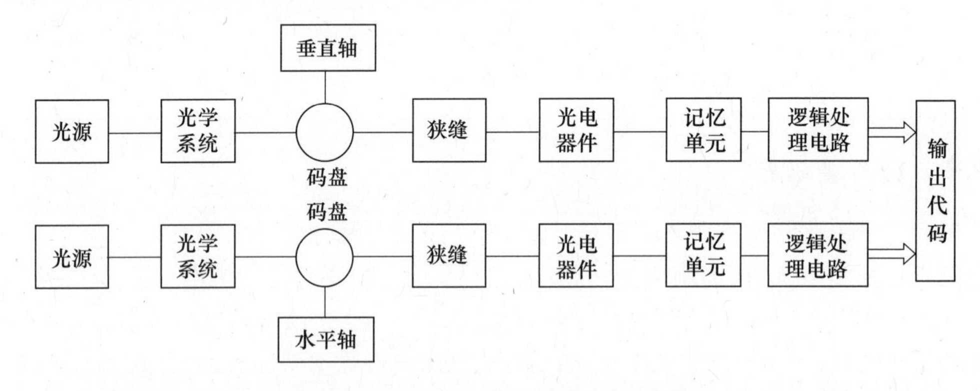

图 4.11　绝对式轴角编码器组成示意图

光源有脉冲光源和恒值光源,采用脉冲光源(如闪光灯)的编码器,闪光时即进行数据采集,采用恒值光源的编码器,其采样工作在存储单元中完成。

光学系统是把光源发出的光变成平行光,按编码器的读数方式改变光的走向,并投射到刻有码道的码盘上,码盘是测角标准件,实现对角度的编码和量化。狭缝是长度比宽度大得多的通光窄槽,狭缝宽度一般小于码盘最小分辨弧长的一半。对编码器的光学系统而言,它是一个出射光阑,限制光的尺寸,遮挡住不同方向的光,保证由光学系统照射到码盘的光投射到光电器件上。

光电器件完成将光信号转换成电信号的工作。在编码器系统里,用作光电器件的可以是光敏电阻、光电池、光电二极管和光电三极管等。

光源、码盘、狭缝和光电器件的相互位置关系如图 4.12 所示。

衡量轴角编码器的总体性能是测角分辨力,它指测角标准件所能分辨的最小角度,反映了编码器的测角能力,也是编码器的级差或角度量化单位。综合描述编码器性能的指标有码盘参数、读数方式、光源类型、光学系统、轴系结构和轴精度,这些指标是从设计、制造、装调和使用等不同角度来描述编码器性能的。从使用角度出发,并不需要考虑

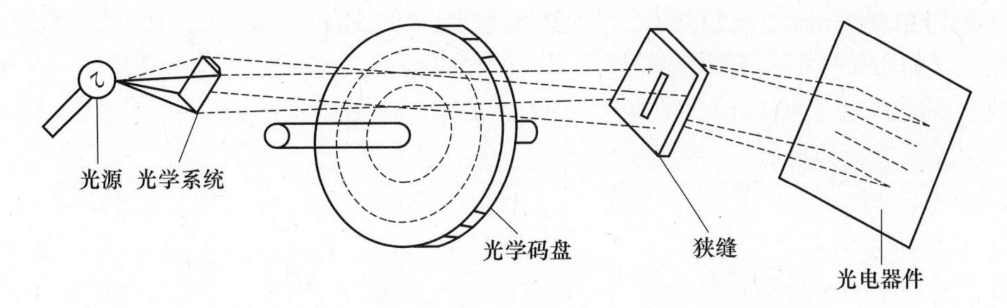

图4.12　光源、码盘、狭缝和光电器件的相互关系示意图

这么多因素来描述编码器性能，例如一个18位轴角编码器的主要性能指标如下：

(1) 位数：18位；

(2) 分辨力：4.95″(±2.5″)；

(3) 码制：二进制，以二～八进制显示；

(4) 测角精度：±2.5″(均方值)；

(5) 零位允差：±3″。

2) 光学码盘

光学码盘是确定轴角位置的关键部件，直接将轴角信息转换成数字代码。它是用光学玻璃制成的圆盘，有两个要求很严的平面。其中一面刻有若干同心码道，称为刻划面。每一条码道由亮暗刻线组成，分为透光(亮区)和不透光(暗区)两部分，其相互关系和码道间的位置排列由码制和校正参数决定。

(1) 编码器原理。图4.13是一个四位二进制码盘的码道。为了表示16种数码状态，将圆盘等分成16个扇区，每个扇形区的角度由一组四位二进制数码表示。因此，需将圆盘划分出四个同心圆环，每个圆环称作一个码道，对应于数码中的一位，里面的圆环表示高位，外面的圆环表示低位，分别用 A_1、A_2、A_3、A_4 来表示。同一码道中的阴影部分表示"1"，空白部分表示"0"，四条码道不同状态的组合可以表示不同度数位置的轴角自然二进制码。

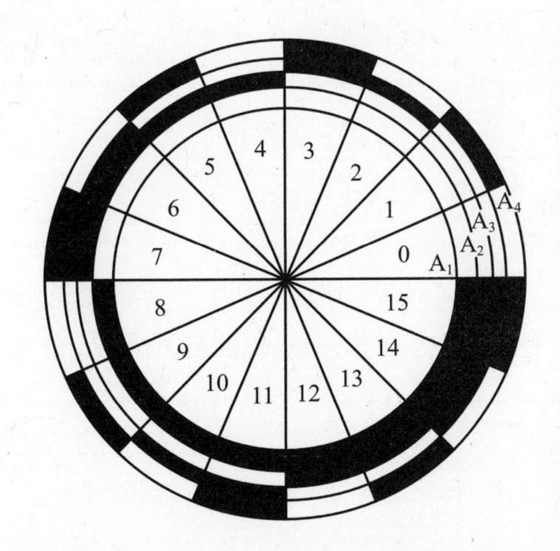

	$A_1A_2A_3A_4$		$A_1A_2A_3A_4$
0	0000	8	1000
1	0001	9	1001
2	0010	10	1010
3	0011	11	1011
4	0100	12	1100
5	0101	13	1101
6	0110	14	1110
7	0111	15	1111

图4.13　光学码盘的码道示意图及对应码字

在进行角度测量时，假设“0”号区是起始位置，若转轴旋转至第“5”区，则该角度的二进制编码为“0101”，每一个扇形区都是测角的最小单位，也称级差，用 $\Delta\theta$ 表示，本例中的码盘是取$\Delta\theta=22.5°$，将 0101 转换成“60 分制”时，角度值为 112.5°。显然，码道数越多，级差 $\Delta\theta$ 越小，轴角编码的分辨力也越高。

从图 4.13 中可以发现，这种用自然二进制码刻划的码盘，在某些位置的读数容易出现粗大误差。例如，在“3”(0011)和“4”(0100)的交界面上进行读数时，读数线稍倾斜，就可能读成“0”(0000)或“7”(0111)。最坏的情况可能发生在“7”(0111)和“8”(1000)的交界面上读数时，当读数线稍微倾斜可能出现最坏的读数是“15”(1111)或“0”(0000)。造成这种读数偏差的原因是，在某些位置上，当相邻的两个数码过渡时，由于数码中同时有两位或两位以上的码字状态发生变化。这种偏差是原理性偏差，靠提高加工精度是不可能根本消除的。因此，在码盘刻划中通常不采用自然码，而采用格雷码(又称循环码、周期码)，四位格雷码码盘的码道如图 4.14 所示。

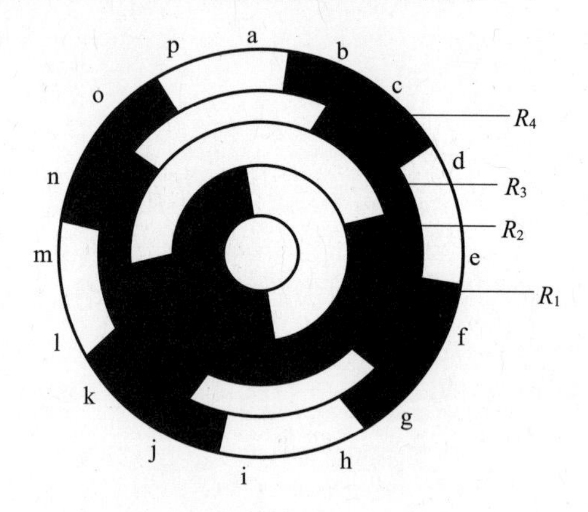

图 4.14 四位格雷码码盘的码道示意图

格雷码的特点是在两个连续的相邻的数之间，各数码位中仅有一位发生变化，一个格雷码所代表的数加 1 或减 1，其任意一位数从“0”变到“1”或从“1”变到“0”，只有一个二进制位发生变化，所产生的误差不会超过最低位上的一个单位。在循环码中，从低位到高位的各位所代表的数值为 1,3,7,15,31,63,127 等。任意第 k 位的数值为

$$\sum_{i=0}^{k-1} 2^i \tag{4.4}$$

格雷码转化为十进制数时，把最高的有效数字 1 取正值，其他后续相继的各位有效数字的符号交替地变化。例如，格雷码数 110111001 转化为十进制数的公式为

$$d = +1 \times \sum_{i=0}^{9-1} 2^i - 1 \times \sum_{i=0}^{8-1} 2^i + 1 \times \sum_{i=0}^{6-1} 2^i - 1 \times \sum_{i=0}^{5-1} 2^i + 1 \times \sum_{i=0}^{4-1} 2^i - 1 \times \sum_{i=0}^{1-1} 2^i \tag{4.5}$$

消去 2 的各次乘方后，$d=302$。以四位二进制码为例，十进制、自然码和格雷码的对应关系如表 4.2 所列。

表 4.2 各种码的对应关系

十进制	自然码	格雷码	十进制	自然码	格雷码
0	0000	0000	8	1000	1100
1	0001	0001	9	1001	1101
2	0010	0011	10	1010	1111
3	0011	0010	11	1011	1110
4	0100	0110	12	1100	1010
5	0101	0111	13	1101	1011
6	0110	0101	14	1110	1001
7	0111	0100	15	1111	1000

用 R 表示格雷码,用 C 表示二进制码。二进制码转换成格雷码的法则是:将二进制码与其本身右移一位后并舍去末位的数码作异或(即不进位加法)运算,所得的结果即为格雷码,其一般形式为

$$\begin{array}{rccccl} & C_1 & C_2 & C_3 & \cdots & C_n & \text{二进制码} \\ \oplus & & C_1 & C_2 & \cdots & C_{n-1} & \text{右移一位二进制码} \\ \hline & R_1 & R_2 & R_3 & \cdots & R_n & \text{格雷码} \end{array}$$

例如,二进制码 1000 所对应的格雷码为

$$\begin{array}{rccccl} & 1 & 0 & 0 & 0 & \text{二进制码} \\ \oplus & & 1 & 0 & 0 & \text{右移一位二进制码} \\ \hline & 1 & 1 & 0 & 0 & \text{格雷码} \end{array}$$

相应地,格雷码转化成二进制码的公式为

$$C_i = \begin{cases} R_i & i = 1 \\ R_i \oplus C_{i-1} & i \geqslant 2 \end{cases} \tag{4.6}$$

例如,格雷码 1100 所对应的二进制码为

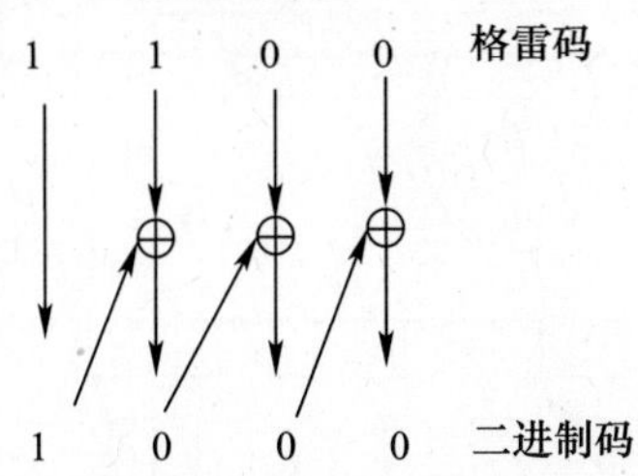

(2) 码盘参数。码盘的主要参数是码盘位数和分辨力。码盘位数是指编码时二进制码的位数,即用多少位自然二进制码来表示0~360°的角度。若码盘位数为 n,则把一个圆周分成 2^n 等份。如 18 位轴角编码器,将圆周分为 2^{18} 等份。

分辨力是码盘的最小量化单位，其大小直接取决于码盘的位数，对于 n 位码盘，其分辨力为

$$r=\frac{360^{\circ}}{2^{n}}=\frac{1296000''}{2^{n}} \tag{4.7}$$

例如，18 位码盘的分辨力为 4.95″。

3. 增量式轴角编码器

绝对式轴角编码器输出的角度值，是被测转轴相对于零位线转过角度的绝对数值。而增量式轴角编码器的输出角度值，是被测转轴相对于转轴某一原始位置的轴角位移的增量，没有固定的零位，其基础器件是光栅。

光栅是在光学玻璃上等间距地刻上许多透光和不透光的刻线所构成的光学器件，精密的光栅每毫米刻 100 条刻线甚至更多，相邻刻线之间的距离称为光栅节距。在测量仪器中称长条形光栅为标尺光栅，另外在测量时还要用一块比标尺光栅短得多的指示光栅，如图 4.15 所示，指示光栅上的刻线密度与标尺光栅是一样的。

图 4.15 标尺光栅和指示光栅示意图

在轴角测量中采用的光栅为圆光栅，圆光栅是在玻璃圆盘上沿圆周等角间距地刻上许多透光和不透光的刻线，刻线呈辐射状。圆光栅中，相邻两根刻线之间所占的角度称为角栅距。在 0～360°范围内，第一根刻线至最后一根刻线的总和称为全周总线数。在实际应用中，圆光栅上设有基圆、零位光栅和全亮窗。基圆是靠近刻线外端或里端所刻划的与圆光栅中心重合的圆环，用作安装或检测的粗定位。零位光栅是用作零位标记用的，一般在圆光栅外端径向地刻有一组间距和宽度不等的刻线。零位光栅的采用，使得增量式编码器有了坐标零点。全亮窗的作用是取出一恒定光信号，经光电转换提供参考电压，用来进行光强补偿。

增量式轴角编码器的光栅盘装在输入转轴上，被测角位移通过输入轴输入。光栅盘的刻划面与指示光栅的刻划面以微小间隙叠合，指示光栅固定安装。如图 4.16 所示，码

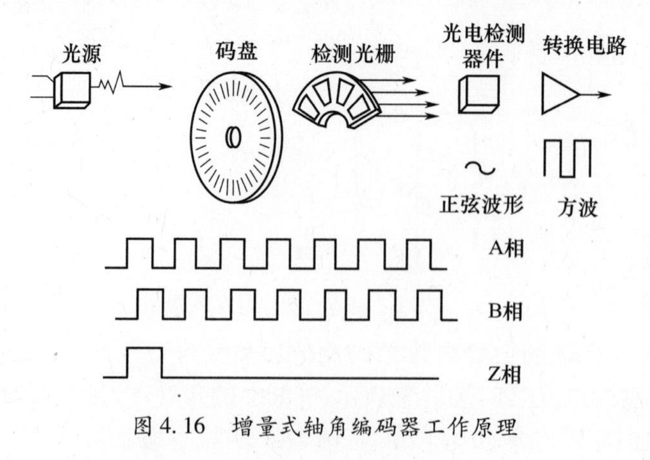

图 4.16 增量式轴角编码器工作原理

盘绕轴转动时,光源经码盘和检测光栅后经光电转换并整型输出方波脉冲序列,每输出一个方波脉冲表示码盘旋转一个角度增量。

4.1.4　光电经纬仪

光电经纬仪是光电测量系统的关键部件,是光学望远镜的承载平台和实现测角、跟踪的执行机构。

1. 光电经纬仪的组成及工作原理[15]

光电经纬仪是由电影经纬仪发展而来的,其机架通常为三轴(垂直轴、水平轴和视准轴)地平装置,如图4.17所示。机架三轴相互垂直,水平轴和视准轴可以绕垂直轴在水平面内旋转,望远镜装于水平轴上,其主光轴为视准轴,并与水平轴垂直,它可以绕水平轴在垂直平面内旋转。在垂直轴和水平轴上分别装有轴角编码器(或光学码盘)。视准轴绕垂直轴旋转的角度由装在垂直轴上的轴角编码器给出(相对于基准方位),称为方位角或水平角。视准轴绕水平轴旋转的角度由装在水平轴上的轴角编码器给出(水平面为零基准),称为俯仰角或高低角。这样,只要视准轴瞄准目标就能得到光轴指向目标的方位角和俯仰角。

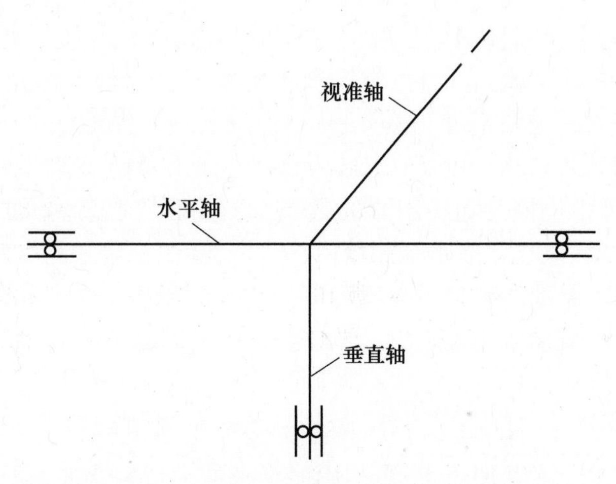

图4.17　光电经纬仪三轴间的关系示意图

当光学望远镜跟踪高速运动目标时,各采样时刻的方位角、俯仰角和目标影像都被记录下来。目标影像相对十字丝中心(即视准轴在CCD上的投影点)的偏移量,称为脱靶量。脱靶量分别与轴角编码器相应的方位角、俯仰角测量值合成,便得到目标的方向,其计算式为

$$\begin{cases} A = A_e + \Delta A \\ E = E_e + \Delta E \end{cases} \tag{4.8}$$

式中:A和E分别为目标相对于测站的方位角和俯仰角;A_e和E_e分别为轴角编码器输出的方位角和俯仰角;ΔA和ΔE分别为方位角和俯仰角的脱靶量。

光电经纬仪的基本工作原理和流程是:当光电经纬仪工作时,接收时统送来的靶场测量组B码(IRIG－B),由IRIG－B终端解出并行时间码,使光电测量系统能同步

工作。操作手通过瞄准望远镜或监视器,利用单杆半自动驱动跟踪架瞄准目标,或通过接收到的引导信息,经解算并坐标变换后引导光电经纬仪捕获跟踪飞行目标。这时,红外、电视、激光自动跟踪系统也对目标进行跟踪测量,光电经纬仪的轴角编码器测出视准轴(即主光轴)的方位角 A 和俯仰角 E,激光测距系统测出目标到测站的斜距 ρ,红外、电视或激光跟踪测量系统测出目标偏离视准轴的脱靶量 ΔA 和 ΔE,这些测量数据通过接口电路送给主控计算机进行处理、显示和记录。对脱靶量 ΔA、ΔE 进行D/A变换,经切换开关送给传动放大器,分别驱动光电经纬仪的方位和俯仰方向运动,确保能连续地跟踪目标。

实际应用中,由于光电测量系统视场角较小,在不能直视或有遮挡而丢失目标的情况下,需要采用引导方式进行随动跟踪(即程序跟踪),一旦捕获目标后可转入半自动跟踪或自动跟踪方式。

2. 主要技术指标

光电经纬仪的主要技术指标是指影响其性能的关键技术指标,包括测角精度、测距精度、作用距离、跟踪性能等。

1)测角精度

测角精度是指光电经纬仪测量目标的方位角、俯仰角测量值与真值的偏离程度,一般用均方根误差来表示,单位是角秒(″)。测角精度可分为静态测角精度、动态测角精度、事后测角精度和实时测角精度。静态测角精度是经纬仪在静止状态时角度测量值与真值的偏离程度;动态测角精度则是在运动状态时的角度测量值与真值的偏离程度。由于经纬仪在运动过程中机械及随机因素的影响,动态测量精度一般低于静态测量精度。事后测量精度是指经纬仪在完成跟踪测量后,通过对影像记录进行判读处理和修正系统误差后,得到的角度测量值与真值的偏离程度。实时测量精度是经纬仪边跟踪边输出方位角、俯仰角测量值与真值的偏离程度,具有电视、红外或激光测量脱靶量能力的光电经纬仪才有实时测角精度。

影响测角精度的因素包括静态测角误差源和动态测角误差源,静态测角误差有垂直轴误差、水平轴误差、视准轴误差、轴角编码器误差、零位差和定向差等;动态测量误差有动态摄影引起的动态误差和其他动态变形引起的误差。上述各项误差中,按误差性质分为系统误差和随机误差,其中系统误差可进行调整或修正,但经调整或修正后仍留有残差。随机误差具有随机性,不能修正,只能通过测量数据的平滑处理,减小其影响。

(1)垂直轴误差。光电经纬仪的垂直轴偏离铅垂线的角量称为垂直轴误差,国军标用 I 表示,它是由调平误差和垂直轴系晃动误差产生的。垂直轴误差对光电经纬仪测角精度的影响,可由球面三角函数关系推导得到,测角误差表达式为

$$\begin{cases}\Delta A_I = I \cdot \sin(A-\alpha_{\mathrm{H}})\tan E \\ \Delta E_I = I \cdot \cos(A-\alpha_{\mathrm{H}})\end{cases} \tag{4.9}$$

式中:I 为垂直轴误差(″);α_{H} 为出现倾斜方向的方位角,即下倾方向(°);A、E 分别为被测目标的方位角、俯仰角(°);ΔA_I、ΔE_I 为由 I 产生的方位角、俯仰角的测角误差(″)。光电经纬仪垂直轴误差示意图如图 4.18 所示。

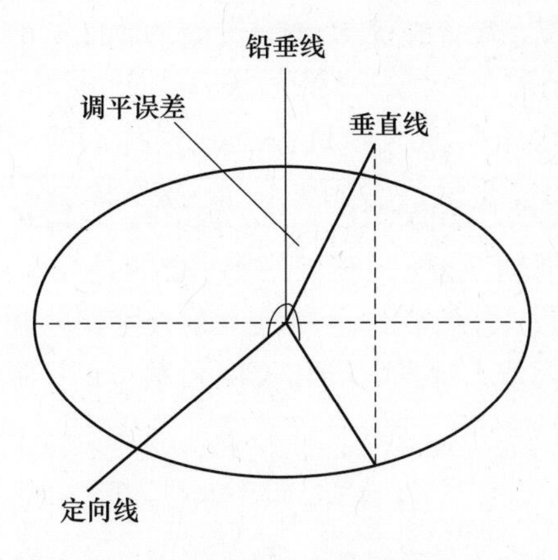

图4.18　光电经纬仪垂直轴误差示意图

根据三角函数分布特性，式(4.9)的均方误差表达式为

$$\begin{cases}\sigma_{A_I}=\dfrac{\tan E}{\sqrt{2}}\cdot\sigma_V\\[2ex]\sigma_{E_I}=\dfrac{1}{\sqrt{2}}\cdot\sigma_V\end{cases}\tag{4.10}$$

式中：σ_V 为垂直轴倾斜的均方误差(″)；σ_{A_I}、σ_{E_I}为由 σ_V 引起的方位角、俯仰角的测角均方误差(″)。

(2) 水平轴误差。水平轴误差是指光电经纬仪的水平轴线不正交于垂直轴线的角量，国军标用 b 表示，它是由水平轴不垂直度误差和水平轴晃动误差产生的。水平轴误差 b 对光电经纬仪测角精度的影响，同样可以由球面三角函数关系推导得到，其表达式为

$$\begin{cases}\Delta A_b=b\cdot\tan E\\[2ex]\Delta E_b=\dfrac{b^2}{2\xi}\cdot\tan E\end{cases}\tag{4.11}$$

式中：b 为水平轴不垂直度角量(″)；E 为被测目标的俯仰角(°)；ΔA_b、ΔE_b 为由 b 产生的方位角、俯仰角的测角误差(″)；ξ 为弧度转化成角秒的变换系数，$\xi=206264''$。图4.19所示为光电经纬仪水平轴误差示意图。

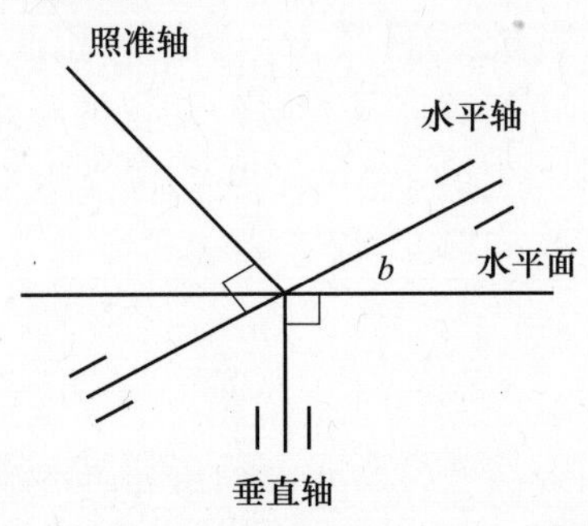

图4.19　光电经纬仪水平轴误差示意图

ΔE_b 在非天顶测量情况下(一般保精度测量俯仰角 $E \leqslant 65°$)为二阶小量,可忽略不计。其均方误差表达式为

$$\sigma_{A_b} = \tan E \cdot \sigma_b \tag{4.12}$$

式中:σ_b 为水平轴不垂直度的均方误差(″);σ_{A_b}为由 σ_b 引起的方位测角均方误差(″)。

(3) 视准轴误差。视准轴误差(又称照准差)指的是光电经纬仪视准轴线不正交于水平轴线的角量,国军标用 c 表示,它是由视轴不垂直度误差和视轴在水平面与铅垂面的晃动误差产生的。视准轴误差 c 对光电经纬仪测角精度的影响,同样可由球面三角函数关系推导得到,其表达式为

$$\begin{cases} \Delta A_c = c \cdot \sec E \\ \Delta E_c = \dfrac{c^2}{2\xi} \cdot \tan E \end{cases} \tag{4.13}$$

式中:c 为视准轴不垂直度角量(″);E 为被测目标的俯仰角(°);ΔA_c、ΔE_c 为由 c 产生的方位角、俯仰角的测角误差(″);ξ 为弧度转化成角秒的变换系数。图 4.20 所示为光电经纬仪视准轴误差示意图。

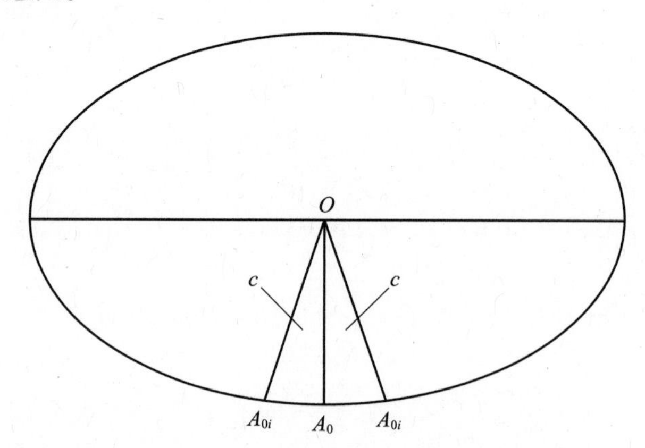

图 4.20　光电经纬仪视准轴误差示意图

ΔE_c 在非天顶测量情况下(一般保精度测量俯仰角 $E \leqslant 65°$)为二阶小量,可忽略不计。式(4.13)的均方误差表达式为

$$\sigma_{A_c} = (\sec E - 1) \cdot \sigma_c \tag{4.14}$$

式中:σ_c 为视准轴不垂直度的均方误差(″);σ_{A_c}为由 σ_c 引起的方位测角均方误差(″)。

(4) 轴角编码器误差。轴角编码器是光电经纬仪的测角元件,其测角误差是由轴角编码器的系统误差和随机误差产生的,它对光电经纬仪测角精度构成直接影响,编码器的量化误差服从等概率分布特性,其均方误差表达式为

$$\sigma_m = \frac{m}{2\sqrt{3}} \tag{4.15}$$

式中:σ_m 为轴角编码器测角均方误差(″);m 为轴角编码器最小量化单位(″)。

(5) 零位差和定向差。零位差是指视准轴处于水平位置时,俯仰轴角编码器的零位偏离水平方向的角度值,国军标用 h 表示。定向差是指视准轴对准大地北(或天文

北)时,方位轴角编码器零位偏离基准北的角度值,国军标用 g 表示。零位差、定向差是可检测和调整的,并在数据处理时进行修正,其修正后的残差一般很小,可忽略不计。

(6) 蒙气差。由于大气层中大气密度分布的不均匀性,地基光测站的观测光线穿过大气层时产生折射,导致目标测角和激光测距产生折射误差,称为蒙气差。蒙气差对方位角的影响可忽略不计。地球大气层的大气密度随地面高度增大而逐渐减小,因此,在利用光电精密经纬仪观测星体时,蒙气差导致星体的俯仰角偏大,观测所得星体的高度角减去蒙气差才是其真实值。星体的俯仰角越小,蒙气差越大,且温度、气压变化时,蒙气差也会随之变化。

蒙气差是影响星体测量精度的一个重要因素,目前所采用的蒙气差理论公式是根据空气密度随地面高度变化以及随外界条件而变化的各种假设所得到的。在一般的光学观测中,主要采用三角函数的近似公式。为应用方便,通常将近似公式分解成标准大气状态下的平均蒙气差和非标准大气状态的补充修正两个公式。这类平均蒙气差公式的特点是当星体仰角较高时公式误差较小,但仰角较低时误差较大。因此,在精密观测中,需要进一步对蒙气差进行精密修正。

根据以往经验数据,在纬度45°处海平面上,气温为0℃、气压为760mmHg(1mmHg = 133.322Pa)时的蒙气差为

$$R_0 = \frac{60.04}{\tan E} \tag{4.16}$$

式中:E 为星体的俯仰角。

定义气温的变差系数为

$$A = \frac{-0.00383T}{1 + 0.00367T} \tag{4.17}$$

式中:T 为空气的温度(℃)。

定义气压的变差系数为

$$B = \frac{H}{760} - 1 \tag{4.18}$$

式中:H 为以毫米汞柱计的气压。则任意温度、气压条件下的星体蒙气差为

$$R = R_0(1 + A + B) \tag{4.19}$$

2) 测距精度

多数光电经纬仪上配有激光脉冲测距仪,影响激光脉冲测距精度的因素有计数器频率误差、大气折射误差和零值误差。

(1) 计数器频率误差。计数器频率误差是指计数器的实际频率与其设计值(理论值)不符,产生和距离有关的系统误差。用频率计对激光测距机的晶振频率进行精密地测量,并计算频率误差引起的测距误差

$$\Delta_{R_1} = \bar{R}\left(\frac{f - f_0}{f}\right) \tag{4.20}$$

式中：$\bar{R}$ 为激光测量距离平均值；f 为距离计数器的实际频率；f_0 为距离计数器的设计频率。

(2) 大气折射误差。由于激光在大气中传播，受到大气折射的影响而导致测距误差。激光脉冲测距仪依次对装有合作目标的各距离标进行测距，并测量测站的气压、气温和湿度等气象参数，计算的大气折射误差为

$$\Delta_{R_2} = \bar{R}(n-1) \tag{4.21}$$

式中：$n = \left(78.70916885\,\dfrac{P}{T} - 11.27\,\dfrac{e}{T}\right) \times 10^{-8} + 1$，$P$ 为测站气压，T 为测站气温，e 为测站水气压；$\bar{R}$ 为距离平均值。

(3) 零值误差。零值误差是指激光测距仪测量的距离标距离与该距离标的已知准确距离之差，它是与目标距离远近无关的系统误差。

3) 作用距离

光电经纬仪的作用距离包括成像探测的作用距离、测距作用距离和跟踪作用距离，其中成像探测的作用距离是指在一定条件下所能拍摄目标的最远距离。影响作用距离的因素很多，特别是大气的透明度和宁静度对作用距离的影响最大。此外，光照条件的不同、目标特性的差异也会使其变化很大。因此，成像探测的作用距离不仅与光学摄影系统、成像器件的性能参数有关，而且还与目标自身属性（例如目标大小、形状、材质等）有关。要使目标能被探测到，首先应使其在接收面上的光能量（或照度）能被接收器感应到。另外，像面上目标和背景的对比度要达到一定的比值要求。

4.1.5 测角误差修正方法

光电经纬仪通常用于望远镜测量系统的轴系定位中，以方位轴和水平轴上的两个轴角编码器输出角度得到光学望远镜视准轴（即光轴）的指向。但由于设备制造、加工和安装等原因，光电经纬仪必然存在机械轴系在垂直和水平方向的偏差、视轴与机械轴的偏差、编码器的偏差和零位差等误差，从而导致望远镜标定的指向与天空中实际方向的偏差。这些原因引起的偏差，均为系统差。系统差与望远镜的位置状态有关，是位置的函数。分别用 A 和 E 表示方位角和俯仰角，f_a、f_b 表示偏差，则系统差可表示为 A 和 E 的函数：

$$\begin{cases} \Delta A = f_a(A,E) \\ \Delta E = f_b(A,E) \end{cases} \tag{4.22}$$

式中：f_a，f_b 为指向修正函数。理论上，这些偏差均可以实测求出并予以修正，常用的修正模型是单项差修正模型和球谐函数修正模型。选择修正模型的原则是，应具有合理的物理意义，在数值分析上残差的平方和应达到最小，且无明显的区域分布。

1. 单项差修正模型[20]

单项差修正模型是一种基本的测角参数修正方法，该模型对 4.1.4 小节所述的可能存在的测角误差进行分析，建立描述探测设备静态指向的主要误差和修正表达式。

1）各单项差符号定义及修正模型

光电经纬仪的测角误差来源主要包括：

I:垂直轴倾斜误差（也称为垂直轴歪斜误差），是指经纬仪的垂直轴与铅垂线之间的夹角。

c:视轴照准差，是指经纬仪的望远镜视轴与水平轴不垂直度的误差。

b:水平轴倾斜误差，是指水平轴线与经纬仪的垂直轴线不垂直度的偏差。

g:定向差，是指视轴对准大地北（或天文北）时，方位轴角编码器的值偏离大地北（或天文北）的角度值。

h:零位差，是指视轴处于水平位置时，高低轴角编码器的值偏离零值的角度值。

α_{H}:垂直轴倾斜方向的方位角。

d:视轴晃动（视轴下沉的角度）。

下面分别列出上述误差给光电经纬仪测角带来的单项误差。

垂直轴倾斜误差为

$$\begin{cases}\Delta A_I = I \cdot \sin(A - \alpha_{\mathrm{H}})\tan E \\ \Delta E_I = I \cdot \cos(A - \alpha_{\mathrm{H}})\end{cases}$$

水平轴倾斜误差为

$$\begin{cases}\Delta A_b = b \cdot \tan E \\ \Delta E_b = 0\end{cases}$$

视准轴倾斜误差为

$$\begin{cases}\Delta A_c = c \cdot \sec E \\ \Delta E_c = 0\end{cases}$$

零位差为

$$\begin{cases}\Delta A_h = 0 \\ \Delta E_h = h\end{cases}$$

定向差为

$$\begin{cases}\Delta A_g = g \\ \Delta E_g = 0\end{cases}$$

视轴晃动误差为

$$\begin{cases}\Delta A_d = 0 \\ \Delta E_d = d \cdot \cos E\end{cases}$$

这些参数都具有明确的物理意义，将上述各个误差项合成，便构成单项差修正量的求解表达式。单项差修正模型的具体方法是通过观测全天区的若干恒星，获得一系列恒星的观测位置，并根据恒星历表计算出对应时刻的理论视位置，从而得到望远镜视准轴在各个恒星位置的指向偏差。

设 A_i、E_i 为恒星测量的方位角、高低角（E_i 已经蒙气差修正），则所求单项差修正量的表达式为

$$\begin{cases}\Delta A_i = I\cdot\sin(\alpha_H - A_i)\cdot\tan E_i + b\cdot\tan E_i + c\cdot\sec E_i + g\\ \Delta E_i = -I\cdot\cos(\alpha_H - A_i) + h + d\cdot\cos E_i\end{cases} \tag{4.23}$$

化简得

$$\begin{cases}\Delta A_i = I\sin\alpha_H\cdot\cos A_i\cdot\tan E_i - I\cos\alpha_H\cdot\sin A_i\cdot\tan E_i + b\cdot\tan E_i + c\cdot\sec E_i + g\\ \Delta E_i = -I\cos\alpha_H\cdot\cos A_i - I\sin\alpha_H\sin A_i + h + d\cos E_i\end{cases} \tag{4.24}$$

设 $x = I\sin\alpha_H$，$y = I\cos\alpha_H$，则

$$\begin{cases}\Delta A_i = x\cdot\cos A_i\cdot\tan E_i - y\cdot\sin A_i\cdot\tan E_i + b\cdot\tan E_i + c\cdot\sec E_i + g\\ \Delta E_i = -x\cdot\sin A_i - y\cdot\cos A_i + h + d\cos E_i\end{cases} \tag{4.25}$$

再令

$$a_{1i} = \cos A_i\cdot\tan E_i,\ a_{2i} = -\sin A_i\cdot\tan E_i,\ a_{3i} = \tan E_i,\ a_{4i} = \sec E_i,\ a_{5i} = 1,$$

$$b_{1i} = -\sin A_i,\ b_{2i} = -\cos A_i,\ b_{3i} = b_{4i} = b_{5i} = 0,\ b_{6i} = 1,\ b_{7i} = \cos E_i$$

代入式(4.25)整理，得

$$\begin{cases}\Delta A_i = a_{1i}x + a_{2i}y + a_{3i}b + a_{4i}c + a_{5i}g\\ \Delta E_i = b_{1i}x + b_{2i}y + b_{6i}h + b_{7i}d\end{cases} \tag{4.26}$$

用最小二乘法求解上述方程组，得到一组方位 A、俯仰 E 两个方向的修正系数，用此修正系数分别代入上述表达式，便得到这两个方向上的修正量。在实际求解误差修正系数时，可以将式(4.26)合并成一个线性方程组来求解：

$$f(\Delta A_i, \Delta E_i) = a_{1i}x + a_{2i}y + a_{3i}b + a_{4i}c + a_{5i}g + b_{6i}h + b_{7i}d \tag{4.27}$$

2）外场求解单项差[20]

上述单项差数学模型的方程求解是建立在外场拍星基础之上的。最初的求解单项差的基本条件为

（1）定向差和零位差的首次测定和拨码校正（或用软件进行设定），其方法是利用北极星理论方位角和高低角（或正北天文方位标）作为方位和高低编码器的零点，用拨码校正法（或用软件进行设定法）使编码器的读数与此时北极星的理论（或正北天文方位标）方位和高低角之差达到最小；

（2）利用电子水平仪，进行垂直轴的基本调平，使仪器调平误差保持在合格的范围内。

求解单项差软件控制的程序逻辑如图 4.21 所示。

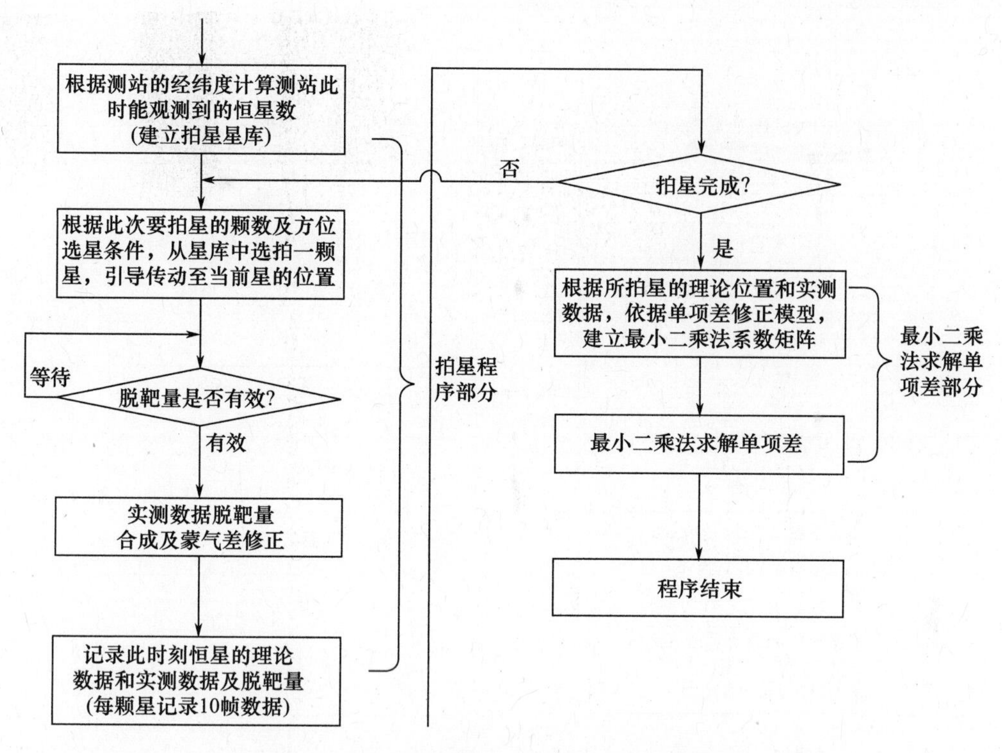

图 4.21 单项差数学修正模型程序控制流程图

经纬仪外场精度的自动检测与智能报警控制程序流程如图 4.22 所示。

根据上述单项差数学修正模型,对某小光电望远镜轴系测量系统在五天不同时段拍星的实际数据进行单项差误差检测,分别求出各个单项差,如表 4.3 所列[20]。

表 4.3 单项差修正模型修正系数

单位:角秒

序号	$x(I_A)$	$y(I_E)$	b	c	h	g	d
1	-12.802	-7.038	-2.961	-3.593	18.012	-37.907	-7.797
2	-12.009	-8.271	-2.467	-3.118	23.057	-36.718	-6.366
3	-12.889	-7.945	-1.935	-2.156	20.937	-35.606	-6.051
4	-12.665	-7.879	-3.276	-1.875	18.156	-36.393	-5.112
5	-12.480	-7.839	-3.065	-1.349	14.638	-36.593	-4.604

表 4-3 中数据结果表明,五组数据求出的各个单项差基本稳定,符合实际情况。

2. 球谐函数修正模型[21]

由于地基光电望远镜测量系统是在半个天球面上观测空间目标,使用球函数来建立望远镜的静态指向误差修正模型是比较直观的方法。修正函数 $f_a(A,E)$、$f_b(A,E)$ 是定义在球面上的连续函数,所以用拍星的方法可以得到分布在不同高角、方位角的恒星测量数据和理论值,从而得到各个位置上的差别可用球谐函数来表示。对分布在半球面上的函数值进行拟合,即可得到修正函数 $f_a(A,E)$ 和 $f_b(A,E)$。

由于系统差所包含的各项所产生的影响对于方位而言都是一次项,而由于重力作用,当俯仰角不同时,对视轴及机械轴的影响是一个随俯仰角变化的复杂函数,必须采用

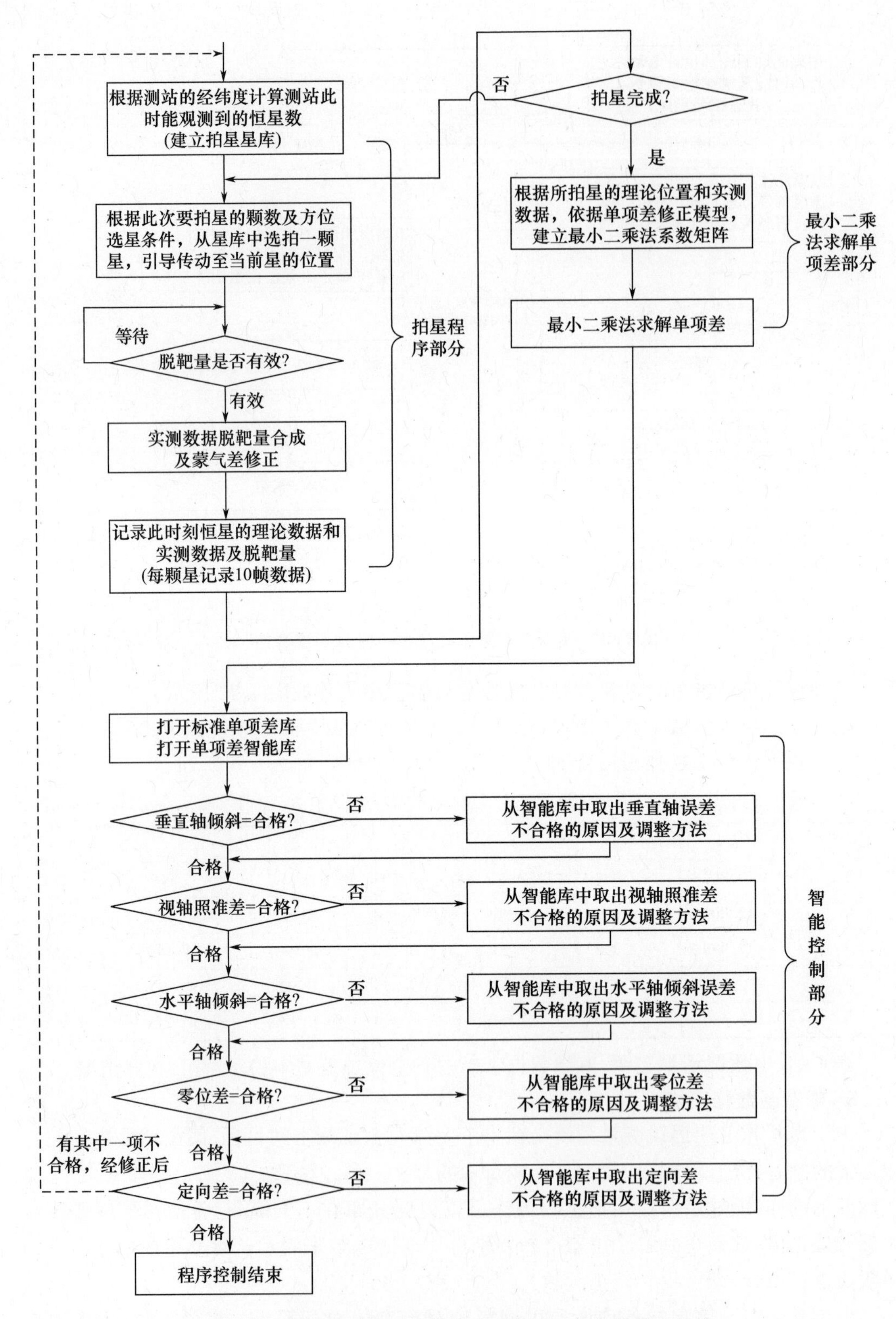

图 4.22　光电经纬仪外场精度自动检测和智能控制流程图

高次项拟合的方法才能得到合理的结果。因此,选取的球谐函数是一个带谐项取到四阶、田谐项取到一阶的函数。

在球面 $r=1,\theta,\lambda$ 上定义一个连续函数,并将其表示为球谐函数:

$$F(\theta,\lambda) = \sum_{n=0}^{\infty}\{A_n^0 P_n(\cos\theta) + \sum_{m=1}^{n}[A_n^m \cos m\lambda + B_n^m \sin m\lambda]P_n^m \cos\theta\} \tag{4.28}$$

式中:$P_n\cos\theta$ 为勒让德多项式,即

$$P_n\cos\theta = \frac{1}{2^n \cdot n!} \cdot \frac{d^n\ (\cos^2\theta - 1)^n}{d \cdot \cos\theta} \tag{4.29}$$

$P_n^m\cos\theta$ 为连带勒让德多项式,即

$$P_n^m\cos\theta = (-1)^m\ (1-\cos^2\theta)^{m/2} \cdot \frac{d^m P_n \cos\theta}{d\cos\theta} \tag{4.30}$$

把上述球谐函数 $F(\theta,\lambda)$ 化简,并作相应的截断,则得到光电望远镜在方位和俯仰两个方向上的系统误差修正函数。

$$\begin{aligned} f_{\mathrm{a}}(A,E)\sec E = {} & a_0 + a_1\cos E + a_2\cos A\sin E + a_3\sin A\sin E + a_4\cos^2 E \\ & + a_5\cos A\sin E\cos E + a_6\sin A\sin E\cos E + a_7\cos^3 E + a_8\cos A\sin E\cos^2 E \\ & + a_9\sin A\sin E\cos^2 E + a_{10}\cos^4 E + a_{11}\cos A\sin E\cos^3 E + a_{12}\sin A\sin E\cos^3 E \end{aligned} \tag{4.31}$$

$$\begin{aligned} f_{\mathrm{b}}(A,E) = {} & b_0 + b_1\cos E + b_2\cos A\sin E + b_3\sin A\sin E + b_4\cos^2 E \\ & + b_5\cos A\sin E\cos E + b_6\sin A\sin E\cos E + b_7\cos^3 E + b_8\cos A\sin E\cos^2 E \\ & + b_9\sin A\sin E\cos^2 E + b_{10}\cos^4 E + b_{11}\cos A\sin E\cos^3 E + b_{12}\sin A\sin E\cos^3 E \end{aligned} \tag{4.32}$$

式中:a_i、b_i($i=0,1,\cdots,12$)为待定的修正系数。经过测量 30 颗以上在方位和俯仰区域内上均匀分布的全天区恒星,可获得星体在观测时刻的理论值及测量值。由每颗星的测量值即可构成一个方程:

$$\begin{aligned} \Delta A_i\sec E_i = {} & a_0 + a_1\cos E_i + a_2\cos A_i\sin E_i + a_3\sin A_i\sin E_i + a_4\cos^2 E_i \\ & + a_5\cos A_i\sin E_i\cos E_i + a_6\sin A_i\sin E_i\cos E_i + a_7\cos^3 E_i + a_8\cos A_i\sin E_i\cos^2 E_i \\ & + a_9\sin A_i\sin E_i\cos^2 E_i + a_{10}\cos^4 E_i + a_{11}\cos A_i\sin E_i\cos^3 E_i \\ & + a_{12}\sin A_i\sin E_i\cos^3 E_i \end{aligned} \tag{4.33}$$

$$\begin{aligned} \Delta E_i = {} & b_0 + b_1\cos E_i + b_2\cos A_i\sin E_i + b_3\sin A_i\sin E_i + b_4\cos^2 E_i \\ & + b_5\cos A_i\sin E_i\cos E_i + b_6\sin A_i\sin E_i\cos E_i + b_7\cos^3 E_i + b_8\cos A_i\sin E_i\cos^2 E_i \\ & + b_9\sin A_i\sin E_i\cos^2 E_i + b_{10}\cos^4 E_i + b_{11}\cos A_i\sin E_i\cos^3 E_i \\ & + b_{12}\sin A_i\sin E_i\cos^3 E_i \end{aligned} \tag{4.34}$$

式中:A_i、E_i 为恒星在观测时刻的测量值;ΔA_i、ΔE_i 为观测时刻理论值与测量值之差。由

30 颗以上星的测量值和理论值,用最小二乘法原理即可构成线性方程组。

令系数矩阵 $\boldsymbol{A}$ 为

$$\boldsymbol{A}=\begin{bmatrix} a_{1,1} & a_{1,2} & a_{1,3} & \cdots & a_{1,13} \\ a_{2,1} & a_{2,2} & a_{2,3} & \cdots & a_{2,13} \\ \vdots & \vdots & \vdots & & \vdots \\ a_{N,1} & a_{N,2} & a_{N,3} & \cdots & a_{N,13} \end{bmatrix} \tag{4.35}$$

式中:

$a_{i,1}=1, a_{i,2}=\cos E_i, a_{i,3}=\cos A_i \sin E_i, a_{i,4}=\sin A_i \sin E_i, a_{i,5}=\cos^2 E_i,$

$a_{i,6}=\cos A_i \sin E_i \cos E_i, a_{i,7}=\sin A_i \sin E_i \cos E_i, a_{i,8}=\cos^3 E_i, a_{i,9}=\cos A_i \sin E_i \cos^2 E_i,$

$a_{i,10}=\sin A_i \sin E_i \cos^2 E_i, a_{i,11}=\cos^4 E_i, a_{i,12}=\cos A_i \sin E_i \cos^3 E_i, a_{i,13}=\sin A_i \sin E_i \cos^3 E_i$

其中,$i=1,2,\cdots,N$,N 为被测量恒星个数。

$\boldsymbol{X}_{\mathrm{a}}, \boldsymbol{X}_{\mathrm{b}}$ 分别是系统在方位角和俯仰角待求的一维修正系数矩阵

$$\boldsymbol{X}_a=\begin{bmatrix} a_0 \\ a_1 \\ \vdots \\ a_{12} \end{bmatrix} \tag{4.36}$$

$$\boldsymbol{X}_b=\begin{bmatrix} b_0 \\ b_1 \\ \vdots \\ b_{12} \end{bmatrix} \tag{4.37}$$

$\boldsymbol{L}_A, \boldsymbol{L}_E$ 分别是方位、俯仰测角误差矩阵

$$\boldsymbol{L}_A=\begin{bmatrix} \Delta A_1 \\ \Delta A_2 \\ \vdots \\ \Delta A_N \end{bmatrix} \tag{4.38}$$

$$\boldsymbol{L}_E=\begin{bmatrix} \Delta E_1 \\ \Delta E_2 \\ \vdots \\ \Delta E_N \end{bmatrix} \tag{4.39}$$

将由式(4.33)和式(4.34)构成的 $i(i=1,2,\cdots,N)$ 组方程写成矩阵形式,则方位测角误差的线性方程组为

$$AX_a = L_A \tag{4.40}$$

俯仰测角误差的线性方程组为

$$AX_b = L_E \tag{4.41}$$

解上述线性方程组,即可求得函数 $f_A(A,E)$,$f_B(A,E)$ 的系数 X_A,X_B,这样就可以求得当测量值为 A_i,E_i 时的系统误差修正值 ΔA_{ii},ΔE_{ii}。

再用系统差与总误差(理论值与实测值之差)计算出进行修正后的残差,即

$$\begin{cases} V_{A_i} = \Delta A_{ii} - \Delta A_i \\ V_{E_i} = \Delta E_{ii} - \Delta E_i \end{cases} \tag{4.42}$$

计算残差的平方和 δ^2:

$$\delta^2 = \sum_{i=1}^{N} V_{A_i}^2 + \sum_{i=1}^{N} V_{E_i}^2 \tag{4.43}$$

计算观测值的均方差 δ_0:

$$\delta_0 = \pm \sqrt{\delta^2/(N-t)} \tag{4.44}$$

式中:t 为未知数的个数,$t=13$;N 为观察恒星的个数。

由于随机误差具有统计规律,当残差 V_{A_a} 或 V_{E_i} 的绝对值大于 $3\delta_0$ 时,则有 99.73% 的把握断定该误差的出现是有问题的,应予以消除,这样就可用来剔除粗差或野值,所以当残差绝对值大于 $3\delta_0$,应舍去。

舍去粗差后的星体,重新再组成非线性方程组,求解并计算修正函数的系数,用解算出的函数修正值对系统误差进行修正,并计算测角总精度。

现在用 A_i,E_i 表示未经系统误差修正的测量值,A_i',E_i'是修正后的测量值,A_i^0,E_i^0 为理论值,i 为测量数据序数。

$$\begin{cases} A_i' = A_i + f_A(A_i, B_i)/\sec E_i \\ E_i' = E_i + f_B(A_i, B_i) \end{cases} \tag{4.45}$$

则测角误差 V_{A_i}、V_{E_i}为

$$\begin{cases} V_{A_i} = A_i^0 - A_i' \\ V_{E_i} = E_i^0 - E_i' \end{cases} \tag{4.46}$$

总误差为

$$\delta = \sqrt{\left(\sum_{i=1}^{M} V_{A_i}^2 + \sum_{i=1}^{M} V_{E_i}^2 \right)/(M-1)} \tag{4.47}$$

式中:M 为所用有效的恒星数。

球谐函数修正模型的计算程序控制流程[20]如图 4.23 所示。

在实际应用中,球谐函数修正模型的系数值随着观测资料的分布变化较大,而单项差修正模型的系数变化较小,且精度高,因此推荐使用单项差修正模型。

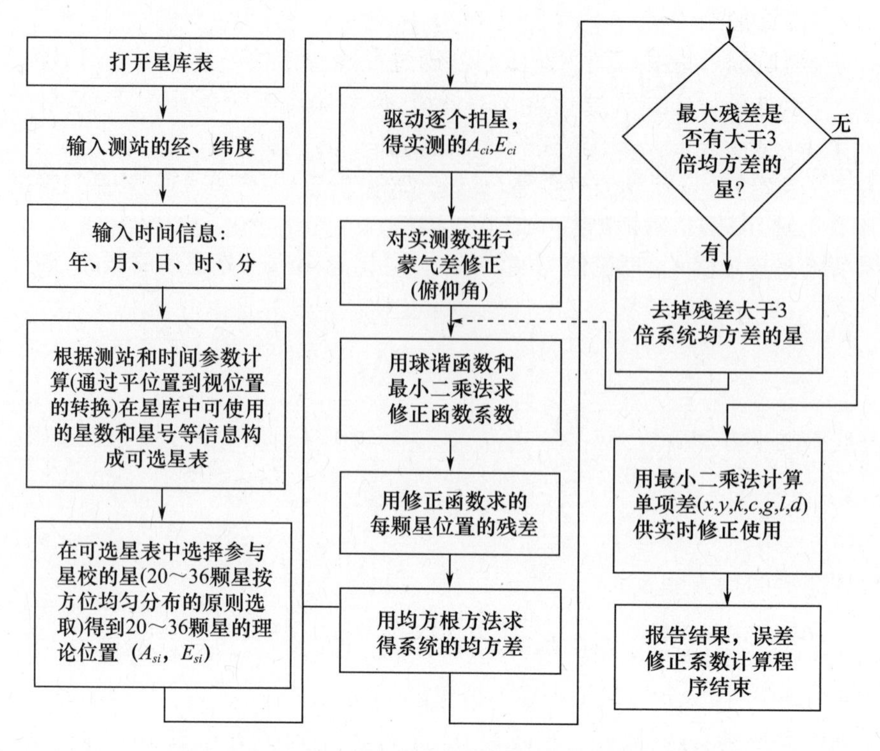

图 4.23 球谐函数修正模型的计算程序控制流程图

4.1.6 电视自动跟踪方法

光电跟踪系统是应用于光学测量设备的跟踪系统，即光电经纬仪跟踪控制系统，其特点是通过光电设备来实现对目标位置的检测，并通过自动控制使望远镜光轴以一定精度对准空间飞行目标，保证光电经纬仪跟踪目标。

1. 光电跟踪系统的组成

光电经纬仪要求跟踪架能够迅速、准确、稳定、可靠地完成目标跟踪任务，其跟踪系统一般都有两套：一套系统负责高低方向的跟踪，另一套系统负责方位方向的跟踪。从控制的角度讲，两套系统的结构基本相同，是带有速度内回路的双闭环自动控制系统，如图 4.24 所示，由目标位置检测单元、比较单元、放大单元、执行单元和校正单元组成。

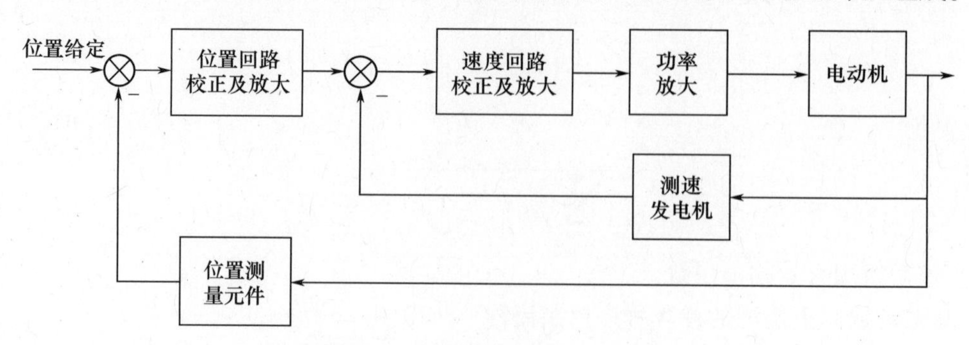

图 4.24 光电跟踪系统组成框图

1）目标位置检测单元

光电经纬仪要跟踪空间飞行目标，必须通过目标位置检测元件不断对目标飞行轨迹进行检测，并以电压量形式输送到角跟踪系统，作为跟踪系统的控制信号。目标位置检测方式有单杆（或手轮）半自动跟踪、引导跟踪和自动跟踪。

单杆（或手轮）半自动跟踪是操作员通过瞄准镜对目标不断实施测量，并把测量结果通过电位器等输出器件以电压形式输送给伺服系统，作为跟踪的控制信号。

引导跟踪是利用外部设备给出目标位置信息和速度信息，伺服系统根据这些引导信息来驱动跟踪架跟踪空间飞行目标。例如，在空间目标光电测量系统中，通常用目标的轨道根数来计算目标相对于测站的视位置，实现对目标的程序跟踪。

自动跟踪方式的目标位置检测一般是通过安装在光电经纬仪上的自动跟踪装置来完成，能自动检测目标相对于主光轴的位置偏差（即脱靶量），并将该脱靶量信息输送至跟踪系统，完成闭环自动跟踪。常用的自动跟踪方式有电视自动跟踪、红外自动跟踪和激光自动跟踪等。

2）比较单元

比较单元是所有角跟踪系统必备的元件，包括位置环和速度环的比较。位置环比较器将检测得到的目标位置输入量与光电经纬仪主光轴位置量进行比较，求取差值，经放大执行机构驱动校正光电经纬仪主镜，使其向位置偏差减小的方向移动。速度环比较器将给定速度值与测速机电压进行比较，求取速度误差电压，经放大执行机构，调整校正电机的转速。在半自动跟踪中，操作员瞄准镜即为目标位置检测比较机构，不断地将位置偏差电压通过单杆送往伺服系统。在引导跟踪系统中，引导信息的给定值与编码器输出的光电经纬仪位置量在比较器中进行比较并求取位置偏差。在激光自动跟踪、电视自动跟踪、红外自动跟踪系统中，位置差由其传感器及处理装置自动完成。

3）放大单元和执行单元

放大单元一般指交直流电压放大器和功率放大器，其作用是为执行电机提供足够的驱动功率。在早期设备中均采用分立元件组成，存在体积大、耗电大、小信号线性差、低速性能差等缺点。现代设备中均采用大功率晶体管组成桥路作为功率放大器，其优点是效率高、线性好、低速性能好。执行单元在功放级的推动下输出力矩，驱动光电经纬仪向误差减小的方向转动。

2. 电视自动跟踪系统

电视自动跟踪在空间目标光电测量系统中应用广泛，目前几乎所有跟踪式光测设备均装有电视自动跟踪测量系统。电视自动跟踪系统的基本组成如图 4.25 所示，光学镜头将远方目标成像于像面上，放在望远镜像面上的成像探测器件把目标的光信号转换为电信号，跟踪处理器采用微弱信号检测和提取技术将目标从视频信号中提取出来，并计算出脱靶量。

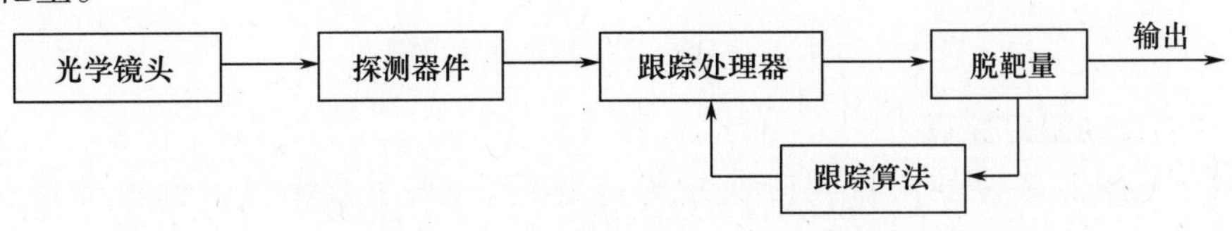

图 4.25　电视自动跟踪系统的基本组成

1）CCD 脱靶量测量原理

电视跟踪系统利用光学部件将真实世界空间的物体投影到系统的焦平面上。三维目标辐射或反射光的分布，经过光学系统空间变换后，在像面上产生了一个二维的图像，任何一幅图像都由若干个像素单元构成，如图 4.26 所示。像素的数值表示物体对应点的灰度值，像素的位置表示物体对应点的位置。像素越小，单位面积上的像素数目越多，图像就越清晰。

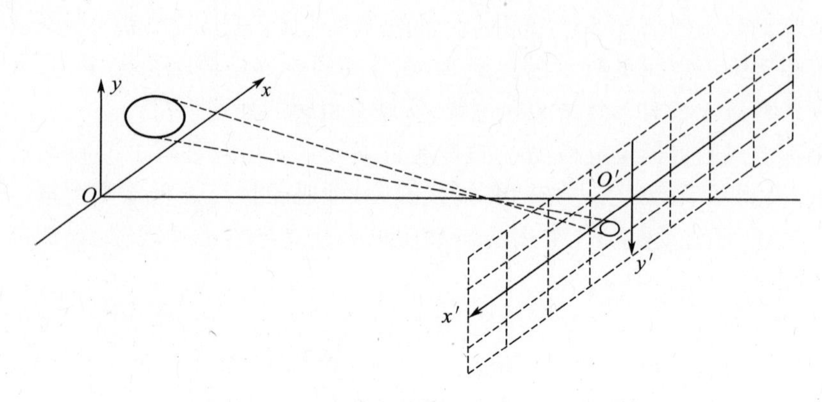

图 4.26 电视自动跟踪系统中的物像关系

图 4.26 中，光学部件将目标物体成像在 CCD 靶面上，CCD 将整个视场内灰度进行光电转换，即由光产生电荷，并进行电荷积累，光强的点产生电荷多，反之亦然。当一帧积累周期结束后，通过时钟控制，将电荷图像转换成与时间有关的电信号。放大电路将电信号放大，并通过A/D电路把模拟电视信号转换成数字图像信号，对灰度进行量化处理以获取所需要的脱靶量信息。

图 4.27 所示为计算目标脱靶量示意图，目标脱靶量的计算就是分别计算出目标的行中心和场中心。视场中的目标被波门锁定后，分别计算出目标最前沿、最后沿、最上沿和最下沿的数值，便可获取到目标中心在 x、y 方向的脱靶量。按数学象限赋予脱靶量的符号，行方向左半行为负、右半行为正，场方向上半场为正、下半场为负。

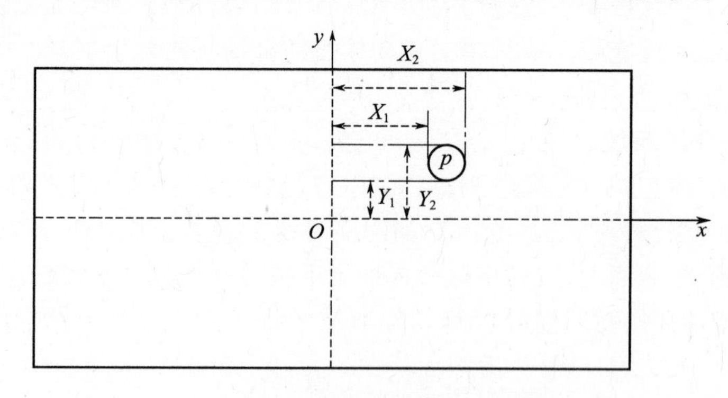

图 4.27 计算目标脱靶量示意图

2）电视自动跟踪原理

电视自动跟踪系统的工作波段通常为可见光波段，主要用于目标自动捕获跟踪。图 4.28所示为光电经纬仪电视自动跟踪原理图。

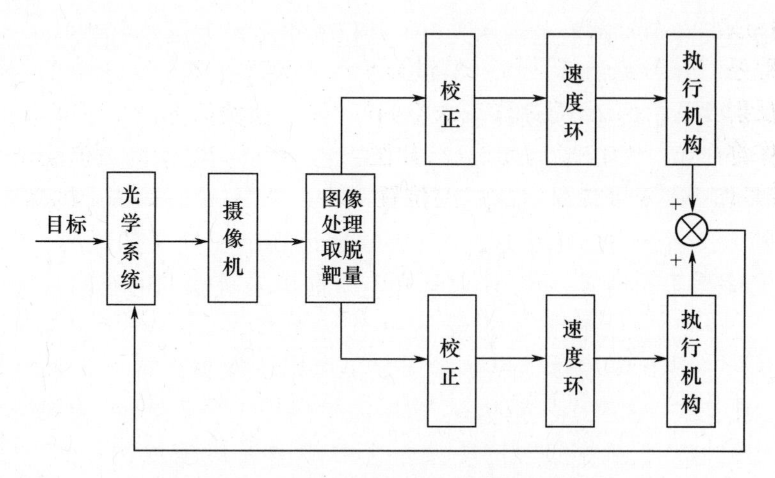

图4.28 光电经纬仪电视自动跟踪原理图

电视自动跟踪系统由电视测量系统和伺服控制系统组成,其作用是将视场中目标偏离光轴的脱靶量检测出来,送给伺服系统形成闭环反馈控制,由跟踪架驱动电视跟踪系统跟踪目标,使脱靶量减小,将目标始终锁定在电视视场之中。

3. 主要性能指标

光电跟踪系统用以驱动经纬仪主光轴不断跟踪飞行目标,将目标限制在有限的视场内,以完成测量和记录工作。

1) 工作范围

为适应空间目标光电侦察监视的应用需求,一般要求光电经纬仪的方位角转动范围为 $-360° \sim 360°$,高低角转动范围为 $0° \sim 90°$。

2) 工作角速度和角加速度

光电经纬仪工作时转动的角速度和角加速度是要求设备保证高精度跟踪的能力,一般根据空间目标飞行的轨弹道和测站分布情况,可计算出工作角速度和角加速度,它们主要由目标运动速度和测站站址决定。

3) 最小角速度

在跟踪过程中,光电经纬仪的跟踪角速度和目标相对于测站的运动角速度一致,即两者之间没有相对速度时,能拍摄到清晰的目标图像。在实际跟踪时,将相对速度控制在某个范围内,减小由于相对速度对成像质量的影响。在跟踪远距离目标或星体时,目标相对于测站的运动速度很小,若设备的最小角速度不匹配,则会造成目标像在光电接收面上来回摆动,产生像移,使像点弥散。根据上述要求提出光电经纬仪最小角速度指标,常取 $0.01(°)/s \sim 0.005(°)/s$。

4) 最大角速度和最大角加速度

最大角速度和最大角加速度直接影响设备对快速飞行目标或意外情况的响应能力。从侦察测量的角度出发,光电经纬仪的最大角速度和角加速度越大越好,但考虑到实现的可能性,也只能在适当范围内取值。该值一般远大于工作角速度和角加速度,但此时设备的测量精度也会随着降低。一般最大工作角速度 $\geqslant 20(°)/s$,最大角加速度 $\geqslant 45(°)/s^2$。

5) 跟踪精度

光电经纬仪的视场都很小,需要依靠高的跟踪精度来确保目标在光学视场内。一般要求在工作角速度和角加速度范围内光电经纬仪的跟踪最大误差小于3′。

4.2 漂移扫描 CCD 观测系统

CCD 漂移扫描技术也称为时间延迟积分(Time Delay Integration,TDI)读出技术,通过时延积分的方法对同一目标多次曝光,大幅度地增加了光子的收集,在微光环境下也能输出一定信噪比的信号,可以使地基光电望远镜系统获取的空间目标数据质量明显改善。CCD 漂移扫描技术自 20 世纪 80 年代初提出后,逐步在天文观测研究中得到广泛应用。国外一些光学望远镜已陆续安装了可以用漂移扫描方式采集数据的终端设备,例如英国卡尔斯伯格子午望远镜、法国波尔多子午环望远镜、美国海军天文台旗杆镇子午环望远镜、乌克兰尼古拉耶夫天文台的多通道望远镜和水平子午环望远镜等。

4.2.1 CCD 漂移扫描技术的基本原理

CCD 漂移扫描技术[21,24],是利用 CCD 电荷逐步转移的原理,通过时序电路控制电荷沿列方向并行转移的速度和沿行方向串行读取数据的速度,使电荷并行转移的速度和目标漂移线速度的大小相匹配。随着对目标的持续观测,同一目标的入射光子落在 CCD 光敏面的不同区域里,而电荷跟踪实现了电荷在转移过程中的累积效应,这样在电荷累积的同时实现电荷跟踪的目的。图 4.29 分别为漂移扫描观测电荷累积和传统的 CCD 跟踪观测电荷累积示意图,图中黑色方块表示 CCD 像感器中电荷的累积。与传统的 CCD 电荷累积不同,在漂移扫描观测模式下,CCD 光敏面上所成的像跟随目标一起漂移,光电望远镜在曝光期间指向固定,可以减少摆动光电望远镜跟踪目标形成的误差,从而得到空间目标良好的星像。

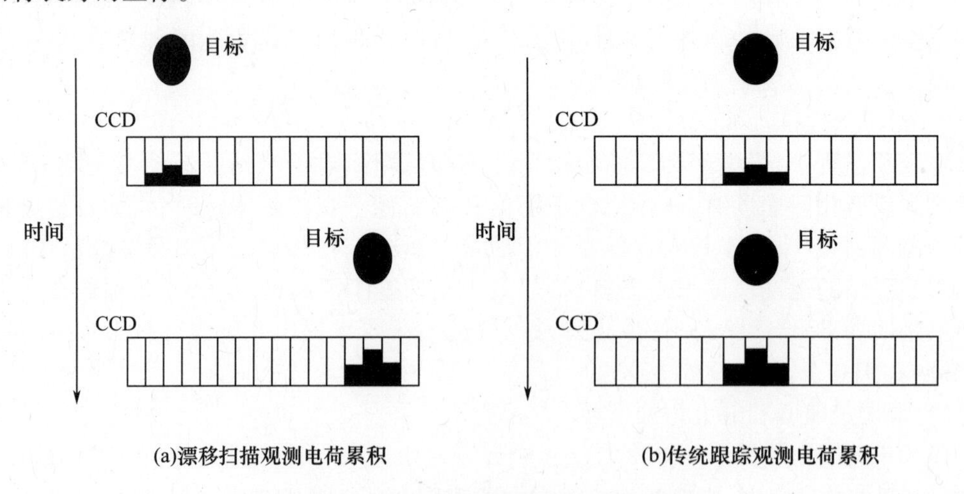

图 4.29 两种不同观测模式电荷累积示意图

CCD 像感器的工作过程如图 4.30 所示,目标星像在 CCD 芯片上移动,控制 CCD 并行转移的速度与星像在 CCD 光敏面上投影的移动速度 V_s 保持同步,使移动目标新产生的光生电荷始终叠加在已产生的电荷上,最后,CCD 芯片成像的信号电荷从芯片的移位寄存器中读出，图中，V 表示电荷沿列方向并行转移的速度。图 4.31 所示为 CCD 时序电路产生的时钟脉冲图，由 $V_{-\text{clock}}$ 时钟脉冲驱动，H 代表电荷沿行方向串行读取的速度，由 H_{clock} 时钟脉冲驱动，水平向串行读取的速率为垂直向并行转移传输速率的 N 倍，N 为垂直列数。

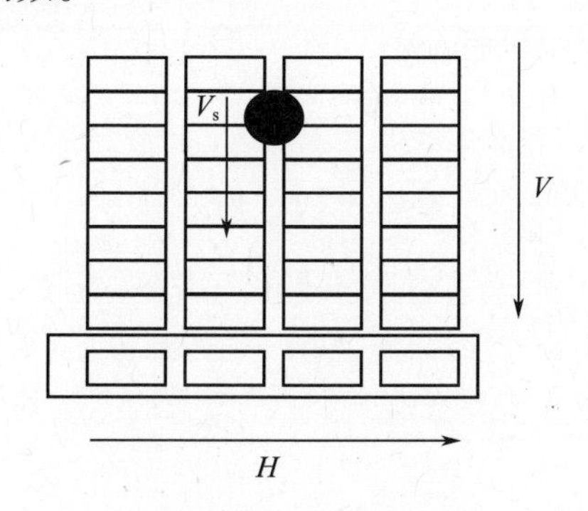

图 4.30　CCD 像感器星像跟踪过程示意图

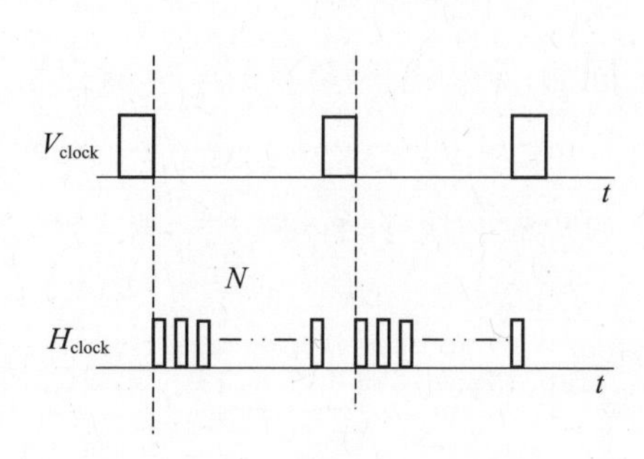

图 4.31　CCD 时序电路产生的时钟脉冲图

在 CCD 漂移扫描观测模式下，CCD 光敏面上的电荷累积主要由两部分贡献，一部分是由入射光子的光电效应产生的光生电子，另一部分来自于时序电路控制转移过来的电荷量。因此，任意时刻 CCD 光敏面电荷的累积输出都可以看成是由该时刻的电荷产生和转移两部分组成。同时，CCD 电荷的转移通过时序脉冲控制逐步进行，任意时刻的电荷转移量都是由上一时刻的电荷产生量和转移量构成的。

$M\times N$ 的 CCD 阵面如图 4.32 所示，CCD 漂移扫描观测的数学模型构造过程如下：

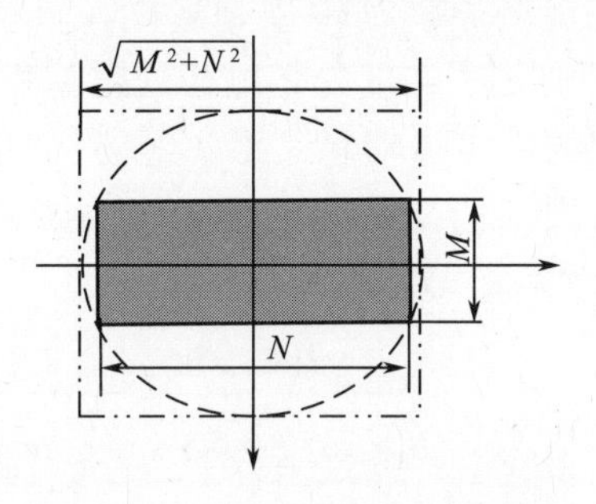

图 4.32　CCD 阵列示意图

（1）设 CCD 面阵单元的阵列大小为 M 行 N 列，$M,N\in\mathbf{Z}$；

（2）令 t 时刻的 CCD 阵列电荷累积量为 C^t；

（3）令第 n 个脉冲时间内 CCD 阵列的电荷产生量为 $\boldsymbol{G}^{(n\tau)}$，则有

$$\boldsymbol{G}^{(n\tau)}=(\boldsymbol{g}(1)^{(n\tau)}\quad \boldsymbol{g}(2)^{(n\tau)}\quad \cdots\quad \boldsymbol{g}(N)^{(n\tau)}) \tag{4.48}$$

式中：$\boldsymbol{g}(k)=\begin{bmatrix} g(1,k)\\ g(2,k)\\ \vdots\\ g(M,k)\end{bmatrix}$，$k=1,2,\cdots,N$；$\tau$ 为电荷积累时间。

CCD 电荷脉冲控制周期示意图如图 4.33 所示，图中 T_{r} 为电荷转移时间，$T=T_{\text{r}}+\tau$ 为脉冲控制周期。

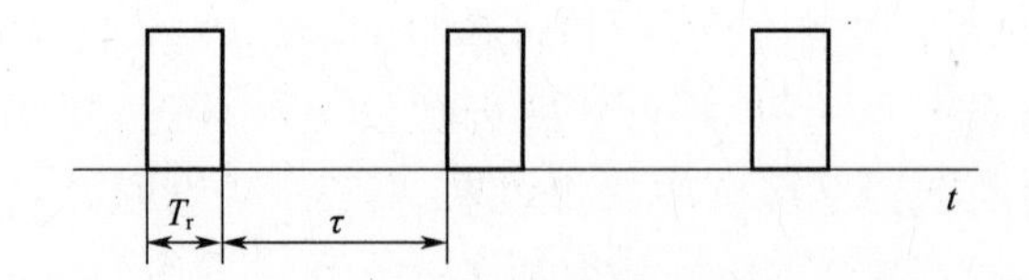

图 4.33　CCD 电荷脉冲控制周期示意图

同时,定义漂移移位操作 Trans:

$$\begin{aligned}\mathrm{Trans}(\boldsymbol{G},0) &= (\boldsymbol{g}(1)\quad \boldsymbol{g}(2)\quad \boldsymbol{g}(3)\quad \cdots\quad \boldsymbol{g}(N-2)\quad \boldsymbol{g}(N-1)\quad \boldsymbol{g}(N))\\ \mathrm{Trans}(\boldsymbol{G},1) &= (\boldsymbol{0}\quad \boldsymbol{g}(1)\quad \boldsymbol{g}(2)\quad \cdots\quad \boldsymbol{g}(N-3)\quad \boldsymbol{g}(N-2)\quad \boldsymbol{g}(N-1))\\ &\vdots\\ \mathrm{Trans}(\boldsymbol{G},k) &= (\underbrace{\boldsymbol{0}\quad \cdots\quad \boldsymbol{0}}_{k}\quad \underbrace{\boldsymbol{g}(1)\quad \boldsymbol{g}(2)\quad \cdots\quad \boldsymbol{g}(N-k)}_{n-k})\end{aligned} \tag{4.49}$$

光电望远镜在进行漂移扫描观测时,CCD 阵列电荷沿电荷转移方向的累积量在 $t=(n-1)T+\tau, n\in\mathbf{Z}$ 时的数学模型为

$$\boldsymbol{C}^{(t)} = \sum_{k=1}^{n} \mathrm{Trans}(\boldsymbol{G}^{(k\tau)}, n-k) \tag{4.50}$$

由式(4.50)知,脉冲控制周期 T 是对目标信号进行采样的时间间隔,影响着信号电荷量的有效累积。

必须明确,上述漂移扫描观测原理和模型是建立在目标在 CCD 阵面的运动轨迹与 CCD 行或列平行的基础上,否则无法实现光生电荷的跟踪积累。在采用漂移扫描方式观测恒星时,由于地球自转引起的恒星运动总是沿赤经方向,能保证 CCD 电荷的转移方向与恒星运动轨迹平行。因此,漂移扫描观测最早应用于天文的恒星观测,且对恒星进行漂移扫描观测时的脉冲周期计算公式为

$$\begin{aligned} S_{\mathrm{cale}} &= 206265/f\\ \omega_{\mathrm{s}} &= \omega_{\mathrm{e}} \cdot \cos\delta\\ T &= \frac{S_{\mathrm{cale}}}{\omega_{\mathrm{s}}} \cdot p \end{aligned} \tag{4.51}$$

式中:$\omega_{\mathrm{e}}=15.0411('')/\mathrm{s}$ 为地球自转角速率;S_{cale}为尺度因子。脉冲控制周期可 T 以根据恒星赤纬 δ、望远镜焦距 f 和 CCD 像元尺寸 p 计算出来。例如,某 CCD 漂移扫描光电望远镜系统的焦距为 1900mm,像元尺寸为 16μm,当观测天区纬度为 20°时,并行转移一行的脉冲控制周期 T 为 0.122893s。若 CCD 光生电荷并行转移方向的像素数为 N,则脉冲控制周期可化为

$$T = \frac{412530\tan\dfrac{\mathrm{FOV}}{2}}{N\omega_{\mathrm{e}}\cos\delta} \tag{4.52}$$

对恒星进行漂移扫描观测时的脉冲控制周期 T 可由 CCD 电荷并行转移方向的像素个数 N、望远镜的观测视场 FOV 和恒星的赤纬 δ 计算得到。

脉冲控制周期 T 的选取影响CCD对目标信号的时间采样,因此对不同运动速度的目标,必须调整对应的电荷并行转移周期 T 进行漂移扫描观测。设正确并行转移周期为 T_s,不同的脉冲控制周期 T 会出现三种观测效果,如表4.4所列。

表4.4　脉冲控制周期 T 对星图观测的影响

脉冲控制周期	电荷转移相对星像移动	目标观测情况
$T < T_s$	超前	星像向前拉长
$T > T_s$	滞后	星像向后拉长
$T = T_s$	一致	良好圆点星像

图4.34～图4.37比较分析了脉冲控制周期 T 对漂移扫描观测的影响。图4.34为凝视观测星图,图4.35和图4.36分别是 T 选取超前和滞后时的观测星图,这两幅星图中的目标星像都出现拖尾拉长的现象,但是拉伸的长度不同,图4.35各星像的左端与图4.36各星像的右端位置重合,脉冲控制周期选取的过大或过小都不能对目标形成良好星像。图4.37是 T 选取正确时的目标星像,与凝视观测星图完全符合。

图4.34　凝视观测星图

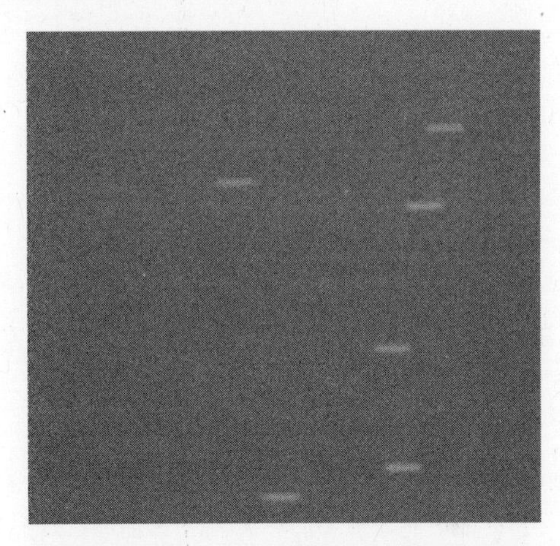

图4.35　$T=0.5$s 的观测星图

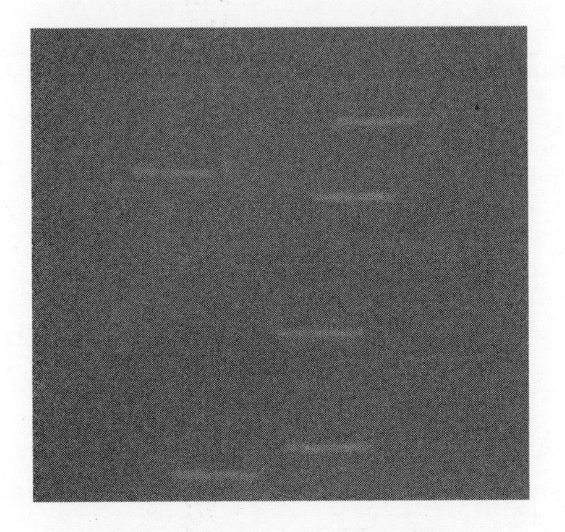

图4.36　$T=5$s 的观测星图

图4.37　$T=1.8507$s 的观测星图

4.2.2 CCD漂移扫描观测系统

通常利用小口径赤道式望远镜和具有漂移扫描功能的CCD照相机及相关硬件配合，构建一套漂移扫描观测系统，典型的地球同步轨道卫星漂移扫描观测系统[22-23]的组成如图4.38所示，主要包括：

(1) 小口径赤道式望远镜，用于精确指向目标，收集目标光子。

(2) CCD照相机（含接口），连接望远镜和CCD照相机，用于低照度条件下的漂移扫描光学成像。

(3) 数据采集计算机，实时地将数字图像数据采集存储在计算机中。

(4) 漂移扫描控制器，调节控制电荷并行转移速度，实现电荷跟踪。

(5) 数据处理与管理计算机，控制望远镜和CCD数据采集、存储和数据处理。

(6) GPS时间采集，系统准确地授时同步，提供精确的目标观测时刻。

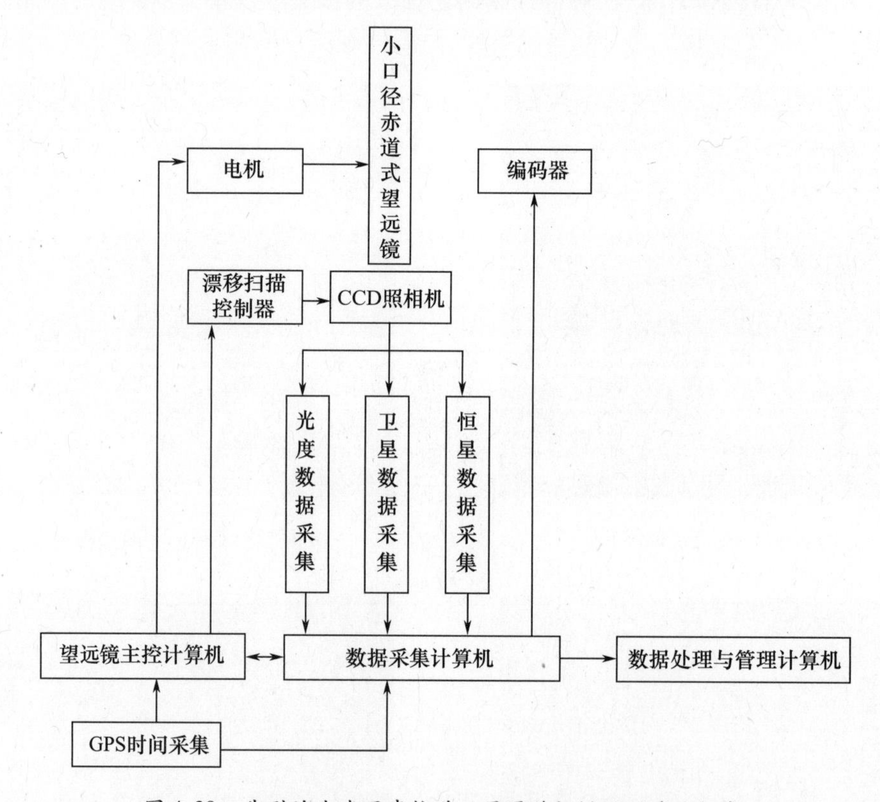

图4.38 典型的地球同步轨道卫星漂移扫描观测系统组成

CCD漂移扫描观测系统的软件包括望远镜控制软件、CCD控制软件、时间控制软件、卫星轨道预报软件、目标图像数据处理软件以及卫星轨道计算软件等，其构成如图4.39所示。

1）望远镜控制软件

望远镜控制软件可采用较成熟的控制软件，提供实时的星空模型和控制望远镜的接口，并能很好地实现望远镜的远程控制。

2）CCD控制软件

观测及数据采集软件采用CCD控制软件，可实现以下功能。

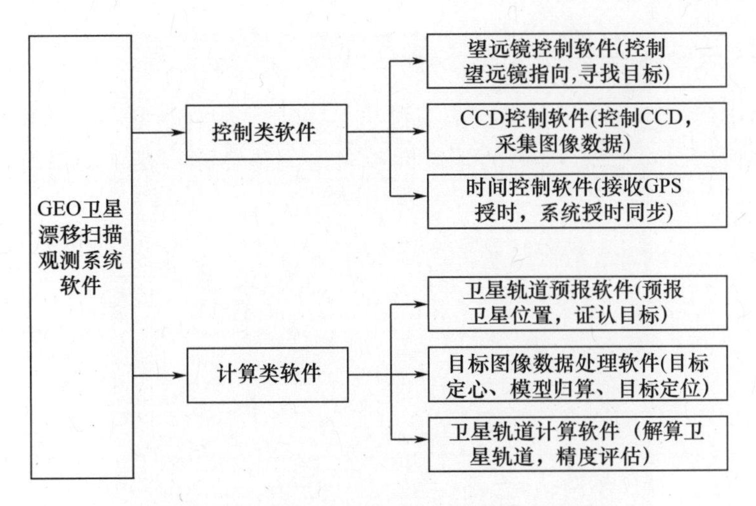

图 4.39　GEO 卫星漂移扫描观测系统软件

(1) Stare(凝视)模式观测,即传统的积分漏光模式观测,此时望远镜与被观测目标之间没有相对运动,随着 CCD 的曝光,来自目标星体的光子落在 CCD 光敏面的相对固定位置上。光生电子不断累积,曝光结束时,由 CCD 的移位寄存器读出数据,此时卫星图像为圆形星像。而在该凝视模式时,由于地球的自转,恒星与望远镜有相对运动,在曝光过程中,来自恒星的光子落在 CCD 像面的不同位置上,曝光结束时 CCD 移位寄存器读出的恒星星像呈长条拖尾状。如图 4.40 所示,图像中心的两个圆星像为两颗同步轨道卫星,周围拖尾星像为参考恒星。

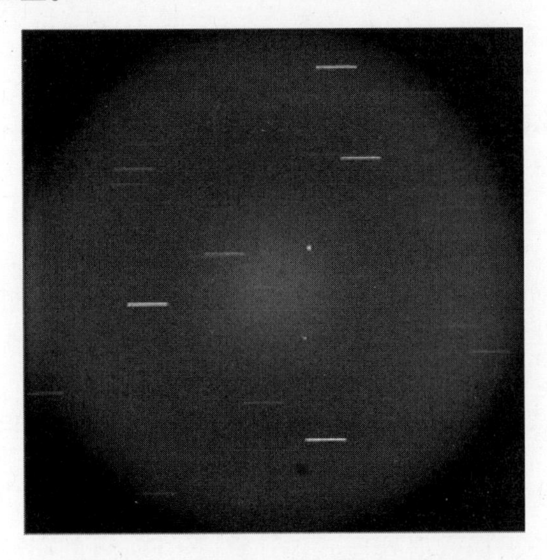

图 4.40　Stare 观测模式下的 CCD 星图

(2) Drift - Scan(漂移扫描)观测,即漂移扫描观测,此时望远镜亦为静止状态,CCD 光生电荷的并行转移速度与目标星像在 CCD 像面上的运动速度相同,即以电荷跟踪的方式对目标进行跟踪,参考恒星星像呈圆形。而此模式下,由于 CCD 相机的电荷跟踪使得 CCD 与被观测同步卫星之间有相对运动,所以 GEO 卫星星像拖尾成长条状,如图 4.41 所示。

图 4.41 Drift - Scan 观测模式下的 CCD 星图

（3）通过编程控制 CCD 相关参数实现两种观测模式之间的自动交替观测。

（4）简单快速地确定地球同步轨道卫星的图像坐标（x,y）。

3）时间控制软件

利用 GPS 等时频设备及相应的软件实现对计算机的时间授时校正，提供给望远镜、CCD 控制以及观测数据采集时精确的时间信号，对每幅观测图像记录好准确的观测开始、漏光时间和观测结束时间标志。

4）卫星轨道预报软件

利用实时的 NORAD 双行根数文件，根据观测任务和测站位置计算出目标的赤经、赤纬、时角或高度、方位等预报信息，并据此预报数据作为寻找确定目标的依据，对望远镜进行摆位。

5）目标图像数据处理软件

利用多幅漂移扫描图像里的参考恒星确定观测器件 CCD 的成像模型、模型参数以及模型参数随时间的变化，从而求出 GEO 卫星相对于恒星背景在不同观测时刻的位置。另外，根据漂移扫描模式得到的图像，测量图中参考恒星的流量，使用星表中对应的星等，拟合恒星流量和星等的关系得到相应参数，再由卫星的流量和得到的参数及漏光时间的改正得到 GEO 卫星的视星等。

6）卫星轨道计算软件

卫星轨道计算软件根据数据处理软件计算的 GEO 测角资料，计算并确定卫星的轨道。

7）参考星表

CCD 漂移扫描观测系统需要高精度、高密度的参考星表，例如 UCAC2 星表，该星表覆盖赤纬从 $-90° \sim 40°$，给出了 7.5 ~ 16 星等的 48330571 颗星源（大部分为恒星）在 J2000.0 历元的位置和自行，平均密度为 1360 颗每平方度。

4.2.3 CCD旋转漂移扫描观测方法

4.2.2小节已对CCD漂移扫描技术应用于恒星和地球同步轨道卫星的漂移扫描观测的原理与系统作了详细描述。对于近地轨道卫星，由于其在CCD像面上的运动轨迹多数情况下是一条曲线，显然不满足CCD漂移扫描电荷并行转移的基本条件，因而不能直接采用漂移扫描技术。但是，若能通过对CCD的旋转控制，使不同轨道面内的暗弱空间目标星像同样始终沿CCD的电荷转移方向移动，就能增加暗弱目标的露光累加时间，显著提高目标星像的信噪比，从而实现对低轨卫星的漂移扫描观测[25-27]。

在CCD漂移扫描观测模式下，当观测目标给定时，在观测过程中CCD像感器的摆放方向将始终保持不变，这不适合对快速变化目标及多目标的连续观测。旋转式CCD工作的基本原理是通过采用精密的旋转设备来控制CCD自由旋转，从应用意义上来讲，其要解决问题的就是减少调整CCD摆放方向所需的时间，对来自不同方向的目标都能够进行有效的电荷积累。

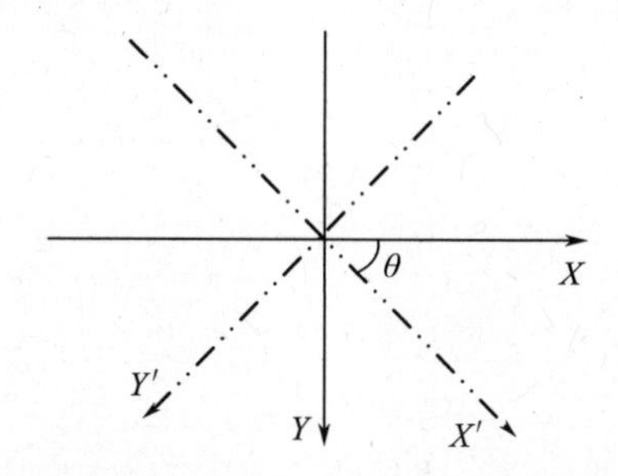

图4.42　二维平面旋转关系示意图

由于CCD漂移扫描观测数学模型中的电荷累积方向与CCD的电荷转移方向是一致的，旋转式CCD漂移扫描观测数学模型的构造可以基于漂移扫描观测的数学模型来完成。由前面的分析可知，旋转式CCD漂移扫描观测模型与漂移扫描观测模型的区别，主要在于对CCD旋转角度的控制，因此，数学模型的建立将涉及不同角度的旋转控制问题，可通过转换为二维平面内的坐标旋转变换来实现，如图4.42所示。二维平面内坐标旋转变换为

$$\begin{pmatrix} x' \\ y' \end{pmatrix} = \begin{pmatrix} \cos\theta & \sin\theta \\ -\sin\theta & \cos\theta \end{pmatrix} \begin{pmatrix} x \\ y \end{pmatrix} \tag{4.53}$$

CCD面阵列的数据行列下标与图4.42的坐标系定义不同。对CCD数据进行处理时，阵列的左上角位置为坐标原点，而对CCD进行旋转控制时，旋转点为CCD阵列的中心位置，需要将坐标原点统一平移到阵列中心位置后，再进行旋转变换，如图4.43所示。

旋转控制角度的选取和确定影响CCD对目标信号的空间采样和电荷积累，将使目标成像呈不同方向的散焦效果。图4.44～图4.47是不同旋转角度漂移扫描模式下的观测星图。图4.47所示的目标星图得到最好的聚焦，以其作为反映目标运动方向的参照，则若旋转角度与目标运动方向之间的夹角越小，星像拖尾就越小，能量积累表现得越集中。

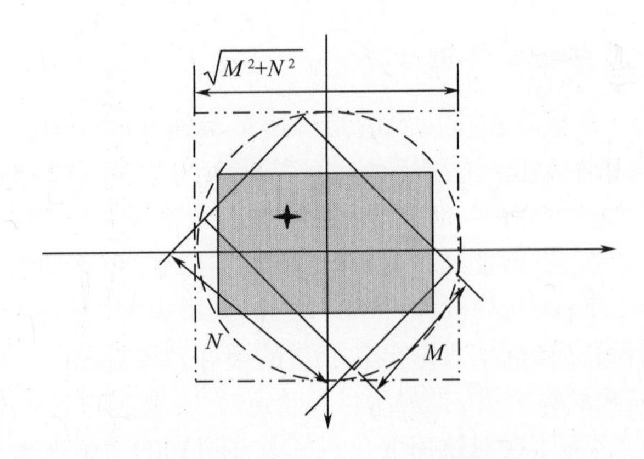

图 4.43 CCD 阵列旋转示意图

图 4.44 旋转角度为 -30.5°的观测星图

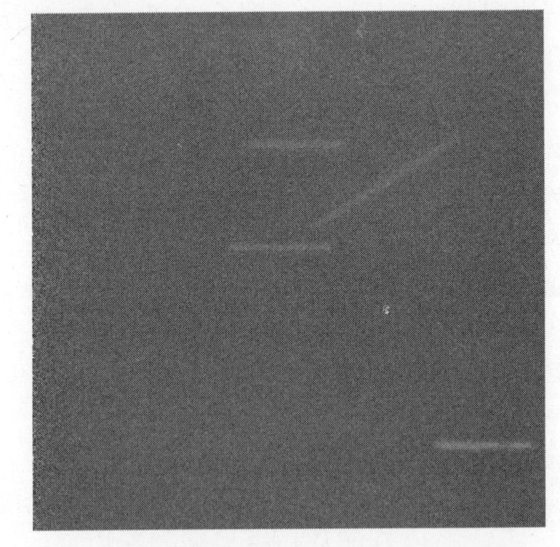

图 4.45 旋转角度为 30.5°的观测星图

图 4.46 旋转角度为 -149.5°的观测星图

图 4.47 旋转角度为 149.5°的观测星图

4.3 自适应光学系统

对于空间目标地基光学望远镜系统来说，目标距离光学系统几百至数千、甚至数万千米，探测光波要穿过地球大气层，必然会受到大气湍流的影响。大气湍流造成空气折射率随机变化，它对目标成像探测的影响可以等效为随机相位屏，会导致光波振幅和相位的随机起伏。因此，在光波进入光学系统物镜之前，由于大气湍流的随机干扰，使目标在成像焦平面产生光强分散、峰值降低、像点抖动等湍流效应，最终导致目标成像模糊，严重影响光学成像探测系统的性能[28]。

4.3.1 大气湍流参数描述及其光学传递函数

研究光在随机非均匀介质中的传播规律至今仍然是一个世界性难题，无法用一个精准的解析式来准确描述。大气湍流是一种随机的非均匀介质，大气局部温度、压强等参数随机变化导致大气快速不规则的运动，大气随机运动对光波传播的影响主要是光波相位和振幅的变化。对地基光学望远镜系统来说，由于目标距离光学系统非常远，空间目标反射的太阳光可以认为是平面波。平面波经过大气层后，由于湍流介质不均匀使平面光波各光线到达光学系统瞳面的光程、位置和时间都发生变化，导致波前阵面变成了曲面。同时，由于光程差和不均匀衍射的共同作用，使光束偏离原来的传播方向，造成成像焦平面上光斑的随机漂移和光照度起伏，在强湍流情况下甚至会分裂成多个随机斑点。

1. 大气湍流的机理及参数描述[29-30]

大气湍流的产生需要两个条件，一是动力学条件，即大气中有一定的风速变化；二是热力学条件，即不同高度大气具有不稳定的温度变化[28]。Richardson 提出了大气湍流级串理论模型，他认为，大气湍流是由不同尺度的漩涡连续分布叠加而成，其能量在大尺度漩涡向小尺度漩涡之间进行单向传送，各种漩涡具有有限的尺度，最大漩涡的尺度称为外尺度 L_0，最小漩涡的尺度称为内尺度 l_0。

1）折射率空间结构函数

湍流是物理学中研究的难题，难以用数学解析模型来描述。大气湍流中的温度、风压及风速是随时、不规律变化的，变化过程也不是各态历经的。基于 Richardson 级串模型，Kolmogorov 于 1941 年提出了随机介质中湍流速度场的统计理论[29]，用结构函数来描述大气湍流的系统平均特性。他认为，对于局域各向同性湍流来说，存在一个上限尺度为 L_0 和下限尺度为 l_0 的惯性区域，此区域内的折射率空间结构函数满足：

$$D_n(r) = C_n^2 r^{2/3} \qquad l_0 \ll r \ll L_0 \tag{4.54}$$

式中：C_n^2 为折射率结构常数；r 为空间两点间距离。一般认为，距离大于外尺度 L_0 的两点间结构常数是独立无关的，距离小于内尺度 l_0 的两点间折射率结构常数是相关的。C_n^2 通常用来描述大气湍流强度的重要参数，大气折射率随温度、大气压强等参数而实时变化，对于波长为 λ 的光波，大气折射率表达式[107]为

$$n = 1 + \frac{77.6 \times P}{T}(1 + 7.52 \times 10^{-3}\lambda^{-2}) \times 10^{-6} \tag{4.55}$$

式中:P 为单位大气压;T 为温度。实际上,空间折射率的起伏主要是由温度起伏引起的,可以证明,C_n^2 可以由温度结构常数 C_T^2 得到

$$C_n^2 = \left(79 \times 10^{-6} \frac{P}{T^2}\right)^2 C_T^2 \tag{4.56}$$

C_n^2 通常是实验观察基础上得到的经验公式,Hufnagel - Valley 和 Modified Hufnagel - Valley 湍流 C_n^2 模型是目前应用最为广泛的[37],Hufnagel - Valley 是白天 C_n^2 模型,适合于天基遥感对地观测;Modified Hufnagel - Valley 是夜间 C_n^2 模型,适合于地基望远镜观测。Hufnagel - Valley 模型为

$$C_n^2(h) = 5.94 \times 10^{-53}(v/27)^2 h^{10} e^{-h/1000} + 2.7 \times 10^{-16} e^{-h/1500} + A e^{-h/100} \tag{4.57}$$

式中:h 为以米为单位的海拔高度;v 为风速;A 为当地地表处 C_n^2 值。例如,HV21 模型对应的上述参量为:$v = 21\text{m/s}$,$A = 1.7 \times 10^{-14}\text{m}^{-2/3}$。

Modified Hufnagel - Valley 模型为

$$C_n^2(h) = 8.16 \times 10^{-54} h^{10} e^{-h/1000} + 3.02 \times 10^{-17} e^{-h/1500} + 1.9 \times 10^{-15} e^{-h/100} \tag{4.58}$$

2) 相干长度

相干长度 r_0 是表征大气湍流对光波波前在空间尺度上随机扰动程度的物理量,它直接反映大气湍流的强度,其物理意义是光波传播在受到大气湍流的随机扰动后,空间距离 r_0 以内的光波是相干的,而空间距离 r_0 以外的光波由于相位受到湍流随机扰动是非相干的。相干长度 r_0 也称为 Fried 参数[41],r_0 主要取决于 C_n^2 的分布,平面波在大气湍流中传播时的 r_0 定义为

$$r_{0\_pl} = 1.67 \times \left[k^2 \sec\phi \int_0^L C_n^2(h)\,dh\right]^{-3/5} \tag{4.59}$$

式中:$k = 2\pi/\lambda$;λ 为光波波长;L 为积分路径总长度;ϕ 为观测天顶夹角。球面波在大气湍流中传播的定义与式(4.59)稍有不同:

$$r_{0\_sp} = 1.67 \times \left[k^2 \sec\phi \int_0^L \left(\frac{h}{L}\right)^{5/3} C_n^2(h)\,dh\right]^{-3/5} \tag{4.60}$$

式(4.59)适用于地基望远镜成像观测,式(4.60)适用于天基遥感成像。相干长度 r_0 在良好视宁度条件下平均值约为 10cm,最好能达到 20cm。

3) 相干时间

在时间尺度上,大气湍流对光波波前的随机扰动用相干时间 τ_0 来表征:

$$\tau_0 = 0.53 \times \left[k^2 (\sec\phi)^{8/3} \int_0^L (v(h))^{5/3} C_n^2(h)\,dh\right]^{-3/5} \tag{4.61}$$

式中:$v(h)$ 为海拔高度为 h 处的风速。

4) 等晕角

在空间角尺度上,大气湍流对光波波前的随机扰动用等晕角 θ_0 来表征:

$$\theta_0 = 0.53 \times \left[k^2 (\sec\phi)^{8/3} \int_0^L h^{5/3} C_n^2(h)\,dh\right]^{-3/5} \tag{4.62}$$

2. 光学传递函数[1]

任何一个空间不变光学成像系统的特性由其二维光学传递函数(OTF)完全确定，OTF 是光学系统的归一化频率响应，可以对点扩展函数进行二维傅里叶变换得到。对于一个光学口径为 D_0，探测波长为 λ 的地基光学望远镜系统，在不考虑大气湍流和像差时，其 OTF 为

$$H_0(\Omega)=\begin{cases}\dfrac{2}{\pi}\left[\arccos\left(\dfrac{\Omega}{\Omega_0}\right)-\dfrac{\Omega}{\Omega_0}\sqrt{1-\left(\dfrac{\Omega}{\Omega_0}\right)^2}\right] & \Omega\leqslant\Omega_0\\ 0 & \Omega>\Omega_0\end{cases}\tag{4.63}$$

式中：Ω_0 为光学系统的截止空间角频率，$\Omega_0=D_0/\lambda$。

1）长曝光 OTF

天文成像的曝光时间常常超过几秒甚至达到几十秒，称为长曝光成像，此时成像系统记录的是天文目标的时间平均像。大气长曝光 OTF 用相干长度 r_0 描述为[82]

$$\langle H_{\mathrm{TUR\_LE}}(\Omega)\rangle=\exp\left[-3.44\left(\frac{\lambda\Omega}{r_0}\right)^{5/3}\right]\tag{4.64}$$

式中：Ω 为空间角频率。如果已知光学成像系统的光学口径、焦距、探测波长等参数和大气相干长度的测量值，可以计算该光学成像系统的长曝光 OTF：

$$\langle H_{\mathrm{LE}}(\Omega)\rangle=H_0(\Omega)\langle H_{\mathrm{TUR\_LE}}(\Omega)\rangle\tag{4.65}$$

2）短曝光 OTF

大气湍流对光波波前的随机扰动随时间迅速变化，为消除时间平均效应，需要采用 0.01s 甚至 0.001s 的曝光时间，称为短曝光成像。通常将曝光时间小于相干时间的成像界定为短曝光成像。例如，在对低轨空间目标的地基望远镜成像探测时通常是短曝光成像。Fried 推导了大气短曝光 OTF 为

$$\langle H_{\mathrm{TUR\_SE}}(\Omega)\rangle=\exp\left\{-3.44\left(\frac{\lambda\Omega}{r_0}\right)^{5/3}\left[1-\ell\cdot\left(\frac{\Omega}{\Omega_0}\right)^{1/3}\right]\right\}\tag{4.66}$$

式中：ℓ 的取值决定湍流产生振幅效应和相位效应的程度，$\ell=1$ 表示相位效应为主的近场传播，$\ell=0.5$ 表示振幅效应和相位效应同等，当 $\ell=0$ 时，短曝光 OTF 退化为长曝光 OTF。

本书讨论的空间目标大多是低轨目标，通过地基自适应光学望远镜系统 CCD 的可选成像帧频为 500Hz、1000Hz 和 2000Hz，可认为是短曝光成像。根据式(4.63)和式(4.66)，可以计算光学成像系统的短曝光 OTF：

$$\langle H_{\mathrm{SE}}(\Omega)\rangle=H_0(\Omega)\langle H_{\mathrm{TUR\_SE}}(\Omega)\rangle\tag{4.67}$$

假设光波波长 $\lambda=0.7\mu\mathrm{m}$，计算光学系统短曝光 OTF。图 4.48 分别是不同相干长度、不同光学口径情况下的光学系统湍流短曝光 OTF。图 4.48(a)、(b)中的 OTF 曲线表明，在大气相干长度 $r_0=0.1\mathrm{m}$ 时，0.3m 和 1.2m 口径的光学系统 OTF 截止频率基本相同，这说明由于大气湍流的影响，通过增大光学口径不能改善光学系统的性能；图 4.48(c)、(d)中的表明在相同光学口径时，r_0 越大，OTF 截止频率越大，光学系统的角分辨性能越好。

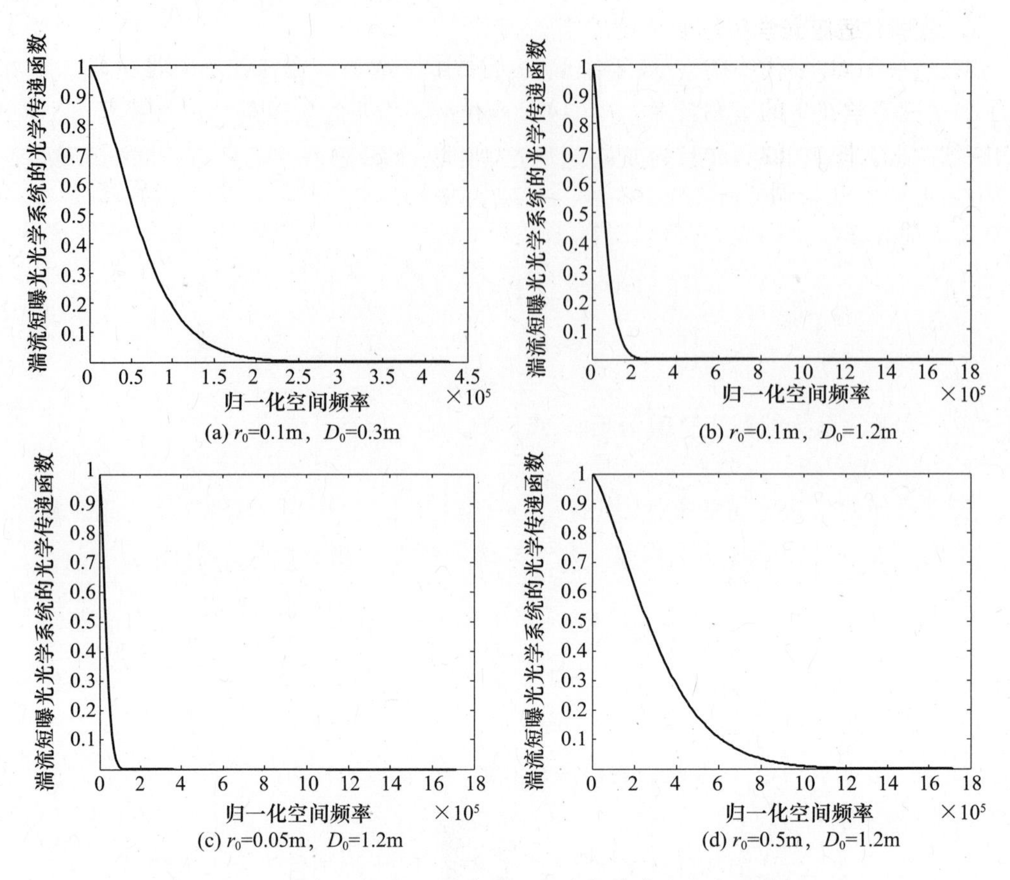

图 4.48 不同相干长度、不同光学口径的光学系统湍流短曝光 OTF

4.3.2 自适应光学技术的发展

根据前面章节阐述的光学衍射理论，对于一个口径为 D，探测波长为 λ 的光学系统，其理论角分辨率为 $1.22\lambda/D$（单位为 rad），称为瑞利衍射极限分辨角。因此，光学口径越大、探测波长越短，光学系统的分辨能力就越强。例如，一台直径为 10m 的光学望远镜在可见光波段的角分辨率为 0.014″。我们似乎可以通过增大光学系统口径来无限制地提高地基光学望远镜系统的角分辨率。然而，由于大气湍流效应的影响，光学望远镜系统的实际角分辨率要远远低于理论上的衍射极限分辨角。1704 年，牛顿描述了大气湍流使望远镜成像产生像斑模糊和抖动的现象，大气湍流使光学望远镜系统的角分辨率急剧下降。1953 年，美国海尔天文台天文学家 H. W. Babkock 首次提出在天文望远镜上用闭环校正波前的方法来补偿大气湍流扰动所造成的相位畸变，该思想是自适应光学技术的雏形[34]。但是，由于受当时光电技术和自动控制技术发展水平的限制，自适应光学的设想一直未能实现。直到 20 多年后，自适应光学系统的实现才成为可能。20 世纪 70 年代初期，第一套自适应光学实时大气补偿系统在美国诞生，随后美国开始投入大量资金研制自适应光学系统并成功应用于军事领域。20 世纪 90 年代初，美国对自适应光学进行了技术解密，使自适应光学技术迅速发展，并得到民用推广和扩大应用。

1. 地基自适应光学望远镜系统发展概况[37,43-47]

从20世纪60年代中期到70年代,学者们做了大量的自适应光学理论研究工作,促进了自适应光学技术的应用发展。1972年,Hardy率先研制成功第一套实时大气补偿系统,实现了对近距离光波传播时的大气湍流效应进行有效的补偿,成像分辨率大幅提高。1977年,Rockwell公司研制了一套红外自适应光学系统。这些理论和实验研究取得了一大批自适应光学技术的成果,建立了自适应光学技术中诸如波前检测、变形镜、波前复原等基本概念,奠定了自适应光学技术实用化的基础。

从20世纪80年代开始,自适应光学技术逐步实用化。1982年,美国率先研制了第一台采用斜率探测器的自适应光学系统,子孔径单元数为168个,该系统安装在夏威夷AMOS光学站的1.6m口径光学望远镜上,在805km距离上系统线分辨率可达到0.3m,(即角分辨率0.075″),用来获取近地轨道目标的高分辨率图像情报,为美国各军事机构提供苏联航天器的情报照片和识别信息。1997年,美国在夏威夷的空军毛伊岛光学站(AMOS)安装了一套口径为3.67m的先进光电系统(AEOS),如图4.49所示,在0.7~1.0μm波段取得了0.06″的角分辨率,能探测300km轨道上10cm大小的碎片,清晰拍摄卫星照片,其主要任务是对各国航天器进行高分辨率成像并获取相应的态势情报。1993年,美国空军菲利普实验室在新墨西哥州星火光学靶场新建了一台口径为3.5m的光学望远镜,随后配备了带有激光导引星的自适应光学系统(见图4.50)。

图4.49 毛伊岛光学站3.67m自适应光学系统

图4.50 星火光学靶场自适应光学系统

与此同时,自适应光学技术也逐步在天文学领域得到应用并取得了很好的观测成果。欧洲南方天文台开展了“COME-ON”自适应光学计划,所研制的系统在可见光波段用哈特曼-夏克波前传感器探测光波波前动态畸变,采用19单元连续镜面变形反射镜在红外波段进行成像校正。1989 年该系统在法国普罗旺斯天文台 1.52m 天文望远镜上进行实验,在红外波段成功实现了波前校正。1990 年,该系统安装在智利拉西亚观测站的 3.6m 望远镜上实验,并改用低噪声 CCD,观测的极限星等可达到 11.5 星等。此后的大型天文望远镜系统基本都采用自适应光学技术。美国利克(LICK)天文台在汉密尔顿山的 3m 望远镜上装备了世界上第一套使用人造激光导星的自适应光学系统,激光导星的反射光提供大气畸变的信息,解决了观测视场内无天然星体作参考的限制。图 4.51 是利克天文台望远镜及其成像示意图,在未开启自适应光学系统时像斑模糊,开启自适应光学系统后成像变得锐利。

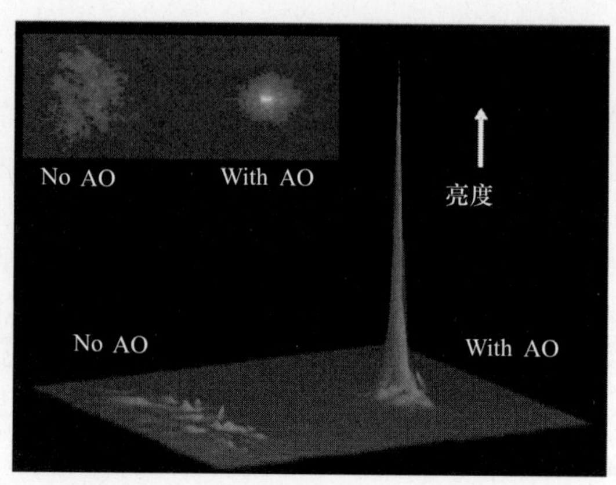

图 4.51 利克天文台望远镜及其成像示意图

世界上最大的光学和红外望远镜是位于夏威夷莫纳克亚山顶的美国凯克天文台的凯克望远镜,它是第一个使用拼接镜面作为主反射镜(由 36 块直径为 1.8m 的六边形镜面组成,口径为 10m)的自适应光学系统。系统采用 349 单元的变形镜,使用 Na 激光导引星来实现 J、H 和 K 波段的天文观测,其分辨本领相当于可以分辨 1800 英里(1 英里 = 1.609km)之外汽车的两盏头灯。图 4.52 是凯克望远镜主镜及其 Na 激光导引星。

图 4.52 凯克望远镜主镜及其 Na 激光导引星

由美国、加拿大、智利、澳大利亚、巴西和阿根廷六国共建的双子座(Gemini)观测站分别在夏威夷和智利各建有一套 8.1m 口径的光学和红外望远镜,并均装备了自适应光学系统，在短波红外波段进行成像校正，其成像分辨率比不采用自适应光学技术时高 5 ~ 10 倍。日本在夏威夷建有 8.2m 口径光学和红外望远镜，配备了 188 单元自适应光学系统并采用激光导星技术。2001 年 10 月 29 日，两架相距 103m 的 8.2m 子望远镜首次获得了恒星干涉条纹。美国亚利桑那大学的 MMT 光学望远镜，口径为 6.5m，配备了 NGS – AO系统，能够实现对 11 ~ 12 星等暗弱目标的高分辨率成像。目前，世界各国都认识到自适应光学技术在天文观测和空间监测的优势，竞相发展大型自适应光学望远镜系统。2007 年，美国加州理工学院、加州大学和加拿大大学天文研究协会联合启动了 30m 光学 – 红外望远镜（TMT，见图 4.53）国际合作项目，日本、中国、印度先后成为项目合作伙伴。该系统采用492 面 1.4m 六边形子镜拼接成 30m TMT 主镜，其选址位于夏威夷，计划在 2024 年建成。2004 年，由芬兰、爱尔兰、西班牙和英国联合提议，欧洲南方天文台计划研制 40m 级的超大型光学和红外望远镜（EELT），如图 4.54 所示。EELT 将采用宽视场的多目标自适应光学系统，包含多个 Na 激光导引星和多层复合共轭校正等先进技术，其主镜直径为 39.3m，由 798 面六角形小镜面拼接而成，在红外波段将获得 0.05″ ~ 0.1″ 的分辨率。2011 年 EELT 正式选址智利，计划 2022 年建成。

图 4.53 TMT 示意图

图 4.54 EELT 示意图

2. 国内地基自适应光学望远镜系统研究现况[31,33]

20 世纪 70 年代末,国外公布了第一批自适应光学文献,中国科学院成都光电技术研究所、北京理工大学等研究机构也开始了自适应光学技术的研究。1980 年,成都光电技术研究所建立了国内第一个自适应光学研究室,开展了自适应光学望远镜原理和技术研究。北京理工大学也一直致力于自适应光学理论与方法、相关前沿技术研究,对波前传感器的孔径布局、控制以及残差校正的时频域分析方法等做了很多工作,取得了突出的理论和应用成果。中国科学院安徽光机所饶瑞中等人长期致力于对大气湍流造成的波前畸变进行研究,并应用于自适应光学系统。中国工程物理研究院研究了大气热晕相位补偿的规律,并对热晕造成的光波波前畸变进行了实时补偿。

30 多年来,我国已独立自主地突破了一系列自适应光学关键技术,研制了多套自适应光学系统,取得了令人瞩目的成就,自适应光学技术研究水平跃居世界先进。中国科学院成都光电技术研究所于 1990 年研制成功 21 单元动态波前误差校正系统,安装在云南天文台 1.2m 光学望远镜系统上,实现了大气湍流所引起的动态波前误差的实时校正,并成功采集到双星分辨的图像帧。1995 年研制的 21 单元红外自适应光学系统,安装在北京天文台 2.16m 口径光学望远镜上,在红外 K 波段的分辨率达到 0.252″。2000 年,61 单元自适应光学系统研制成功,并利用该系统对云南天文台 1.2m 望远镜升级改造,星像像斑直径从校正前的 2.3″缩小到校正后的 0.23″,角分辨率提高了 10 倍。2007 年研制成功的 127 单元自适应光学系统,是目前我国自行研制的最大的自适应光学望远镜系统,安装在云南天文台丽江观测站 1.8m 望远镜上[50]。

4.3.3 自适应光学的技术原理

克服大气湍流影响最有效的措施是采用自适应光学技术补偿和校正大气湍流引起的光波相位畸变。自适应光学是一种通过克服动态波前误差对像质的影响来改善光学系统性能的技术,其基本原理[36,38,42]是利用波前探测器实时测量光学系统瞳面的波前误差,然后将误差信号对波前校正器进行实时负反馈控制,校正入射光束波前变形,从而补偿湍流引起的波前畸变,如图 4.55 所示。自适应光学技术通过实时补偿大气湍流效应

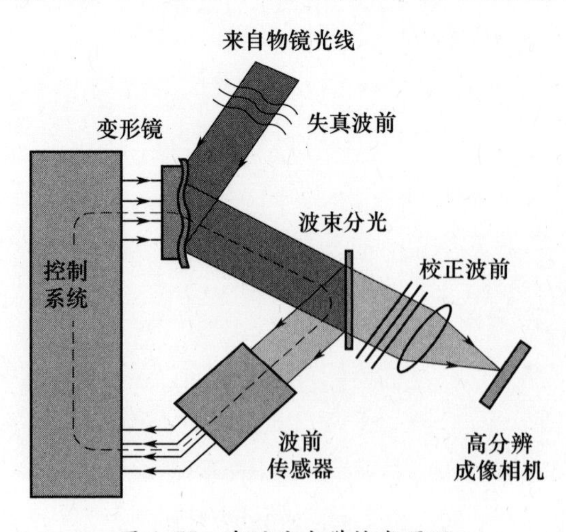

图 4.55 自适应光学技术原理

获得光学系统性能的极大改善,已广泛应用于地基光学望远镜系统的设计和制造,目前世界所有的大型地基望远镜系统都无一例外地采用了自适应光学技术。地基自适应光学望远镜系统不仅能够对空间目标进行精密跟踪,测量高精度的角度、亮度数据,还可以进行高分辨率成像。

自适应光学系统实时测量大气湍流对光波波前的相位畸变,并将该相位误差负反馈到波前校正元件上,使相位畸变得到实时地补偿,从而在光学望远镜的成像焦平面上获得清晰的目标图像。自适应光学系统通常包括波前传感器、波前控制器和波前矫正器,如图4.56所示。

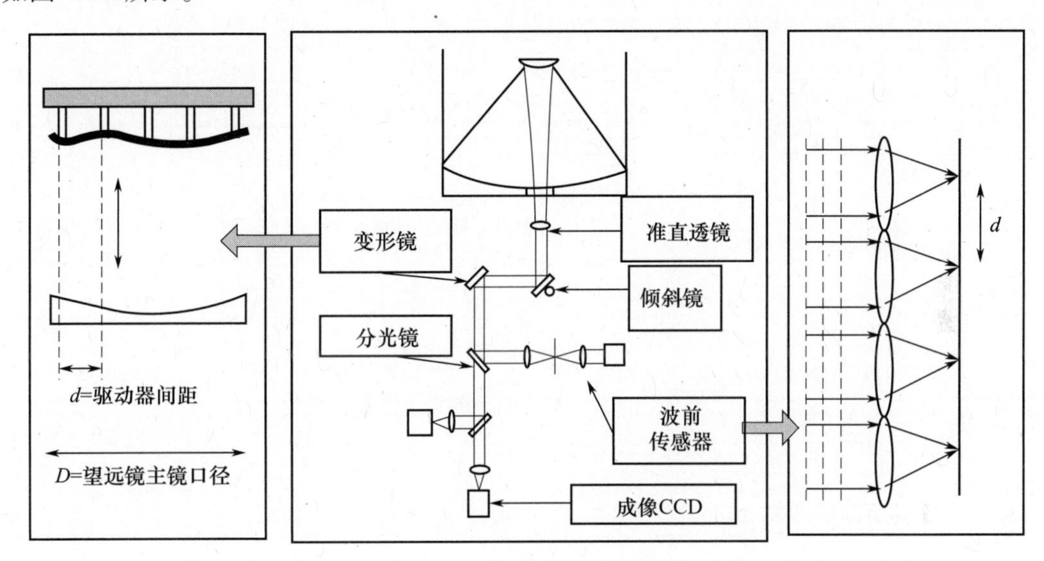

图4.56 自适应光学望远镜的系统组成

4.3.4 1.2m 自适应光学望远镜系统

下面以1.2m口径61单元自适应光学望远镜系统为例,介绍自适应光学望远镜系统的组成和工作原理[37,51]。

1. 整体结构

1.2m光学望远镜采用地平式机架结构,绕俯仰和方位两轴旋转以跟踪观测目标,其主镜和次镜面型均为旋转抛物面,主镜有效通光口径为1.06m,焦距为1.8m;次镜有效通光口径为150mm,焦距为240mm。主镜和次镜构成倍率为7.5×的共焦系统。61单元自适应光学系统的校正口径为1.06m,波前探测采用400~700nm波段,成像观测在700~900nm波段。系统整体结构如图4.57所示。

2. 光路布局

图4.58是1.2m口径、61单元自适应光学望远镜系统光路布局。目标光波分别经图中的物镜、反射镜、倾斜镜,到达第六镜6后分光,一部分光进入精跟踪探测系统(21、22),其余光导入库德房中的自适应光学系统。光波进入库德房后,经过反射镜和1.6×缩束系统,由二色分光镜S2将变形反射镜反射的光分成两路,将400~700nm波段的光反射到波前传感器,700~900nm波段的光透射给成像CCD。

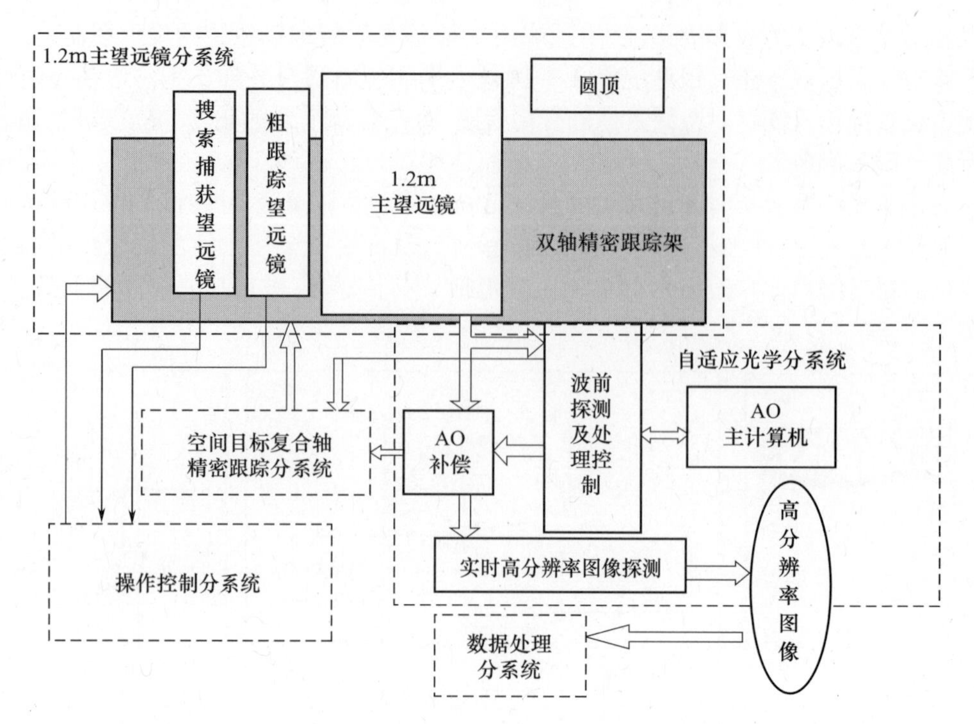

图 4.57 1.2m 自适应光学望远镜系统整体结构

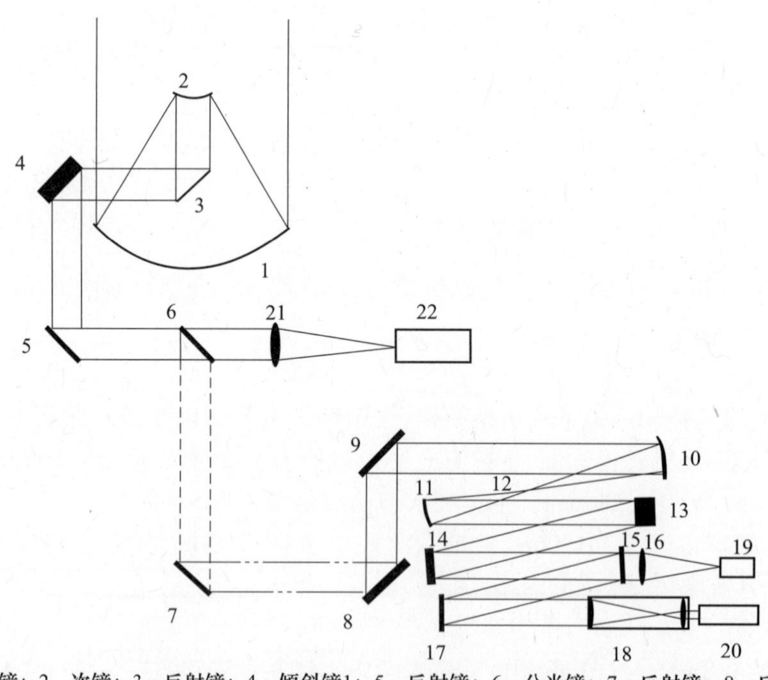

1—主镜；2—次镜；3—反射镜；4—倾斜镜1；5—反射镜；6—分光镜；7—反射镜；8—反射镜M1；
9—反射镜M2；10—抛物镜1；11—抛物镜2；12—场镜；13—倾斜镜2；14—变形镜；15—分光镜S2；
16—成像透镜；17—反射镜；18—缩束系统；19—成像CCD；20—H-S探测器；21—跟踪透镜；22—ICCD。

图 4.58 1.2m 自适应光学望远镜系统光路布局

3. 哈特曼－夏克波前传感器

哈特曼－夏克波前传感器的子孔径采用六边形排布，子孔径与变形镜驱动器的布局如图4.59所示。其中，子孔径用正六边形表示，变形镜驱动器用圆圈表示。

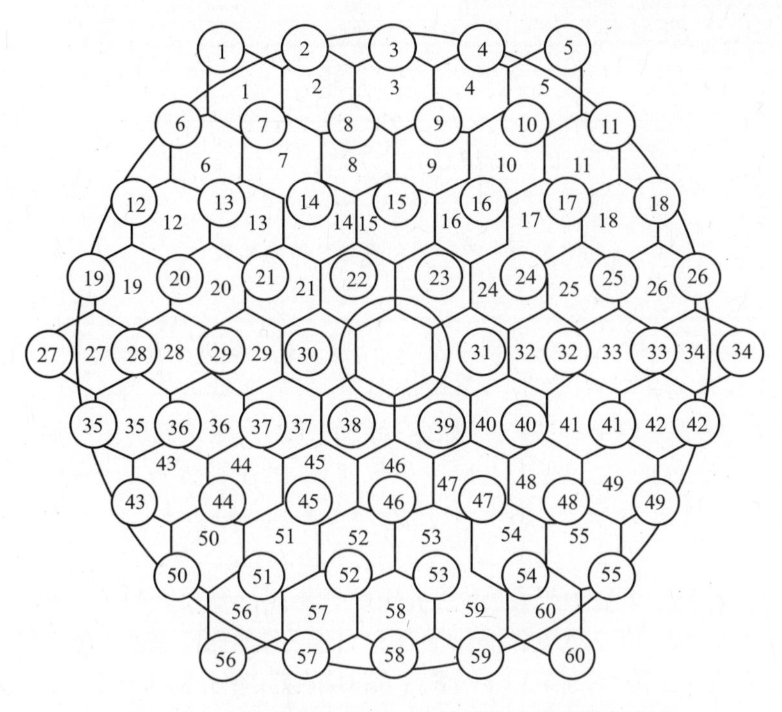

图4.59　波前传感器子孔径和变形镜驱动器的布局图

哈特曼－夏克波前传感器由6.93×缩束系统、阵列透镜和高帧频CCD探测器组成，如图4.60所示。缩束系统将光学系统的88mm光束口径缩小到与阵列透镜匹配的12.7mm光束口径；阵列透镜实现波前分割；耦合物镜将阵列透镜汇聚子光斑耦合到高帧频CCD光敏面上。CCD工作频率可通过软件设置为500Hz、1000Hz或2000Hz。

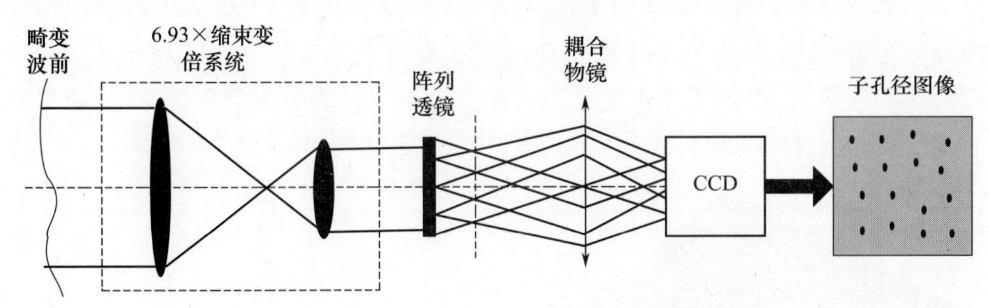

图4.60　哈特曼－夏克波前传感器组成示意图

高速数字波前处理机接收并处理高帧频CCD相机的输出信号，其处理流程如图4.61所示。处理机输出变形镜的控制电压，变形镜由61个分立压电陶瓷驱动器驱动，驱动器间距为9mm，实现自适应光学系统的闭环校正。61单元自适应光学系统哈特曼－夏克波前传感器的主要性能参数如下：阵列透镜为9×9，正六边形；子孔径尺寸为12.5cm×10.8cm；子孔径像素数为9像素×7像素；子孔径探测范围为

15″×15″;变形镜孔径为 88mm;驱动电压为 ±700V;谐振频率为 2000Hz。饶长辉等测试了哈特曼－夏克波前传感器的性能,自适应光学系统对于 60Hz 以下的波前扰动具有校正作用。

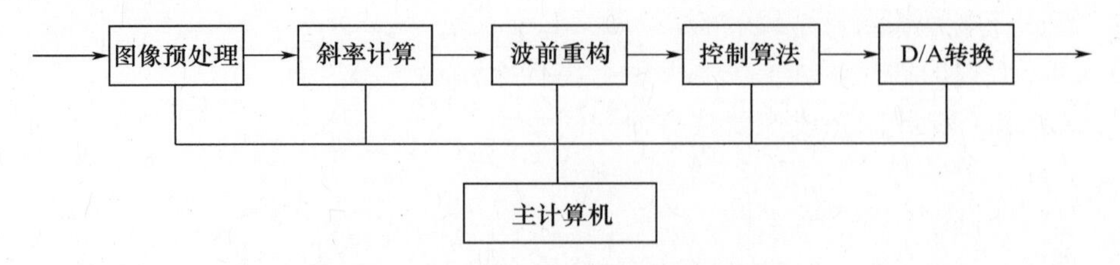

图 4.61 数字波前处理机组成框图

4. 跟踪系统

系统采用两级倾斜校正回路串联的方式,其参数如下:倾斜镜口径为 170mm;视场为 4′×4′;最大倾斜角为 ±6′;采样率为 200Hz 以下可调;驱动电压为 ±600V;滞后与非线性 < ±5%;谐振频率 > 250Hz。第二级跟踪回路的控制信号是波前传感器测量到的整体平均倾斜数据,实现校正波前倾斜,并减少星像抖动,其主要参数如下:倾斜镜口径大小为 95mm;最大倾斜角为 ±2′;最大电压为 ±500V;滞后与非线性 < ±5%;谐振频率 > 400Hz。

1.2m 61 单元自适应光学望远镜系统的跟踪性能测试结果表明[34],第一级精跟踪系统在开环时的系统跟踪精度的均方根值为 0.3″,闭环时的跟踪精度均方根值为 0.086″。第二级精跟踪系统在开环时的 X 和 Y 方向上倾斜跟踪误差分别为 0.19″和 0.26″,两个方向上的闭环跟踪精度均达到 0.03″。

5. 成像系统

成像系统的主要参数如下:成像波段为 700～900nm;焦距为 22420mm;探测器采用 EMCCD;像元分辨率为 244×320;像素尺寸为 6.4μm×6.4μm。

利用 1.2m 口径 61 单元自适应光学望远镜系统进行天文观测取得了很好的效果。对 3.3 星等的恒星观测结果表明,系统未校正时,光斑直径为 1.12″,倾斜和波前校正系统都闭环时,观测的光斑直径为 0.20″,是理论分辨角的 1.3 倍。饶长辉等对 1.3 星等、3.3 星等、3.8 星等、4.35 星等和 4.9 星等的恒星进行了自适应观测实验,实验结果表明,系统对大气湍流引起的波前扰动具有明显的补偿校正作用,如图 4.62 所示。

图 4.62 自适应光学校正示意图

习　题

1. 简述光电跟踪测量系统的组成及作用。

2. 固态成像器件光电转换的基本原理是什么？

3. CCD 和 CMOS 固态成像器件有何异同？

4. 影响光电经纬仪测角精度的因素有哪些？

5. 简述光电经纬仪的单项差修正方法。

6. 简述光电经纬仪的球谐函数修正方法。

7. 什么是蒙气差？如何修正蒙气差？

8. 光学码盘的测角原理是什么？

9. 轴角编码器在光电经纬仪中的作用是什么？

10. 绝对式轴角编码器和增量式轴角编码器各有什么优缺点？

11. 简述空间目标成像跟踪的原理。

12. 简述脱靶量在光电测量系统中的作用。

13. 如下图，设某望远镜系统的光学镜头口径为 300mm，焦比 $f/D=10$，CCD 像元尺寸为 30μm，像素中心距为 30μm，且焦平面阵列水平像元为 320，垂直像元为 244，试计算 CCD 的视场（水平视场角和垂直视场角）。

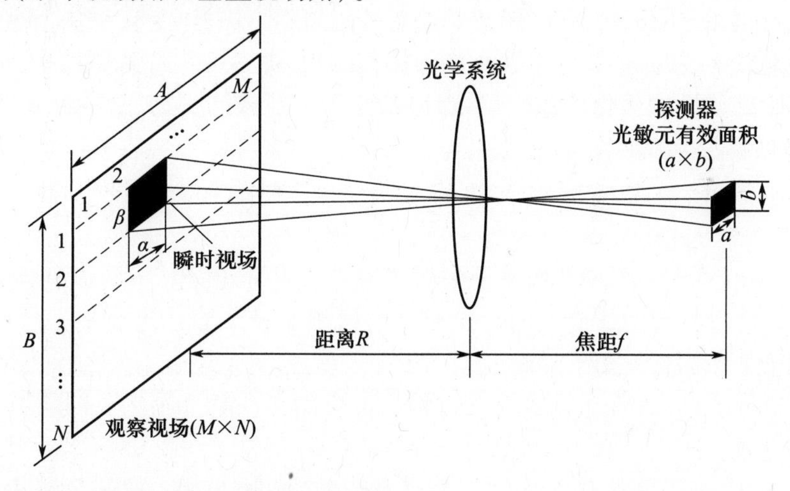

14. 简述 CCD 漂移扫描技术的基本原理。

15. CCD 漂移扫描技术有何优缺点？

16. CCD 漂移扫描技术如何解决对地球低轨卫星的观测问题？

17. 大气湍流对空间光学成像系统有何影响？

18. 如何描述大气湍流？大气湍流的主要参数有哪些？

19. 什么是光学传递函数 OTF？

20. 自适应光学技术的基本思想是什么？

21. 简述自适应光学系统的组成和工作原理。

第5章　空间目标轨道计算及编目

光电跟踪测量系统在对空间目标进行精密测量后，通过对角度、距离测量数据的处理，可以获得轨道特征，并据此特征建立和不断更新维护空间目标的轨道编目数据库，以实现对空间目标的连续监视。

5.1　时空基准

时间和坐标系统的度量、变换一直以来是天文学和空间描述的基础，其中许多概念的认知和定义随着人类研究的深入而不断改进。空间目标轨道计算与所采用的时间和坐标系统紧密相关。

5.1.1　时空基本概念

在定义时间和坐标系统之前，首先明确有关时间和坐标系统的一些基本概念[52-53]。

(1) 参考椭球：地球是一个不规则的球体，其形状很接近于旋转椭球体，为了能够统一大地测量成果，很多国家都确定一个旋转椭球作为地球的近似，该旋转椭球称为参考椭球，它是大地测量成果归算的基准。

(2) 地平面：以参考椭球面上的一点为切点，椭球面的切平面称为该点的地平面。

(3) 子午面：大地子午面和天文子午面的简称。通过地面上一点和地球南北极的平面称子午面。通过参考椭球面上的一点及其自转轴的子午面称为大地子午面。通过天顶和天轴的子午面称为天文子午面。

(4) 赤道：通过地球质心与地球自转轴相垂直的平面称赤道面，赤道面与地球表面的交线称为赤道。

(5) 天球：以地球质心为中心，半径为任意长度的假想圆球。在天文学中，通常把天体投影到天球的球面上，用天球坐标系来描述和研究天体的位置及其运动规律。

(6) 黄道：地球绕太阳公转运行，其公转的轨道面（黄道面）与天球相交的大圆称为黄道。但当观测者位于地球上时，感觉是太阳在绕地球运行，因此，黄道是太阳视圆面中心在恒星间周年视运动的轨迹。

(7) 春分点和秋分点：黄道面与赤道面是不平行的，黄道与赤道相交有两个交点。将太阳由南向北运行穿越赤道面时的交点定义为升交点，称为春分点；将太阳由北向南运行穿越赤道面时的交点定义为降交点，称为秋分点。春分点与秋分点合称二分点。由地心指向春分点的矢量方向即为春分点的方向，在天文学中常被用作基本方向，如图5.1所示。

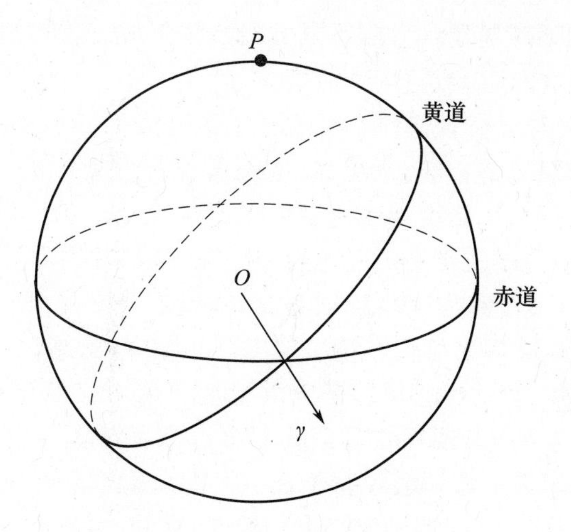

图5.1　春分点方向示意图

（8）时角：如图5.2所示，O为地心，P为北极，S为观测站。$\widehat{PSG}$为通过S的子午圈，X为任一天体，$\widehat{PXT}$为通过X的大圆弧，$\widehat{\gamma TG}$为赤道，则大圆弧$\widehat{GT}$称为天体X的时角。时角由测站子午圈沿赤道逆时针测量。对于春分点γ而言，$\widehat{G\gamma}$就是春分点的时角。

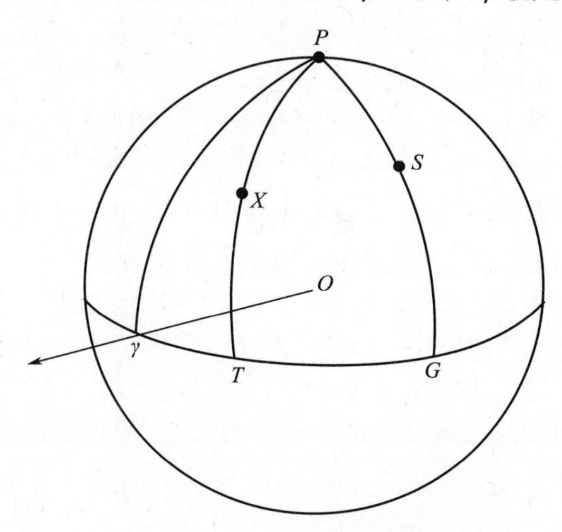

图5.2　时角关系示意图

（9）岁差：公元前2世纪，古希腊天文学家依巴谷发现春分点在恒星间的位置不是固定不动的，它沿着黄道缓慢地向西移动，这样就使得太阳通过春分点的时刻总比太阳回到恒星间同一位置的时刻要早一些，即回归年的长度比恒星年的长度短，这一现象称为岁差。显然，如果取春分点的方向作为坐标系的X轴方向，则X轴方向随时间而变化。

岁差现象是由于月球、太阳和行星对地球的吸引造成的。由于地球不是一个质量分布均匀的正球体，而近似为旋转椭球体，月球和太阳的轨道面不重合，两者对地球的引力就使地球自转轴产生了进动力矩，造成地球自转轴绕着黄极运动，进动角约为23.5°，进动方向与地球自转方向相反，周期约为25800年，这称为日月岁差，它使春分点每年沿黄道西退 50.37″。此外,地球还受到太阳系其他行星的影响,造成地球轨道面的旋转,称为行星岁差,它使春分点每年沿赤道移动约 0.13″。

(10) 章动:由于月球公转轨道面(白道面)、黄道面与赤道面不重合,它们有时在赤道面之上,有时在赤道面之下;同时月地、日地距离也在不断变化。这些因素使得地球自转轴的进动力矩不断变化,从而使地球自转轴的进动变得极为复杂。进动轨迹可以看成是在平均位置附近作短周期的微小摆动,这种微小的摆动称为章动。章动用“黄经章动”和“黄赤交角章动”表示,其精确计算公式非常复杂,若要准确到 0.0001″,计算公式包含 100 多项。因此,在实际应用中可根据精度要求采用相应的近似公式。

对于春分点和赤道,当只考虑岁差影响时称为平春分点和平赤道;当岁差和章动影响都考虑时称为瞬时春分点和瞬时赤道或真春分点和真赤道。

(11) 极移:1765 年瑞士数学家欧拉指出,由于地球自转轴与地球短轴不重合,地球自转轴会在地球内部绕行,其周期为 305 天。但是,直到 1888 年,德国天文学家屈斯特内从纬度变化的观测中发现了地极的这种运动,称为极移。1891 年,美国天文学家钱德勒分析了 1837—1891 年世界上 17 个天文台的 3 万多次纬度观测结果,发现极移有两个主要的周期运动:一个是周期约 14 个月的自由摆动,另一个是周期为 12 个月的受迫摆动,前者称为钱德勒摆动,相应的周期称为钱德勒周期;后者称为经年摆动。

极移与岁差、章动是完全不同的地球物理现象。岁差和章动是地球自转轴的方向在恒星空间中的变化,但在地球内部的相对位置并没有改变。因此,岁差和章动只引起天体坐标的变化,却不会引起地球表面经度和纬度的变化。与此相反,极移表现为地球自转轴在恒星空间的方向没有改变,但是在地球内部的相对位置却在改变,造成南北极在地球表面上的位置发生改变,这样就导致了地球表面上各地经度与纬度的变化。

岁差和章动的实际观测值与理论计算值符合较好。极移量很小,振幅约 10m,但很难与理论计算值相符,使用的极移数值都是通过实际观测得来的。通常采用一个平面直角坐标系表示瞬时极的位置,该坐标系称为地极坐标系。如图 5.3 所示,以平均极为切点,取与地球表面相切的平面为 $X-Y$ 平面,格林尼治子午线的方向为 X 轴的正向,X 轴以西 90°的子午线为 Y 轴的正向,瞬时极的坐标取为(x,y)。1967 年国际天文学会和国际大地测量与地球物理学会确定 1903.0 的平均极取为地极坐标系的原点,称为 CIO。1988 年 1 月开始,国际地球自转服务(IERS)公报提供每隔 5 天一组的(x,y)值,轨道计算中所需地极位置就是由该值内插得到的。

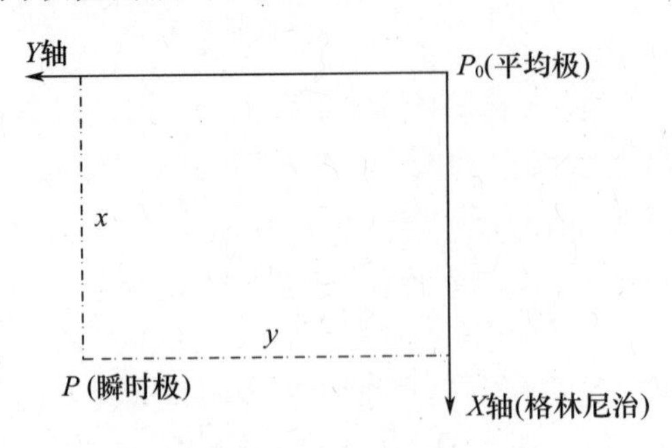

图 5.3 地极坐标系

5.1.2　时间系统

描述一个航天器的运动,既需要一个确定的时刻,又需要一个反映航天器运动过程经历的均匀的时间间隔。天文学上通常以“日”为时间间隔进行计量,“日”就是地球自转周期,依靠地球以外的天体(如太阳或其他恒星)所做的周日视运动反映出来,即天体连续两次通过同一子午圈的时间间隔。由于地球除自转外还绕太阳公转,因此,太阳连续两次经过同一子午圈的时间间隔与恒星连续两次经过同一子午圈的时间间隔不同,前者称为太阳日,后者称为恒星日。但是,由于地球自转的不均匀性,且受岁差、章动和极移的影响,以地球自转周期为基础建立的时间系统不能作为时间测量基准。

目前采用的时间基准有世界时系统、原子时系统和动力学时系统[53-55]。在轨道计算中,时间是独立变量,但在计算不同的物理量时却使用不同的时间系统。例如,各种观测量的采样时刻是UTC,计算日月坐标时用的是动力学时,计算测站位置使用的是UT1。因此,各时间系统的定义和相互转换是航天器轨道计算的基础。

1. 世界时系统

世界时系统是人类建立的第一个科学时间基准系统,它以地球自转运动为基础,包括恒星时、太阳时和世界时。

1)恒星时

恒星时是恒星连续两次经过某地上中天的时间间隔,一般取春分点代替恒星作为参考点。恒星时是有地方性的,春分点在当地上中天的时刻为当地恒星时的零时,春分点在当地的时角定义为当地的地方恒星时。格林尼治的地方恒星时称为格林尼治恒星时S_G。任一经度为λ的地方恒星时S_λ与格林尼治恒星时S_G之间的关系为

$$S_\lambda = S_G + \lambda \tag{5.1}$$

式中:λ为地方经度,且东经为正,西经为负。

恒星时以春分点的时角来度量,恒星时的变化速率就是春分点周日视运动的速率。由于岁差和章动的影响,春分点有缓慢的位置变化,所以恒星日并不严格是地球的自转周期。若考虑岁差和章动的影响,即以真春分点为起点计量的恒星时称为真恒星时,它与平恒星时的关系为

$$S = \bar{S} + \Delta\varphi\cos\varepsilon \tag{5.2}$$

式中:$\Delta\varphi\cos\varepsilon$为赤经章动,它是黄经章动$\Delta\varphi$在赤道上的分量。

以平春分点为起点计量的恒星时称为平恒星时(GMST),它只随岁差移动。格林尼治平恒星时$\bar{S}_G$的表达式为

$$\bar{S}_G = 18^{\mathrm{h}}.6973746 + 879000^{\mathrm{h}}.0513367T_U + 0^{\mathrm{s}}.093104T_U^2 - 6^{\mathrm{s}}.2\times10^{-6}T_U^3 \tag{5.3}$$

式中:T_U为从历元J2000.0(2000年1月1日12时(UT1))起算的时间间隔(儒略世纪数),即

$$T_U = \frac{\mathrm{JD}(t) - \mathrm{JD}(\mathrm{J2000.0})}{36525.0} \tag{5.4}$$

式中:JD(t)为计算时刻 t 对应的儒略日;JD(J2000.0)为历元 J2000.0 对应的儒略日,其值为 2451545.0。

2) 太阳时

太阳时是太阳连续两次经过某地上中天的时间间隔,分为真太阳时和平太阳时。为了照顾日常生活习惯,真太阳时取太阳视圆面中心下中天的时刻作为真太阳日的开始,即零时。由于地球公转轨道是一个变化的椭圆,公转速度不均匀,且黄道和赤道又不重合,使得真太阳日的长度不是一个固定量,最长和最短的真太阳日相差达 51s 之多,不宜作为计量时间的单位。因此,引入平太阳时。

首先,假定在黄道上有一个做匀速运动的点,其运动速度等于太阳视运动的平均速度,并与太阳同时经过近地点和远地点。然后,假定在赤道上有一个做匀速运动的点,其运行速度和黄道上假想点的运行速度相同,并同时经过春分点。这第二个假想点称为平太阳时。平太阳日的长度等于一年中真太阳日的平均长度。

事实上,太阳时与恒星时并不是相互独立的时间计量单位,通常是由天文观测得到恒星时,然后转换成平太阳时,它们都是以地球自转作为基准的。两种时间间隔的转换关系为

$$24^{\mathrm{h}}(\text{平恒星时}) = 24^{\mathrm{h}}(1-\nu)\text{平太阳时} = 23^{\mathrm{h}}\,56^{\mathrm{m}}\,04^{\mathrm{s}}.09053(\text{平太阳时}) \tag{5.5}$$

$$24^{\mathrm{h}}(\text{平太阳时}) = 24^{\mathrm{h}}(1+\mu)\text{平恒星时} = 24^{\mathrm{h}}\,03^{\mathrm{m}}\,56^{\mathrm{s}}.55537(\text{平恒星时}) \tag{5.6}$$

其中

$$\begin{cases} 1-\nu = 0.997269566329084 \\ 1+\mu = 1.002737909350795 \end{cases} \tag{5.7}$$

3) 世界时

世界时系统是在平太阳时基础上建立的,定义格林尼治平太阳时为世界时,记为 UT,目前有 3 种形式的世界时。

世界时 UT0 为格林尼治的平太阳时。由于太阳运动的观测精度不够,实际应用中是通过测量银河电波来确定 UT0。因为极移的影响,各地的子午线在变化,所以 UT0 与观测站的位置有关。UT0 加上极移修正后的世界时为 UT1:

$$\mathrm{UT1} = \mathrm{UT0} + \Delta\lambda_{\mathrm{s}} \tag{5.8}$$

式中:$\Delta\lambda_{\mathrm{s}}$ 为极移改正量,即

$$\Delta\lambda_{\mathrm{s}} = \frac{1}{15}(x\sin\lambda - y\cos\lambda)\tan\varphi \tag{5.9}$$

式中:(x,y)为图 5.3 中给出的地极坐标,以角秒为单位;(λ,φ)为观测点的地理经纬度。

地球自转存在长期、周期和不规则变化,并不是均匀的,UT1 也不是均匀的时间尺度。考虑到季节性变化是地球自转周期变化中的主项,UT1 加上周期性季节修正量得到世界时 UT2。

在三种世界时系统中,只有 UT1 能够反映地球在空间的实际走向。因此,在人造卫星定轨工作中,UT1 被用来计算格林尼治恒星时。

为了便于实用,人们引进了分区计时的概念——区时。把整个地球表面按子午圈划

分为24个时区,每个时区包括经度15°。在同一时区内都采用该时区平均子午圈的时间,格林尼治子午圈两旁各7.5°的经度范围内属于零时区,向东和向西分别为东一、东二……东十二时区和西一、西二……西十二时区。每隔一个时区向东递增1h,向西递减1h。

2. 原子时系统

原子时是以物质内部原子运动的特征为基础建立的时间计量系统。

1）国际原子时

国际原子时(TAI)将位于海平面上铯原子^{133}Cs基态的两个超精细结构能级间跃迁辐射振荡9192631770周经历的时间定义为国际单位制1s。原子时的起点定为1958年1月1日0时(世界时UT1),希望在这一瞬间TAI时刻与UT1时刻相同,但由于技术上的原因,事后发现两者之间存在一个微小的差值,即

$$(\mathrm{UT1}-\mathrm{TAI})=+0^{\mathrm{s}}.0039 \tag{5.10}$$

2）协调世界时

由世界时和原子时的定义可以看出,世界时可以很好地反映地球自转,但其变化是不均匀的;原子时的变化虽然比世界时均匀,但它却与地球自转无关,而有很多问题涉及计算地球的瞬时位置,又需要使用世界时。因此,为了兼顾对世界时时刻和原子时秒长两者的需要,建立协调世界时(UTC),其变化基本与地球自转同步。

协调世界时的历元与世界时的历元相同,其秒长与原子时秒长相同,是最广泛使用的民用时间系统,是地球各跟踪站时间同步的标准时间信号。由于世界时有长期变慢的趋势,为了避免发播的原子时与世界时产生过大的偏离,1972年起规定两者的差值保持在0.9s以内。为此,通常在每年的年中或年底对UTC的时刻插入跳秒使其与UT1尽量保持一致,具体的调整由国际时间局根据天文观测资料作出跳秒决定并公布。

3. 动力学时系统

动力学时是天体力学理论研究以及天体历表编算中所用的时间,有质心动力学时和地球动力学时。

1）质心动力学时

质心动力学时(TDB)是太阳系质心时空框架的坐标时,是以太阳系质心为中心的局部惯性系中的坐标时,是一种抽象、均匀的时间尺度。太阳、月球、行星历表以及岁差与章动公式均采用该时间尺度。

2）地球动力学时

地球动力学时(TDT)是地心时空框架的坐标时,是以地心为中心的局部惯性系中的坐标时,在讨论绕地航天器动力学过程中,采用该时间尺度作为独立变量。1991年ITU第21届大会上更名为地球时(TT)。

4. 儒略年和儒略日

1）回归年和恒星年

年的长度实际上反映了地球绕日运动的公转周期,而从地球看来,年就是太阳在天球上作周年运动的周期。选用不同的参考点计量太阳周年视运动,就有不同长度的“年”,常用的有回归年和恒星年两种。

一个回归年是太阳连续两次经过平春分点所需要的时间间隔。期间,太阳平黄经增加了360°,但由于春分点西退,太阳并没有运动一圈,其长度为

$$1\text{ 回归年} = 365^{\mathrm{d}}.24218968 - 0^{\mathrm{d}}.0000616T_{\mathrm{U}} \tag{5.11}$$

一个恒星年是太阳在黄道上连续两次通过某一恒星所需要的时间间隔,它与回归年差一个黄经总岁差,其长度为

$$1\text{ 恒星年} = 365^{\mathrm{d}}.25636306 + 0^{\mathrm{d}}.0000010T_{\mathrm{U}} \tag{5.12}$$

2)儒略日

回归年和恒星年的长度都不是整数日,而儒略年则规定为365平太阳日,每4年有一个闰年(366日),因此儒略年的平均长度为365.25平太阳日,相应的儒略世纪(100年)的长度为36525平太阳日。

儒略日(JD)是天文学上应用的长期纪日法,它不用年和月,而以公元前4713年儒略历1月1日格林尼治平午(即世界时12h)为起算点,延续不断。儒略日是计算年、月、日化积日的辅助工具,用于计算相隔若干年两个日期之间的天数。为天文学观测方便,儒略日每天从正午开始。1973年,IAU推荐使用约简儒略日(MJD),其起算点为1858年11月17日世界时0h,它与儒略日的关系为

$$\mathrm{MJD} = \mathrm{JD} - 2400000.5 \tag{5.13}$$

3)儒略历元

在计算航天器轨道根数和天体坐标中,常选定某瞬间作为讨论问题的起点,称为历元。从1984年起,天文年历采用标准历元2000年1月1.5日TDB,记作J2000.0,其儒略日为2451545.0。根据已知儒略日计算儒略历元的计算公式为

$$\mathrm{J} = \mathrm{J}2000.0 + (\mathrm{JD} - 2451545.0)/365.25 \tag{5.14}$$

5. 时间系统的相互转换

为建立高精度力学模型和对实测资料进行归算处理,必须求解对应同一时刻不同时间系统的计量值,这将涉及几种时间系统的转换,各种时间的转化关系如图5.4所示。

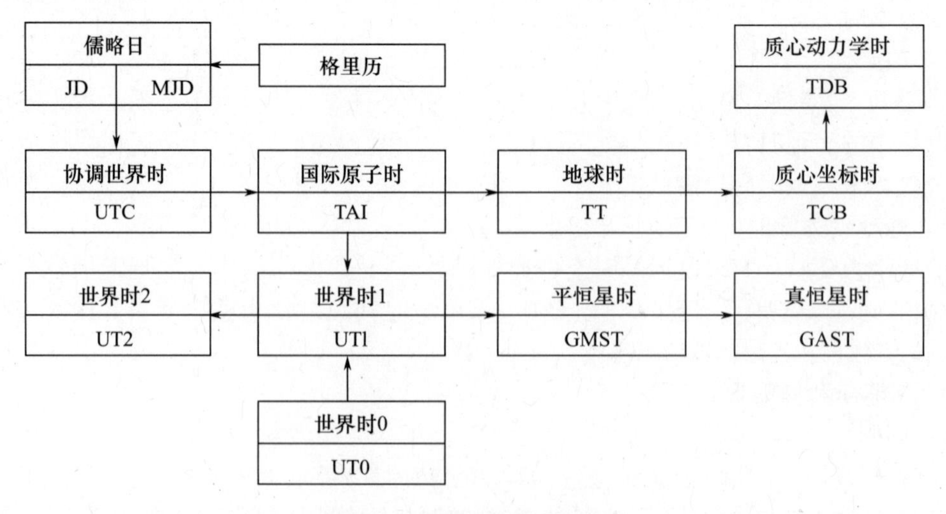

图5.4 时间系统之间的转换

1）儒略日与公历的转换

假设计算时刻为公历 Y 年 M 月 D 日 h 时 m 分 s 秒，则其对应儒略日 JD(t)的计算公式为

$$\mathrm{JD}(t)=367Y-\left[7\left(Y+\left[\frac{M+9}{12}\right]\right)/4\right]+\left[\frac{275M}{9}\right]+D+1721013.5+\frac{h}{24}+\frac{m}{1440}+\frac{s}{86400} \tag{5.15}$$

式中：$[X]$表示取 X 的整数部分。

例如，计算公历2000年1月1日12时0分0秒的儒略日。这里 $Y=2000, M=1, D=1, h=12, m=0, s=0$，代入式（5.15）得

$$\mathrm{JD}(t)=367\times 2000-\left[7\left(2000+\left[\frac{1+9}{12}\right]\right)/4\right]+\left[\frac{275\times 1}{9}\right]+D+1721013.5+\frac{12}{24}+\frac{0}{1440}+\frac{0}{86400}=2451545.0$$

设某时刻的儒略日为 JD（含天的小数部分），对应公历日期的年、月、日分别为 Y、M、D（含天的小数部分），则

$$\begin{cases}
\mathrm{J}=[\mathrm{JD}+0.5] \\
N=\left[\dfrac{4(\mathrm{J}+68569)}{146097}\right] \\
L_1=\mathrm{J}+68569-\left[\dfrac{N\times 146097+3}{4}\right] \\
Y_1=\left[\dfrac{4000(L_1+1)}{1461001}\right] \\
L_2=L_1-\left[\dfrac{1461\times Y_1}{4}\right]+31 \\
M_1=\left[\dfrac{80\times L_2}{2447}\right] \\
D=L_2-\left[\dfrac{2447\times M_1}{80}\right] \\
L_3=\left[\dfrac{M_1}{11}\right] \\
M=M_1+2-12\times L_3 \\
Y=[100(N-49)+Y_1+L_3]
\end{cases} \tag{5.16}$$

式中：$[X]$表示取 X 的整数部分。

2）UTC 与 TAI 的转换

1972 年以前，UTC 是通过改变原子时秒长加以实现的。因此，TAI 与 UTC 的差别是时间的线性函数，只是线性函数的系数随每次秒长的改变而变化。1972 年以后，UTC 是通过给原子时跳秒的方式实现的，TAI 与 UTC 相差整数秒，即

$$UTC = TAI - LS \tag{5.17}$$

式中:LS 为 UTC 跳秒数,每次跳秒的确切时间可查 IERS 公报。

3) UTC 与 UT1 的转换

UT1 - UTC 值可由 IERS 公报中直接查取。

4) UT1 与 GMST 的转换

详见式(5.3)。

5) TT 与 TAI 的转换

地球动力学时 TT 与国际原子时的转换关系为

$$TT = TDT = TAI + 32^{s}.184 \tag{5.18}$$

6) TDB 与 TT 的转换

TDB 与 TT 的转换公式为

$$TDB - TT = 0^{s}.001658\sin M_e + 0^{s}.000014\sin(2M_e) \tag{5.19}$$

式中:M_e 为地球轨道的平近点角。

就目前观测的精度而言,无须精确区分 TDB 和 TT。因此,在实际工作中 TDB 是用 TT 加以实现,即在计算日、月、行星历表及岁差章动时,就用 TT 代替 TDB。

5.1.3 坐标系统

描述一个物体的位置和它的运动规律必须在具体的参考坐标系中进行,同一物体在不同的坐标系中的表达形式和量值也是不同的。为方便描述航天器绕地运动规律,有必要首先给出有关的各种坐标系的定义以及相互间的转换关系[57-58,60]。

定义一个空间坐标系,应包含三个要素:坐标原点、参考平面(xy 平面)和参考平面上的主方向(x 轴方向)。在各类坐标系中,满足惯性定律(即牛顿第一运动定律)的坐标系称为惯性坐标系。

1. 地心赤道坐标系

地心赤道坐标系是讨论航天器运动时所采用的主要坐标系统,其坐标原点是地心,但基本平面及其主方向的选择,受到岁差、章动和极移的影响,因此出现了各种地心坐标系,包括历元平赤道地心系、瞬时真赤道地心系、瞬时平赤道地心系、轨道坐标系、瞬时极地球坐标系(准地固坐标系)、固定极地球坐标系(地固坐标系)等。其中,历元平赤道坐标系通常称为历元地心赤道坐标系,目前历元是指标准历元 J2000.0,即 J2000.0 地心赤道坐标系。

1) 历元平赤道地心系

坐标原点 O_I:在地球质心。

基本平面:某历元地球平赤道面。

主方向 x_I 轴:在基本平面内由地球质心指向某历元的平春分点。

z_I 轴:基本平面的法向,指向北极方向。

y_I 轴与 x_I 轴、z_I 轴成右手系。

目前使用的标准历元是 J2000.0,其位置矢量和速度矢量分别用$\boldsymbol{r}_0$、$\dot{\boldsymbol{r}}_0$ 表示,在 x_I、y_I 和 z_I 方向上的单位矢量分别为 $\boldsymbol{I}$、$\boldsymbol{J}$ 和 $\boldsymbol{K}$。

2）瞬时真赤道地心系

坐标原点 O_S：在地球质心。

基本平面：瞬时真赤道面。

主方向 x_S 轴：在基本平面内由地球质心指向瞬时真春分点。

z_S 轴：基本平面的法向，指向北极方向。

y_S 轴与 x_S 轴、z_S 轴成右手系。

在该坐标系中，位置矢量和速度矢量分别用 $\boldsymbol{r}_S$、$\dot{\boldsymbol{r}}_S$ 表示，其基本平面和瞬时地球赤道相对应，便于天文观测时使用，但它不是惯性坐标系，一般不在航天器轨道动力学中使用。

3）瞬时平赤道地心系

坐标原点 $O_{\bar{S}}$：在地球质心。

基本平面：瞬时平赤道面。

主方向 $x_{\bar{S}}$ 轴：在基本平面内由地球质心指向某历元的平春分点。

$z_{\bar{S}}$ 轴：基本平面的法向，指向北极方向。

$y_{\bar{S}}$ 轴与 $x_{\bar{S}}$ 轴、$z_{\bar{S}}$ 轴成右手系。

在该坐标系中，位置矢量用 $\boldsymbol{r}_{\bar{S}}$ 表示，速度矢量用 $\dot{\boldsymbol{r}}_{\bar{S}}$ 表示。

4）瞬时极地球坐标系（准地固坐标系）

上述两种坐标系是以恒星空间（天球）定向的，由于地球的自转，它们相对于地球上的观测者自东向西不断旋转。因此，要表示地球上某点的位置，必须定义“固定”在地球上的坐标系。瞬时极地球坐标系（准地固坐标系）定义如下。

坐标原点 O_G：在地球质心。

基本平面：瞬时真赤道面。

主方向 x_G 轴：在基本平面内指向格林尼治子午圈。

z_G 轴：指向地球自转轴的瞬时北极，由于极移的影响，它与地球表面的交点随时间而改变。

y_G 轴与 x_G 轴、z_G 轴成右手系。

在该坐标系中，位置矢量和速度矢量分别用 $\boldsymbol{r}_G$、$\dot{\boldsymbol{r}}_G$ 表示。

5）固定极地球坐标系（地固坐标系）

坐标原点 O_{G0}：在地球质心。

基本平面：与地心和国际协议原点（CIO）的连线正交的平面。

主方向 x_{G0} 轴：在基本平面内由地球质心指向格林尼治子午圈。

z_{G0} 轴：指向北极的国际协议原点。

y_{G0} 轴与 x_{G0} 轴、z_{G0} 轴成右手系。

在该坐标系中，位置矢量和速度矢量分别用 $\boldsymbol{r}_{G0}$、$\dot{\boldsymbol{r}}_{G0}$ 表示。

2. 地心轨道坐标系

1）近焦点轨道坐标系

近焦点轨道坐标系是讨论人造地球卫星运动最方便的坐标系。

坐标原点 O_ω：在地球质心。

基本平面:地球卫星的轨道面。

主方向轴 x_ω:在基本平面内由地球质心指向近地点。

z_ω 轴:卫星轨道平面的法线方向(动量矩 $\boldsymbol{h}$ 的方向)。

y_ω 轴与 x_ω 轴、z_ω 轴成右手系。

在该坐标系中,位置矢量和速度矢量分别用 $\boldsymbol{r}_\omega$、$\dot{\boldsymbol{r}}_\omega$ 表示,在 x_ω、y_ω、z_ω 方向上的单位矢量分别为 $\boldsymbol{P}$、$\boldsymbol{Q}$ 和 $\boldsymbol{W}$。

2)瞬时轨道坐标系

坐标原点 O_f:在地球质心。

基本平面:地球卫星的轨道面。

主方向轴 x_f:在基本平面内由地球质心指向卫星,即与卫星的瞬时地心矢量 $\boldsymbol{r}$ 重合。

z_f 轴:卫星轨道平面的法线方向(动量矩 $\boldsymbol{h}$ 的方向)。

y_f 轴与 x_f 轴、z_f 轴成右手系。

在该坐标系中,位置矢量和速度矢量分别用 $\boldsymbol{r}_\mathrm{f}$、$\dot{\boldsymbol{r}}_\mathrm{f}$ 表示,在 x_f、y_f、z_f 方向上的单位矢量分别为 $\boldsymbol{R}$、$\boldsymbol{S}$ 和 $\boldsymbol{W}$。

3. 大地坐标系与参心坐标系

大地坐标系是建立在地球参考椭球体的球坐标系,一般参考椭球体由椭球体的赤道半径 a_E 和扁率 f 确定。根据 1976 年 IAU 的推荐,取 $a_\mathrm{E}=6378140\mathrm{m}$,$f=1/298.257$。大地坐标系的三个分量是大地经度 λ、大地纬度 ϕ 和大地高度 L。

4. 测站坐标系

对航天器的观测,测量设备直接获取的测量数据通常是相对于测站的。测站坐标系是以地表观测者位置为中心的坐标系统,分测站赤道坐标系和测站地平坐标系。

1)测站赤道坐标系

测站赤道坐标系以地面测站 O 点为坐标原点,以过 O 点处且与地心赤道坐标系三个基本方向轴相平行的一套非旋转 $x_\mathrm{I}y_\mathrm{I}z_\mathrm{I}$ 轴作为坐标轴。

2)测站地平坐标系

坐标原点 O_h:在测站站心。

基本平面:测站地平面,即椭球在 o_h 处的切平面。

主方向 x_h 轴:在基本平面内指向正东方向。

z_h 轴:垂直于基本平面且指向天顶。

y_h 轴与 x_h 轴、z_h 轴成右手系。

测站地平坐标系也称 ENU(东-北-天)坐标系。

5. 坐标系统的转换

直角坐标系间的转换可通过坐标系的平移和旋转来完成。坐标系的旋转可用矩阵来表示,称为旋转矩阵。引进算子 $\boldsymbol{R}(n,\theta)$ 来表示坐标旋转变换矩阵,即绕第 n 轴($n=1,2,3$,分别对应 x,y,z 轴)逆时针转动 θ 角的表达式为

$$\boldsymbol{R}(1,\theta)\equiv\boldsymbol{R}(x,\theta)=\begin{bmatrix}1 & 0 & 0\\ 0 & \cos\theta & \sin\theta\\ 0 & -\sin\theta & \cos\theta\end{bmatrix} \tag{5.20}$$

$$R(2,\theta) \equiv R(y,\theta) = \begin{bmatrix} \cos\theta & 0 & -\sin\theta \\ 0 & 1 & 0 \\ \sin\theta & 0 & \cos\theta \end{bmatrix} \tag{5.21}$$

$$R(3,\theta) \equiv R(z,\theta) = \begin{bmatrix} \cos\theta & \sin\theta & 0 \\ -\sin\theta & \cos\theta & 0 \\ 0 & 0 & 1 \end{bmatrix} \tag{5.22}$$

设原坐标系中有一个矢量 $\boldsymbol{r}$,该矢量在绕 n 轴旋转 θ 角后在新坐标系下的矢量用 $\boldsymbol{r}'$ 表示,则

$$\boldsymbol{r}' = \boldsymbol{R}(n,\theta)\boldsymbol{r} \tag{5.23}$$

旋转矩阵是正交矩阵,具有下述性质,即

$$|\boldsymbol{R}(n,\theta)| = 1 \tag{5.24}$$

$$\boldsymbol{R}(n,0) = I_3(\text{三阶单位阵}) \tag{5.25}$$

$$\boldsymbol{R}^{-1}(n,\theta) = \boldsymbol{R}(n,-\theta) = \boldsymbol{R}^{\mathrm{T}}(n,\theta) \tag{5.26}$$

$$\boldsymbol{R}(n,\theta_1) \cdot \boldsymbol{R}(n,\theta_2) = \boldsymbol{R}(n,\theta_1+\theta_2) \tag{5.27}$$

1) 历元平赤道地心系与瞬时平赤道地心系的转换

这两个坐标系之间的差别是由岁差引起的,由历元平赤道地心系到瞬时平赤道地心系的转换公式为

$$\boldsymbol{r}_{\bar{S}} = \boldsymbol{R}(z,-z_{\mathrm{A}})\boldsymbol{R}(y,\theta_{\mathrm{A}})\boldsymbol{R}(z,-\zeta_{\mathrm{A}})\boldsymbol{r}_0 \tag{5.28}$$

式中:ζ_{A}、z_{A}、θ_{A} 为赤道岁差角,若取标准历元 J2000.0,其计算公式为

$$\begin{cases} \zeta_{\mathrm{A}} = 2306''.218T_{\mathrm{U}} + 0''.30188T_{\mathrm{U}}^2 + 0''.017998T_{\mathrm{U}}^3 \\ z_{\mathrm{A}} = 2306''.218T_{\mathrm{U}} + 1''.09468T_{\mathrm{U}}^2 + 0''.018203T_{\mathrm{U}}^3 \\ \theta_{\mathrm{A}} = 2004''.3109T_{\mathrm{U}} - 0''.42665T_{\mathrm{U}}^2 - 0''.041833T_{\mathrm{U}}^3 \end{cases} \tag{5.29}$$

式中:T_{U} 为自 J2000.0 起算的儒略世纪数。

记

$$(\boldsymbol{PR}) = \boldsymbol{R}(z,-z_{\mathrm{A}})\boldsymbol{R}(y,\theta_{\mathrm{A}})\boldsymbol{R}(z,-\zeta_{\mathrm{A}}) \tag{5.30}$$

式中:$(\boldsymbol{PR})$为岁差矩阵。

2) 瞬时平赤道地心系与瞬时真赤道地心系的转换

这两个坐标系之间的差别是由章动引起的,由瞬时平赤道地心系到瞬时真赤道地心系的转换公式为

$$\boldsymbol{r}_S = \boldsymbol{R}(x,-\varepsilon)\boldsymbol{R}(z,-\Delta\varphi)\boldsymbol{R}(x,-\varepsilon_{\mathrm{A}})\boldsymbol{r}_{\bar{S}} \tag{5.31}$$

式中:ε 为考虑岁差影响的黄赤交角;$\Delta\varphi$ 为黄经章动;$\Delta\varepsilon$ 为交角章动;ε_{A} 为平黄赤交角,$\varepsilon_{\mathrm{A}} = \varepsilon - \Delta\varepsilon$,若取标准历元 J2000.0,$\varepsilon$ 的计算公式为

$$\varepsilon = 23°26'21''.448 - 46''.815T_{\mathrm{U}} - 0''.00059T_{\mathrm{U}}^2 + 0''.001813T_{\mathrm{U}}^3 \tag{5.32}$$

$\Delta\varphi$、$\Delta\varepsilon$ 为真极章动的两个表示变量，其表达式比较复杂，在此不再详述。

记

$$(\boldsymbol{NR}) = \boldsymbol{R}(x, -\varepsilon)\boldsymbol{R}(z, -\Delta\varphi)\boldsymbol{R}(x, -\varepsilon_{\mathrm{A}}) \tag{5.33}$$

式中：$(\boldsymbol{NR})$为章动矩阵。

3）历元平赤道地心系到瞬时真赤道地心系的转换

根据以上两种转换，由历元平赤道地心系到瞬时真赤道地心系的转换关系为

$$\boldsymbol{r}_S = (\boldsymbol{NR})(\boldsymbol{PR})\boldsymbol{r}_0 = (\boldsymbol{GR})\boldsymbol{r}_0 \tag{5.34}$$

式中：$(\boldsymbol{GR})$称为岁差章动矩阵，$(\boldsymbol{GR}) = (\boldsymbol{NR})(\boldsymbol{PR})$。

4）瞬时真赤道地心系到准地固坐标系的转换

瞬时真赤道地心系和准地固坐标系的 z 轴重合，都是指向地球的瞬时极，只是准地固坐标系随着地球自转而转动，其 x 轴的指向与瞬时真赤道地心系相差一个格林尼治恒星时 S_{G}。因此，由瞬时真赤道地心系到准地固坐标系的转换公式为

$$\boldsymbol{r}_{\mathrm{G}} = (\boldsymbol{ER})\boldsymbol{r}_S = \boldsymbol{R}(z, S_{\mathrm{G}})\boldsymbol{r}_S \tag{5.35}$$

式中：$(\boldsymbol{ER})$为地球自转矩阵。

5）准地固坐标系与地固坐标系的转换

这两种坐标系之间的差别是由极移引起的，它们之间的转换关系为

$$\boldsymbol{r}_{\mathrm{G}} = (\boldsymbol{EP})\boldsymbol{r}_{\mathrm{G0}} = \boldsymbol{R}(x, y_{\mathrm{p}})\boldsymbol{R}(y, x_{\mathrm{p}})\boldsymbol{r}_{\mathrm{G0}} \tag{5.36}$$

式中：$(\boldsymbol{EP})$为地球极移矩阵，注意 $x_{\mathrm{p}}, y_{\mathrm{p}}$ 的单位需要化为弧度。

6）大地坐标与地固直角坐标的转换

若已知测站的大地坐标为(λ, ϕ, L)，则它在地固坐标系位置矢量的三个分量(x, y, z)为

$$\begin{cases} x = (N + L)\cos\phi\cos\lambda \\ y = (N + L)\cos\phi\sin\lambda \\ z = [N(1 - e_{\mathrm{E}}^2) + L]\sin\phi \end{cases} \tag{5.37}$$

式中

$$N = \frac{a_{\mathrm{E}}}{\sqrt{1 - e_{\mathrm{E}}^2 \sin^2\phi}} \tag{5.38}$$

其中，N 为该点的卯酉圈曲率半径；a_{E} 为地球椭球体的半长轴；e_{E} 为地球偏心率。

反之，若已知测站的地固直角坐标(x, y, z)求大地坐标(λ, ϕ, L)时，常用迭代法求解，具体公式为

$$\lambda = \arctan\left(\frac{y}{x}\right) \tag{5.39}$$

$$d = \frac{Ne_{\mathrm{E}}^2}{N + L} \tag{5.40}$$

$$\phi = \arctan\left(\frac{z}{(1 - d)\sqrt{x^2 + y^2}}\right) \tag{5.41}$$

$$L = \frac{\sqrt{x^2 + y^2}}{\cos\phi} - N \tag{5.42}$$

其迭代顺序是 $d \to \phi \to N \to L \to d \to \cdots$，第一次迭代时取 $d = 0$，根据计算精度需要一直迭代至 $|\phi_n - \phi_{n-1}| \leqslant \varepsilon_1$，$|L_n - L_{n-1}| \leqslant \varepsilon_2$ 为止（ε_1、ε_2 分别是地理纬度 ϕ 和高程 L 的设定门限，依所需要的计算精度而定）。

7）测站地平坐标系与地固坐标系的转换

若已知测站的大地经纬度（λ, ϕ），则由测站地平坐标系到地固坐标系的转换公式为

$$\boldsymbol{r}_{G0} = \boldsymbol{R}_{G0} + \boldsymbol{Q}_{hG}\boldsymbol{r}_h \tag{5.43}$$

式中：$\boldsymbol{R}_{G0}$ 为测站在地固坐标系的位置矢量；$\boldsymbol{Q}_{hG}$ 为由测站地平坐标系至地固坐标系相应坐标轴的转换矩阵，即

$$\boldsymbol{Q}_{hG} = \boldsymbol{R}(z, -\lambda)\boldsymbol{R}(y, -90° + \phi)\boldsymbol{R}(z, -90°) \tag{5.44}$$

$\boldsymbol{Q}_{hG}$ 进一步化简得

$$\boldsymbol{Q}_{hG} = \begin{bmatrix} -\sin\lambda & -\sin\phi\cos\lambda & \cos\phi\cos\lambda \\ \cos\lambda & -\sin\phi\sin\lambda & \cos\phi\sin\lambda \\ 0 & \cos\phi & \sin\phi \end{bmatrix} \tag{5.45}$$

5.1.4　卫星姿态参数描述

在航空航天技术领域中，对主体目标对象的姿态描述和测量是不可避免的问题。根据不同的应用，对姿态的描述主要有以下两种方式[56]：一种是用其纵轴相对于某固定参考坐标系的俯仰角、偏航角和滚动角来描述，是绝对意义上的姿态；另一种则是用本体坐标系相对于参考坐标系作旋转变换的一组欧拉姿态角来描述，是相对意义上的姿态。卫星的姿态是指卫星相对空间参考坐标系的方位或指向，卫星的各种应用任务要求卫星姿态在空间保持高精度指向。确定卫星的姿态首先要选择参考基准，不规定参考坐标系就无从描述卫星的姿态。

1. 卫星坐标系

卫星姿态的描述都是在坐标系的基础上进行的，至少要建立两个坐标系才能严格确定卫星的姿态，一个是空间参考坐标系，另一个是固连于卫星的本体坐标系。本体坐标系与空间参考坐标系的相对关系描述了卫星的姿态信息。在实际使用中，有时两个坐标系还不够，需要建立一些辅助坐标系。

1）星体（或本体）坐标系

星体坐标系 $O - x_b y_b z_b$ 是一个正交坐标系，其坐标原点在卫星的质心 O 上，x_b 轴、y_b 轴和 z_b 轴固连在卫星上，且与固连于卫星的惯性基准坐标轴（即陀螺仪敏感轴，也称主惯量轴）一致。星体坐标系是用来确定卫星姿态的坐标系，x_b 轴沿卫星的纵轴，一般指向卫星飞行方向，z_b 轴在卫星的纵对称平面内，y_b 轴垂直于卫星的纵对称平面，如图 5.5 所示。

2）质心轨道坐标系

质心轨道坐标系 $O - x_o y_o z_o$ 的坐标原点在卫星的质心 O 上，卫星一般需要对地定向，

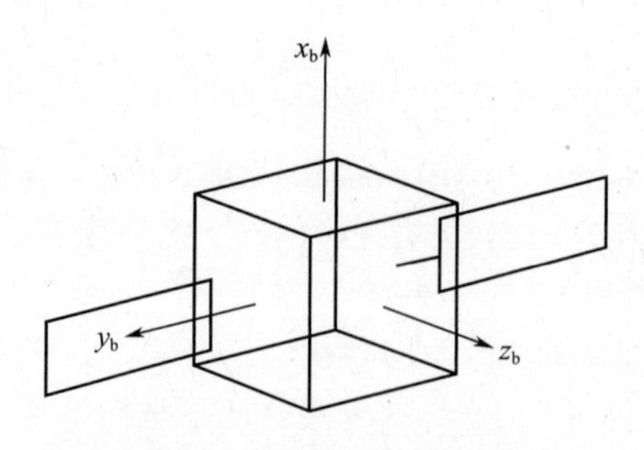

图 5.5 星体(本体)坐标系

通常选定由质心指向地心的坐标轴为 z_o 轴，y_o 轴为轨道平面法线方向的反方向，x_o 轴在卫星轨道平面内与 y_o 轴和 z_o 轴形成右手正交坐标系。

3）地心轨道坐标系

地心轨道坐标系 $O_p-x_py_pz_p$ 的坐标原点在地心 O_p，x_p 轴沿卫星的位置矢量 $\boldsymbol{r}$ 方向，z_p 轴与卫星轨道平面法线一致，y_p 轴与 x_p 轴、z_p 轴形成右手正交坐标系，显然 x_p 轴与质心轨道坐标系 z_o 轴共线，但方向相反。

结合 5.1.3 节所述的坐标系，各坐标系的坐标轴方向如图 5.6 所示，λ_s、ϕ_s 为卫星星下点的经、纬度，t_G 为格林尼治的春分点时角。星体坐标系和参考坐标系对应坐标轴之间的角度关系，与卫星的相对位置无关，在实际应用中通常把参考坐标系原点平移到卫星的质心上。

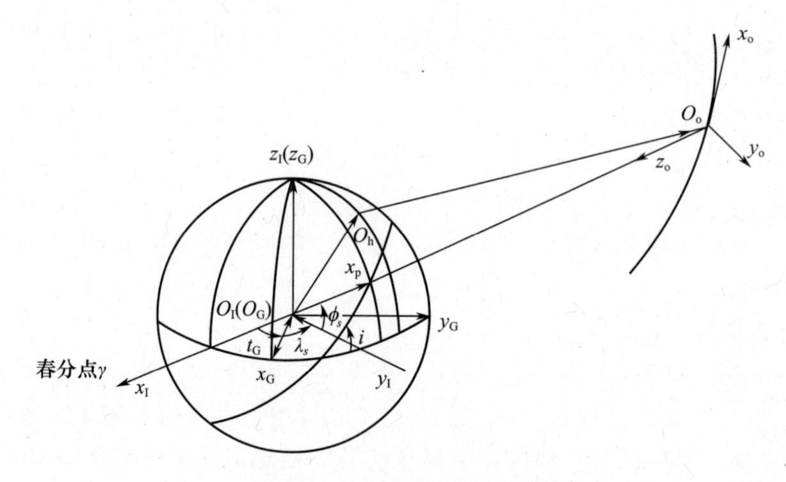

图 5.6 各坐标系定义示意图

2. 坐标系之间的转换关系

上述坐标系可以通过绕轴旋转进行相互转换，以图 5.6 为例，很方便得到它们之间的转换矩阵。

地心惯性坐标系 $O_I-x_Iy_Iz_I$ 到地固坐标系 $O_G-x_Gy_Gz_G$ 的转换矩阵为

$$\boldsymbol{C}_{IG}=\boldsymbol{R}_3(t_G)=\begin{bmatrix}\cos t_G & \sin t_G & 0\\ -\sin t_G & \cos t_G & 0\\ 0 & 0 & 1\end{bmatrix} \tag{5.46}$$

式中：t_G 为历元时刻的格林尼治恒星时。

地固坐标系 $O_G - x_G y_G z_G$ 到地心轨道坐标系 $O_p - x_p y_p z_p$ 的转换矩阵为

$$\boldsymbol{C}_{Gp} = \boldsymbol{R}_2(-\phi_s)\boldsymbol{R}_3(\lambda_s) = \begin{bmatrix} \cos\phi_s\cos\lambda_s & \cos\phi_s\sin\lambda_s & \sin\phi_s \\ -\sin\lambda_s & \cos\lambda_s & 0 \\ -\sin\phi_s\cos\lambda_s & -\sin\phi_s\sin\lambda_s & \cos\phi_s \end{bmatrix} \tag{5.47}$$

地心轨道坐标系 $O_p - x_p y_p z_p$ 到质心轨道坐标系 $O - x_o y_o z_o$ 的转换矩阵为

$$\boldsymbol{C}_{po} = \begin{bmatrix} 0 & 1 & 0 \\ 0 & 0 & -1 \\ -1 & 0 & 0 \end{bmatrix} \tag{5.48}$$

图5.7是地心惯性坐标系 $O_I - x_I y_I z_I$ 与地心轨道坐标系 $O_p - x_p y_p z_p$ 的关系，由图可得其转换矩阵为

$$\begin{aligned} \boldsymbol{C}_{Ip} &= \boldsymbol{R}_3(u)\boldsymbol{R}_2(i)\boldsymbol{R}_3(\Omega) \\ &= \begin{bmatrix} \cos u\cos\Omega - \sin u\cos i\sin\Omega & -\sin u\cos\Omega - \cos u\cos i\sin\Omega & \sin i\sin\Omega \\ \cos u\sin\Omega + \sin u\cos i\cos\Omega & -\sin u\sin\Omega + \cos u\cos i\cos\Omega & -\sin i\cos\Omega \\ \sin u\sin i & \cos u\sin i & \cos i \end{bmatrix} \end{aligned} \tag{5.49}$$

式中：Ω、i、$u(u=\omega+f)$分别为卫星的升交点赤经、轨道倾角和轨道幅角，ω 和 f 分别为卫星轨道近地点幅角和卫星真近点角。

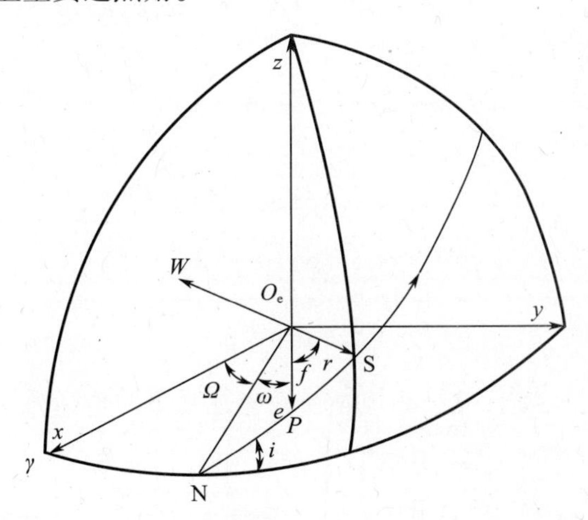

图5.7　地心惯性坐标系与地心轨道坐标系的关系

考虑测站地平坐标系到地心惯性坐标系的转换。如图5.8所示，已知地球上测站的地理坐标(ϕ,λ,L)及其对空间目标的地平测量数据为(ρ,A,E)，其中，ϕ,λ,L 为测站的纬度、经度和高程，ρ,A,E 为斜距、方位角和俯仰角。由于测站地平坐标系受地球自转的影响，引入测站地方恒星时 $S_\lambda = S_G + \lambda$，其中 S_G 为历元时刻的格林尼治恒星时。

地球测站在地心赤道坐标系下的位置矢量为

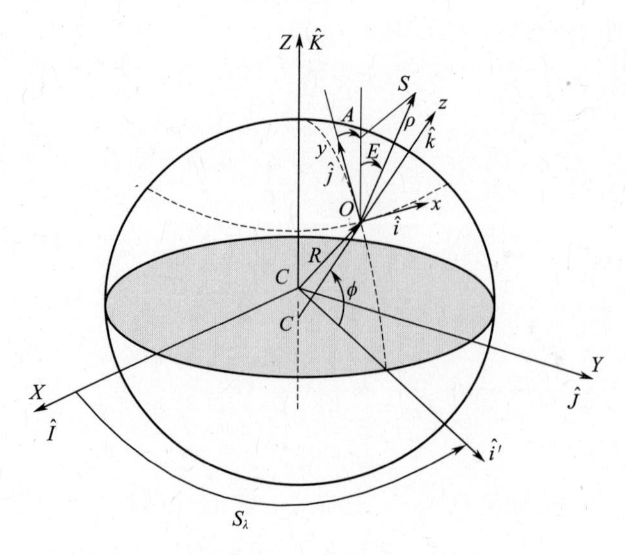

图 5.8 卫星相对于测站地平坐标系示意图

$$\begin{cases} x = \left[\dfrac{a_E}{\sqrt{1 - e_E^2 \sin^2\phi}} + L \right] \cos\phi \cos S_\lambda \\ y = \left[\dfrac{a_E}{\sqrt{1 - e_E^2 \sin^2\phi}} + L \right] \cos\phi \sin S_\lambda \\ z = \left[\dfrac{a_E(1 - e_E^2)}{\sqrt{1 - e_E^2 \sin^2\phi}} + L \right] \sin\phi \end{cases} \tag{5.50}$$

式中：a_E 为地球赤道半径；e_E 为地球偏心率。

在测站地平坐标系中，由于卫星相对于测站的方位角为 A，俯仰角为 E，斜距为 ρ，卫星在该坐标系下的坐标为

$$\begin{cases} x_h = \rho \cos E \sin A \\ y_h = \rho \cos E \cos A \\ z_h = \rho \sin E \end{cases} \tag{5.51}$$

由式(5.43)和式(5.45)，卫星在地心惯性坐标系下的坐标为

$$\begin{bmatrix} x_I \\ y_I \\ z_I \end{bmatrix} = \begin{bmatrix} x \\ y \\ z \end{bmatrix} + Q \begin{bmatrix} x_h \\ y_h \\ z_h \end{bmatrix} \tag{5.52}$$

在卫星姿态测量应用中，利用这些坐标的转换矩阵，可求出卫星姿态敏感器测量的参考天体在定义姿态的参考坐标系中的方向。通常选用的参考天体有地球、太阳、恒星以及地球表面的陆标，由卫星指向参考天体方向的单位矢量称为参考矢量。

3. 姿态参数描述方法

卫星本体坐标系 $O - x_b y_b z_b$ 在参考坐标系 $O_r - x_r y_r z_r$ 中的相对关系确定了卫星姿态

的状况,如图5.9所示,描述这些相对关系的物理量称为姿态参数。由于卫星姿态可以唯一确定,各种姿态参数之间可以相互转化。

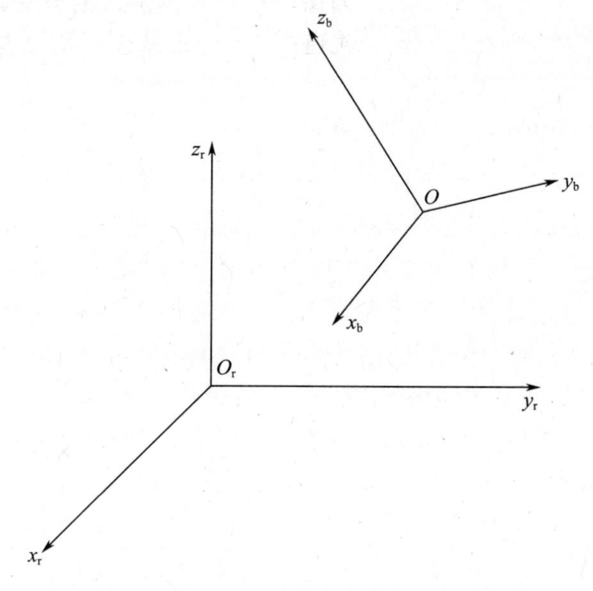

图5.9　星体坐标系与参考坐标系之间的关系

欧拉角是工程上常用的一种卫星姿态描述,它只有三个姿态参数,具有简单、明显的几何意义,能用姿态敏感器直接测量出来。根据欧拉定理,刚体绕固定点的位移可以是绕该点的若干次有限转动的合成。在欧拉转动中,将参考坐标系转动三次得到本体坐标系,且在三次转动中每次的旋转轴是被转动坐标系的某一坐标轴,其中每次的转动角即为欧拉角。最常用的是3—1—2转动顺序,各次转角依次为ψ、ω、θ。若参考坐标系为质心轨道坐标系,则欧拉角ω、θ、ψ分别被称为滚动角、俯仰角和偏航角。图5.10是从质心轨道坐标系经3—1—2转动转化到卫星本体坐标系的示意图。

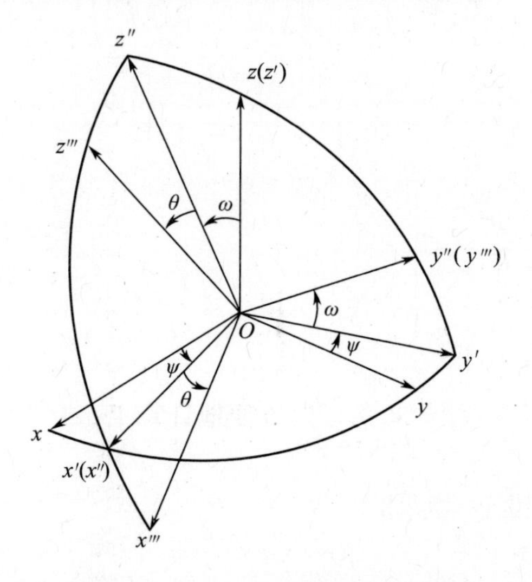

图5.10　3—1—2转动顺序示意图

用欧拉角表示的姿态矩阵为

$$
\boldsymbol{C}(\psi,\omega,\theta)=\boldsymbol{R}_2(\theta)\boldsymbol{R}_1(\omega)\boldsymbol{R}_3(\psi)
$$

$$
=\begin{bmatrix}\cos\theta\cos\psi-\sin\omega\sin\theta\sin\psi & \cos\omega\sin\psi+\sin\omega\sin\theta\cos\psi & -\cos\omega\sin\theta \\ -\cos\omega\sin\psi & \cos\omega\cos\psi & \sin\phi \\ \sin\theta\cos\psi-\sin\omega\cos\theta\sin\psi & \sin\theta\sin\psi-\sin\omega\cos\theta\cos\psi & \cos\omega\cos\theta\end{bmatrix} \tag{5.53}
$$

偏航角 ψ 为卫星滚动轴 x_b 在当地水平面上的投影与轨道 x_0 轴的夹角，滚动角 ω 为卫星俯仰轴 y_b 与当地水平面的夹角，俯仰角 θ 为卫星滚动轴 x_b 与当地水平面的夹角。卫星的姿态通常用其质心相对于某固定参考坐标系的转动角来描述，有俯仰、偏航和滚动三个方向，总称为姿态角，卫星姿态估计即是对卫星俯仰角、偏航角和滚动角的估计。

因此，质心轨道坐标系转至卫星本体坐标系可表示为

$$
\begin{bmatrix}x_b\\y_b\\z_b\end{bmatrix}=\boldsymbol{C}(\psi,\omega,\theta)\begin{bmatrix}x_o\\y_o\\z_o\end{bmatrix} \tag{5.54}
$$

为描述空间目标相对于测站探测设备的姿态，通常以测站地平坐标系为参考坐标系。由式(5.48)和式(5.49)，可得从地心惯性坐标系到质心轨道坐标系的转换矩阵为

$$
\boldsymbol{C}_{Io}=\boldsymbol{C}_{Ip}\cdot\boldsymbol{C}_{po}=\begin{bmatrix}-\sin i\sin\Omega & \cos u\cos\Omega-\sin u\cos i\sin\Omega & \sin u\cos\Omega+\cos u\cos i\sin\Omega \\ \sin i\cos\Omega & \cos u\sin\Omega+\sin u\cos i\cos\Omega & \sin u\sin\Omega-\cos u\cos i\cos\Omega \\ -\cos i & \sin u\sin i & -\cos u\sin i\end{bmatrix} \tag{5.55}
$$

根据式(5.52)，卫星相对于测站的位置矢量在地心惯性坐标系下描述为

$$
\begin{bmatrix}x_I\\y_I\\z_I\end{bmatrix}-\begin{bmatrix}x\\y\\z\end{bmatrix}=\boldsymbol{Q}\begin{bmatrix}x_h\\y_h\\z_h\end{bmatrix} \tag{5.56}
$$

综上所述，卫星本体坐标系相对于测站地平坐标系的转换关系为

$$
\begin{bmatrix}x_b\\y_b\\z_b\end{bmatrix}=\boldsymbol{C}(\psi,\omega,\theta)\cdot\boldsymbol{C}_{Io}\cdot\boldsymbol{Q}\begin{bmatrix}x_h\\y_h\\z_h\end{bmatrix} \tag{5.57}
$$

这样，根据式(5.54)~式(5.56)，可以方便地计算卫星在本体坐标系的坐标。

5.2 航天器轨道理论基础

作为人造地球卫星的航天器，其运动规律与自然天体是一样的，都服从力学的基本定律。本节从万有引力定律出发，主要讨论航天器轨道力学的基础理论，包括二体问题、

轨道摄动以及航天器轨道预报[54]。

5.2.1 计算单位和常数

航天器轨道动力学问题中,必然要涉及质量、长度和时间以及它们采用的单位。对于不同的时空尺度,自然会采用不同的计算单位;而在一定的时空尺度内,为了公式表达、计算和比较的方便,选取适当的计算单位更有必要。在选择计算单位时,首先要提到的就是引力常数 G,这是 IAU 在 1976 年天文常数系统中的一个基础常数,当它使用质量单位 kg、长度单位 m、时间单位 s 时,其值为

$$G = 6.672 \times 10^{-11} \mathrm{m^3 \cdot kg^{-1} \cdot s^{-2}} \tag{5.58}$$

如果采用国际大地测量和地球物理学联合会第 16 届大会推荐的数值,即有

真空光速:$c = 299792458 \pm 1.2 \mathrm{m \cdot s^{-1}}$

牛顿引力常数:$G = (6672 \pm 4.1) \times 10^{-14} \mathrm{m^3 \cdot kg^{-1} \cdot s^{-2}}$

地球自转角速度(凑整值):$\omega = (7292115) \times 10^{-11} \mathrm{rad \cdot s^{-1}}$

地心引力常数(含大气层):$GM = (3986005 \pm 3) \times 10^8 \mathrm{m^3 \cdot s^{-2}}$

带球谐系数:$J_2 = (108263 \pm 1) \times 10^{-8}$

$J_3 = (-254 \pm 1) \times 10^{-8}$

$J_4 = (-161 \pm 1) \times 10^{-8}$

$J_5 = (-23 \pm 1) \times 10^{-8}$

$J_6 = (54 \pm 1) \times 10^{-8}$

地球赤道半径:$a_E = (6378140 \pm 5) \mathrm{m}$

地球椭球扁率:$1/f = (298257 \pm 1.5) \times 10^{-3}$

根据 a_E 和 GM 的数值,可导出时间单位 τ_0 为

$$\tau_0 = \sqrt{a_E^3/GM} = 806.8116341 \mathrm{s} = 13.44686057 \mathrm{min} \tag{5.59}$$

在人造地球卫星的有关工作中,通常把地球参考椭球体的赤道半径 a_E 作为长度单位、地球质量 M 作为质量单位、时间单位导出值 τ_0 作为时间单位的单位制称为“人卫单位制”或“理论单位制”。在“人卫单位制”中,引力常数 $G = 1$,记 $\mu = GM = 1$。

5.2.2 二体问题的航天器轨道动力学方程及其解

忽略地球形状不规则和密度分布不均匀、大气阻力、太阳光压和日月引力等因素的影响,仅考虑地球中心引力的作用来研究航天器的运动,称为二体问题。二体问题是航天器运动的一种近似描述,是迄今为止唯一能得到严密分析解的运动,是进一步讨论航天器精密运动的基础。

在二体问题中,航天器的动力学方程可写为

$$\ddot{\boldsymbol{r}} = -\frac{GM}{r^3}\boldsymbol{r} = -\frac{\mu}{r^3}\boldsymbol{r} \tag{5.60}$$

航天器绕地运动轨迹称为开普勒轨道,满足著名的开普勒行星运动三大定理。关于式(5.60)的求解在航天器轨道力学相关教材中有详细的过程,本书中不再赘述。

1. 动量矩积分(面积积分)

式(5.60)是一个二阶微分方程,存在动量矩积分。很明显,动量矩或面积速度矢量 $\boldsymbol{h}$ 为

$$\boldsymbol{h}=\boldsymbol{r}\times\dot{\boldsymbol{r}}=\text{常数} \tag{5.61}$$

由式(5.61)知,航天器是在过坐标原点的平面上运动,这个平面称为轨道平面。如图5.11所示,平面 XOY 为赤道面,X 轴指向春分点方向,Z 轴指向北极方向,NOP 为航天器轨道平面,N 为升交点(即航天器自南半球运行至北半球时与赤道面的交点),i 为轨道平面与赤道面的交角(轨道倾角),$\Omega=XN$ 是升交点赤经,OR 是轨道平面的法线方向。

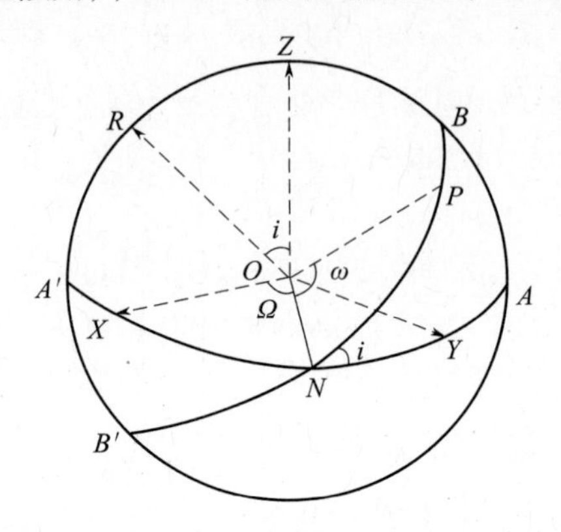

图 5.11 地心辅助天球

i 和 Ω 确定了过坐标原点(地心)的轨道平面,h 为矢径 $\boldsymbol{r}$ 在单位时间内相对于地心所扫过面积的2倍。

2. 运动平面内的轨道积分[52]

航天器运动是在一个轨道平面上进行的,其运动轨迹可以用一个圆锥曲线的极坐标方程描述为

$$r=\frac{a(1-e^2)}{1+e\cos(\theta-\omega)} \tag{5.62}$$

式中:a 为半长轴;e 为圆锥曲线的偏心率,对于绕地球飞行的航天器,$e<1$。

定义

$$f=\theta-\omega \tag{5.63}$$

为航天器的真近点角,即自近地点起算的航天器幅角;ω 为近地点与升交点的夹角,称为近地点幅角(有时也称近地点角距);航天器与升交点之间的夹角 θ 称为纬度角(有时也记为 u)。

定义

$$p=\frac{h^2}{\mu}=a(1-e^2) \tag{5.64}$$

为半通径。

3. 能量积分(活力积分)[52]

能量积分给出了航天器位置与速度之间的关系,即

$$v^2=\mu\left(\frac{2}{r}-\frac{1}{a}\right) \tag{5.65}$$

利用式(5.65),可以很方便地计算出航天器在轨道任意位置上的速度。

另一个常用公式是航天器运动的平均角速度公式。在整个轨道周期 T 时间内,航天器矢径扫过的面积就是椭圆面积 $\pi ab=\pi a^2\sqrt{1-e^2}$,由此可得

$$\frac{1}{2}hT=\pi a^2\sqrt{1-e^2} \tag{5.66}$$

根据式(5.64)可得

$$n^2a^3=\mu \tag{5.67}$$

式中:n 为航天器的平均角速度,即

$$n=\frac{2\pi}{T} \tag{5.68}$$

式(5.67)给出了航天器运行的平均角速度 n 与半长轴 a 之间的关系。

4. 开普勒方程

如图5.12所示,图中椭圆为航天器的飞行轨道,O 为地心,位于椭圆的焦点。O'为椭圆中心,P 和 P'分别表示近地点和远地点,$O'P$ 即为椭圆的半长轴 a。航天器在时刻 τ 过近地点 P,设在任一时刻 t,航天器在 S 点。以 O'为圆心,a 为半径作辅助圆,再从 S 点作垂线 SR 垂直于 $O'P$,并延长 SR 与辅助圆交于 Q,则 $\angle PO'Q$ 就是航天器在时刻 t 的偏近点角 E。

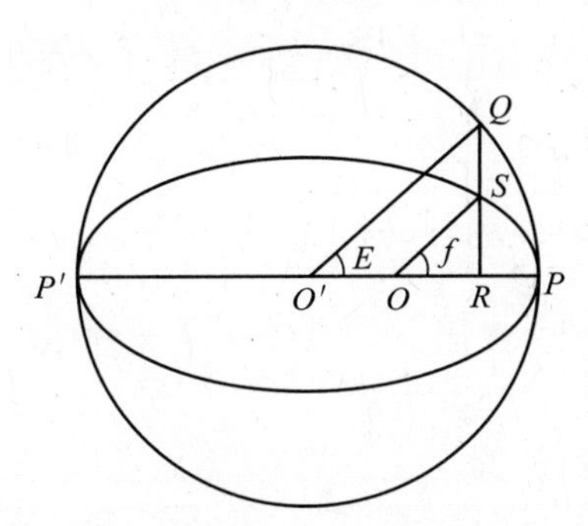

图5.12　椭圆轨道和辅助圆

下面解释偏近点角 E 的几何意义。航天器向径从近地点 P 开始所扫过的面积是 $S_{扇POS}$,所经过的时间为 $t-\tau$。而在整个周期 T 时间内,航天器向径扫过的面积就是整个椭圆的面积。由于面积速度为常数,故有

$$\frac{t-\tau}{T}=\frac{S_{扇POS}}{S} \tag{5.69}$$

椭圆可看成外辅圆的投影,S 是 Q 点的投影,则扇形 POS 是扇形 POQ 的投影,因此有

$$\frac{S_{扇POS}}{S}=\frac{S_{扇POQ}}{S_{外}} \tag{5.70}$$

从而

$$\frac{t-\tau}{T}=\frac{S_{扇POQ}}{S_{外}} \tag{5.71}$$

图 5.12 中的几何关系表明：

$$S_{扇POQ}=S_{扇PO'Q}-S_{\triangle O'OQ}=\frac{1}{2}a^2E-\frac{1}{2}O'O\cdot QR \tag{5.72}$$

由于

$$O'P=O'Q=a\ ,O'Q=ae,QR=O'Q\cdot \sin E=a\sin E$$

故

$$S_{扇POQ}=\frac{1}{2}a^2E-\frac{1}{2}a^2e\sin E \tag{5.73}$$

而外辅圆的面积为 πa^2，且由关系式 $n=2\pi/T$，代入式(5.71)，得

$$\frac{n(t-\tau)}{2\pi}=\frac{\frac{1}{2}a^2E-\frac{1}{2}a^2e\sin E}{\pi a^2} \tag{5.74}$$

化简后为

$$E-e\sin E=n(t-\tau) \tag{5.75}$$

式(5.75)称为开普勒方程，该方程是描述航天器平近点角与偏近点角之间关系的非线性方程，前者描述航天器的平运动，后者作为一个辅助变量描述航天器在轨道平面运动的几何位置。

定义

$$M=n(t-\tau) \tag{5.76}$$

显然，M 是从近地点起算的角度，由于 n 为常数，t 从 τ 开始增加一个周期时，M 则由 0 均匀地增加到 2π。因此，M 称为平近点角。

5. 航天器六个轨道根数

作为二体问题的航天器运动微分方程，上述过程已求得全部六个积分常数，它们的物理意义说明如下：

i、Ω 是决定航天器轨道平面方位的两个积分常数，i 是轨道平面与赤道面的交角，称为轨道倾角，即在升交点处，轨道运动方向同赤道正方向(赤经增加方向)之间的交角，$i<\pi/2$为顺行轨道，$i>\pi/2$ 为逆行轨道。Ω 是从春分点到升交点的夹角，称为升交点赤经，沿赤经增加方向计量。

a、e 两个积分常数表示航天器轨道的大小和形状。e 是椭圆轨道的偏心率，决定椭圆的形状，a 是椭圆轨道的半长轴，决定椭圆的大小。

ω 为近地点方向的极角，其大小要随极轴的方向而定。一般明确极轴方向为升交点方向，则 ω 为升交点与近地点之间的交角，从升交点沿航天器运动方向计量，称为近地点角距，也称近地点幅角。ω 的值决定了航天器近地点的方向。

τ 代表航天器过近地点的时刻。τ 值确定后，M 值或 E 值就确定了，也就确定了航天

器于某个时刻在轨道上的位置。

6. 椭圆运动的基本关系式[57,58]

前面介绍的六个积分已完全确定了二体问题意义下航天器的椭圆轨道运动，但这六个积分式有时使用起来很不方便，有必要再导出一些常用关系式积分的表达形式。

1）真近点角f、平近点角M和偏近点角E三种近点角的关系

f、M和E三种近点角的象限关系很清楚，都是从近地点起算的角度，在近地点P有$f=M=E=0$，而在远地点P'有$f=M=E=\pi$，且在区间$[0,\pi]$内有$f>E>M$，而在区间$[\pi,2\pi]$内有$f<E<M$，它们之间存在很重要的关系，其中，M和E之间的关系就是开普勒方程，E和f之间的关系可由轨道方程导出：

$$r\cos f=\frac{1}{e}\left[a(1-e^2)-r\right] \tag{5.77}$$

即

$$r\cos f=a(\cos E-e) \tag{5.78}$$

因此

$$r\sin f=\pm a\sqrt{1-e^2}\sin E \tag{5.79}$$

但由f、E的定义知，当航天器由近地点运动到远地点时，f、E都是从0增加到π；航天器再由远地点回到近地点时，f、E都是从π增加到2π。因此，$\sin f$和$\sin E$是同符号的，故

$$r\sin f=a\sqrt{1-e^2}\sin E \tag{5.80}$$

式(5.78)和式(5.80)给出了由a、E计算r、f的公式，由此还可以得到f和E的很多关系式。

将$r=a(1-e\cos E)$代入式(5.78)和式(5.80)，可得

$$\begin{cases}\cos f=\dfrac{\cos E-e}{1-\cos E}\\[2ex]\sin f=\dfrac{\sqrt{1-e^2}\sin E}{1-e\cos E}\end{cases} \tag{5.81}$$

这是由E计算f的公式（不需要通过向径r），由此也可导出由f计算E的公式，即

$$\begin{cases}\cos E=\dfrac{\cos f+e}{1+e\cos f}\\[2ex]\sin E=\dfrac{\sqrt{1-e^2}\sin f}{1+e\cos f}\end{cases} \tag{5.82}$$

再由

$$1+\cos f=\frac{(1-e)(1+\cos E)}{1-\cos E} \tag{5.83}$$

$$1-\cos f=\frac{(1+e)(1-\cos E)}{1-\cos E} \tag{5.84}$$

式(5.83)、式(5.84)相除得

$$\tan^2\frac{f}{2}=\frac{1+e}{1-e}\tan^2\frac{E}{2} \tag{5.85}$$

由f、E的定义开平方后有

$$\begin{cases}\tan\dfrac{f}{2}=\sqrt{\dfrac{1+e}{1-e}}\tan\dfrac{E}{2}\\ \tan\dfrac{E}{2}=\sqrt{\dfrac{1-e}{1+e}}\tan\dfrac{f}{2}\end{cases} \tag{5.86}$$

2）位置矢量$\boldsymbol{r}$和速度矢量$\dot{\boldsymbol{r}}$的表达式

作为二阶方程式(5.60)的完整解，若已知航天器的六个轨道根数，其位置和速度矢量可写成下面的形式

$$\begin{cases}\boldsymbol{r}=\boldsymbol{r}(t;i,\Omega,\omega,a,e,M)\\ \dot{\boldsymbol{r}}=\dot{\boldsymbol{r}}(t;i,\Omega,\omega,a,e,M)\end{cases} \tag{5.87}$$

描述航天器的运动通常采用近焦点坐标系PQW，航天器的位置矢量为

$$\boldsymbol{r}=r\cos f\boldsymbol{P}+r\sin f\boldsymbol{Q}=a(\cos E-e)\boldsymbol{P}+a\sqrt{1-e^2}\sin E\boldsymbol{Q} \tag{5.88}$$

式中：$\boldsymbol{P}$、$\boldsymbol{Q}$分别为近地点和半通径方向的单位矢量。

通过坐标旋转的方法（$\boldsymbol{R}(z,\omega)\boldsymbol{R}(x,i)\boldsymbol{R}(z,\Omega)$）很容易得到$\boldsymbol{P}$和$\boldsymbol{Q}$在历元平赤道地心坐标系中的表达式，即

$$\boldsymbol{P}=\begin{bmatrix}\cos\Omega\cos\omega-\sin\Omega\sin\omega\cos i\\ \sin\Omega\cos\omega+\cos\Omega\sin\omega\cos i\\ \sin\omega\sin i\end{bmatrix} \tag{5.89}$$

$$\boldsymbol{Q}=\begin{bmatrix}-\cos\Omega\sin\omega-\sin\Omega\cos\omega\cos i\\ -\sin\Omega\sin\omega+\cos\Omega\cos\omega\cos i\\ \cos\omega\sin i\end{bmatrix} \tag{5.90}$$

关于速度矢量$\dot{\boldsymbol{r}}$，根据二体问题的性质，由$\boldsymbol{r}$的表达式可得

$$\dot{\boldsymbol{r}}=\frac{\partial r}{\partial f}\dot{f}=\frac{\partial r}{\partial E}\dot{E} \tag{5.91}$$

在二体问题中，面积积分公式可简化为

$$r^2\dot{f}=h \tag{5.92}$$

由式(5.92)给出$\dot{f}$或开普勒方程给出$\dot{E}$，即可写出$\dot{\boldsymbol{r}}$的表达式，其形式为

$$\begin{aligned}\dot{\boldsymbol{r}}&=-\sqrt{\frac{\mu}{p}}[\sin f\boldsymbol{P}-(\cos f+e)\boldsymbol{Q}]\\ &=-\frac{\sqrt{\mu a}}{r}(\sin E\boldsymbol{P}-\sqrt{1-e^2}\cos E\boldsymbol{Q})\end{aligned} \tag{5.93}$$

5.2.3　人造地球卫星的轨道摄动

前面对地球卫星轨道的所有讨论都是将地球和卫星看作质点，且仅考虑地球与卫星之间万有引力的前提下进行的。在这种情况下，卫星轨道是一个固定不变的椭圆，六个轨道根数是常量。实际上，地球是一个质量分布不均匀、形状大体呈扁平梨形的不规则椭球体，而卫星也不是一个质点，且卫星除受地球引力作用外，还要受到太阳、月球、行星等的引力以及大气阻力、太阳光压等各种其他外力的影响。因此，卫星的实际运动轨迹必然偏离二体运动椭圆轨道，这种偏离就是所谓的卫星轨道摄动。

1. 几个基本概念[52,53]

1）保守力

若作用在物体上的力是保守力，则在这些力的作用下，物体由 A 移动到 B 所做的功与其经过的路径无关。例如地球引力、日月引力和潮汐力均为保守力。此时，存在标量函数 $R=R(x,y,z,t)$，摄动力 $\boldsymbol{F}_1$ 是 R 的梯度：

$$\boldsymbol{F}_1=\mathrm{grad}(R)=\left(\frac{\partial R}{\partial x},\frac{\partial R}{\partial y},\frac{\partial R}{\partial z}\right)^{\mathrm{T}} \tag{5.94}$$

式中：R 为摄动函数。

人造地球卫星的运动可以用下述方程描述：

$$\ddot{\boldsymbol{r}}=\left(\frac{\partial V}{\partial x},\frac{\partial V}{\partial y},\frac{\partial V}{\partial z}\right)^{\mathrm{T}} \tag{5.95}$$

式中：V 为势函数，它可以分解为地球中心引力场的势函数$\frac{\mu}{r}$与摄动函数 $R(\boldsymbol{r})$之和：

$$V=\frac{\mu}{r}+R(\boldsymbol{r}) \tag{5.96}$$

式中：μ 为地球引力系数；$\boldsymbol{r}$ 为卫星的地心位置矢量。由式(5.95)、式(5.96)便可计算卫星运动加速度

$$\begin{cases}\ddot{x}=-\dfrac{\mu x}{r^3}+\dfrac{\partial R}{\partial x}\\[2ex]\ddot{y}=-\dfrac{\mu x}{r^3}+\dfrac{\partial R}{\partial y}\\[2ex]\ddot{z}=-\dfrac{\mu x}{r^3}+\dfrac{\partial R}{\partial z}\end{cases} \tag{5.97}$$

2）分析方法和数值方法

利用式(5.97)可建立各种受摄运动方程，但要求解这些受摄方程有很大困难。传统方法是分析法，即求出受摄方程的近似分析表达式。为了研究卫星的运动规律，特别是在各种摄动力影响下轨道的变化特征，就必须用分析法把运动方程的变量表示为时间的近似分析表达式。以地球质量集中于地球质心对卫星的引力作为中心引力，卫星在中心引力作用下的运动是无摄运动(二体问题)。其他摄动力包括地球非球形摄动、日月引力摄动、大气阻力摄动、太阳光压摄动、潮汐摄动等，与中心引力相比都是小量。在它们的摄动运动加速度中总有一些小量因子，因此可以把摄动运动方程的解表示为这些小参数

的幂级数，即受摄运动方程的分析解法是级数解。分析法难以求得严格解，只能用特定的方法取得一定程度的近似解，解的精度与级数展开式的截取有关。

如果直接从卫星的运动方程计算出卫星在任何时刻的具体位置，称为数值法。当卫星经历的时间间隔不太长时，使用数值法求解受摄运动方程比较简捷，且精度往往能得到充分的保证，因为它是以逐步逼近的方法计算卫星在空间的位置。应用数值法时，必须考虑舍入误差和截断误差，积分步长必须在两个相互矛盾的需求中折衷选择。单纯用数值法，很难得出卫星运动的一般规律。无论是分析法还是数值法都不是全能的，也不能完全互相替代。通过数值法与分析法的联合使用，可以期望卫星轨道力学计算会出现相当大的进步。

3）周期摄动和长期摄动

卫星运动存在周期摄动和长期摄动两类摄动，前者是周期性地重复着在椭圆运动的两侧反复摆动，即其轨道根数在某个平均值两侧反复变化。后者的特征是对无摄运动的偏离随时间的增长而不断上升，即根数的大小随时间呈线性变化。

周期摄动又分为两种。第一种变化周期与卫星运动周期相近，由于其周期很短，一般只有几个小时，故称为短周期摄动。具有短周期变化的项称为短周期项，它们是 M（或 f、E）的周期函数。另一种周期摄动具有几十天甚至一年以上的长周期，称为长周期摄动，相应的长周期项是 Ω 和 ω 的函数，其周期变化取决于慢变量 Ω 和 ω（或具有慢变化的某种组合变量）的变化。周期项的振幅较小，在较长时间内它们对卫星位置总的影响很小。

长期摄动迫使卫星越来越远离其无摄的轨道路径。长期摄动项是时间间隔（$t-t_0$）的线性函数或多项式，它随时间的增大无限制地增加或减小，故在较长时间内累积影响十分显著。计算长期摄动项的基本原理是用平均化方法，消除受摄运动方程中的短周期项，具体说就是对卫星近点角取平均。

通常，如果摄动力是保守力，在时间间隔不太长时，对于低阶摄动，认为 a、e、i 无长期变化，而仅有周期变化，Ω 和 ω 有随时间的长期变化，但比 M（或 f、E）的变化缓慢得多，因为后者是直接反映卫星绕地球运动的根数，而 Ω 和 ω 的变化仅仅由摄动引起。故有时称 a、e、i 为“不变量”，M（或 f、E）为“快变量”。因此，长期项是 Ω 或 ω 的函数，短周期项是 M 的函数。

4）密切根数与平均根数

由于轨道摄动的原因，卫星实际上并不沿理想条件下的开普勒椭圆轨道运动，而是沿着一条复杂的曲线运动。这条曲线既不在一个平面内，也不是封闭的。因此，严格地讲，卫星在完成一圈飞行后不能回到原先所经的点。然而，为了研究问题的方便，人们总是希望用椭圆轨道来描述卫星的轨道运动。为此，人们定义了“密切轨道”的概念。卫星实际轨道上的每一点都可认为是某一椭圆上的一点，这些椭圆位置和参数不同，但都与实际轨道相切。这样，卫星的实际运动轨迹就是依次相切无数变化着的椭圆的包络线。这样的椭圆被称为“密切椭圆”。由于密切椭圆瞬息即变，因而也称为“瞬时椭圆”。在切点上，卫星实际轨道与密切椭圆的向径 $\boldsymbol{r}$ 和速度 $\dot{\boldsymbol{r}}$ 是一样的，只是加速度 $\ddot{\boldsymbol{r}}$ 不同。

在密切椭圆上，$\ddot{\boldsymbol{r}}=-\frac{\mu}{r^3}\boldsymbol{r}$，而在实际轨道中，有

$$\ddot{\boldsymbol{r}} = -\frac{\mu}{r^3}\boldsymbol{r} + \boldsymbol{a}_p \tag{5.98}$$

式中：$\boldsymbol{a}_p$ 为轨道摄动加速度。某时刻的密切椭圆就是假设从该时刻起摄动力（卫星质量与摄动加速度的乘积）突然消失后的卫星运动轨道，即该时刻的 $\boldsymbol{r}$ 和 $\dot{\boldsymbol{r}}$ 所确定的二体运动椭圆。在实际应用中，通常用密切椭圆轨道根数的变化表示轨道摄动。

在摄动作用下，卫星轨道根数随时间变化，每个瞬时轨道与卫星的真实轨道相切，故称为吻切根数或密切根数。在卫星实际轨道的不同点，有不同的密切椭圆及不同的密切根数。卫星的密切根数 $\sigma(t)$ 定性描述为

$$\sigma(t) = \sigma(t_0) + \Delta\sigma_s + \Delta\sigma_l + \Delta\sigma_c \tag{5.99}$$

式中：$\Delta\sigma_s$ 和 $\Delta\sigma_l$ 分别为短周期与长周期变化项；$\Delta\sigma_c$ 为长期变化项。

在人造卫星工作中常引入“平均根数”的概念：

$$\bar{\sigma}(t) = \sigma(t) - \Delta\sigma_s \tag{5.100}$$

这是一个假想的根数，它没有短周期变化，只有长期和长周期的缓慢变化，这种根数称为平均根数 2。

另一种形式的平均根数定义为

$$\bar{\sigma}(t) = \sigma(t) - \Delta\sigma_s - \Delta\sigma_l \tag{5.101}$$

即除了消除短周期变化外，也消除了长周期变化，这种根数称为平均根数 1。

吻切根数、平均根数 1 和平均根数 2 的关系如图 5.13 所示。

2. 主要摄动力解析表达式及其影响

摄动是相对于二体问题而言的，在二体问题中，卫星轨道根数是不变的积分常数，而受摄运动的卫星轨道根数是随时间变化的。求解卫星的受摄运动先要按卫星所受作用力的物理特性导出其数学表达式，然后建立受摄运动的微分方程并求解。下面将讨论几种常见主要摄动力的解析表达式及其对地球卫星的影响情况。在工程应用中，根据实际的精度要求，表达式有不同的形式。一般来说，精度要求越高，表达式也越复杂。

1）地球非球形引力摄动

由于地球不是一个理想的正球体，而是一个微呈梨形的扁平椭球体，且质量分布也很复杂，其引起的卫星轨道摄动，统称为地球非球形引力摄动（或地球形状摄动）。通常，地球的引力场势函数可写为

$$V = \frac{\mu}{r}\left\{1 - \sum_{n=2}^{\infty} J_n\left(\frac{a_e}{r}\right)^n P_n(\sin\phi) + \sum_{n=2}^{\infty}\sum_{m=1}^{n}\left(\frac{a_e}{r}\right)^n \times P_n^m(\sin\phi)\left[A_{nm}\cos(m\lambda) + B_{nm}\sin(m\lambda)\right]\right\} \tag{5.102}$$

为了方便，有时把与 λ 相关的项表达为

$$A_{nm}\cos(m\lambda) + B_{nm}\sin(m\lambda) = C_{nm}\cos(m(\lambda - \lambda_{nm})) \tag{5.103}$$

这样，得到地球引力场势函数的另一种表达式为

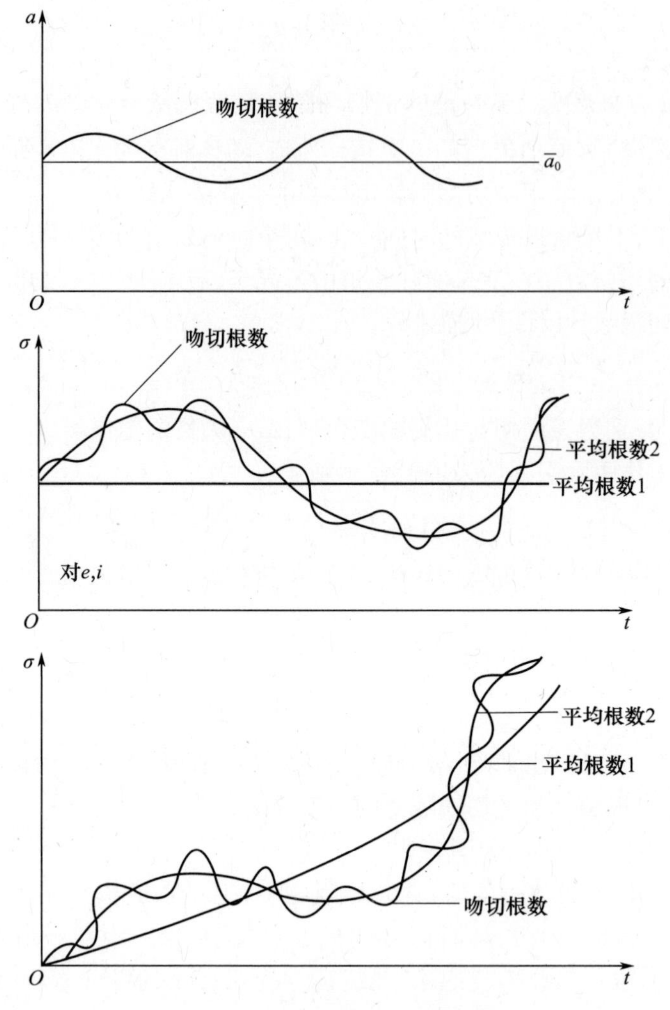

图 5.13 三种根数的关系示意图

$$V = \frac{\mu}{r}\left\{1 - \sum_{n=2}^{\infty} J_n\left(\frac{a_E}{r}\right)^n P_n(\sin\phi) - \sum_{n=2}^{\infty}\sum_{m=1}^{n} J_{nm}\left(\frac{a_E}{r}\right)^n P_n^m(\sin\phi)\cos(m(\lambda - \lambda_{nm}))\right\} \tag{5.104}$$

式中：a_E 为地球赤道半径；P_n^m 为 n 次 m 阶连带勒让德多项式；r、ϕ 和 λ 分别为地心距、地心纬度和地理经度；$\sin\phi = z/r$；J_n、A_{nm} 和 B_{nm} 为由测量得到的系数；$J_{nm} = -C_{nm}$。上述与经度无关的项称为带谐项，相应的 J_n 称为带谐系数；与经度有关的项称为田谐项，J_{nm}（或 C_{nm}）称为田谐系数。A_{nm} 和 B_{nm} 中 $m = n$ 对应的 A_{nm} 和 B_{nm} 称为扇谐系数，相应的项称为扇谐项。不难看出，地球引力场中任意一点的引力势不仅与地心距离有关，而且还与该点的经度、纬度有关。

式(5.104)中的 $P_n(\sin\phi)$ 是关于 $\sin\phi$ 的 n 阶勒让德多项式：

$$P_0(\sin\phi) = 1$$

$$P_1(\sin\phi) = \sin\phi$$

$$P_2(\sin\phi) = \frac{1}{2}(3\sin^2\phi - 1)$$

$$P_3(\sin\phi) = \frac{1}{2}(5\sin^3\phi - 3\sin\phi)$$

$$P_4(\sin\phi) = \frac{1}{8}(35\sin^4\phi - 30\sin^2\phi + 3)$$

$$P_5(\sin\phi) = \frac{1}{8}(63\sin^5\phi - 70\sin^3\phi + 15\sin\phi)$$

$$P_6(\sin\phi) = \frac{1}{16}(231\sin^6\phi - 315\sin^4\phi + 105\sin^2\phi - 5)$$

$$\vdots$$

其递推公式为

$$P_{n+1}(\sin\phi) = \frac{1}{n+1}[(2n+1)\sin\phi P_n(\sin\phi) - nP_{n-1}(\sin\phi)] \tag{5.105}$$

$P_n^m(\sin\phi)$是关于 $\sin\phi$ 的 n 次 m 阶连带勒让德多项式：

$$P_1^1(\sin\phi) = \cos\phi$$

$$P_2^1(\sin\phi) = 3\cos\phi\sin\phi$$

$$P_2^2(\sin\phi) = 3\cos^2\phi$$

$$P_3^1(\sin\phi) = \frac{3}{2}\cos\phi(5\sin^2\phi - 1)$$

$$P_3^2(\sin\phi) = 15\cos^2\phi\sin\phi$$

$$P_3^3(\sin\phi) = 15\cos^3\phi$$

$$P_4^1(\sin\phi) = \frac{5}{2}\cos\phi(7\sin^3\phi - \sin\phi)$$

$$P_4^2(\sin\phi) = \frac{15}{2}\cos^2\phi(7\sin^2\phi - 1)$$

$$P_4^3(\sin\phi) = 105\cos^3\phi\sin\phi$$

$$P_4^4(\sin\phi) = 105\cos^4\phi$$

$$\vdots$$

记

$$V_0 = \frac{\mu}{r} \tag{5.106}$$

为地球中心引力项，则

$$R = V - V_0 = -\sum_{n=2}^{\infty}\frac{\mu J_n a_E^n}{r^{n+1}}P_n(\sin\phi) - \sum_{n=2}^{\infty}\sum_{m=1}^{n}\frac{\mu J_{nm} a_E^n}{r^{n+1}}P_n^m(\sin\phi)\cos m(\lambda - \lambda_{nm}) \tag{5.107}$$

为摄动函数。

由式(5.104)表示的地球引力场的势函数,其引力加速度为

$$\boldsymbol{a} = \nabla V = \frac{\partial V}{\partial x}\boldsymbol{I} + \frac{\partial V}{\partial y}\boldsymbol{J} + \frac{\partial V}{\partial z}\boldsymbol{K} \tag{5.108}$$

若考虑仅含带谐摄动项的地球引力场势函数为

$$V = \frac{\mu}{r}\left[1 - \sum_{n=2}^{\infty} J_n\left(\frac{a_{\mathrm{E}}}{r}\right)^n P_n(\sin\phi)\right] \tag{5.109}$$

将 n 阶勒让德多项式 $P_n(\sin\phi)$ 代入式(5.109),其前六阶项为

$$\begin{aligned} V = \frac{\mu}{r}\Big[1 &- \frac{J_2}{2}\left(\frac{a_{\mathrm{e}}}{r}\right)^2(3\sin^2\phi - 1) - \\ &\frac{J_3}{2}\left(\frac{a_{\mathrm{E}}}{r}\right)^3(5\sin^3\phi - 3\sin\phi) - \\ &\frac{J_4}{8}\left(\frac{a_{\mathrm{E}}}{r}\right)^4(35\sin^4\phi - 30\sin^2\phi + 3) - \\ &\frac{J_5}{8}\left(\frac{a_{\mathrm{E}}}{r}\right)^5(63\sin^5\phi - 70\sin^3\phi + 15\sin\phi) - \\ &\frac{J_6}{16}\left(\frac{a_{\mathrm{E}}}{r}\right)^6(231\sin^6\phi - 315\sin^4\phi + 105\sin^2\phi - 5)\Big] \end{aligned} \tag{5.110}$$

对式(5.110)求偏导后可得

$$\begin{aligned} \ddot{x} = \frac{\partial V}{\partial x} = -\frac{\mu x}{r^3}\Big[1 &- J_2\frac{3}{2}\left(\frac{a_{\mathrm{E}}}{r}\right)^2\left(5\frac{z^2}{r^2} - 1\right) + \\ &J_3\frac{5}{2}\left(\frac{a_{\mathrm{E}}}{r}\right)^3\left(3\frac{z}{r} - 7\frac{z^3}{r^3}\right) - J_4\frac{5}{8}\left(\frac{a_{\mathrm{E}}}{r}\right)^4\left(3 - 42\frac{z^2}{r^2} + 64\frac{z^4}{r^4}\right) - \\ &J_5\frac{3}{8}\left(\frac{a_{\mathrm{E}}}{r}\right)^5\left(35\frac{z}{r} - 210\frac{z^3}{r^3} + 231\frac{z^5}{r^5}\right) + \\ &J_6\frac{1}{16}\left(\frac{a_{\mathrm{E}}}{r}\right)^6\left(35 - 945\frac{z^2}{r^2} + 3465\frac{z^4}{r^4} - 3003\frac{z^6}{r^6}\right) + \cdots\Big] \end{aligned} \tag{5.111}$$

$$\begin{aligned} \ddot{y} = \frac{\partial V}{\partial y} = -\frac{\mu y}{r^3}\Big[1 &- J_2\frac{3}{2}\left(\frac{a_{\mathrm{E}}}{r}\right)^2\left(5\frac{z^2}{r^2} - 1\right) + \\ &J_3\frac{5}{2}\left(\frac{a_{\mathrm{E}}}{r}\right)^3\left(3\frac{z}{r} - 7\frac{z^3}{r^3}\right) - J_4\frac{5}{8}\left(\frac{a_{\mathrm{E}}}{r}\right)^4\left(3 - 42\frac{z^2}{r^2} + 64\frac{z^4}{r^4}\right) - \\ &J_5\frac{3}{8}\left(\frac{a_{\mathrm{E}}}{r}\right)^5\left(35\frac{z}{r} - 210\frac{z^3}{r^3} + 231\frac{z^5}{r^5}\right) + \\ &J_6\frac{1}{16}\left(\frac{a_{\mathrm{E}}}{r}\right)^6\left(35 - 945\frac{z^2}{r^2} + 3465\frac{z^4}{r^4} - 3003\frac{z^6}{r^6}\right) + \cdots\Big] \end{aligned} \tag{5.112}$$

$$\ddot{z}=\frac{\partial V}{\partial z}=-\frac{\mu z}{r^3}\Big[1+J_2\frac{3}{2}\Big(\frac{a_{\mathrm{E}}}{r}\Big)^2\Big(3-5\frac{z^2}{r^2}\Big)+$$

$$J_3\frac{3}{2}\Big(\frac{a_{\mathrm{E}}}{r}\Big)^3\Big(10\frac{z}{r}-\frac{35}{3}\frac{z^3}{r^3}-\frac{r}{z}\Big)-J_4\frac{5}{8}\Big(\frac{a_{\mathrm{E}}}{r}\Big)^4\Big(15-70\frac{z^2}{r^2}+63\frac{z^4}{r^4}\Big)-$$

$$J_5\frac{1}{8}\Big(\frac{a_{\mathrm{E}}}{r}\Big)^5\Big(315\frac{z}{r}-945\frac{z^3}{r^3}+693\frac{z^5}{r^5}-15\frac{r}{z}\Big)+$$

$$J_6\frac{1}{16}\Big(\frac{a_{\mathrm{E}}}{r}\Big)^6\Big(315-2205\frac{z^2}{r^2}+4851\frac{z^4}{r^4}-3003\frac{z^6}{r^6}\Big)+\cdots\Big] \tag{5.113}$$

该引力场模型计算的摄动加速度只包含了带谐项，它只与关于地球南北轴对称的质量分布有关而与经度无关。需要注意的是，式（5.110）~式（5.113）是在地心赤道惯性坐标系中给出的，因此在使用时必须知道地球转动的即时位置与此惯性坐标系的关系。由于带谐项与经度无关，并不要求 X 轴指向某一特定方向，而田谐项和扇谐项均与经度有关，必须在地球固连的坐标系中计算，然后再通过坐标转换到惯性坐标系中。

2）大气阻力摄动

地球周围有大气层，卫星在大气层内运动，必然要受到大气的阻力作用。大气阻力对卫星运动的影响很大，尤其是对近地卫星，其影响更为显著。因此，大气阻力也是地球卫星运动的一种主要摄动因素。大气阻力基本上是一个与卫星运动方向相反的摄动力，其阻力加速度大小为

$$D=-\frac{1}{2}\Big(\frac{C_{\mathrm{D}}S}{m}\rho v^2\Big) \tag{5.114}$$

式中：C_{D} 为阻力系数，是无量纲常数，它与卫星形状、飞行姿态有关，一般近似取常数值2.2；S 为卫星在与其运动方向垂直的平面上的截面积，通常取卫星外表面积的1/4；m 为卫星质量，S/m 即为卫星的面质比；ρ 为卫星所在空间处的大气密度，基本上随高度的上升呈指数变化规律下降，且随太阳活动的增强而增大；v 为卫星相对于大气的运动速度；式中的负号表示大气阻力与卫星运动方向相反。

大气阻力是使卫星轨道能量受到损耗的非保守力，它对卫星轨道的影响不同于地球形状摄动，其影响是使轨道半长轴不断减小。由于轨道高度的不断降低，卫星运动速度越来越大。在近地点附近，大气密度较大，卫星运行较快，因而卫星所受阻力也较大，使得卫星再也没有足够的能量达到远地点原来的高度。由于远地点高度的衰减比近地点高度衰减要大得多，轨道偏心率不断减小，即椭圆轨道不断圆形化。随着卫星高度的减低，高度的衰减越来越快，最终使近地卫星以螺旋形轨迹坠入稠密大气层殒毁。当卫星轨道缩减至低于120km的近圆轨道时，便很快结束轨道寿命。另外，大气旋转会引起卫星轨道面方位的微小变化，这种变化在短期内不易察觉，一般可不予考虑。

3）日月引力摄动

在卫星与地球的相对运动中，日月引力摄动加速度不是日月对卫星的引力加速度，而是日月对卫星的引力加速度与地球对卫星的引力加速度的矢量差。在2000km高度以下，

日月引力摄动小于地球形状摄动的1/1000。但在约36000km高度的地球同步轨道上，地球的中心引力加速度约为$0.2242\mathrm{m/s^2}$，地球扁率摄动加速度约为$8.744\times10^{-6}\mathrm{m/s^2}$，而月球和太阳的引力摄动加速度的最大值分别为$8.68\times10^{-6}\mathrm{m/s^2}$和$3.36\times10^{-6}\mathrm{m/s^2}$。因此，在地球同步轨道高度上，日月引力摄动与地球形状引力摄动已在同一量级，必须一并考虑。

4）太阳光压摄动

当卫星位于地球阴影之外时，将受到太阳光辐射压力的作用。太阳光压力方向是由太阳指向卫星，其摄动加速度为

$$\boldsymbol{U}=\frac{kSp}{m}\boldsymbol{q}_0 \tag{5.115}$$

式中：m为卫星质量；S为卫星垂直于太阳方向的截面积（包括太阳能帆板截面）；p为日地平均距离处的太阳平均动量通量，$p=4.4\times10^{-6}\mathrm{kg/(m\cdot s^2)}$，所对应的太阳平均能量通量为$1358\mathrm{W/m^2}$；$k$为反射系数，其取值范围是$0\leqslant k\leqslant2$，具体取值依赖于卫星体表材料的性质：对透明或半透明材料，$k<1$；对完全吸收的黑体材料，$k=1$；对能把所有辐射线朝太阳方向反射的材料，$k=2$。一般来说，在离地面800km的高度，作用在卫星每平方厘米截面上的光压力可达10^{-5}达因（力的单位，1达因$=10^{-5}\mathrm{N}$）量级，这已超过大气阻力值。

除上述四种比较明显的摄动因素外，还存在其他摄动因素。例如，地球引力位中的高阶带谐项与田谐项、潮汐力、电磁效应、广义相对论效应、地球赤道运动效应，以及由卫星自身发出的扰动力（如姿态控制喷气推力）等。

5.2.4 卫星轨道预报（星历计算）

对于绕地运行航天器的椭圆轨道运动，一旦某历元时刻的六个积分常数（即轨道根数）被确定，其运行轨道就被确定了，由此可计算任何时刻航天器的空间位置，这就是卫星轨道预报（或星历表计算）。

已知任意时刻t的六个椭圆轨道根数a、e、i、Ω、ω、M计算卫星的空间位置，一般可分为三步。

第一步：由平近点角M和偏心率e计算偏近点角E，即解开普勒方程$E-e\sin E=M$。

第二步：解开普勒方程得到偏近点角E后，计算卫星的空间位置矢量$\boldsymbol{r}$和速度矢量$\dot{\boldsymbol{r}}$。

第三步：由卫星的空间位置矢量$\boldsymbol{r}$和速度矢量$\dot{\boldsymbol{r}}$，计算卫星的星下点和相对于测站的视位置、视速度。

1. 基于二体力学模型的卫星轨道预报[60]

二体问题是最简单的力学模型，它将航天器和地球看作质点，航天器受力仅考虑地球中心引力的作用，其力学模型可以用式（5.60）描述，是迄今为止唯一能得到严密分析解的运动，用于近似描述航天器的运动，作为进一步讨论航天器精密运动理论的基础。下面详细地讨论基于二体力学模型的卫星轨道预报的方法和步骤。

设已知卫星在某历元时刻t_0的六个椭圆轨道根数为a、e、i、Ω、ω和M，测站地理坐标

为(λ,ϕ,L)，卫星轨道预报是根据上述已知条件计算卫星的地心位置和速度矢量、星下点以及测站的视位置和视速度。

1）利用开普勒方程由平近点角 M 求解偏近点角 E

开普勒方程是关于 E 的超越方程，不便直接求解，需要用近似的方法求解。牛顿迭代法具有收敛速度快、迭代次数少的优点，适合于求解开普勒方程。设有超越方程 $f(x)=0$，在 x_i 附近进行泰勒展开，则

$$f(x)=f(x_i)+f'(x_i)(x-x_i)+\frac{f''(x_i)}{2}(x-x_i)^2+\cdots \tag{5.116}$$

略去二次以上的项，可得 x 的近似值为

$$x\approx x_{i+1}=x_i-\frac{f(x_i)}{f'(x_i)} \tag{5.117}$$

按式(5.117)反复迭代，直至

$$|x_{i+1}-x_i|<\varepsilon \tag{5.118}$$

式中：ε 为设定的迭代终止阈值，依计算精度要求而定。为保证迭代收敛，要求略去的二次以上项足够小，即要求有比较好的初值 x_0。

将牛顿迭代法应用于开普勒方程求解，则

$$\begin{cases}f(E)=E-e\sin E-M=0\\ f'(E)=1-e\cos E\end{cases} \tag{5.119}$$

故

$$E\approx E_{i+1}=E_i-\frac{E_i-e\sin E_i-M}{1-e\cos E_i} \tag{5.120}$$

第一步选择 E 的初值 $E_0=M$，按式(5.120)迭代计算 $E_1=M+\dfrac{e\sin M}{1-e\cos M}$，再将计算得到的 E_1 继续按式(5.120)迭代，以此类推，直至 $|E_{i+1}-E_i|<\varepsilon$ 为止。

2）求解卫星在历元时刻 t_0 的位置矢量和速度矢量

由于卫星是在轨道平面内绕地球作椭圆曲线飞行，在求解开普勒方程得到卫星的偏近点角 E 后，先将历元时刻 t_0 的轨道倾角 i、升交点赤经 Ω 和近地点幅角 ω 代入式(5.89)和式(5.90)，分别求得近焦点坐标系的近地点单位矢量 $\boldsymbol{P}$ 和半通径单位矢量 $\boldsymbol{Q}$；再将历元时刻 t_0 的半长轴 a、平均角速度 n 以及前面求得的 E、$\boldsymbol{P}$ 和 $\boldsymbol{Q}$ 代入式(5.88)和式(5.93)，可以得到卫星在 t_0 时刻的位置矢量 $\boldsymbol{r}_0$ 和速度矢量 $\dot{\boldsymbol{r}}_0$，作为求解二体力学模型微分方程的初值。

3）建立并求解二体力学模型微分方程

根据式(5.60)描述的航天器二体问题轨道力学模型，将卫星在 J2000.0 地心惯性(ECI)坐标系下的位置矢量和速度矢量合成一个状态矢量，建立二体问题的轨道力学微分方程为

$$\ddot{\boldsymbol{r}}=-\frac{\mu}{r^3}\boldsymbol{r}\Rightarrow\begin{cases}\dfrac{\mathrm{d}}{\mathrm{d}t}\begin{bmatrix}x\\y\\z\\\dot{x}\\\dot{y}\\\dot{z}\end{bmatrix}=\begin{bmatrix}\dot{x}\\\dot{y}\\\dot{z}\\-\dfrac{\mu x}{(x^2+y^2+z^2)^{\frac{3}{2}}}\\-\dfrac{\mu y}{(x^2+y^2+z^2)^{\frac{3}{2}}}\\-\dfrac{\mu z}{(x^2+y^2+z^2)^{\frac{3}{2}}}\end{bmatrix}\\[\,x\quad y\quad z\quad \dot{x}\quad \dot{y}\quad \dot{z}\,]_{t=t_0}=[\,x_0\quad y_0\quad z_0\quad \dot{x}_0\quad \dot{y}_0\quad \dot{z}_0\,]\end{cases}\tag{5.121}$$

设定轨道外推时间段，根据上述计算的卫星 t_0 时刻位置和速度矢量，通过求解微分方程(5.121)外推 t_0 后不同时刻 t 的位置和速度矢量 $[x(t),y(t),z(t),\dot{x}(t),\dot{y}(t),\dot{z}(t)]$。

上述问题化为一阶常微分方程的初值问题，即求解函数 $y(x)$，使之满足条件：

$$\begin{cases}y'(x)=f(x,y)\\y(a)=y_a\end{cases}\tag{5.122}$$

在实际应用中，微分方程的求解将微分问题离散化，用数值方法求其近似解，通常假定解存在且唯一，解函数 $y(x)$ 及右端函数 $f(x,y)$ 具有所需的光滑程度。数值解法的基本思想是：先取自变量一系列离散点，把微分问题式(5.122)离散化，求出离散问题的数值解，并以此作为微分问题解 $y(x)$ 的近似。例如，取步长 $h>0$，以 h 剖分区间 $[a,b]$，令 $x_i=a+ih$，把微分方程离散化成一个差分方程。以 $y(x)$ 表示微分方程初值问题的解，以 y_i 表示差分问题的解，则 $\varepsilon_i=y(x_i)-y_i$ 即为近似解的误差。因此，设计各种离散化模型、求出近似解、估计误差及研究数值方法的稳定性和收敛性等构成了数值法的基本内容。

(1) 基于数值微分的方法。将方程式(5.122)左端的导数用某个一阶数值微分公式来代替，例如在 x_n 点以 $\dfrac{y_{n+1}-y_n}{h}$ 代替 y'_n，即得欧拉前向公式：

$$\begin{cases}y_{n+1}=y_n+hf_n,f_n=f(x_n,y_n)\\y_0=y_a\end{cases}\tag{5.123}$$

若在 x_{n+1} 点以 $\dfrac{y_{n+1}-y_n}{h}$ 代替 y'_{n+1}，即得欧拉后向公式：

$$y_{n+1}=y_n+hf_{n+1}\tag{5.124}$$

取式(5.123)和式(5.124)的平均值，可导出二阶精度的递推公式：

$$y_{n+1}=y_n+\frac{h}{2}(f_n+f_{n+1}) \tag{5.125}$$

由上述三个递推公式可知，若已知初值 y_0 便可求出 y_1，然后由 y_1 求 y_2，以此类推，这便是数值积分建立和实现的基本过程。上述求解方法的原理明确、计算简单，且便于计算机实现，能快速获得初值函数一定精度的近似解，但精度较差，随着步长推进误差逐渐增大。

（2）基于泰勒展开的方法。由于 $y(x)$ 在 $[a,b]$ 上充分光滑，根据泰勒公式，有

$$y(x_n+h)=y(x_n)+hy'(x_n)+\frac{h^2}{2!}y''(x_n)+\cdots+\frac{h^r}{r!}y^{(r)}(x_n)+\frac{h^{r+1}}{(r+1)!}y^{(r+1)}(x_n+\theta h)\quad 0\leqslant\theta\leqslant1;n=0,1,2,3,\cdots,N-1 \tag{5.126}$$

由 $y'(x)=f(x,y)$，则

$$\begin{aligned}y''(x)&=f_x(x,y)+f_y(x,y)y'(x)\\&=f_x(x,y)+f_y(x,y)f(x,y)\\y'''(x)&=f_{xx}(x,y)+2f_{xy}(x,y)f(x,y)+f_{yy}(x,y)[f(x,y)]^2+\\&\quad f_y(x,y)[f_x(x,y)+f_y(x,y)f(x,y)]\\&\vdots\end{aligned}$$

理论上，可由具体的 $f(x,y)$ 给出 $y^{(r)}(x)$ 的表达式。略去高阶项 $\frac{h^{r+1}}{(r+1)!}y^{(r+1)}(x_n+\theta h)$ 时，就得到差分方程：

$$y_{n+1}\approx y_n+hf(x_n,y_n)+\frac{h^2}{2}[f_x(x_n,y_n)+f_y(x_n,y_n)f(x_n,y_n)]+\cdots+\frac{h^r}{r!}\frac{\mathrm{d}^r}{\mathrm{d}x^r}[f(x,y(x))]\big|_{x=x_n,y=y_n} \tag{5.127}$$

显然，当 $y(x)$ 为 r 阶多项式时，高阶项为0，因此差分方程式（5.127）为 r 阶单步方法，此时差分方程的解即为微分方程的精确解。若取 $r=1$，得到一阶单步法：$y_{n+1}=y_n+hf(x_n,y_n)$，此即欧拉公式。若取 $r=2$，即得二阶单步法：

$$y_{n+1}=y_n+hf(x_n,y_n)+\frac{h^2}{2}[f_x(x_n,y_n)+f_y(x_n,y_n)f(x_n,y_n)] \tag{5.128}$$

基于泰勒展开的方法，原则上可以建立任意阶的单步差分方法。但是，由于它需要求出 $f(x,y)$ 的各阶偏导数形式，使用时十分不方便，在实际工程应用中很少被采用。

（3）龙格－库塔（Runge－Kutta）法[53]。设计一个算法，假定公式中含有某些待定常数，在函数光滑的条件下，将其按泰勒展开并与微分方程解 $y(x_n+h)$ 的展开式中 h 的同幂次项相比较，按照给定的精度阶得到待定常数应满足的一些方程，通过这些方程确定待定常数，即可得到所要的差分公式。1895年，龙格首先提出间接使用泰勒展开的方法，即将增量 $y_{n+1}-y_n$ 表示成 (x_n,y_n) 邻近的一些点的 $f(x,y)$ 值的线性组合，以其代替 $f(x,y)$ 的导数，然后按泰勒展开式确定其中的系数。

假定解具有如下形式：

$$
\begin{cases}
y_{n+1} - y_n \approx h\sum_{i=1}^{m} c_i k_i, \quad \sum_{i=1}^{m} c_i = 1, k_1 = f(x_n, y_n) \\
k_i = f(x_n + a_i h, y_n + h\sum_{s=1}^{i-1} b_{is} k_s) \quad i = 2,3,\cdots,m \\
a_i = \sum_{s=1}^{i-1} b_{is}
\end{cases}
\tag{5.129}
$$

式中：c_i 为加权系数；a_i、b_{is} 为常数。m 称为 RK 方法的阶，根据式(5.129)，由 y_n 计算 y_{n+1} 的一般步骤是：由 y_n 计算 k_1，再由 k_1 计算 k_2、k_3，…，最后求出 y_{n+1}。这样每积分一步(即计算 $y_{n+1}-y_n$)需要求右函数 $f(x,y)$ m 次。

选择常系数 c_i、a_i、b_{is} 时，在任意函数 $f(x,y)$ 和任意步长 h 的情况下，都要使展开式(5.127)和式(5.129)在 h 的尽量高阶上相一致。对于 p 阶龙格-库塔公式，要使两者符合到 h^p。为了求出系数，列出有关的方程式，解这些方程时求得 c_i、a_i、b_{is} 的值。当方程组内未知数的数目大于方程式的数目时，在选择一个或几个系数时允许有某种任意性。结果对于同样的 p 阶公式可能得到不同的系数值。例如，对于 2 阶龙格-库塔公式，式(5.129)成为

$$
y_{n+1} = y_n + h(c_1 k_1 + c_2 k_2) \tag{5.130}
$$

$$
\begin{cases}
k_1 = f(x_n, y_n) = f_n \\
k_2 = f(x_n + ah, y_n + b_{21} h k_1)
\end{cases}
\tag{5.131}
$$

将式(5.131)代入式(5.130)，并在 x_n 点处展开，得

$$
y_{n+1} = y_n + h[c_1 f_n + c_2(f_n + f'_x ah + f'_y h b_{21} f_n) + o(h^2)]\big|_{(x_n, y(x_n))} \tag{5.132}
$$

另外，按泰勒展开得

$$
y_{n+1} = y_n + hf_n + \frac{h^2}{2}[(f'_x + f'_y f_n) + o(h^2)]\big|_{(x_n, y(x_n))} \tag{5.133}
$$

比较式(5.132)、式(5.133) h 的同幂次的系数，应有

$$
\begin{cases}
c_1 + c_2 = 1 \\
c_2 a = 0.5 \\
c_2 b_{21} = 0.5
\end{cases}
\tag{5.134}
$$

以上四个待定系数只需满足三个方程，为不定解。取 a 作为自由参数来选定 c_1、c_2，分别取 $a=1$、$a=\frac{2}{3}$ 和 $a=\frac{1}{2}$，就得到相应的 (c_1, c_2) 分别为 $\left(\frac{1}{2},\frac{1}{2}\right)$、$\left(\frac{1}{4},\frac{3}{4}\right)$ 和 $(0,1)$；b_{21} 分别为 1、$\frac{2}{3}$ 和 $\frac{1}{2}$。相应的 2 阶龙格-库塔公式分别为

$$
\begin{cases}
y_{n+1} = y_n + \frac{h}{2}(k_1 + k_2) \\
k_1 = f(x_n, y_n) \\
k_2 = f(x_n + h, y_n + hk_1)
\end{cases}
\tag{5.135}
$$

$$\begin{cases} y_{n+1} = y_n + \dfrac{h}{4}(k_1 + 3k_2) \\ k_1 = f(x_n, y_n) \\ k_2 = f\left(x_n + \dfrac{2}{3}h, y_n + \dfrac{2}{3}hk_1\right) \end{cases} \tag{5.136}$$

$$\begin{cases} y_{n+1} = y_n + hk_2 \\ k_1 = f(x_n, y_n) \\ k_2 = f\left(x_n + \dfrac{1}{2}h, y_n + \dfrac{1}{2}hk_1\right) \end{cases} \tag{5.137}$$

对于高阶龙格－库塔公式,可用同法推导。例如,对于 p 阶公式,要推导出 $k_1, k_2, \cdots, k_p$ 的表达式,阶数越高,公式推导越复杂。对于人造地球卫星中某些精度要求不太高的问题,采用4阶龙格－库塔方法是适宜的,下面给出三种形式的4阶龙格－库塔公式。

① 经典形式:

$$\begin{cases} y_{n+1} = y_n + \dfrac{h}{6}(k_1 + 2k_2 + 2k_3 + k_4) \\ k_1 = f(x_n, y_n) \\ k_2 = f\left(x_n + \dfrac{1}{2}h, y_n + \dfrac{1}{2}hk_1\right) \\ k_3 = f\left(x_n + \dfrac{1}{2}h, y_n + \dfrac{1}{2}hk_2\right) \\ k_4 = f(x_n + h, y_n + hk_3) \end{cases} \tag{5.138}$$

② 库塔公式:

$$\begin{cases} y_{n+1} = y_n + \dfrac{h}{8}(k_1 + 3k_2 + 3k_3 + k_4) \\ k_1 = f(x_n, y_n) \\ k_2 = f\left(x_n + \dfrac{1}{3}h, y_n + \dfrac{1}{3}hk_1\right) \\ k_3 = f\left(x_n + \dfrac{2}{3}h, y_n - \dfrac{1}{3}hk_1 + hk_2\right) \\ k_4 = f(x_n + h, y_n + hk_1 - hk_2 + hk_3) \end{cases} \tag{5.139}$$

③ 吉尔公式(减小舍入误差):

$$\begin{cases} y_{n+1} = y_n + \dfrac{h}{6}[k_1 + (2-\sqrt{2})k_2 + (2+\sqrt{2})k_3 + k_4] \\ k_1 = f(x_n, y_n) \\ k_2 = f\left(x_n + \dfrac{1}{2}h, y_n + \dfrac{1}{2}hk_1\right) \\ k_3 = f\left[x_n + \dfrac{1}{2}h, y_n + \dfrac{\sqrt{2}-1}{2}hk_1 + \left(1 - \dfrac{\sqrt{2}}{2}\right)hk_2\right] \\ k_4 = f\left[x_n + h, y_n - \dfrac{\sqrt{2}}{2}hk_2 + \left(1 + \dfrac{\sqrt{2}}{2}\right)hk_3\right] \end{cases} \tag{5.140}$$

利用上述数值解法可求解二体力学模型的微分方程，得到卫星在历元时刻 t_0 后一段时间内 J2000.0 坐标系中的位置矢量 $\boldsymbol{r}_t$ 和速度矢量 $\dot{\boldsymbol{r}}_t$。

4）计算格林尼治恒星时 S_G

卫星绕地周期性飞行和地球自西向东地自转，使得卫星在地球表面的星下点以及卫星相对于地球测站的地平视位置随时间在不断变化，即卫星、地球以及测站在 J2000.0 地心坐标系中的位置是变化的。J2000.0 地心坐标系的 x 轴是在赤道平面上由地心指向 2000 年 1 月 1 日 12:00 时刻的平春分点位置，地球上格林尼治子午面相对于该位置平面 xoz 的夹角即为格林尼治恒星时 S_G 对应的时角。

计算某历元时刻对应的格林尼治恒星时 S_G 两个步骤如下：

（1）由式(5.15)将历元时刻转化为儒略日：

$$JD(t)=367Y-\left[7\left(Y+\left[\frac{M+9}{12}\right]\right)/4\right]+\left[\frac{275M}{9}\right]+D+1721013.5+\frac{h}{24}+\frac{m}{1440}+\frac{s}{86400}$$

式中：[ ]为向下取整。值得注意的是，此时历元时刻用世界时 UT1。

（2）由式(5.3)计算格林尼治恒星时 S_G：

$$\overline{S}_G=18^{\mathrm{h}}.6973746+879000^{\mathrm{h}}.0513367T_U+0^{\mathrm{s}}.093104T_U^2-6^{\mathrm{s}}.2\times10^{-6}T_U^3$$

在计算时要注意统一单位、模 24h 等问题，最后的单位转换成弧度。

5）计算卫星的星下点

将上述计算得到的不同时刻卫星的 J2000.0 地心矢量为 $\boldsymbol{r}=[x\quad y\quad z]^{\mathrm{T}}$，转换到地心地固(ECEF)坐标系的空间直角坐标 $\boldsymbol{R}_{GO}=[x_{GO}\quad y_{GO}\quad z_{GO}]^{\mathrm{T}}$ 为

$$\boldsymbol{R}_{GO}\approx\boldsymbol{R}_Z(S_G)\cdot\boldsymbol{r} \tag{5.141}$$

式中：S_G 为格林尼治恒星时（即春分点的时角）；$\boldsymbol{R}_Z(S_G)$ 为旋转矩阵

$$\boldsymbol{R}_Z(S_G)=\begin{bmatrix}\cos S_G & \sin S_G & 0\\ -\sin S_G & \cos S_G & 0\\ 0 & 0 & 1\end{bmatrix} \tag{5.142}$$

由于地球是一个椭球，星下点采用 5.1.3 节给出的迭代法求解。

6）计算卫星相对于地球测站的视位置

若设地球测站地理坐标为(λ,ϕ,L)，则测站转换为 J2000.0 地心惯性坐标系下的位置矢量为 $\boldsymbol{R}_I=[X\quad Y\quad Z]^{\mathrm{T}}$，其三个坐标分量分别为

$$\begin{cases}X=\left[\dfrac{a_E}{\sqrt{1-e_E^2\sin^2\phi}}+L\right]\cos\phi\cos S_\lambda\\ Y=\left[\dfrac{a_E}{\sqrt{1-e_E^2\sin^2\phi}}+L\right]\cos\phi\sin S_\lambda\\ Z=\left[\dfrac{a_E(1-e_E^2)}{\sqrt{1-e_E^2\sin^2\phi}}+L\right]\sin\phi\end{cases} \tag{5.143}$$

式中：$S_\lambda=S_G+\lambda$，为测站地方恒星时。卫星相对于测站的位置矢量 $\boldsymbol{\rho}=\boldsymbol{r}-\boldsymbol{R}_I$，令：$\Delta x=x-X$，

$\Delta y = y - Y, \Delta z = z - Z$,则卫星相对于测站的方位角 A 和俯仰角 E 可由式(5.144)计算:

$$\begin{cases} \tan A = \dfrac{-\Delta x \sin S_{\lambda} + \Delta y \cos S_{\lambda}}{-\Delta x \sin\phi \cos S_{\lambda} - \Delta y \sin\phi \sin S_{\lambda} + \Delta z \cos\phi} \\ \sin E = \dfrac{\Delta x \cos\phi \cos S_{\lambda} + \Delta y \cos\phi \sin S_{\lambda} + \Delta z \sin\phi}{\rho} \end{cases} \tag{5.144}$$

在计算过程中,注意方位角 Az 的象限问题。

2. 仅考虑 J_2 摄动因素影响的卫星轨道预报

卫星在绕地飞行过程中要受到地球非球形、大气阻力、日月引力和太阳光压等各种摄动因素的影响,受摄运动的卫星轨道根数是随时间变化的。实际上,卫星主要受地球中心引力的作用,其他摄动力与中心引力相比都小于 10^{-3}。而根据目前的测定,地球非球形摄动主要带谐项中,J_2 项是中心引力场的 10^{-3},$J_n(n \geqslant 3)$ 的量级几乎为 $10^{-6} \sim 10^{-7}$,且这些项的影响并不是累积的,而是相互抵消的;一般田谐项的量级也是 $10^{-6} \sim 10^{-7}$。因此,J_2 摄动因素是卫星运动过程中的主要因素。

仅考虑 J_2 摄动因素影响的卫星轨道预报的计算过程与基于二体力学模型的卫星轨道预报过程完全相同,不再赘述;两者不同之处在于其轨道力学微分方程的建立和描述,根据式(5.110),很容易得到仅考虑 J_2 摄动因素影响的地球引力场势函数为

$$V = \frac{\mu}{r}\left[1 - \frac{J_2}{2}\left(\frac{a_{\mathrm{E}}}{r}\right)^2 (3\sin^2\phi - 1)\right] \tag{5.145}$$

由式(5.111)~式(5.113),可得到地心惯性坐标系下的轨道力学微分方程为

$$\ddot{\boldsymbol{r}} = -\frac{\mu}{r^3}\mathrm{r} \Rightarrow \begin{cases} \dfrac{\mathrm{d}}{\mathrm{d}t}\begin{bmatrix} x \\ y \\ z \\ \dot{x} \\ \dot{y} \\ \dot{z} \end{bmatrix} = \begin{bmatrix} \dot{x} \\ \dot{y} \\ \dot{z} \\ -\dfrac{\mu x}{r^3}\left[1 - J_2 \cdot \dfrac{a_{\mathrm{E}}^2}{r^2} \cdot \left(7.5\dfrac{z^2}{r^2} - 1.5\right)\right] \\ -\dfrac{\mu y}{r^3}\left[1 - J_2 \cdot \dfrac{a_{\mathrm{E}}^2}{r^2} \cdot \left(7.5\dfrac{z^2}{r^2} - 1.5\right)\right] \\ -\dfrac{\mu z}{r^3}\left[1 + J_2 \cdot \dfrac{a_{\mathrm{E}}^3}{r^2} \cdot \left(4.5 - 7.5\dfrac{z^2}{r^2}\right)\right] \end{bmatrix} \\ [x \quad y \quad z \quad \dot{x} \quad \dot{y} \quad \dot{z}]_{t=t_0} = [x_0 \quad y_0 \quad z_0 \quad \dot{x}_0 \quad \dot{y}_0 \quad \dot{z}_0] \end{cases} \tag{5.146}$$

根据式(5.146)描述的轨道力学微分方程,采用上述二体问题力学模型的卫星轨道预报方法和步骤,可以求解仅考虑 J_2 摄动因素影响的卫星轨道预报数据。

3. 基于 SXP4 模型的卫星轨道预报[58-59]

在实际应用中,卫星轨道预报通常是事先建立精确高效的轨道预报模型,再根据模

型进行卫星星历计算。

1）双行根数(TLE)

双行根数是北美防空司令部(NORAD)发布的空间在轨飞行物体的轨道根数，也是目前唯一公开发布且编目最完备的地球轨道空间目标编目数据。TLE 考虑了地球扁率、日月引力的长期和周期摄动影响，以及大气阻力模型产生的引力共振和轨道衰退，且 TLE 是通过特定方法移除了周期变化的平根数。因此，TLE 并不适用于所有的解析解模型，为得到更好的预报精度，采用 1980 年 12 月 NORAD 公布的 SGP4/SDP4 模型，精确重建移除的周期变化部分。

生成 TLE 使用的坐标系是真赤道、平春分点坐标系(TEMED)，其 x 轴指向平春分点，z 轴与地球瞬时自转轴平行，而数值积分采用的是地球平赤道、平春分点坐标系(EME2000，即 J2000.0 地心赤道坐标系)。设 TEMED 中的坐标为 $\boldsymbol{r}_1$，EME2000 中的坐标为 $\boldsymbol{r}_2$，两者之间的转换关系为

$$\boldsymbol{r}_1 = \boldsymbol{R}_3(-\Delta\mu)(\boldsymbol{NR})(\boldsymbol{PR})\boldsymbol{r}_2 = \boldsymbol{M}\boldsymbol{r}_2 \tag{5.147}$$

式中：$\Delta\mu$ 为赤经章动；$(\boldsymbol{NR})$ 和 $(\boldsymbol{PR})$ 分别为岁差矩阵和章动矩阵，其具体描述见式(5.30)和式(5.33)。

TLE 轨道根数由两行 69 个字符数据组成，它包含了关于目标的编号、发射时间、历元时刻、大气阻力项以及六个独立的轨道根数 i、Ω、e、ω、M、n。TLE 中有效字符只有大写字母 A ~ Z，阿拉伯数字 0 ~ 9，小数点(.)，空格和正负号(+、-)，其他字符都是无效的。表 5.1 说明了每一列的有效字符。

表 5.1 TLE 格式与有效字符

1 NNNNC NNNNNAAA NNNNN. NNNNNNNN +. NNNNNNNN + NNNNN - N + NNNNN - N N NNNNN
2 NNNNN NNN. NNNN NNN. NNNN NNNNNNN NNN. NNNN NNN. NNNN NN. NNNNNNNNNNNNNN

其中，空格和小数点的列不可以用别的字符；N 表示的列可以是数字 0 ~ 9，有时也可以是空格；A 表示的列可以是大写字母 A ~ Z 和空格；C 表示的列只可以表示空间目标的密级，U 代表公开，S 代表秘密；+表示的列可以是正号或者负号或者空格；-表示的列只可以是+或者-。TLE 文件的具体字段说明详见表 5.2。

表 5.2 TLE 文件的字段说明

域	比特位	含义
1.1	01	行号
1.2	03 - 07	卫星编目号，采用 5 位 10 进制数表示，最多可编目 99999 个目标
1.3	08	保密标识：U 表示非密，S 表示秘密
1.4	10 - 11	发射所在年份，采用 2 位 10 进制数表示，如 10 代表 2010 年
1.5	12 - 14	当年的发射变号，采用 3 位十进制数表示，如 528 表示当年第 528 次发射
1.6	15 - 17	该次发射中产生的第几个目标，大写字母表示，如 E 表示本次发射中形成的第五个目标
1.7	19 - 20	历元年份，2 位 10 进制数表示，如 10 代表 2010 年
1.8	21 - 32	历元天数，表示历元年时刻在该年中的天数，小数点后保留 8 位有效数字
1.9	34 - 43	平均运动对时间的一阶导数除以 2，用来计算每一天平均运动的变化带来的轨道漂移

续表

域	比特位	含义
1.10	45-52	平均运动二阶导数对时间的二阶导数除以6,用来计算每一天平均运动的变化带来的轨道漂移
1.11	54-61	BSTAR大气阻力项
1.12	63	星历表类型,对外公布的编目中将此值统一设为0,表示由SGP4/SDP4模型生成,NORAD内部为1=SGP,2=SGP4,3=SDP4,4=SGP8,5=SDP8
1.13	65-68	星历号,表示该目标的轨道根数编号(更新次数)
1.14	69	校验和(模10)
2.1	01	卫星数据的行号
2.2	03-07	卫星编号
2.3	09-16	轨道倾角,单位:(°)
2.4	18-25	轨道升交点赤经Ω,单位:(°)
2.5	27-33	轨道偏心率e(已设定小数点)
2.6	35-42	近地点辐角ω,单位:(°)
2.7	44-51	平近点角M,单位:(°)
2.8	53-63	平均角速度n,单位:圈/天
2.9	64-68	历元时刻的圈数(发射后首次过升交点为第一圈),单位:圈
2.10	69	校验和(模10)

对于表5-2,还需说明的是,域1.2表示NORAD编号,域1.4到1.6是目标的国际编号,域1.7和域1.8决定了根数的历元时刻,日期从1月1日的UT零时开始起算。域1.9表示的是平运动一阶导数$\dot{n}/2$,单位是圈/天^2,域1.10表示的是平运动二阶导数$\ddot{n}/6$,单位是圈/天^3,但这两个域只用于SGP模型中。域1.11是SGP4模型使用的大气阻力系数$B^* = B\rho_0/2$,其中,$B = C_D \times A/m$;C_D为阻力系数;A/m为目标的面质比;ρ_0为大气密度。

NORAD规定,“圈”是从卫星到达轨道升交点开始算起,一圈为卫星在连续过升交点之间的间隔。发射瞬间与卫星第一次到达轨道升交点的间隔被认为是第0圈,第1圈从第一次过升交点开始起量。

2) SXP4模型

SXP4模型是美国空间监视网(SSN)发布的轨道预报模型,该模型将所有的空间目标分为近地目标(周期小于225min)和深空目标(周期大于225 min)两大类。其中,SGP和SGP4模型用于近地目标的轨道预报计算,区别在于平均角速度和阻力的表述形式不同;SDP4是SGP4的扩展,用于深空目标轨道计算;SGP8也用于近地目标轨道计算,对微分方程求解采用了不同的方法;SDP8是SGP8的扩展,用于深空目标轨道计算。目前,SGP4/SDP4是应用主流,TLE轨道根数采用的就是SGP4/SDP4模型。

SGP4/SDP4模型计算公式中的变量如下:

n_0——TLE中的平均角速度;

e_0——TLE中的偏心率;

i_0——TLE中的轨道倾角;

M_0——TLE 中的平近点角；

ω_0——TLE 中的近地点幅角；

Ω_0——TLE 中的升交点赤经；

$\dot{n}_0$——TLE 中的平运动角速度的一阶导数；

$\ddot{n}_0$——TLE 中的平运动角速度的二阶导数；

B^*——阻力系数；

k_e——$\sqrt{GM}$，G 是牛顿万有引力常数，M 为地球质量；

a_E——地球赤道半径；

J_2——地球引力第二带谐项；

J_3——地球引力第三带谐项；

J_4——地球引力第四带谐项；

$(t-t_0)$——与历元时刻的时间间隔；

$k_2=\frac{1}{2}J_2a_E^2$；

$k_4=-\frac{3}{8}J_4a_E^4$。

相应常量的变量定义和数值如表 5.3 所列。

表 5.3 常量的变量名、定义和数值

变量名	定义	数值
$CK2$	$\frac{1}{2}J_2a_E^2$	5.413080×10^{-4}
$CK4$	$-\frac{3}{8}J_4a_E^4$	62098875×10^{-6}
S	s	1.01222928
QOMS2T	$(q_0-s)^4s^4$	1.88027916×10^{-9}
XKMPER	地球赤道半径	6378.135

(1) SGP4 轨道预报[62]。对于近地轨道目标(周期小于 225 min)，NORAD 的 TLE 根数使用 SGP4 模型进行预报，初始平运动角速度和半长轴采用以下公式进行计算：

$$a_1=\left(\frac{k_e}{n_0}\right)^{\frac{2}{3}} \tag{5.148}$$

$$\delta_1=\frac{3}{2}\frac{k_2(3\cos^2 i_0-1)}{a_1^2(1-e_0^2)^{\frac{3}{2}}} \tag{5.149}$$

$$a_0=a_1\left(1-\frac{1}{3}\delta_1-\delta_1^2-\frac{134}{81}\delta_1^3\right) \tag{5.150}$$

$$\delta_0=\frac{3}{2}\frac{k_2(3\cos^2 i_0-1)}{a_0^2(1-e_0^2)^{\frac{3}{2}}} \tag{5.151}$$

$$n_0''=\frac{n_0}{1+\delta_0} \tag{5.152}$$

$$a_0''=\frac{a_0}{1-\delta_0} \tag{5.153}$$

对于近地点高度在98～156km之间的情况，用于SGP4的s常数值变为

$$s^{*} = a_0''(1 - e_0) - s + a_{\mathrm{E}} \tag{5.154}$$

近地点高度低于98km时，s常数值变为

$$s^{*} = 20/\mathrm{XKMPER} + a_{\mathrm{E}} \tag{5.155}$$

如果s的数值发生改变，则$(q_0 - s)^4$的值必须替换为

$$(q_0 - s^{*})^4 = [[(q_0 - s)^4]^{\frac{1}{4}} + s - s^{*}]^4 \tag{5.156}$$

接下来计算下列常数（使用相应的s和$(q_0 - s)^4$）

$$\theta = \cos i_0 \tag{5.157}$$

$$\xi = \frac{1}{a_0'' - s} \tag{5.158}$$

$$\beta_0 = (1 - e_0^2)^{\frac{1}{2}} \tag{5.159}$$

$$\eta = a_0'' e_0 \xi \tag{5.160}$$

$$C_2 = (q_0 - s)^4 \xi^4 n_0'' (1 - \eta^2)^{-\frac{7}{2}} \left[a_0'' \left(1 + \frac{3}{2}\eta^2 + 4e_0\eta + e_0\eta^3 \right) + \frac{3}{2}\frac{k_2\xi}{1 - \eta^2} \left(-\frac{1}{2} + \frac{3}{2}\theta^2 \right)(8 + 24\eta^2 + 3\eta^4) \right] \tag{5.161}$$

$$C_1 = B^{*} C_2 \tag{5.162}$$

$$C_3 = \frac{(q_0 - s)^4 \xi^5 A_{3,0} n_0'' a_{\mathrm{E}} \sin i_0}{k_2 e_0} \tag{5.163}$$

$$C_4 = 2n_0''(q_0 - s)^4 \xi^4 a_0'' \beta_0^2 (1 - \eta^2)^{-\frac{7}{2}} \left[2\eta(1 + e_0\eta) + \frac{1}{2}e_0 + \frac{1}{2}\eta^3 \right) - \frac{2k_2\xi}{a_0''(1 - \eta^2)} \times \left(3(1 - 3\theta^2)\left(1 + \frac{3}{2}\eta^2 - 2e_0\eta - \frac{1}{2}e_0\eta^3 \right) + \frac{3}{4}(1 - \theta^2)(2\eta^2 - e_0\eta - e_0\eta^3)\cos 2\omega_0 \right) \Bigg] \tag{5.164}$$

$$C_5 = 2(q_0 - s)^4 \xi^4 a_0'' \beta_0^2 (1 - \eta^2)^{-\frac{7}{2}} \left[1 + \frac{11}{4}\eta(\eta + e_0) + e_0\eta^3 \right] \tag{5.165}$$

$$D_2 = 4a_0'' \xi C_1^2 \tag{5.166}$$

$$D_3 = \frac{4}{3} a_0'' \xi^2 (17a_0'' + s) C_1^3 \tag{5.167}$$

$$D_4 = \frac{2}{3} a_0'' \xi^3 (221a_0'' + 31s) C_1^4 \tag{5.168}$$

大气阻力和引力的长期影响公式为

$$M_{\mathrm{DF}} = M_0 + \left[1 + \frac{3k_2(-1 + 3\theta^2)}{2a_0''^2 \beta_0^3} + \frac{3k_2^2(13 - 78\theta^2 + 137\theta^4)}{16a_0''^4 \beta_0^7} \right] n''_0 (t - t_0) \tag{5.169}$$

$$\omega_{DF}=$$

$$\omega_0+\left[-\frac{3k_2(1-5\theta^2)}{2a_0''^2\beta_0^4}+\frac{3k_2^2(7-114\theta^2+395\theta^4)}{16a_0''^4\beta_0^8}+\frac{5k_4(3-36\theta^2+49\theta^4)}{4a_0''^4\beta_0^8}\right]n_0''(t-t_0) \tag{5.170}$$

$$\Omega_{DF}=\Omega_0+\left[-\frac{3k_2\theta}{a_0''^2\beta_0^4}+\frac{3k_2^2(4\theta-19\theta^3)}{2a_0''^4\beta_0^8}+\frac{5k_4\theta(3-7\theta^2)}{2a_0''^4\beta_0^8}\right]n_0''(t-t_0) \tag{5.171}$$

$$\delta\omega=B^*C_3(\cos\omega_0)(t-t_0) \tag{5.172}$$

$$\delta M=-\frac{2}{3}(q_0-s)^4B^*\xi^4\frac{a_E}{e_0\eta}[(1+\eta\cos M_{DF})^3-(1+\eta\cos M_0)^3] \tag{5.173}$$

$$M_p=M_{DF}+\delta\omega+\delta M \tag{5.174}$$

$$\omega=\omega_{DF}-\delta\omega-\delta M \tag{5.175}$$

$$\Omega=\Omega_{DF}-\frac{21}{2}\frac{n_0''k_2\theta}{a_0''^2\beta_0^2}C_1(t-t_0)^2 \tag{5.176}$$

$$e=e_0-B^*C_4(t-t_0)-B^*C_5(\sin M_p-\sin M_0) \tag{5.177}$$

$$a=a_0''[1-C_1(t-t_0)-D_2(t-t_0)^2-D_3(t-t_0)^3-D_4(t-t_0)^4]^2 \tag{5.178}$$

$$IL=M_p+\omega+\Omega+n_0''\left[\frac{3}{2}C_1(t-t_0)^2-(D_2+2C_1^2)(t-t_0)^3-D_3(t-t_0)^3+\frac{1}{4}(3D_3+12C_1D_2+10C_1^3)(t-t_0)^4+\frac{1}{5}(3D_4+12C_1D_3+6D_2^2+30C_1^2D_2+15C_1^4)(t-t_0)^5\right] \tag{5.179}$$

$$\beta=\sqrt{1-e^2} \tag{5.180}$$

$$n=k_e/a^{\frac{3}{2}} \tag{5.181}$$

上述各式中,$(t-t_0)$是相对历元时刻的时间间隔。必须注意,当历元时刻的近地点高度低于220km时,上述公式中的 a 和 IL 从 C_1 项后截断,包括有 C_5、$\delta\omega$ 和 δM 的项也被舍去了。

添加长周期项公式:

$$a_{xN}=e\cos\omega \tag{5.182}$$

$$IL_L=\frac{A_{3,0}\sin i_0}{8k_2a\beta^2}(e\cos\omega)\left(\frac{3+5\theta}{1+\theta}\right) \tag{5.183}$$

$$a_{yNL}=\frac{A_{3,0}\sin i_0}{4k_2a\beta^2} \tag{5.184}$$

$$IL_T=IL+IL_L \tag{5.185}$$

$$a_{yN}=e\sin\omega+a_{yNL} \tag{5.186}$$

解开普勒方程求得$(E+\omega)$,先定义:

$$U = IL_{\mathrm{T}} - \Omega \tag{5.187}$$

并使用下面的迭代公式：

$$(E+\omega)_{i+1} = (E+\omega)_i + \Delta(E+\omega)_i \tag{5.188}$$

其中

$$\Delta(E+\omega)_i = \frac{U - a_{yN}\cos(E+\omega)_i + a_{xN}\sin(E+\omega)_i - (E+\omega)_i}{-a_{yN}\sin(E+\omega)_i - a_{xN}\cos(E+\omega)_i + 1} \tag{5.189}$$

且$(E+\omega)_1 = U$。

下面的公式用于计算短周期项所需的量：

$$e\cos E = a_{xN}\cos(E+\omega) + a_{yN}\sin(E+\omega) \tag{5.190}$$

$$e\sin E = a_{xN}\sin(E+\omega) - a_{yN}\cos(E+\omega) \tag{5.191}$$

$$e_{\mathrm{L}} = (a_{xN}^2 + a_{yN}^2)^{\frac{1}{2}} \tag{5.192}$$

$$p_{\mathrm{L}} = a(1 + e_{\mathrm{L}}^2) \tag{5.193}$$

$$r = a(1 - e\cos E) \tag{5.194}$$

$$\dot{r} = k_{\mathrm{e}}\frac{\sqrt{a}}{r}e\sin E \tag{5.195}$$

$$r\dot{f} = k_{\mathrm{e}}\frac{\sqrt{p_{\mathrm{L}}}}{r} \tag{5.196}$$

$$\cos u = \frac{a}{r}\left[\cos(E+\omega) - a_{xN} + \frac{a_{yN}(e\sin E)}{1+\sqrt{1-e_{\mathrm{L}}^2}}\right] \tag{5.197}$$

$$\sin u = \frac{a}{r}\left[\sin(E+\omega) - a_{yN} - \frac{a_{xN}(e\sin E)}{1+\sqrt{1-e_{\mathrm{L}}^2}}\right] \tag{5.198}$$

$$u = \arctan\left(\frac{\sin u}{\cos u}\right) \tag{5.199}$$

$$\Delta r = \frac{k_2}{2p_{\mathrm{L}}}(1-\theta^2)\cos(2u) \tag{5.200}$$

$$\Delta u = -\frac{k_2}{4p_{\mathrm{L}}^2}(7\theta^2 - 1)\sin(2u) \tag{5.201}$$

$$\Delta\Omega = \frac{3k_2\theta}{2p_{\mathrm{L}}^2}\sin(2u) \tag{5.202}$$

$$\Delta i = \frac{3k_2\theta}{2p_{\mathrm{L}}^2}\sin i_0\cos(2u) \tag{5.203}$$

$$\Delta\dot{r} = \frac{k_2 n}{p_{\mathrm{L}}}(1-\theta^2)\sin(2u) \tag{5.204}$$

$$\Delta r\dot{f} = \frac{k_2 n}{p_{\mathrm{L}}}\left[(1-\theta^2)\cos(2u) - \frac{3}{2}(1-3\theta^2)\right] \tag{5.205}$$

添加短周期项后的密切值为

$$r_k = r\left[1 - \frac{3}{2}k_2\frac{\sqrt{1-e_L^2}}{p_L^2}(3\theta^2 - 1)\right] + \Delta r \tag{5.206}$$

$$u_k = u + \Delta u \tag{5.207}$$

$$\Omega_k = \Omega + \Delta\Omega \tag{5.208}$$

$$i_k = i_0 + \Delta i \tag{5.209}$$

$$\dot{r}_k = \dot{r} + \Delta\dot{r} \tag{5.210}$$

$$r\dot{f}_k = r\dot{f} + \Delta r\dot{f} \tag{5.211}$$

单位向量计算为

$$\begin{aligned} \boldsymbol{U} &= \boldsymbol{M}\sin u_k + \boldsymbol{N}\cos u_k \\ \boldsymbol{V} &= \boldsymbol{M}\cos u_k - \boldsymbol{N}\sin u_k \end{aligned} \tag{5.212}$$

其中

$$\boldsymbol{M} = \begin{pmatrix} M_x \\ M_y \\ M_z \end{pmatrix} = \begin{pmatrix} -\sin\Omega_k\cos i_k \\ \cos\Omega_k\cos i_k \\ \sin i_k \end{pmatrix} \tag{5.213}$$

$$\boldsymbol{N} = \begin{pmatrix} N_x \\ N_y \\ N_z \end{pmatrix} = \begin{pmatrix} \cos\Omega_k \\ \sin\Omega_k \\ 0 \end{pmatrix} \tag{5.214}$$

位置和速度计算公式为

$$\begin{aligned} \boldsymbol{r} &= r_k\boldsymbol{U} \\ \dot{\boldsymbol{r}} &= r_k\boldsymbol{U} + r\dot{f}_k\boldsymbol{V} \end{aligned} \tag{5.215}$$

（2）SDP4 轨道预报。对于深空轨道目标，NORAD 两行轨道根数 TLE 使用 SDP4 模型进行轨道预报，相关计算公式为

$$a_1 = \left(\frac{k_e}{n_0}\right)^{\frac{2}{3}} \tag{5.216}$$

$$\delta_1 = \frac{3}{2}\frac{k_2(3\cos^2 i_0 - 1)}{a_1^2(1-e_0^2)^{\frac{3}{2}}} \tag{5.217}$$

$$a_0 = a_1\left(1 - \frac{1}{3}\delta_1 - \delta_1^2 - \frac{134}{81}\delta_1^3\right) \tag{5.218}$$

$$\delta_0 = \frac{3}{2}\frac{k_2(3\cos^2 i_0 - 1)}{a_0^2(1-e_0^2)^{\frac{3}{2}}} \tag{5.219}$$

$$n_0'' = \frac{n_0}{1+\delta_0} \tag{5.220}$$

$$a_0'' = \frac{a_0}{1 - \delta_0} \tag{5.221}$$

对于近地点高度在98~156km之间的情况，用于SDP4的s常数值变为

$$s^* = a_0''(1 - e_0) - s + a_E \tag{5.222}$$

近地点高度低于98km时，s常数值变为

$$s^* = 20/\mathrm{XKMPER} + a_E \tag{5.223}$$

如果s的数值发生改变，则$(q_0 - s)^4$的值必须替换为

$$(q_0 - s^*)^4 = [[(q_0 - s)^4]^{\frac{1}{4}} + s - s^*]^4 \tag{5.224}$$

接下来计算下列常数（使用相应的s和$(q_0 - s)^4$）

$$\theta = \cos i_0 \tag{5.225}$$

$$\xi = \frac{1}{a_0'' - s} \tag{5.226}$$

$$\beta_0 = (1 - e_0^2)^{\frac{1}{2}} \tag{5.227}$$

$$\eta = a_0'' e_0 \xi \tag{5.228}$$

$$C_2 = (q_0 - s)^4 \xi^4 n_0''(1 - \eta^2)^{-\frac{7}{2}} \left[a_0''\left(1 + \frac{3}{2}\eta^2 + 4e_0\eta + e_0\eta^3\right) + \frac{3}{2}\frac{k_2\xi}{1 - \eta^2}\left(-\frac{1}{2} + \frac{3}{2}\theta^2\right)(8 + 24\eta^2 + 3\eta^4)\right] \tag{5.229}$$

$$C_1 = B^* C_2 \tag{5.230}$$

$$C_4 = 2n_0''(q_0 - s)^4 \xi^4 a_0'' \beta_0^2 ({}^1 - \eta^2)^{-\frac{7}{2}} \left[2\eta(1 + e_0\eta) + \frac{1}{2}e_0 + \frac{1}{2}\eta^3) - \frac{2k_2\xi}{a_0''(1 - \eta^2)} \times \left(3(1 - 3\theta^2)\left(1 + \frac{3}{2}\eta^2 - 2e_0\eta - \frac{1}{2}e_0\eta^3\right) + \frac{3}{4}(1 - \theta^2)(2\eta^2 - e_0\eta - e_0\eta^3)\cos 2\omega_0\right)\right] \tag{5.231}$$

$$\dot{M} = \left[1 + \frac{3k_2(-1 + 3\theta^2)}{2a_0''^2\beta_0^3} + \frac{3k_2^2(13 - 78\theta^2 + 137\theta^4)}{16a_0''^4\beta_0^7}\right] n_0'' \tag{5.232}$$

$$\dot{\omega} = \left[-\frac{3k_2(1 - 5\theta^2)}{2a_0''^2\beta_0^4} + \frac{3k_2^2(7 - 114\theta^2 + 395\theta^4)}{16a_0''^4\beta_0^8} + \frac{5k_4(3 - 36\theta^2 + 49\theta^4)}{4a_0''^4\beta_0^8}\right] n_0'' \tag{5.233}$$

$$\dot{\Omega}_1 = -\frac{3k_2\theta}{a_0''^2\beta_0^4} n_0'' \tag{5.234}$$

$$\dot{\Omega} = \dot{\Omega}_1 + \left[\frac{3k_2^2(4\theta - 19\theta^3)}{2a_0''^4\beta_0^8} + \frac{5k_4\theta(3 - 7\theta^2)}{2a_0''^4\beta_0^8}\right] n_0'' \tag{5.235}$$

引力的长期影响公式为

$$M_{DF} = M_0 + \dot{M}(t - t_0) \tag{5.236}$$

$$\omega_{DF}=\omega_0+\dot{\omega}(t-t_0) \tag{5.237}$$

$$\Omega_{DF}=\Omega_0+\dot{\Omega}(t-t_0) \tag{5.238}$$

上述各式中,$(t-t_0)$是相对历元时刻的时间间隔。阻力对升交点赤经的长期影响为

$$\Omega=\Omega_{DF}-\frac{21}{2}\frac{n_0''k_2\theta}{a_0''^2\beta_0^2}C_1\ (t-t_0)^2 \tag{5.239}$$

阻力对其他根数项的长期影响为

$$a=a_{DS}[1-C_1(t-t_0)]^2 \tag{5.240}$$

$$e=e_{DS}-B^*C_4(t-t_0) \tag{5.241}$$

$$IL=M_{DS}+\omega_{DS}+\Omega_{DS}+n_0''\left[\frac{3}{2}C_1\ (t-t_0)^2\right] \tag{5.242}$$

式中:a_{DS}、e_{DS}、M_{DS}、ω_{DS}和Ω_{DS}为加入深空长期项和谐振摄动后n_0、e_0、M_{DF}、ω_{DF}和Ω的值。

添加长周期项公式

$$a_{xN}=e\cos\omega \tag{5.243}$$

$$\beta=\sqrt{1-e^2} \tag{5.244}$$

$$IL_L=\frac{A_{3,0}\sin i_0}{8k_2a\beta^2}(e\cos\omega)\left(\frac{3+5\theta}{1+\theta}\right) \tag{5.245}$$

$$a_{yNL}=\frac{A_{3,0}\sin i_0}{4k_2a\beta^2} \tag{5.246}$$

$$IL_T=IL+IL_L \tag{5.247}$$

$$a_{yN}=e\sin\omega+a_{yNL} \tag{5.248}$$

解开普勒方程求得$(E+\omega)$,先定义

$$U=IL_T-\Omega \tag{5.249}$$

并使用下面的迭代公式

$$(E+\omega)_{i+1}=(E+\omega)_i+\Delta\ (E+\omega)_i \tag{5.250}$$

其中

$$\Delta\ (E+\omega)_i=\frac{U-a_{yN}\cos\ (E+\omega)_i+a_{xN}\sin\ (E+\omega)_i-(E+\omega)_i}{-a_{yN}\sin\ (E+\omega)_i-a_{xN}\cos\ (E+\omega)_i+1} \tag{5.251}$$

且$(E+\omega)_1=U$。

下面的公式用于计算短周期项所需的量

$$e\cos E=a_{xN}\cos(E+\omega)+a_{yN}\sin(E+\omega) \tag{5.252}$$

$$e\sin E=a_{xN}\sin(E+\omega)-a_{yN}\cos(E+\omega) \tag{5.253}$$

$$e_L=(a_{xN}^2+a_{yN}^2)^{\frac{1}{2}} \tag{5.254}$$

$$p_L=a(1+e_L^2) \tag{5.255}$$

$$r=a(1-e\cos E) \tag{5.256}$$

$$\dot{r} = k_e \frac{\sqrt{a}}{r} e\sin E \tag{5.257}$$

$$r\dot{f} = k_e \frac{\sqrt{p_L}}{r} \tag{5.258}$$

$$\cos u = \frac{a}{r}\left[\cos(E+\omega) - a_{xN} + \frac{a_{yN}(e\sin E)}{1+\sqrt{1-e_L^2}}\right] \tag{5.259}$$

$$\sin u = \frac{a}{r}\left[\sin(E+\omega) - a_{yN} - \frac{a_{xN}(e\sin E)}{1+\sqrt{1-e_L^2}}\right] \tag{5.260}$$

$$u = \arctan\left(\frac{\sin u}{\cos u}\right) \tag{5.261}$$

$$\Delta r = \frac{k_2}{2p_L}(1-\theta^2)\cos 2u \tag{5.262}$$

$$\Delta u = -\frac{k_2}{4p_L^2}(7\theta^2-1)\sin 2u \tag{5.263}$$

$$\Delta \Omega = \frac{3k_2\theta}{2p_L^2}\sin 2u \tag{5.264}$$

$$\Delta i = \frac{3k_2\theta}{2p_L^2}\sin i_0 \cos 2u \tag{5.265}$$

$$\Delta \dot{r} = \frac{k_2 n}{p_L}(1-\theta^2)\sin 2u \tag{5.266}$$

$$\Delta r\dot{f} = \frac{k_2 n}{p_L}\left[(1-\theta^2)\cos 2u - \frac{3}{2}(1-3\theta^2)\right] \tag{5.267}$$

添加短周期项后的密切值为

$$r_k = r\left[1 - \frac{3}{2}k_2\frac{\sqrt{1-e_L^2}}{p_L^2}(3\theta^2-1)\right] + \Delta r \tag{5.268}$$

$$u_k = u + \Delta u \tag{5.269}$$

$$\Omega_k = \Omega + \Delta\Omega \tag{5.270}$$

$$i_k = i_0 + \Delta i \tag{5.271}$$

$$\dot{r}_k = \dot{r} + \Delta\dot{r} \tag{5.272}$$

$$r\dot{f}_k = r\dot{f} + \Delta r\dot{f} \tag{5.273}$$

单位向量计算为

$$\begin{aligned} \boldsymbol{U} &= \boldsymbol{M}\sin u_k + \boldsymbol{N}\cos u_k \\ \boldsymbol{V} &= \boldsymbol{M}\cos u_k - \boldsymbol{N}\sin u_k \end{aligned} \tag{5.274}$$

其中

$$\boldsymbol{M}=\begin{pmatrix}M_x\\M_y\\M_z\end{pmatrix}=\begin{pmatrix}-\sin\Omega_k\cos i_k\\\cos\Omega_k\cos i_k\\\sin i_k\end{pmatrix} \tag{5.275}$$

$$\boldsymbol{N}=\begin{pmatrix}N_x\\N_y\\N_z\end{pmatrix}=\begin{pmatrix}\cos\Omega_k\\\sin\Omega_k\\0\end{pmatrix} \tag{5.276}$$

位置和速度计算公式为

$$\begin{aligned}\boldsymbol{r}&=r_k\boldsymbol{U}\\\dot{\boldsymbol{r}}&=r_k\boldsymbol{U}+r\dot{f}_k\boldsymbol{V}\end{aligned} \tag{5.277}$$

5.3 卫星轨道计算

5.3.1 卫星观测条件分析

地基光测设备对空间目标的光学观测需满足一定的条件，其观测几何如图5.14所示。由于卫星、导弹等空间目标本身不发光，光测设备只能通过观测到目标反射的太阳光实现对目标的测角。

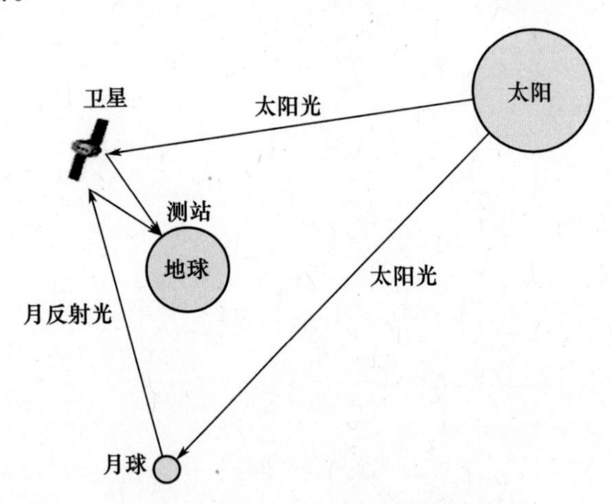

图5.14 地基光测设备的光学观测几何

1. 光学可见条件[61]

根据图5.14所示的观测几何，由于卫星距离光学测站至少在几百千米以上，且其反射的太阳光有限，光学测站要实现对目标的捕获、跟踪和测量，需要满足以下的光学可见条件。

1）无天光条件

卫星飞临测站时，要求测站天光必须足够黑，即太阳的天顶距大于某值，一般取99°，如图5.15所示。

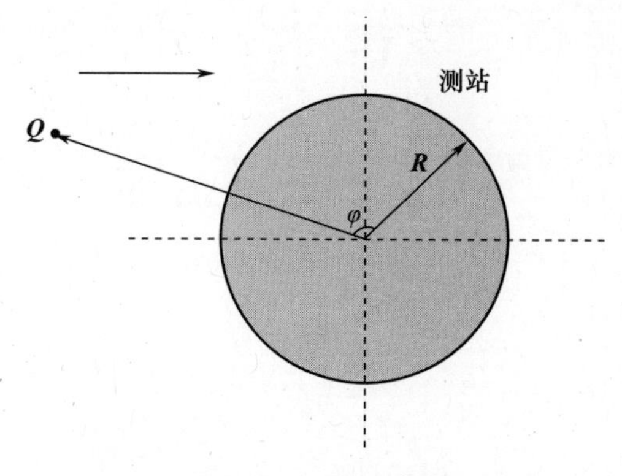

图 5.15　无天光条件

设太阳在赤经和赤纬分别为 α 和 δ，则其在地心赤道坐标系下的单位矢量 $\boldsymbol{Q}$ 为 $(\cos\delta\cos\alpha,\cos\delta\sin\alpha,\sin\delta)$；测站在地心赤道坐标系下的矢量 $\boldsymbol{R}$ 为 (X,Y,Z)。则测站的无天光条件为

$$\frac{\boldsymbol{Q}\cdot\boldsymbol{R}}{|\boldsymbol{Q}|\cdot|\boldsymbol{R}|}=\frac{X\cos\delta\cos\alpha+Y\cos\delta\sin\alpha+Z\sin\delta}{\sqrt{X^2+Y^2+Z^2}}\leqslant\cos 99^\circ \tag{5.278}$$

若观测更暗弱的目标，可取太阳的天顶角为100°，即要求测站天光更暗。

2）日照条件

地球绕太阳公转形成一个锥形的地影区，如图5.16所示，若卫星在地影区内，则光学测站无法观测到卫星。

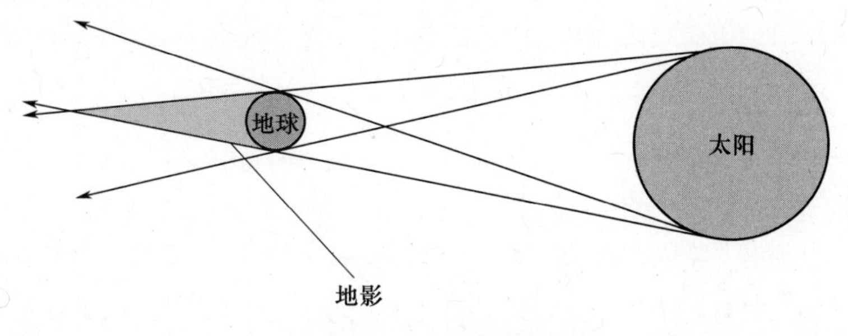

图 5.16　日照条件

锥形地影区高度非常大，而卫星的轨道高度相对比较小。因此，通常将锥形地影区简化为一个圆柱形地影区，如图5.17所示。

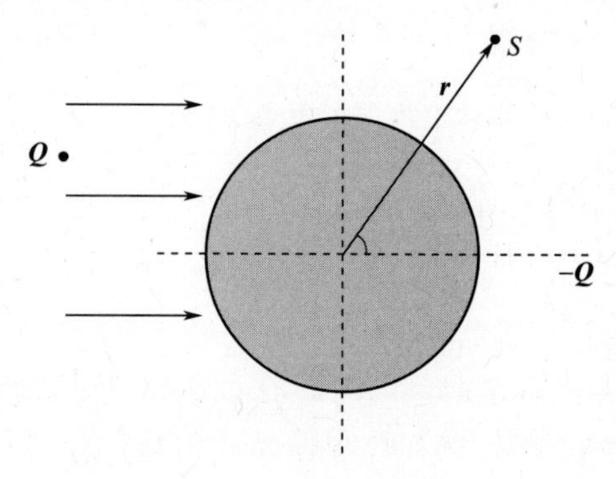

图 5.17　圆柱形地影区

设卫星在地心赤道坐标系下的矢量 $\boldsymbol{r}$ 为 (x,y,z)，地球半径为 a_E，则卫星的日照条件为

$$x\cos\delta\cos\alpha + y\cos\delta\sin\alpha + z\sin\delta > -\sqrt{r^2 - a_E^2} \tag{5.279}$$

3）高度条件

地基光学测站对空间目标的观测受地球曲率影响，只能观测到测站地平面以上的目标，如图 5.18 所示。

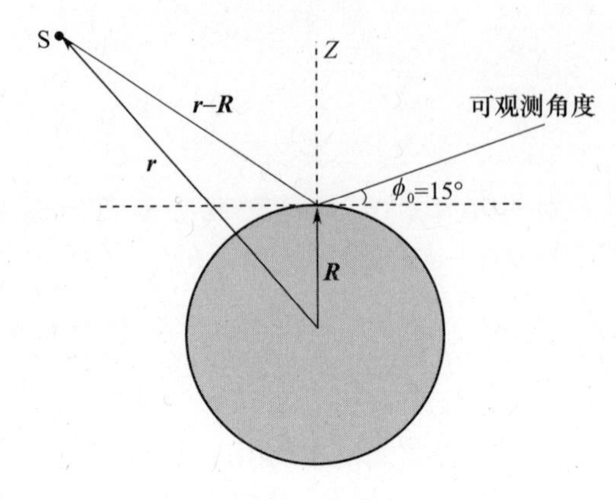

图 5.18　高度条件

通常，将光学测站的可观测角度设为 $\phi_0 = 15°$，则测站观测卫星的天区是一个圆锥形区域，即

$$\frac{\boldsymbol{R}\cdot(\boldsymbol{r}-\boldsymbol{R})}{|\boldsymbol{R}|\cdot|\boldsymbol{r}-\boldsymbol{R}|} = \frac{X(x-X)+Y(y-Y)+Z(z-Z)}{\sqrt{X^2+Y^2+Z^2}\cdot\sqrt{(x-X)^2+(y-Y)^2+(z-Z)^2}} \geqslant \cos(90° - \phi_0) \tag{5.280}$$

上述无天光、日照、高度条件并不是每天都能同时满足，有时会连续多天无法观测，称为光学观测间歇期。观测间歇期的出现时间和长短与目标轨道、观测站位置有关，有的间歇期长达几个月。

2. 其他条件

除上述光学可见条件外，光学观测还受到自身光学系统和 CCD 指标、阴历月半前后月光、天气以及环境背景光等诸多因素的影响。

5.3.2　卫星光测数据预处理

地基光测设备正常跟踪卫星时出现异常数据的概率为 2% ~5%，当光学望远镜处于高仰角跟踪时，异常数据概率高达 10% ~25%。如何检测和剔除这些异常数据是提高设备测量数据准确度和轨道计算的前提和基础。

1. 野值及其分类

严重偏离目标真值的异常数据称为野值，分为孤立型野值和斑点型野值两大类。其中，孤立型野值是指光测设备在某时刻的测量数据异常，而其邻域内采样数据正常；斑点型野值是指成片出现的异常数据，例如在跟踪高仰角目标的测量数据序列中，野值斑点较为常见。

2. 野值的检测[18-19]

如何检测并剔除野值是光测数据预处理的关键，目前常用的方法是差分拟合法和中值平滑检测法。

1）差分拟合法

在光电观测序列中，选取连续四点 x_i、x_{i+1}、x_{i+2}、x_{i+3} 作三阶差分：

$$\Delta_i = -x_i + 3x_{i+1} - 3x_{i+2} + x_{i+3} \tag{5.281}$$

计算观测序列的标准差 σ，并取 $\delta = 3\sigma$，则野值检测式为 $|\Delta_i| \geqslant \delta$。可见，观测数据存在野值时，其三阶差分有超范围的突变。

2）中值平滑检测法

当测量目标的运动规律本身具有单调性时，取一个宽度为 $d = 2s+1$ 的滑动窗，当 d 不太大时，能很好地保证平滑曲线真实地反映目标的变化情况。构造的滑动中值平滑器为

$$S_1(x(t_{i-s}),\cdots,x(t_i),\cdots,x(t_{i+s})) = \mathrm{med}(x(t_{i-s}),\cdots,x(t_i),\cdots,x(t_{i+s})) \tag{5.282}$$

式中：med(·)为取序列的中值，构造的平滑估计构造残差序列为

$$\Delta^l x(t_i) = S_1(x(t_{i-s}),\cdots,x(t_i),\cdots,x(t_{i+s})) \quad i = s+1, s+2, \cdots \tag{5.283}$$

再构造门限检测函数

$$R(k) = \begin{cases} 1 & |k| \leqslant c \\ 0 & |k| \geqslant c \end{cases} \quad (c\ \text{为非负常数的检测门限值}) \tag{5.284}$$

将式(5.283)构造的残差序列代入式(5.284)进行野值检测和判别，即

$$|R_c(\Delta^l x(t_i)), i = s+1, s+2, \cdots| \tag{5.285}$$

该野值检测实际上是0/1序列的0值检测问题，当0成串出现时所对应的多个野值点构成野值斑点。因此，中值平滑检测方法适用于检测斑点型野值。

5.3.3　卫星初轨计算

卫星初轨计算[57]是卫星星历计算（或轨道预报）的逆问题，利用较短时间区间（通常一圈以内）的观测数据，采用二体问题力学方程的基本公式，计算出卫星在某一历元时刻 t_0 的轨道根数。由于观测弧段短，观测误差的影响较大，且未考虑摄动因素，因此只能得到比较粗略的轨道根数。它可用来做短期的卫星轨道预报，也可用来作为精密定轨的初值。

卫星初轨计算主要利用一组时序观测资料和相应测站地理位置作为计算数据。根据不同的观测资料类型，已形成各种经典的卫星初轨计算方法。卫星初轨计算的方法很多，下面以三位置矢量定轨为例，说明其初轨计算的步骤，并给出一个实际算例。

如图5.19所示，已知地基某测站的地理坐标（λ,ϕ,L）以及在三个时刻 t_1、t_2、t_3 对卫星的测量数据 A_i、E_i、ρ_i（$i=1,2,3$），求解卫星在 t_2 时刻轨道根数的步骤如下。

1）计算测站 t_1、t_2、t_3 时刻在J2000.0地心赤道坐标系下的位置矢量 $\boldsymbol{R}_1$、$\boldsymbol{R}_2$、$\boldsymbol{R}_3$

首先根据式(5.1)和式(5.3)计算测站的地方恒星时 S_λ，并根据式(5.143)计算测站的J2000.0地心赤道坐标：

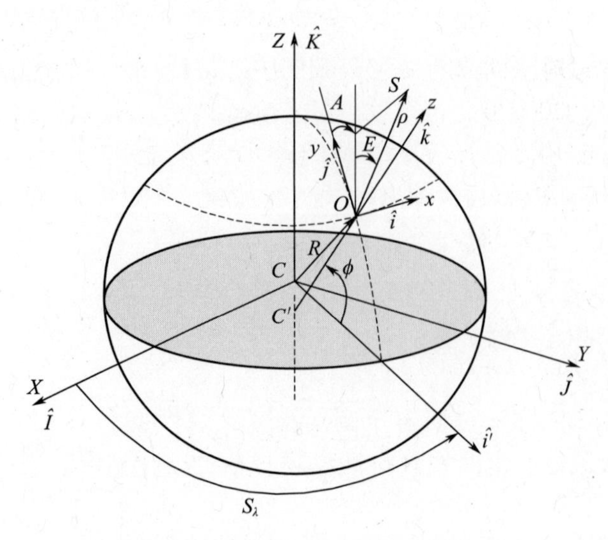

图 5.19 卫星三位置矢量定轨示意图

$$
\begin{cases}
X = \left[\dfrac{a_{\mathrm{E}}}{\sqrt{1 - e_{\mathrm{E}}^2 \sin^2\phi}} + L\right]\cos\phi\cos S_\lambda \\
Y = \left[\dfrac{a_{\mathrm{E}}}{\sqrt{1 - e_{\mathrm{E}}^2 \sin^2\phi}} + L\right]\cos\phi\sin S_\lambda \\
Z = \left[\dfrac{a_{\mathrm{E}}(1 - e_{\mathrm{E}}^2)}{\sqrt{1 - e_{\mathrm{E}}^2 \sin^2\phi}} + L\right]\sin\phi
\end{cases}
$$

2）计算卫星 t_1、t_2、t_3 时刻在测站赤道坐标系下的位置矢量 $\boldsymbol{\rho}_1$、$\boldsymbol{\rho}_2$、$\boldsymbol{\rho}_3$

在测站地平坐标系中，卫星相对于测站的方位角为 A，俯仰角为 E，斜距为 ρ，则卫星在该坐标系下的单位矢量 $\hat{\boldsymbol{\rho}} = [\hat{\rho}_i \quad \hat{\rho}_j \quad \hat{\rho}_k]^{\mathrm{T}}$ 为

$$
\begin{cases}
\hat{\rho}_i = \cos E\sin A \\
\hat{\rho}_j = \cos E\cos A \\
\hat{\rho}_k = \sin E
\end{cases}
\tag{5.286}
$$

由测站地平坐标分量转换为测站赤道坐标分量的转换矩阵为

$$
\boldsymbol{Q} = \begin{bmatrix}
-\sin S_\lambda & -\sin\phi\cos S_\lambda & \cos\phi\cos S_\lambda \\
\cos S_\lambda & -\sin\phi\sin S_\lambda & \cos\phi\sin S_\lambda \\
0 & \cos\phi & \sin\phi
\end{bmatrix}
\tag{5.287}
$$

卫星在测站赤道坐标系下的位置矢量为

$$
\boldsymbol{\rho} = \rho\boldsymbol{Q} \cdot \hat{\boldsymbol{\rho}}
\tag{5.288}
$$

3）将卫星的测站赤道坐标转换为 J2000.0 地心赤道坐标 $\boldsymbol{r}_1$、$\boldsymbol{r}_2$、$\boldsymbol{r}_3$

测站赤道坐标系与地心赤道坐标系的单位矢量是相同的，卫星在 J2000.0 地心赤道坐标系下的位置矢量为

$$\boldsymbol{r} = \boldsymbol{R} + \boldsymbol{\rho} \tag{5.289}$$

4）计算卫星在 t_2 时刻的速度矢量 $\boldsymbol{v}_2$

（1）计算卫星的J2000.0 地心位置矢量模值 r_1、r_2、r_3；

（2）计算 $\boldsymbol{C}_{12} = \boldsymbol{r}_1 \times \boldsymbol{r}_2, \boldsymbol{C}_{23} = \boldsymbol{r}_2 \times \boldsymbol{r}_3, \boldsymbol{C}_{31} = \boldsymbol{r}_3 \times \boldsymbol{r}_1$；

（3）计算 $\boldsymbol{N} = r_1\boldsymbol{C}_{23} + r_2\boldsymbol{C}_{31} + r_3\boldsymbol{C}_{12}$，

$\boldsymbol{D} = \boldsymbol{C}_{12} + \boldsymbol{C}_{23} + \boldsymbol{C}_{31}$，

$\boldsymbol{S} = (r_2 - r_3)\boldsymbol{r}_1 + (r_3 - r_1)\boldsymbol{r}_2 + (r_1 - r_2)\boldsymbol{r}_3$；

（4）计算 $\boldsymbol{v}_2 = \sqrt{\dfrac{\mu}{ND}}\left[\dfrac{\boldsymbol{D} \times \boldsymbol{r}_2}{r_2} + \boldsymbol{S}\right]$。

5）由卫星在 t_2 时刻的 $\boldsymbol{r}_2$ 和 $\boldsymbol{v}_2$，计算其六个轨道根数

（1）计算卫星的径向速度 $v_r = \dfrac{\boldsymbol{r}_2 \cdot \boldsymbol{v}_2}{r_2}$，若 $v_r > 0$，则卫星正飞离近地点；若 $v_r < 0$，则卫星正飞向近地点。

（2）由活力公式计算卫星椭圆轨道的半长轴 $a = \dfrac{r_2\mu}{2\mu - r_2v_2^2}$。

（3）计算角动量 $\boldsymbol{h} = \boldsymbol{r}_2 \times \boldsymbol{v}_2 = [h_x \quad h_y \quad h_z]^{\mathrm{T}}$，轨道倾角为 $i = \arccos\left(\dfrac{h_z}{h}\right)$，$i$ 取值范围为 0 ~ 180°，不存在象限不清的问题。若90° < i ≤180°，则此轨道为逆行轨道。

（4）计算升交点地心矢量 $\boldsymbol{F} = \boldsymbol{K} \times \boldsymbol{h} = [F_x \quad F_y \quad F_z]^{\mathrm{T}}$，升交点赤经为

$$\Omega = \begin{cases} \arccos\left(\dfrac{F_x}{F}\right) & F_y \geqslant 0 \\ 360° - \arccos\left(\dfrac{F_x}{F}\right) & F_y < 0 \end{cases} \tag{5.290}$$

若 $F_x > 0$，则 Ω 位于第一或第四象限；若 $F_x < 0$，则 Ω 位于第二或第三象限。注意到：当 $F_y > 0$时，$0 \leqslant \Omega < 180°$；反之，当 $F_y < 0$ 时，$180° \leqslant \Omega < 360°$。

（5）计算偏心率矢量 $\boldsymbol{e} = \dfrac{1}{\mu}(\boldsymbol{v}_2 \times \boldsymbol{h}) - \dfrac{\boldsymbol{r}}{r}$，偏心率为 $e = \|\boldsymbol{e}\|$。

（6）计算近地点幅角为

$$\omega = \begin{cases} \arccos\left(\dfrac{\boldsymbol{F} \cdot \boldsymbol{e}}{Fe}\right) & e_z \geqslant 0 \\ 360° - \arccos\left(\dfrac{\boldsymbol{F} \cdot \boldsymbol{e}}{Fe}\right) & e_z < 0 \end{cases} \tag{5.291}$$

若 $\boldsymbol{e}$ 方向向上（Z 轴正半轴），则近地点位于赤道平面上方，即 $0° \leqslant \omega < 180°$；反之，近地点位于赤道平面上方，即$180° \leqslant \omega < 360°$。

（7）计算真近点角为

$$f = \begin{cases} \arccos\left(\dfrac{\boldsymbol{e} \cdot \boldsymbol{r}}{er}\right) & v_r \geqslant 0 \\ 360° - \arccos\left(\dfrac{\boldsymbol{e} \cdot \boldsymbol{r}}{er}\right) & v_r < 0 \end{cases} \tag{5.292}$$

若卫星正飞离近地点($v_r \geq 0$),则 $0° \leq f < 180°$;反之,卫星正飞向近地点($v_r < 0$),$180° \leq f < 360°$。求得真近点角 f 后,根据式(5.86)和开普勒方程可以求得偏近点角 E 和平近点角 M。

例如,已知某地面测站的地理坐标为 $\lambda = \text{E}113.569°$,$\phi = \text{N}34.812°$,$L = 0\text{km}$,该站在三个观测时刻(UTC:$t_1$、$t_2$、$t_3$)的斜距、方位角、俯仰角测量数据如表 5.4 所列,计算卫星在 t_2 历元时刻的六个轨道根数。

表 5.4 某测站的卫星观测数据

	观测时刻(北京时间)	方位角/(°)	俯仰角/(°)	斜距/km
1	2015-03-31 09:07:24.670	307.905	7.201	2992.99
2	2015-03-31 09:14:24.670	230.688	47.477	1301.21
3	2015-03-31 09:21:24.670	160.695	6.878	3097.23

计算结果如下:

① 轨道半长轴 $a = 7475.91\text{km}$;

② 轨道偏心率 $e = 0.014997$;

③ 轨道倾角 $i = 55.14°$;

④ 轨道升交点赤经 $\Omega = 158.04°$;

⑤ 轨道近地点幅角 $\omega = 106.54°$;

⑥ 轨道真近点角 $f = 35.70°$。

5.4 空间目标编目

空间目标编目是指通过雷达探测、光学观测等设备对空间目标进行测轨和定轨,并建立、更新和维持空间目标的轨道编目数据库。美国从苏联 1957 年发射第一颗人造卫星上天起,就开始了空间目标的编目工作,随着空间目标(包括空间碎片)的增加,编目数据库也不断增大。美国目前建有地基和天基的综合空间目标监视网络,具备强大的空间目标编目能力,其编目数据库已超过 20600 多个空间目标[9]。

5.4.1 空间目标编目的基本概念

空间目标编目是空间目标监视的主要工作,需要大型的探测或观测设备,是综合国力的体现。空间目标编目至少有以下系统作支撑。

1) 具有能力强大的空间目标监视网。空间目标编目的空间监视网,由测站和处理中心组成,每天的观测站圈数均数以万计。许多目标并不是在轨工作的卫星,90% 以上的目标是无源目标,包括失效的载荷、火箭体以及各种碎片,不会发射无线电信标。

2) 设备端和中心均能进行空间目标关联工作。在取得观测数据后,空间目标编目的首要任务是要确定观测的是什么目标,这就需要将观测数据与编目数据库中的轨道根数相关联,建立一一对应关系,对应数据库中已有的编目目标,给出观测对应的空间目标编号;对发现的新目标,生成新目标的初始轨道。观测数据关联是空间目标编目的核心,其关联正确与否将决定空间目标编目的成败。

3) 编目数据库能及时更新,具有编目数据库的维持能力。轨道预报的精度随预报时间的增加而迅速降低。因此,为了得到足够高的预报精度,数据库中的轨道根数必须及时更新。编目数据库的维持,需要对所有已编目的目标进行持续地跟踪,不断进行轨道更新。编目数据库的更新和维持,主要取决于下列因素:①观测系统能取得足够的观测数据;②通信能力能满足测站和中心站的数据传输;③中心计算机有足够强的数据处理能力,特别是处理新目标数据的能力;④有较好的轨道模型和轨道改进方法,使编目轨道计算非常稳健。

空间目标编目能提供在轨空间目标威胁的全球感知。对于军事应用卫星,关注重点是这颗卫星现在哪里?它具备哪些能力?能遂行什么任务?它有什么意图?此外,利用空间目标编目数据,可以对在轨航天器进行碰撞预警,提前进行轨道机动以规避空间碎片的碰撞,确保在轨航天器安全。

5.4.2　数据关联

在空间目标编目工作中,需要解决两个数据关联问题[59-61],一是观测数据与编目数据库中卫星根数的关联;二是观测数据和另一圈观测数据的关联。前者关联的目的是找出对应于观测数据的已经编目的目标,而后者关联的目的是找出那些属于同一目标的观测,将同一目标的所有观测数据放在一起,以便进行轨道改进,得到该目标更精确的轨道根数。

1. 观测数据与编目库中根数的关联

观测数据与根数的关联,可转化为目标根数与编目根数之间的关联,即先用观测数据计算初轨,将初轨与编目库中的根数进行比较,判别初轨属于数据库中哪个目标。例如,对于电子篱笆数据,可采用这种方法进行关联。但是,对于有一定弧段的雷达和光学观测,可采用观测数据与轨道根数直接关联的方法,这样可以避免观测数据计算(短弧)初轨时的精度损失。

假设编目数据库中已有一批空间目标的轨道,通过观测又得到一圈观测数据。现在需要解决观测数据的轨道关联问题,来判定这圈观测数据属于哪个目标,可采用以下方法[61]。

(1) 计算预报期(如一天)内任意时刻的可观测的空间目标集合$\{S_i^1\}$;

(2) 当光学望远镜或雷达观测到一个目标后,首先根据飞行方向,剔除$\{S_i^1\}$中飞行方向与观测目标明显不同的目标,给出与本目标飞行方向相同的目标集合$\{S_i^2\}$;

(3) 将观测数据与目标集$\{S_i^2\}$中的每一个目标进行比较,最终确定该目标是哪一个已知目标。如果$\{S_i^2\}$没有该目标,就认为发现了一个新目标S。

具体的详细计算步骤[61]如下。

(1) $\{S_i^1\}$的计算。

每天计算所有编目库中目标的可探测弧段$S_i:[t_i^1,t_i^2],[t_i^1,t_i^2]$可用当天的分钟表示。于是,一天内任意时刻$t$(min)的可见目标集合就是:$[t-\Delta t,t+\Delta t]$与所有的$[t_i^1,t_i^2]$有交集的$S_i$组成的集合$\{S_i^1\}$。这里,$\Delta t$可取为30s。

(2) $\{S_i^1\}$中目标的进一步筛选。

根据观测数据计算初轨,得到轨道倾角i和轨道升交点赤经Ω。与$\{S_i^1\}$中所有目标

的 i,Ω 进行比较，当目标满足条件 $\Delta i\leqslant 1°,\Delta\Omega\leqslant 1°$时，保留在集合$\{S_i^2\}$中。

(3) 已知目标的最后识别。

目标的最后识别，是通过该目标的观测数据与$\{S_i^2\}$中所有目标的轨道进行比较确定的。具体比较方法如下：

根据观测数据可计算某历元时刻 t 的轨道根数，从而计算出 t 时刻卫星的地心矢量 $\boldsymbol{r}$，将 $\boldsymbol{r}$ 进行坐标变换，变换到 x 轴指向轨道升交点，z 轴指向轨道面法向，即

$$\boldsymbol{r}_N = R(i)R(\Omega)\boldsymbol{r} \tag{5.293}$$

式中：i,Ω 为$\{S_i^2\}$中目标的轨道倾角和升交点赤经。

设 $\boldsymbol{r}_N=[x,y,z]^{\mathrm{T}}$，则

$$\begin{cases} u=\arctan(y/x) \\ \Delta T=(\lambda_0-\lambda)/n \\ \Delta\theta=\arcsin(z/r) \end{cases} \tag{5.294}$$

式中：λ_0 由 u 换算而得，它对应于观测；$\lambda=M+\omega$ 为 t 时刻的卫星平经度，它对应于轨道根数；n 为卫星平运动；r 为卫星在 t 时刻的地心距。

这样，就可以形成一圈观测数据的误差序列$\{\Delta T_i\}$和$\{\Delta\theta_i\}$，一般可表达为时间的线性函数，即

$$\begin{cases} \Delta T_i=a_0+b_0(t_i-t_0)+\xi_i \\ \Delta\theta_i=a_1+b_1(t_i-t_0)+\eta_i \end{cases} \tag{5.295}$$

式中：ξ_i 和 η_i 对应于观测误差，通常假定为零均值、相互独立的正态分布随机变量；系数 a_0、b_0、a_1、b_1 可以通过稳健估计得到。当满足以下条件时，可判观测数据是否属于该目标（与该轨道根数相匹配）：

$$|b_0|>0.3°,\ |b_1|>0.1°/\mathrm{min},\ |a_1|>1''/\mathrm{min} \tag{5.296}$$

通过以上判别，将出现三种情况：

(1) 在$\{S_i^2\}$中只有一个目标 S 与观测数据相一致，这时可将该观测目标识别为 S；

(2) 在$\{S_i^2\}$中，没有一个目标与观测数据相一致，这时，可将该观测目标判为新目标，需计算初轨，存入初轨数据库；

(3) 在$\{S_i^2\}$中存在两个以上目标，与观测数据相一致，这时目标识别失败。

2. 观测数据与另一圈观测数据之间的关联

由于观测数据可以计算出轨道根数，因此，这种关联可以转化为观测数据与根数的关联，或根数与根数的比较两种关联方式。观测数据与根数的关联方法，上面已经讨论。观测数据与另一圈观测数据之间的关联仍可采用这种方法，只是需要将其中的一圈观测数据计算成初轨。下面介绍一种根数与根数的比较方法。

假定已得到两组轨道根数：t_1、σ_1 和 t_2、σ_2，以及相应的协方差矩阵 $\boldsymbol{P}_1$ 和 $\boldsymbol{P}_2$，比较这两组根数的方法如下：

(1) 将根数和协方差矩阵化为同一历元，一般为 t_2，仍记为 σ_1、$\boldsymbol{P}_1$ 和 σ_2、$\boldsymbol{P}_2$；

(2) 计算 $\Delta\sigma=\sigma_2-\sigma_1$，以及 $\Delta\sigma$ 的协方差矩阵 $\boldsymbol{P}=\boldsymbol{P}_1+\boldsymbol{P}_2$；

(3) 计算 $k^2=\Delta\sigma^{\mathrm{T}}P\Delta\sigma$；

(4) 若 $k < k_{TH}$，则这两组根数为同一目标。

上述关联方法必须知道根数的协方差矩阵，并要根据实际数据的情况，给定合理的门限值 k_{TH}。

5.4.3 空间目标编目流程

空间目标监视的本质是观测数据关联和空间目标编目，只有观测能与正确目标关联，才能维持和更新空间目标编目数据库，空间目标编目的基本流程如图 5.20 所示。

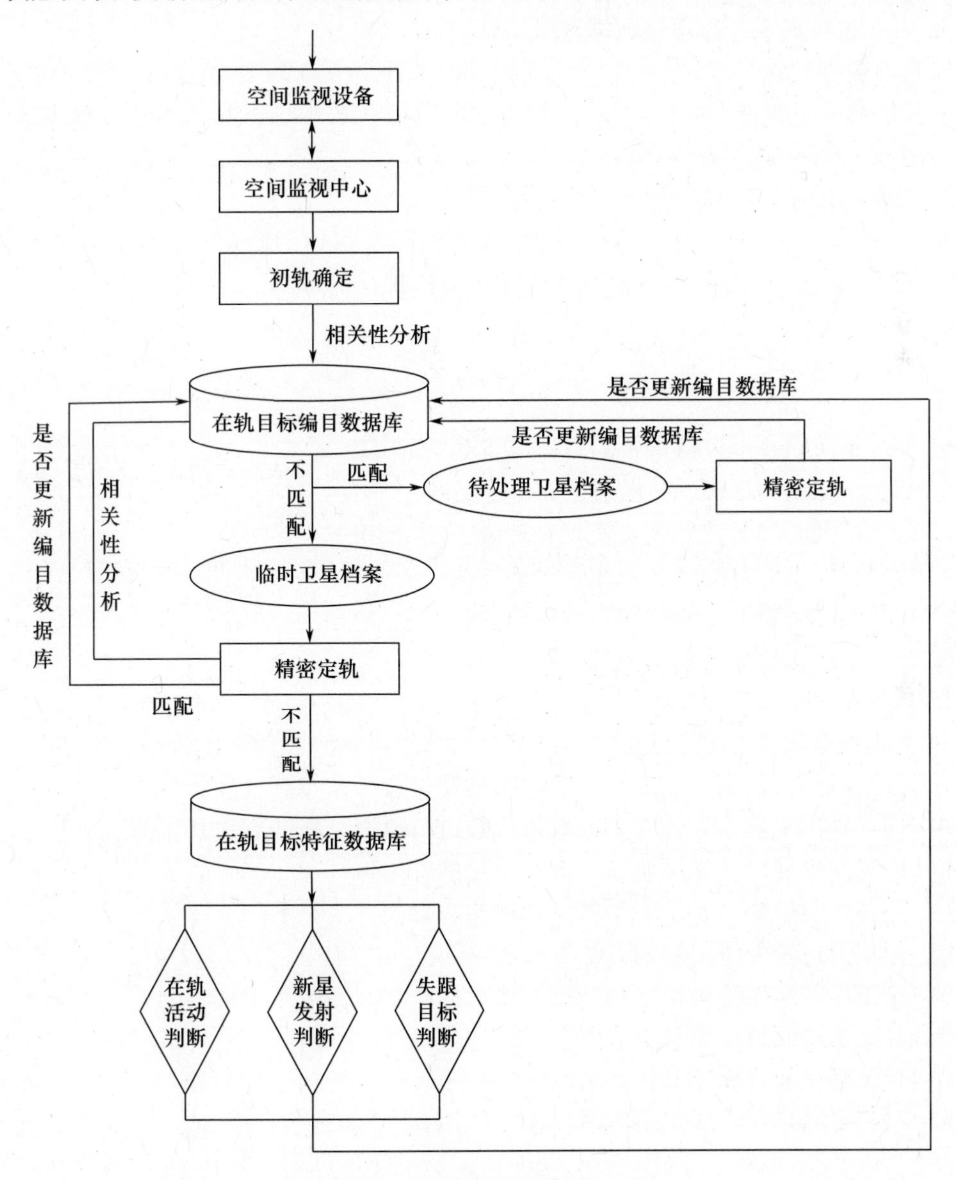

图 5.20 空间目标编目的基本流程

空间目标编目的基本步骤如下。

1. 观测站进行观测，获取观测数据

若干观测站和中心站构成一个空间监视网，中心站根据实际需要进行任务规划后，将观测任务下达至观测站,由测站的光学、雷达等装备完成对空间目标的观测并获取相应的观测数据。

2. 观测站将获取到的数据与数据库中的根数进行比较,实行预关联

观测站获取到观测数据后,在将数据送至中心站之前,必须先进行新观测与编目数据库中的根数进行关联。通常至少将90%的观测得到正确关联,只有一小部分的关联在中心站完成。这样,中心站的关联任务大大减少,使得中心站的认证过程相对变快,避免了严重的处理瓶颈。

3. 中心站对观测站的观测数据进行证认

当观测数据到达中心站后,中心站需要对所有测站的关联结果进行验证。此外,少量测站关联错误的数据,加上10%测站不能关联的观测,中心站必须将每个观测数据与完整轨道数据库进行比较,逐一证认。

4. 更新数据库中的轨道根数

得到观测数据后,或者至少每天一次,要更新每个目标的轨道根数。自动更新采用最小二乘微分改进,改进时利用最近的根数作为初值。

习 题

1. 什么是时空基准? 谈谈你对时空基准的理解。
2. 目前常用的J2000.0坐标系是如何定义的?
3. 简述不同时间系统的定义及相互转换方法。
4. 简述不同坐标系的定义及相互转换方法。
5. 推导二体问题下的地球航天器轨道方程。
6. 利用椭圆轨道和外辅圆的几何关系推导开普勒方程。
7. 如何求解开普勒方程?
8. 什么是地球卫星的轨道根数? 各根数的物理和几何含义是什么?
9. 简述偏近点角、真近点角和平近点角的几何含义及相互转换关系。
10. 简述利用卫星某历元时刻的轨道根数进行轨道预报的方法和步骤。
11. 简述并推导地基光学望远镜观测卫星的基本条件。
12. 卫星光测数据的野值有哪些? 如何检测野值?
13. 简述三位置矢量定轨的方法和步骤。
14. 试推导测站地平坐标系与测站赤道坐标系之间的转换矩阵。
15. 什么是空间目标编目?
16. 什么是空间目标观测数据关联?
17. 简述空间目标编目的基本流程。

第6章　空间目标光学成像数据处理

随着光学技术的迅速发展和应用,以漂移扫描技术和自适应光学技术等为代表的新技术及相应装备也不断应用在空间目标光电测量中,实现对空间目标的轨迹跟踪和高分辨率成像。通过对空间目标图像的弱信号检测、复原处理、三维重建,可以获取目标的位置、尺寸、几何形状和三维结构特征信息。

6.1　漂移扫描星图中的点目标检测

漂移扫描星图是由CCD漂移扫描技术生成的观测输出图像数据。除噪声、空间背景和设备光电效应因素产生的非均衡影响外,漂移扫描星图与传统凝视观测生成图像数据的显著差别在于,运用漂移扫描技术对感兴趣目标的光生电荷进行跟踪积累时,感兴趣目标所成星像呈近点源分布,满足小目标的"blob"目标特征,而漂移扫描星图中的恒星星像呈近直线的拖影。但无论是漂移扫描星图,还是凝视观测星图,由于恒星星像的大量存在,且星像灰度值往往比小目标高,对星图中的小目标检测产生了严重干扰。

在基于背景抑制的小目标检测方法中,星图中的恒星星像抑制是重要的处理环节。利用漂移扫描星图中恒星星像与小目标在星图中所表现出来的能量分布差异,可将二者的分离模型视为点与线的分离。图像中点线分离常通过直线提取来实现,方法主要有霍夫(Hough)变换法、图像还原法和形态学法等。恒星星像能否实现完全抑制对基于背景抑制的小目标检测方法来讲至关重要,实际漂移扫描图像数据受离散空间采样等诸多因素影响,并不能保持理想的分布状态,使得常用的点线分离方法处理性能受到较大影响。由于线性滤波是理论和实践结果的主要基础,在图像处理中特别重要,本节在分析恒星星像特征的基础上,从星像的轮廓特征入手,避免了实际星像灰度分布状态的讨论,提出了一种自适应的线性滤波方法,通过抑制恒星星像来实现小目标的检测。

6.1.1　点线分离常用方法

1. 霍夫变换法[63]

霍夫变换法是全局处理检测直线的重要方法,其基本思想是利用点线映射的对偶性,实现一种从图像域(空域)到参数域的映射,将图像域中较为困难的全局检测问题转化为参数域中相对容易解决的局部峰值检测问题。一般通过直线的极坐标方程来进行转化

$$\rho = x\sin\theta + y\cos\theta \tag{6.1}$$

式中:(x,y)为图像域坐标;(ρ,θ)为参数域坐标,这里参数域坐标即为霍夫变换参数域坐标。一组(ρ,θ)参数值将确定图像域中的一条直线,虽然图像域中一条直线上的所有

(x,y)在参数域中都对应着一条不同的正弦曲线,但是曲线组在参数域中只相交于一点,代表着所有(x,y)有且只有一组共同的参数值(ρ,θ)。换句话说,如果参数域中对应数值可以累加的话,则最高值所对应的参数值为图像中的直线参数,二者变换对应示意图如图6.1所示。

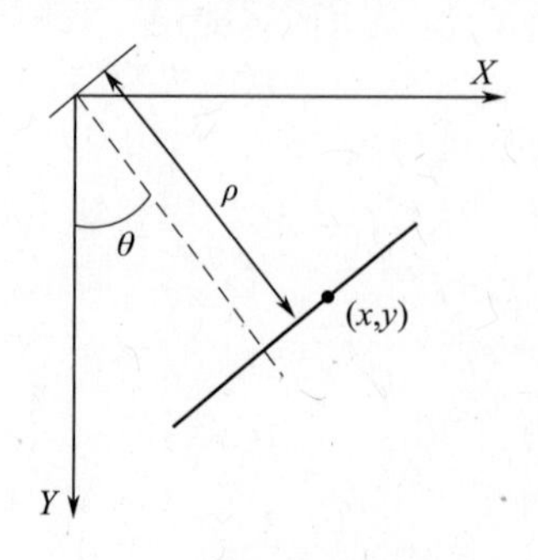

图6.1 霍夫变换示意图

霍夫变换法通过投票机制来实现直线参数的获取。如果图像中有 m 个像素共一条直线线段,则在霍夫变换参数域中有 m 条正弦曲线有一个公共交点,即输入空间中的每一个点对应为对输出空间中的参数组进行投票,获得票数最多的参数组对应为直线参数。利用霍夫变换进行处理时,一般先通过设置分割门限,剔除大部分的图像噪声,得到含有直线目标、点源目标及小部分噪声的图像,对其进行霍夫变换将直线目标映射为参量空间中的点,并通过对参量空间中的峰值点检测来实现图像中直线目标像素点的检测和滤除。霍夫变换法提供了一种直观的点线分离方法,但在低信杂比条件下,门限设置产生的大量离散恒星星像及噪声像素点将会影响霍夫变换的处理性能。

则运用霍夫变换进行直线检测和剔除的步骤如下:

(1) 选择对偶参数对 $\rho = x\sin\theta + y\cos\theta$;

(2) 在合适的范围内量化变换域(ρ,θ);

(3) 建立累加数组 $C(\rho,\theta)$,其每个元素的下标对应于变换域中坐标,元素值表示通过该点的曲线数目,其初始化时将各元素值置零;

(4) 对图像进行二值化处理,图像中像素值为“0”表示背景点,为“1”表示待检测像素点,则对图像中每个值为“1”的点,在由对偶参数对构造的变换域中,找到与其对应的曲线,并将对应曲线所在位置上的所有点,舍入变换域的量化单元里,并将相应的累加数组元素加1;

(5) 寻找累加数组中的峰值点,峰点位置对应于图像中待检测线的参数,峰值高低反映这条线上的像素点数量;

(6) 将峰值点参数映射至图像域形成虚拟线段,将虚拟线段邻近像素点删除,实现相应直线的剔除。

霍夫变换法需要对原始图像进行分割和二值化处理,否则不仅点线映射将会造成难以接受的计算量,而且形成大量的数据干扰。变换域的量化单元间隔也是需要考虑的方面,间隔过小,则计算量激增,间隔过大,则精度不高。同时,若图像中的直线数据不仅有长度,而且具有一定宽度,将使得映射后得到的参数峰值点估计不准确。上述原因皆会影响霍夫变换在漂移扫描星图中恒星星像抑制的处理效果。

2. 图像还原法

图像还原是指利用退化现象的某种先验来还原被退化的图像。若图像退化可以抽象成为一个变换 $\psi:g(x,y)=\psi[f(x,y)]$;图像还原就是由 $g(x,y)$ 得到 $\hat{f}(x,y)$ 的过程,即求反变换 $\psi^{-1}:\psi^{-1}[g(x,y)]=\hat{f}(x,y)$。当模糊函数为未知时,就转变为盲恢复问题。由于恒星星像相对电荷移动产生了直线分布状态,可将恒星星像看成为点源目标由于运动产生的动态线性模糊,则模糊函数可设置为

$$h(x.y)=\begin{cases}\dfrac{1}{R} & x=r\cos\theta,y=r\sin\theta,r\in[0,R]\\ 0 & \text{其他}\end{cases}\tag{6.2}$$

式中:R 为直线长度;θ 为直线与 X 轴的夹角,$\theta\in\left[-\dfrac{\pi}{2},\dfrac{\pi}{2}\right]$。选择期望最大化算法(Expectation Maximization,EM)来迭代执行还原操作。第 k 次迭代式为

$$\hat{f}(x,y)^k=\hat{f}(x,y)^{k-1}h(-x,-y)*\frac{g(x,y)}{f(x,y)^{k-1}*h(x,y)+\sigma_n^2}\tag{6.3}$$

式中:σ_n^2 为图像噪声估计方差。利用图像还原法进行处理时,将直线目标看成为点源目标由于运动产生的动态线性模糊。先构造线性模糊函数,通过解模糊来实现直线目标的"还原",通过设置门限,分割出"还原"后生成的点源目标,并将其重新加权扩散,与原图进行残差处理实现直线目标的滤除。由于噪声的存在,解模糊非线性可逆,重新扩散后的直线目标与原直线目标将会出现不完整匹配而形成大量虚假目标。则运用图像还原法进行直线目标滤除的步骤执行如下:

(1)计算图像中直线长度及与 X 轴的夹角,设计模糊函数;

(2)对处理图像进行还原,将原图像中直线目标还原为点源目标;

(3)分割还原图像,提取原图像中直线目标对应点源目标;

(4)选择滤波函数 $\alpha\cdot h(x,y)$ 对分割后的图像进行滤波,其中 α 为增益;

(5)将原图像与滤波后图像进行残差处理,实现直线目标的滤除。

由以上步骤可见,图像还原法利用图像还原操作获得图像中直线目标所在位置,并以高增益方式重新扩散,得到比原灰度值更高的直线目标数据,与原数据作差分处理就可实现对直线目标的滤除。但是若模糊函数不能正确表示或噪声估计不准确,图像还原就难以得到所需要的点源目标,从而影响直线目标的提取。

3. 数学形态学法[64]

数学形态学的语言是集合论,基本研究对象为二值图像,为实现对灰度图像的形态学处理,需要对形态学的操作定义及研究对象从集合向灰度图像进行转换。设 $f(x,y)$ 为输入图像,$b(x,y)$ 表示为结构元素,则用 $b(x,y)$ 对 $f(x,y)$ 进行灰度膨胀表示为 $f\oplus b$,即

$$(f\oplus b)(s,t)=\max\{f(s-x,t-y)+b(x,y)\mid(s-x),(t-y)\in D_{\mathrm{f}};(x,y)\in D_{\mathrm{b}}\}\tag{6.4}$$

式中:D_{f} 和 D_{b} 分别为 $f(x,y)$ 和 $b(x,y)$ 的定义域,$(s-x)$ 和 $(t-y)$ 必须在 D_{f} 内,x 和 y 必须在 D_{b} 内。膨胀运算在结构元素定义的邻域中选择 $f(x,y)+b(x,y)$ 的最大值,其形式与二维卷积操作相似,只不过用最大值运算代替卷积和,用加法运算代替卷积乘积。

用 $b(x,y)$ 对 $f(x,y)$ 进行灰度腐蚀表示为 $f\ominus b$，定义为

$$(f\ominus b)(s,t)=\min\{f(s+x,t+y)-b(x,y)\mid(s+x),(t+y)\in D_{\mathrm{f}};(x,y)\in D_{\mathrm{b}}\} \tag{6.5}$$

式中：D_{f} 和 D_{b} 分别为 $f(x,y)$ 和 $b(x,y)$ 的定义域，$(s+x)$ 和 $(t+y)$ 必须在 D_{f} 内，x 和 y 必须在 D_{b} 内。腐蚀运算在结构元素定义的邻域中选择 $f(x,y)-b(x,y)$ 的最小值，其形式与二维相关操作相似，只不过用最小值运算代替相关运算，用减法运算代替相关乘积。

膨胀与腐蚀是数学形态学的基本操作，构成了形态学其他运算的基础，其中两个重要的形态学运算为开运算和闭运算。用 $b(x,y)$ 对 $f(x,y)$ 进行开运算表示为 $f\cdot b$，定义为

$$f\cdot b=(f\ominus b)\oplus b \tag{6.6}$$

即开运算就是使用结构元素先对输入图像进行腐蚀，然后再对腐蚀结果进行膨胀操作。用 $b(x,y)$ 对 $f(x,y)$ 进行闭运算表示为 $f\cdot b$，定义为

$$f\cdot b=(f\oplus b)\ominus b \tag{6.7}$$

即闭运算就是使用结构元素先对输入图像进行膨胀，然后再对膨胀结果进行腐蚀操作。与开运算为对偶操作。由于开运算可以消除与结构元素相比尺寸较小的细节，而保持图像整体灰度值和尺寸较大区域基本不受影响，常用于图像中的冲激信号滤除和背景提取。利用数学形态学法进行处理时，通过构造与直线目标相匹配的结构元，进行开运算得到直线目标所在区域，再通过残差处理实现直线目标的滤除。但是形态学法对结构元的要求较高，当结构元与直线角度匹配有偏差等因素时，开运算将会影响到直线目标区域的提取，残差后将产生虚假目标。因此，运用形态学的开运算可实现直线目标的提取和滤除，步骤执行如下：

（1）根据图像中直线与 X 轴的夹角，设计直线状结构元素，并满足结构元素的定义域要大于小目标邻域；

（2）对图像执行开运算，提取直线目标所在区域；

（3）将运算结果乘以增益与原图像进行残差处理，实现直线目标的滤除。

由以上步骤可见，形态学法利用开运算先滤除小目标，以背景提取的方式保留图像中尺寸较大的直线目标来执行相关操作。形态学通过结构元素来确定操作方式和范围，处理性能好坏与结构元素和处理对象的匹配度密切相关。实际图像中的灰度分布往往并不连续，难以用准确的统一的结构元素来表示各目标邻域组成，因此会影响形态学方法的处理结果。

由上述分析可知，霍夫变换法和数学形态法都能够实现直线目标的提取和滤除，但所基于的条件在实际处理中往往较难满足。漂移扫描星图中小目标相比于大量恒星星像，灰度值较低难以检测。通过抑制恒星星像的方式来突显小目标，对恒星星像的抑制程度要求较高，否则将会导致大量高灰度值的恒星星像残留点存在，影响小目标的检测。借鉴点线分离常用方法的实现思路，从恒星星像轮廓模型分析入手，提出一种较为鲁棒的恒星星像抑制方法。

6.1.2 恒星星像轮廓模型

在实际观测过程中，为了提高目标的定位精度，一般通过光学系统散焦，使星像能量分布近似为二维高斯状，将目标能量分散到多个像素范围内，通过质心定位算法以期获

得目标的亚像素坐标[65]。对空间目标漂移扫描观测时,CCD 中电荷移动速度要远大于恒星的移动速度,使得星图中的恒星星像呈现近似为直线的拖影,如图 6.2(a)所示。实际星图中截取的一个恒星星像的高分辨率三维显示图如图 6.2(b)所示,由该图可以直观地观测恒星星像的能量分布特征,对恒星星像进行建模分析。

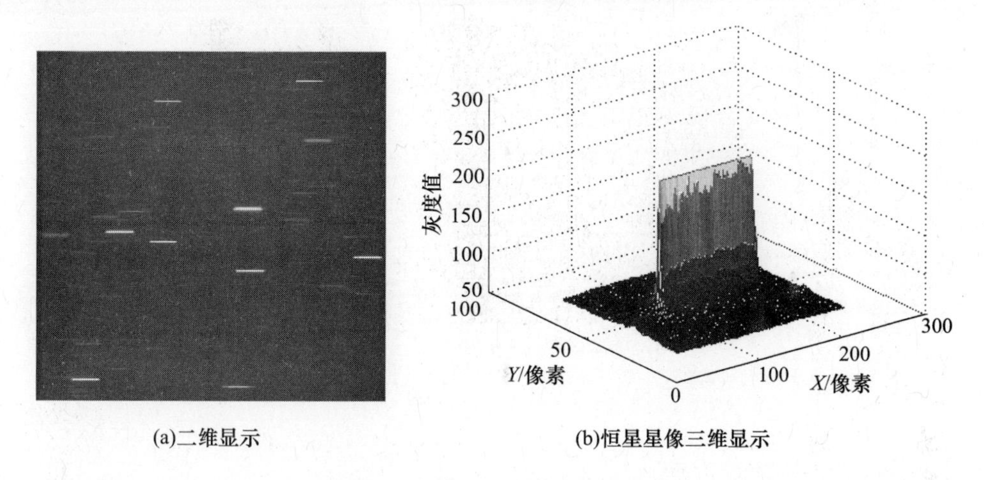

(a)二维显示　(b)恒星星像三维显示

图 6.2　漂移扫描星图及恒星星像

漂移扫描星图中的恒星星像和小目标,空域形状上表现的主要区别在于小目标不产生直线拖影。因此,为简化分析,只对恒星星像轮廓沿直线分布方向剖面建模,并沿方向定义坐标轴为 X'。在 X'上的一维点扩展函数可表示为

$$psf(x') = \frac{1}{\sqrt{2\pi}\sigma} e^{-\frac{x'^2}{2\sigma^2}} \tag{6.8}$$

式中:σ 反映能量的扩散程度,则点源目标可建模为

$$P(x') = \frac{A}{\sqrt{2\pi}\sigma} \exp\left(-\frac{(x'-x_0')^2}{2\sigma^2}\right) \tag{6.9}$$

式中:A 为扩散前点源目标中心灰度值;x_0' 为点源目标在坐标轴 X'上的坐标。若恒星星像的直线拖影长度为 M 个像素点,将产生拖影的机理用函数表示为 $h(x')=1,0\leqslant x'\leqslant M$,则恒星星像在 X'中可建模为

$$S(x') = P(x') * h(x') = \frac{A}{\sqrt{2\pi}\sigma}\int_0^M \exp\left(-\frac{(x'-\mu-x_0')^2}{2\sigma^2}\right) d\mu \tag{6.10}$$

令 $t=\dfrac{x'-\mu-x_0'}{\sqrt{2}\sigma}$,则星像沿拖影方向剖面模型表示为

$$\begin{aligned} S(x') &= \frac{A}{\sqrt{\pi}} \int_{-\frac{x'-x_0'}{\sqrt{2}\sigma}}^{\frac{M-x'+x_0'}{\sqrt{2}\sigma}} e^{-t^2} dt \\ &= \frac{A}{\sqrt{\pi}} \left(\int_{-\frac{x'-x_0'}{\sqrt{2}\sigma}}^{0} e^{-t^2} dt + \int_0^{\frac{M-x'+x_0'}{\sqrt{2}\sigma}} e^{-t^2} dt \right) \\ &= \frac{A}{2}\left(\mathrm{erf}\left(\frac{x'-x_0'}{\sqrt{2}\sigma}\right) + \mathrm{erf}\left(\frac{M-x'+x_0'}{\sqrt{2}\sigma}\right)\right) \end{aligned} \tag{6.11}$$

对 $S(x')$ 求一阶导,分析其值的线性变化情况,即有

$$\dot{S}(x') = \frac{A}{\sqrt{2\pi}\sigma}\left(\exp\left(-\left(\frac{x'-x_0'}{\sqrt{2}\sigma}\right)^2\right)-\exp\left(-\left(\frac{M-x'+x_0'}{\sqrt{2}\sigma}\right)^2\right)\right) \tag{6.12}$$

由于光学系统中的散焦参数 σ 一般很小,而拖影长度 M 一般大于 50 个像素点,由于 $\sigma\approx1\ll M$,则 $\dot{S}(x'_0)=\frac{A}{\sqrt{2\pi}\sigma}$,$\dot{S}(M+x'_0)\approx-\frac{A}{\sqrt{2\pi}\sigma}$,且满足

$$\lim_{\sigma\to0}\dot{S}(x')=0,\{x' \mid x'\neq x_0',M+x_0'\} \tag{6.13}$$

由以上结论可见,恒星星像沿直线分布方向的轮廓模型可近似为矩形,为便于后续处理分析,令坐标平移量 $x_0'=0$,将恒星星像轮廓模型建模表示为

$$S(x')=\begin{cases}\dfrac{A}{\sqrt{2\pi}\sigma} & 0\leqslant x'\leqslant M\\ 0 & 其他\end{cases} \tag{6.14}$$

6.1.3 规范化线性滤波器

漂移扫描星图中主要存在四种不同的研究对象:小目标、近直线恒星星像、随机噪声和星图背景,其中星图背景作为缓变信号,通过预处理可以滤除。本书主要考虑具有高频信号特征的小目标、恒星星像及噪声的处理。由于小目标缺乏明显的形状信息,奇异性与噪声表现得较为相似,在进行滤波处理时可先将小目标与噪声归为点源目标一类,使研究对象分成直线目标及点源目标两类。

直线目标在图像中沿直线分布的能量扩散,而点源目标的能量分布只集中于小邻域内,若沿直线分布进行能量采集,直线目标的能量增加将比点源目标更为迅速。灰度表现形式上,将进一步拉大直线目标与点源目标的对比度,通过合理的设置,就能实现直线目标增强而点源目标减弱的目的,从而实现对直线目标的提取分离[65]。根据上述思路设计滤波器,并制定合理的参数选择,使得最后能够有效地实现恒星星像抑制的同时,实现小目标的保留。设计规范化线性滤波器的能量增益为 α,长度为 L,由于图像像素值为离散空间采样,设置 L 为奇数,采用函数形式表示为

$$h_n(x,y)=\frac{\alpha}{L}\cdot\sum_{l=-\frac{L-1}{2}}^{\frac{L-1}{2}}\delta(x-l\cos\theta)\delta(y-l\sin\theta) \tag{6.15}$$

满足 $\frac{1}{\alpha}\int_{-\infty}^{+\infty}h_n(x,y)\,\mathrm{d}x\mathrm{d}y=1$,其中,$\theta$ 为图像中恒星星像与 X 轴夹角,$\theta\in\left[-\frac{\pi}{2},\frac{\pi}{2}\right]$。与式(6.2)的模糊函数相比,规范化线性滤波器注重沿直线分布上的能量求和平均,除去增益以满足规范化条件,以此统一衡量直线目标与点源目标的灰度变化。由于滤波器只沿恒星星像直线分布方向有值,为便于分析,将式(6.15)转换为 X' 轴上讨论,即

$$h_n(x')=\frac{\alpha}{L}\cdot\sum_{i=-\frac{L-1}{2}}^{\frac{L-1}{2}}\delta(x'-i) \tag{6.16}$$

1. 恒星星像滤波

下面具体分析规范化滤波器对恒星星像和小目标的处理情况。

由6.1.2节得到的恒星星像轮廓模型,采用规范化线性滤波器对恒星星像进行滤波表示为

$$S_g(x') = S(x') * h_n(x') \tag{6.17}$$

恒星星像滤波过程如图6.3所示。图中实大矩形框表示恒星星像的灰度分布,实小矩形框表示规范化线性滤波器,图中虚线箭头表示卷积移动方向。滤波器长度与恒星星像长度关系存在以下两种情况:$L-1\leqslant M$ 和 $L-1>M$,则滤波结果有

(1) $L-1\leqslant M$ 时,

$$S_g(x') = \begin{cases} \dfrac{A}{\sqrt{2\pi}\sigma}\cdot\dfrac{\alpha}{L}\cdot\left(x'+\dfrac{L-1}{2}\right) & -\dfrac{L-1}{2}\leqslant x'<\dfrac{L-1}{2} \\ \dfrac{A}{\sqrt{2\pi}\sigma}\cdot\alpha & \dfrac{L-1}{2}\leqslant x'\leqslant M-\dfrac{L-1}{2} \\ \dfrac{A}{\sqrt{2\pi}\sigma}\cdot\dfrac{\alpha}{L}\cdot\left(M-x'+\dfrac{L-1}{2}\right) & M-\dfrac{L-1}{2}<x'\leqslant M+\dfrac{L-1}{2} \end{cases} \tag{6.18}$$

(2) $L-1>M$ 时,

$$S_g(x') = \begin{cases} \dfrac{A}{\sqrt{2\pi}\sigma}\cdot\dfrac{\alpha}{L}\cdot\left(x'+\dfrac{L-1}{2}\right) & -\dfrac{L-1}{2}\leqslant x'\leqslant M-\dfrac{L-1}{2} \\ \dfrac{A}{\sqrt{2\pi}\sigma}\cdot\dfrac{\alpha}{L}\cdot M & M-\dfrac{L-1}{2}<x'<\dfrac{L-1}{2} \\ \dfrac{A}{\sqrt{2\pi}\sigma}\cdot\dfrac{\alpha}{L}\cdot\left(M-x'+\dfrac{L-1}{2}\right) & \dfrac{L-1}{2}\leqslant x'\leqslant M+\dfrac{L-1}{2} \end{cases} \tag{6.19}$$

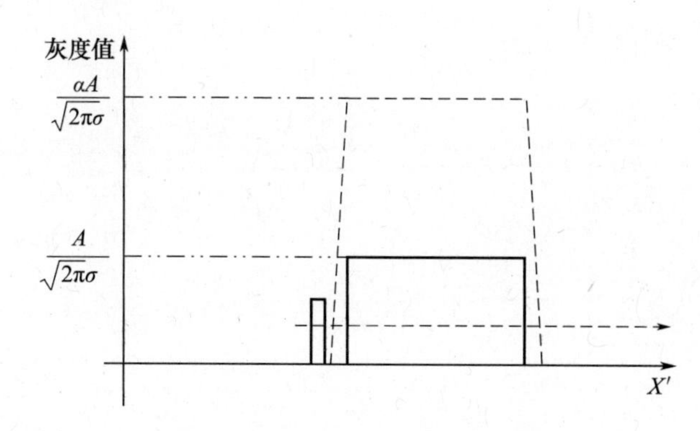

图6.3 恒星星像滤波过程示意图

图6.3中虚梯形框是 $L-1\leqslant M$ 时滤波结果 $S_g(x')$。结合式(6.18)和式(6.19)可知:

(1) 两种情况下所得到的滤波结果很相似,星像前后沿的斜率保持一致,为$\dfrac{A}{\sqrt{2\pi}\sigma}\cdot\dfrac{\alpha}{L}$,且随着 L 的增加将变缓;

(2) 若线性滤波器的长度 L 越长,卷积后影响的区域越大,将对恒星星像邻域造成影响;

(3) 当滤波器长度大于恒星星像长度时,即 $L-1>M$,恒星星像中部灰度为恒定值,但原始增益受到 M/L 的影响而降低;当滤波器长度小于恒星星像长度时,即 $L-1\leqslant M$,恒星星像中部灰度为恒定值,且只与增益大小有关,与滤波器长度及恒星星像长度无关。因此,对恒星星像产生有效的影响,应尽量保证 $L-1\leqslant M$,这在实际中也往往能够得到满足,在控制滤波器长度的前提下,增益越高则对恒星星像的抑制就越彻底。要使得滤波结果与原星像进行残差处理后,恒星星像能够被抑制,增益选择至少应保证:

$$1-\frac{\alpha}{2}\cdot\frac{L-1}{L}<0 \tag{6.20}$$

2. 小目标滤波

由 6.1.2 节中星图的点源模型,且令坐标平移量 $x_0'=0$,则小目标的轮廓模型表示为

$$T(x')=\frac{B}{\sqrt{2\pi}\sigma}\exp\left(-\frac{x'^2}{2\sigma^2}\right) \tag{6.21}$$

式中:B 为扩散前小目标中心灰度值,采用规范化线性滤波器对小目标进行滤波表示为

$$T_g(x')=T(x')*h_n(x') \tag{6.22}$$

求解结果与恒星星像轮廓模型相似,则可以得到

$$T_g(x')=\frac{\alpha B}{\sqrt{2\pi}\sigma L}\quad -\frac{L-1}{2}\leqslant x'\leqslant\frac{L-1}{2} \tag{6.23}$$

小目标滤波过程如图 6.4 所示,图中实冲激信号表示为小目标,小目标一般由几个像素点组成,为方便表示结果,在图中表示为冲激信号。实小矩形框表示规范化线性滤波器,虚线箭头表示卷积移动方向。

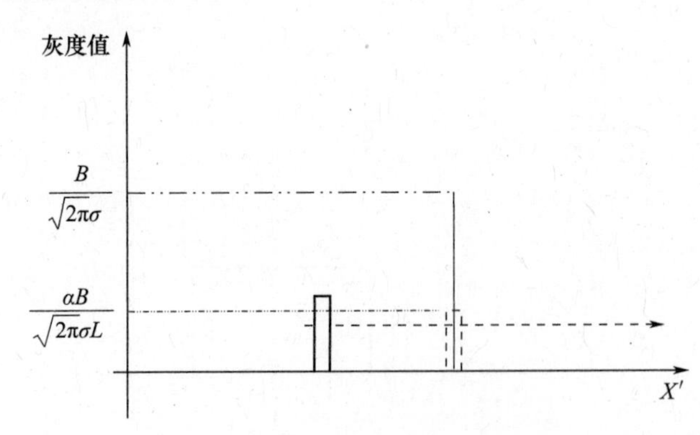

图 6.4 小目标滤波过程示意图

与线性滤波器进行卷积后,近似为图中虚小矩形框。若目标原灰度值为 $\frac{B}{\sqrt{2\pi}\sigma}$,滤波后对应原位置处灰度值为 $\frac{\alpha B}{\sqrt{2\pi}\sigma L}$。与恒星星像处理后的灰度变化相比,小目标灰度变化不仅与滤波器的能量增益有关,而且同滤波器的长度 L 相关。滤波结果与原星像进

行残差处理后,小目标中心点位置灰度为

$$\frac{B}{\sqrt{2\pi}\sigma}\cdot\left(1-\frac{\alpha}{L}\right) \tag{6.24}$$

要使得残差处理后,小目标能量能得到较大的保留,需要尽可能增加滤波器的长度 L,且要保证:

$$1-\frac{\alpha}{L}>0 \tag{6.25}$$

3. 噪声滤波和处理

噪声虽然一般满足处处独立的条件,但在区域范围内表现出较强的自相似性,利用规范化的线性滤波器对噪声进行滤波,实际上是对噪声进行增益为 α 的平滑操作。若不设定门限对噪声进行处理,再与原图作差分,则噪声的方差将变大,影响到对目标的检测。因此,可以通过设定一个合适的门限,使得噪声分布基本上控制在某个门限附近,以提高小目标的信噪比。

星图中噪声 N 一般服从均值为 μ,标准差为 σ_n 的高斯分布[66],假设某点位置处噪声的灰度为 C,设定分割的门限为 G_n,则经过滤波和残差处理后其灰度值为

$$\begin{aligned} C-\frac{\alpha}{L}\cdot\sum_{i=-\frac{L}{2}}^{\frac{L}{2}-1}N_i &\leqslant C-\frac{\alpha}{L}\cdot L\cdot p(N_i>G_n)\cdot G_n \\ &= C-\alpha\cdot G_n\cdot\int_{G_n}^{\infty}\frac{1}{\sqrt{2\pi}\sigma_n}\mathrm{e}^{-\frac{(N_i-\mu)^2}{2\sigma_n^2}}\mathrm{d}N_i \\ &= C-\alpha\cdot G_n\cdot\frac{1}{2}\cdot\mathrm{erfc}\left(\frac{G_n-\mu}{\sqrt{2}\sigma_n}\right) \end{aligned} \tag{6.26}$$

G_n 根据以下条件选择:C 经过残差处理后灰度小于 G_n,即

$$C-\alpha\cdot G_n\cdot\frac{1}{2}\cdot\mathrm{erfc}\left(\frac{G_n-\mu}{\sqrt{2}\sigma_n}\right)\leqslant G_n \tag{6.27}$$

令 $C=\mu+\sigma_n$,求解满足式(6.27)的最小值作为对噪声的分割门限 G_n。

综合以上规范化线性滤波对三类不同信号的滤波结果,可知抑制恒星星像要求较小的滤波器长度和较高的增益,保留小目标则要求较长的滤波器长度。

根据恒星星像实现完全抑制的目的,规范化线性滤波器的参数选择可以遵循以下步骤:

(1) 首先确定增益 α,以保证恒星星像能够被滤除,其原则可由式(6.20)来确定,即选择满足该式的最小值;

(2) 其次在 α 的基础上确定 L,L 越大则目标能量保留越多,但恒星星像的影响范围越广,选择合适的 L 是关键;

(3) 最后确定 G_n,用以对所要处理的星图进行分割。

6.1.4　梯度线性滤波约束

由 6.1.3 节的分析可知,滤波器长度的选择存在矛盾。在本节中构造梯度线性滤波

器,通过减少恒星星像经过规范化线性滤波的影响范围来适当调整。减少影响范围的一种方法可通过对其范围的截断来实现,如图 6.5 所示。通过设定一个自适应门限 G,将滤波结果中大于 G 的灰度值保留,将小于 G 的灰度值用噪声滤波结果代替,如图中 D 所标区域,从而截断恒星星像滤波后的影响范围。

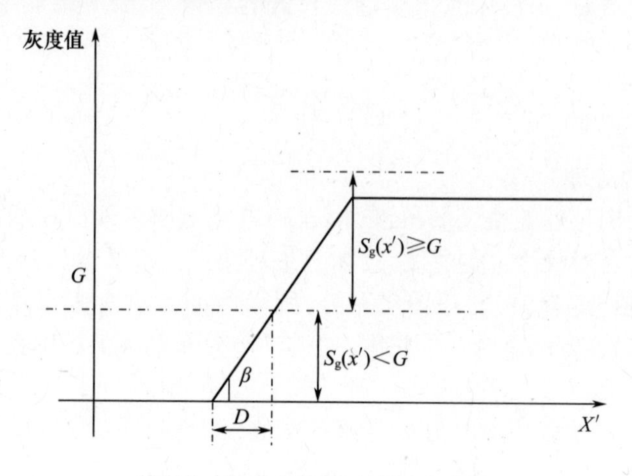

图 6.5 恒星星像滤波边缘示意图

即确定前后沿门限 G,使调整后的滤波结果为

$$S_t(x') = \begin{cases} S_g(x') & S_g(x') \geqslant G \\ \alpha \cdot G_n \cdot \dfrac{1}{2} \cdot \mathrm{erfc}\left(\dfrac{G_n - \mu}{\sqrt{2}\sigma_n}\right) & S_g(x') < G \end{cases} \tag{6.28}$$

由 6.1.3 节可知,同一恒星星像经滤波后前后沿斜率相等,则截断范围 D 与门限 G 存在以下关系

$$G = D \cdot \tan\beta = D \cdot \frac{A}{\sqrt{2\pi}\sigma} \cdot \frac{\alpha}{L} \tag{6.29}$$

式中:β 为倾角,如图 6.5 所示。由式(6.29)可知,星图中不同灰度值的恒星星像,门限与其自身灰度值相关。为能够自适应获取门限以满足不同灰度值恒星星像处理,构造梯度线性滤波器来计算式(6.29),滤波器设计如下

$$h_g(x,y) = \left[\sum_{i=-\frac{D-1}{2}}^{-1} \delta(x - i\cos\theta)\delta(y - i\sin\theta) - \sum_{i=1}^{\frac{D-1}{2}} \delta(x - i\cos\theta)\delta(y - i\sin\theta)\right] \cdot \frac{4}{D-1} \tag{6.30}$$

式中:D 取奇数,为便于分析,在 X'轴上表示为

$$h_g(x') = \left[\sum_{i=-\frac{D-1}{2}}^{-1} \delta(x' - i) - \sum_{i=1}^{\frac{D-1}{2}} \delta(x' - i)\right] \cdot \frac{4}{D-1} \tag{6.31}$$

$S_g(x')$中各点对应判决门限$G(x')$,由$h_g(x')$与$S_g(x')$进行卷积得到

$$G(x') = |S_g(x') * h_g(x')| \tag{6.32}$$

恒星星像滤波结果的中部门限为$G=0$,而$S_g(x')$恒大于0,则灰度值将保留。恒星星像滤波结果的前后沿$G = D \cdot \frac{A}{\sqrt{2\pi}\sigma} \cdot \frac{\alpha}{L}$,则灰度值满足$S_g(x') > G$时对应的滤波结果才能保留,实现了对不同灰度值恒星星像自适应影响范围的截断。通过调整梯度线性滤波器,可以进一步放宽规范化线性滤波器的参数选择条件。

综合所述,本节提出一种基于规范化线性滤波的漂移扫描星图恒星星像抑制方法,主要步骤如下:

(1) 星图预处理,抑制星图缓变背景,并统计噪声的均值μ和标准差σ_n;

(2) 线性滤波器构造,根据设备控制参数或图像统计,计算星图中恒星星像与X轴夹角θ,根据恒星星像变化情况选择α,一般令$\alpha=3$,$L=10\alpha$,由式(6.15)构造规范化线性滤波器并依θ旋转,选择调整幅度D,令$D=\max(\min(L,M)-15,0)$,由式(6.30)构造梯度线性滤波器并依θ旋转;

(3) 星图分割和滤波,由式(6.32)计算分割门限G_n,得到星图I,利用规范化线性滤波器对I进行滤波得I_g,利用梯度线性滤波器对I_g进行调整,得I_t;

(4) 残差与恒星抑制,将星图I与滤波结果I_t差分,实现恒星抑制。

该方法通过残差处理方式来实现恒星抑制,与图像还原法和形态学法相同,与霍夫变换法不同,下面通过实验来验证和分析本节所提方法的可行性。

6.1.5 实测数据处理与分析

实验环境为:Dual-Core,3.2GHz,2GB内存计算机,编程环境为Matlab 7.0。对实际观测采集的大小均为1528×1528的漂移扫描数据进行处理。

选择一帧信杂比约为10dB的漂移扫描星图,图中恒星星像长度在140个像素点左右,方向与X轴成2°夹角,如图6.6(a)所示,小目标在图中坐标为(759,709),其三维显示如图6.6(b)所示。图中高斯状分布目标为小目标,其邻近灰度波浪状分布区域为恒星星像。采用本节提出方法处理星图的部分环节结果如图6.7所示,图6.7(a)为采用小波分析去除星图缓变背景后所得结果,由图可知,星图中存在大量不同灰度值的恒星星像,小目标淹没在其中难以发现。选择滤波器参数为$\alpha=3$,$L=30$像素,$\theta=2°$,$D=15$像素,分别构造规范化线性滤波器和梯度线性滤波器,所得滤波结果如图6.7(b)所示。通过线性滤波,自适应地将恒星星像灰度值放大,而小目标灰度得到进一步缩小。将图6.7(b)与图6.7(a)作残差处理,得如图6.7(c)所示结果。由图可以看出,恒星星像得到完全抑制,图中只存在一个明显的类冲激信号与部分噪声,将其在X轴投影,如图6.7(d)所示,对应坐标与小目标先验坐标相吻合,可见经过恒星星像的抑制,小目标得到突出显示,更易于检测。

同一视场内同一目标观测数据总共有8帧,小目标在8帧星图中的信杂比变化如图6.8(a)所示。目标刚进入视场时,相对观测距离较远,一般信杂比较小;当目标处在视场中间时,相对观测距离较近,信杂比一般能达到整个观测视场的最高值。图中数据

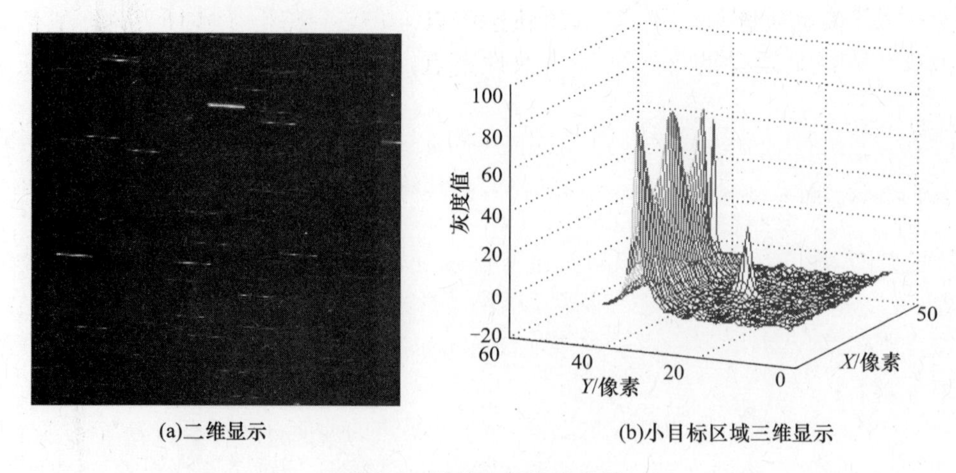

(a)二维显示　　(b)小目标区域三维显示

图 6.6 漂移扫描实验星图

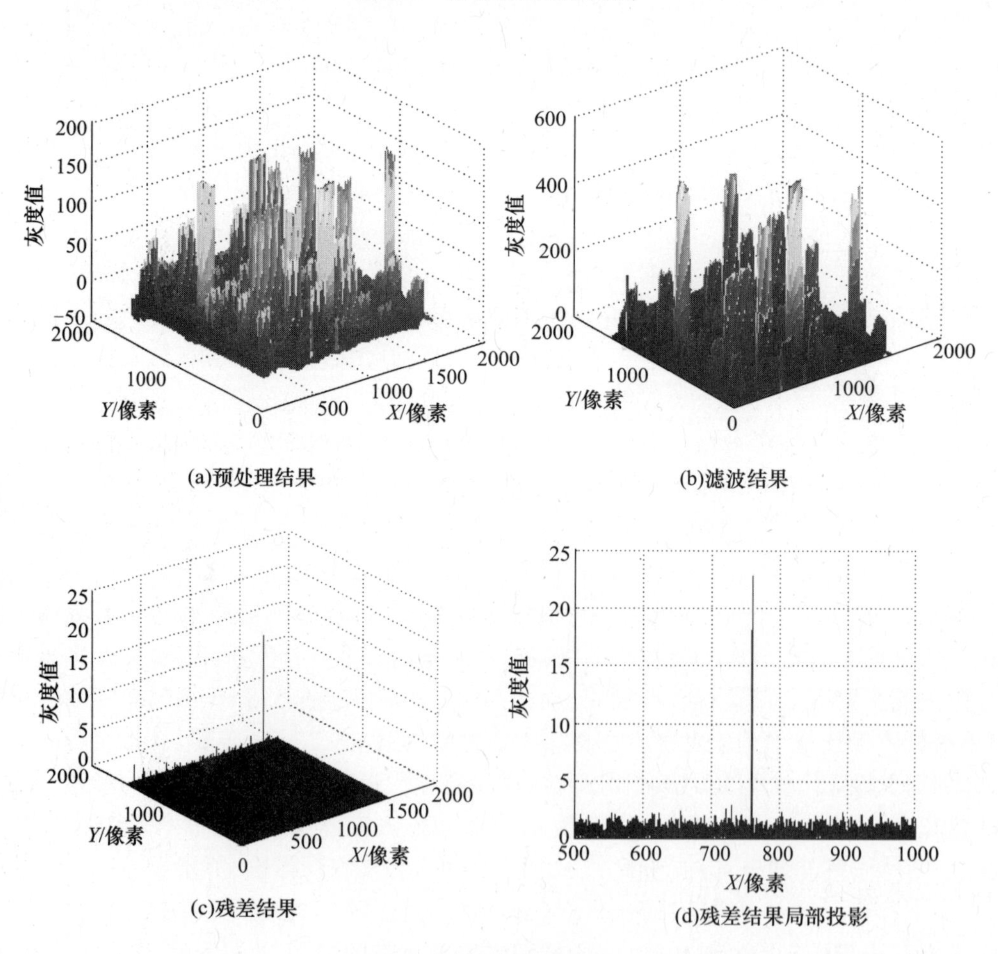

(a)预处理结果　　(b)滤波结果

(c)残差结果　　(d)残差结果局部投影

图 6.7 滤波实验结果

也反映了这种现象,从刚进入视场时的 2.87 到第四帧时达到最高值为 15.5。运用所提方法对各帧星图进行恒星星像抑制,同时采用动态规划算法对各帧小目标数据进行关联,得到如图 6.8(b)所示结果,图中“ * ”表示得到的小目标运动轨迹在各帧星图中的坐标点，"○"表示轨迹起点，"△"表示轨迹终点，由于帧间等间隔时间采样，所估计的小目标轨迹点满足运动的连续性和一致性特点，表明所检测得到的小目标轨迹是可信的。

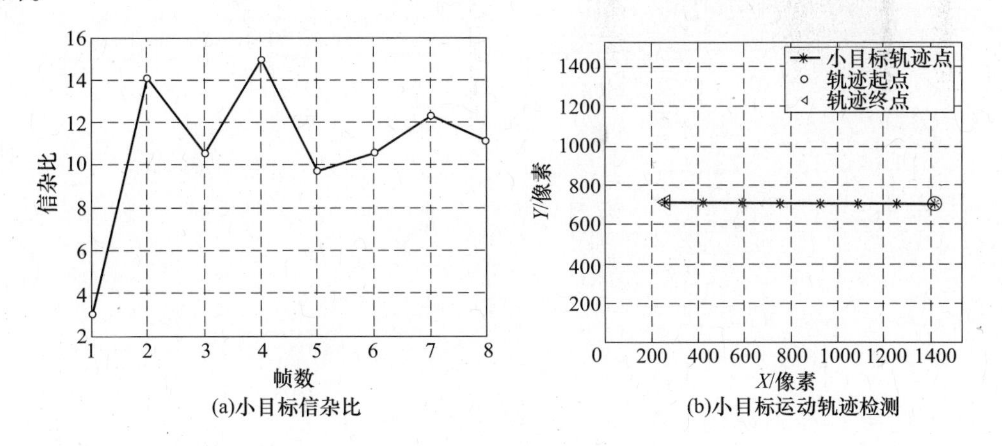

图 6.8　多帧星图处理结果

6.2　面目标成像质量评价

图像在获取、处理、传输和存储的过程中，由于各种因素的影响，不可避免地会产生图像的降质问题，这给信息获取或图像的后期处理带来了极大的困难。尤其是当利用地基光学设备对高度约 1000km 高速运动的空间目标成像时，若空间目标光电探测系统的角分辨率足够高，可实现面目标成像，但由于拍摄条件复杂，如成像角度、伺服振动、大气湍流和系统噪声等因素都会造成图像的模糊，从一定程度上制约了图像数据的应用。因此，对图像数据建立质量评价机制具有重大的意义，也为图像的质量复原处理效果提供衡量指标。

图像质量评价从方法上可分为主观评价方法和客观评价方法，前者依赖于评价人员的主观感知来评价图像的质量，直观有效，无技术障碍，但容易受到个人主观因素的影响，无法应用数学模型对其进行描述，从工程应用角度看，当图像数据量巨大时，该方法耗时长且费用高，难以实现自动实时的质量评价。后者是指使用一个或多个图像的度量指标，建立与图像质量相关的数学模型让计算机自动计算得出图像质量，并使得评价结果能与人的主观感受相一致。本节首先阐述图像质量退化的数学模型，然后着重介绍较具代表性的两类图像客观评价方法。

6.2.1　空间目标光学图像退化过程

从系统的观点看，空间目标光学图像获取的退化过程可以被建模成由点扩展函数描述的退化函数项和加性噪声项。如图 6.9 所示，目标图像 $f(x,y)$ 经过系统的退化函数 $H[\cdot]$ 并引入加性噪声项 $n(x,y)$，输出退化图像 $g(x,y)$。

如果系统的退化函数 $H[\cdot]$ 具有线性、空间不变性质，则光学成像过程可以描述为一个二维线性卷积过程：

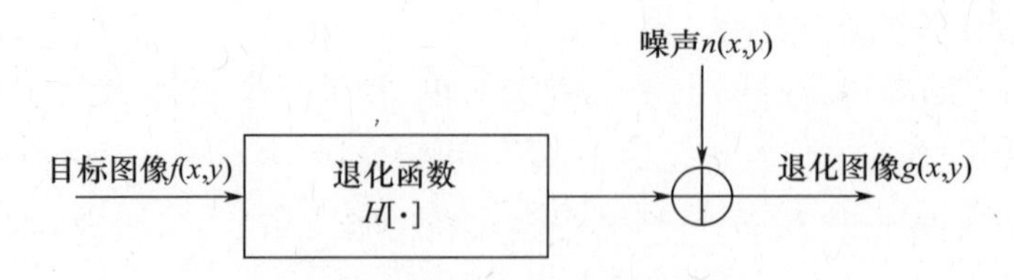

图 6.9 空间目标光学图像退化过程

$$g(x,y)=H[f(x,y)]+n(x,y)=h(x,y)*f(x,y)+n(x,y) \tag{6.33}$$

式中：$*$ 为二维线性卷积；$h(x,y)$ 为系统的点扩展函数。这一成像过程对应的频域表示为

$$G(u,v)=F(u,v)\cdot H(u,v)+N(u,v) \tag{6.34}$$

通常将光学系统对空间目标的成像探测过程简化成一个线性、空间不变的过程。

6.2.2 空间目标光学图像的噪声模型

光学成像系统在获取图像过程中由于成像条件和器件原因不可避免地会引入噪声，目前数字图像常见的噪声有高斯噪声、泊松噪声、椒盐噪声、瑞利噪声等。对于空间目标光学图像来说，噪声来源主要是两类：一类是服从泊松分布的天光背景光子噪声，另一类是服从高斯分布的 CCD 电子噪声。泊松噪声随机场的分布可以表示为

$$p(x=k)=\frac{\lambda^k}{k!}\mathrm{e}^{-\lambda} \tag{6.35}$$

短曝光空间目标图像通常表现为颗粒效应，这种颗粒噪声用泊松噪声随机场描述较为合适。然而，由于天光背景较暗，空间目标图像中的电子噪声不容忽略。高斯噪声随机场的分布为

$$p(x)=\frac{1}{\sqrt{2\pi}\sigma}\mathrm{e}^{-\frac{(x-\mu)^2}{2\sigma^2}} \tag{6.36}$$

式中：μ 为均值；σ^2 为方差。

在空间目标光学图像复原过程中，通常认为图像噪声是泊松噪声或高斯噪声，或是泊松噪声与高斯噪声的混合噪声。Conan 考虑到成像系统的光子噪声和电子噪声，定义了混合高斯噪声模型，其混合噪声方差 σ^2 可以根据下式计算：

$$\sigma^2(l,m)=\sigma_{\mathrm{ph}}^2+\sigma_{\mathrm{det}}^2 \tag{6.37}$$

式中：σ^2 为混合噪声方差；σ_{ph}^2 为光子噪声方差；σ_{det}^2 为电子噪声方差；(l,m) 为图像离散像素坐标。

6.2.3 有参考图像质量客观评价

图像质量客观评价方法依据模型给出的量化指标或参数来评价图像质量，可分为全参考（Full - Reference）评价方法、部分参考（Reduce - Reference）评价方法和无参考（No - Reference）评价方法[67-68]。本节着重介绍基于像素误差和基于结构相似度的有参考图像质量客观评价方法。

1. 基于像素误差的评价指标

基于像素误差的图像质量客观评价方法简单、物理意义明确，是常用的衡量图像质量判定准则，采用的客观评价指标主要有均方误差（MSE）、归一化均方误差（NMSE）、信噪比（SNR）、峰值信噪比（PSNR）等。若设待评价图像为$\hat{f}(x,y)$，参考图像为$f(x,y)$，M和N为图像的长宽尺寸，下面分别定义基于像素误差的客观评价指标。

MSE是常用的图像质量评价指标，其值越小表示图像质量越好，其定义如下：

$$\mathrm{MSE} = \frac{1}{M \times N}\sum_{i=1}^{M}\sum_{j=1}^{N}[\hat{f}(i,j) - f(i,j)]^2 \tag{6.38}$$

NMSE是一种基于能量归一化的像素误差计量方式，值越小表示图像质量越好，其定义为

$$\mathrm{NMSE} = \frac{\sum_{i=1}^{M}\sum_{j=1}^{N}[\hat{f}(i,j) - f(i,j)]^2}{\sum_{i=1}^{M}\sum_{j=1}^{N}[f(i,j)]^2} \tag{6.39}$$

SNR和PSNR是由MSE派生的图像质量评价指标，其值越大表示图像质量越好。它们的表达式分别为

$$\mathrm{SNR} = 10\lg\left\{\frac{\sum_{i=1}^{M}\sum_{j=1}^{N}[f(i,j)]^2}{\sum_{i=1}^{M}\sum_{j=1}^{N}[\hat{f}(i,j) - f(i,j)]^2}\right\} \tag{6.40}$$

$$\mathrm{PSNR} = 10\lg\left\{\frac{L^2 \times M \times N}{\sum_{i=1}^{M}\sum_{j=1}^{N}[\hat{f}(i,j) - f(i,j)]^2}\right\} \tag{6.41}$$

式中：L为图像灰度级数，例如对于8位灰度图像，其灰度级数$L=2^8-1=255$。

2. 基于结构相似度的评价指标[69-71]

人眼视觉系统（Human Visual System，HVS）的研究结果表明，观察者更关注视野中目标的结构信息，观察者对一幅图像清晰度好坏的判断多取决于对图像中轮廓和边缘的判断。Wang Zhou等人在2004年提出了基于结构相似度（SSIM）测量的图像质量评价方法，他们认为图像结构信息由亮度、对比度和结构度三个要素组成。SSIM质量评价方法需要参考图像，设X、Y分别表示参考图像和待评价图像，且x、y分别是两幅图像的对应图像块，则亮度（l）、对比度（c）和结构度（s）分别定义为

$$l(x,y) = \frac{2\mu_x\mu_y + C_1}{\mu_x^2 + \mu_y^2 + C_1} \tag{6.42}$$

$$c(x,y) = \frac{2\sigma_x\sigma_y + C_2}{\sigma_x^2 + \sigma_y^2 + C_2} \tag{6.43}$$

$$s(x,y) = \frac{\sigma_{xy} + C_3}{\sigma_x\sigma_y + C_3} \tag{6.44}$$

式中：μ_x 和 μ_y 分别为 x、y 图像块的均值；σ_x 和 σ_y 分别为 x、y 图像块的标准差；σ_{xy} 为 x、y 图像块的协方差。$C_1=(K_1L)^2$，$C_2=(K_2L)^2$，$C_3=C_2/2$，一般取 K_1，K_2 为小于 1 的常数，L 为图像灰度级数（对于 8 位灰度图像，$L=255$）。

图像块 x，y 的结构相似度测度定义为

$$\mathrm{SSIM}(x,y)=[l(x,y)]^{\alpha}[c(x,y)]^{\beta}[s(x,y)]^{\gamma} \tag{6.45}$$

式中：参数 α、β、γ 分别为各要素的权重系数，且 α、β、$\gamma>0$。对所有图像块的结构相似度求均值，得到图像 X、Y 的结构相似度

$$\mathrm{MSSIM}(X,Y)=\frac{1}{T}\sum_{j=1}^{T}SSIM(x_j,y_j) \tag{6.46}$$

式中：T 为图像块的个数。

实验结果表明，SSIM 比 MSE 和 PSNR 更符合人眼视觉特性。但是，SSIM 对严重模糊图像的评价结果并不正确。研究表明人眼对图像的边缘部分比较敏感，而梯度较好地反映了图像的纹理变化和细节，可以作为图像的主要结构信息。因此，许多学者在 SSIM 的基础上提出了基于梯度结构相似度的图像质量评价指标。

对于数字图像一般用差分公式来近似计算梯度，在像素 (i,j) 处的 4 邻域差分绝对值之和表征的图像梯度幅度值为

$$\begin{aligned}G_x(i,j)=&|x(i,j)-x(i-1,j)|+|x(i,j)-x(i,j-1)|+\\&|x(i,j)-x(i+1,j)|+|x(i,j)-x(i,j+1)|\end{aligned} \tag{6.47}$$

图像 X、Y 的梯度相似度为

$$g(X,Y)=\frac{2\sum_{j=1}^{M}\sum_{i=1}^{N}G_X(i,j)G_Y(i,j)+C_3}{\sum_{j=1}^{M}\sum_{i=1}^{N}[G_X(i,j)]^2+\sum_{j=1}^{M}\sum_{i=1}^{N}[G_Y(i,j)]^2+C_3} \tag{6.48}$$

将式(6.45)的 $s(x,y)$ 用 $g(x,y)$ 代替，可以得到图像块 x、y 基于梯度幅值的结构相似度测度

$$\mathrm{GSSIM}(x,y)=[l(x,y)]^{\alpha}[c(x,y)]^{\beta}[g(x,y)]^{\gamma} \tag{6.49}$$

与式(6.46)类似，图像 X、Y 的梯度结构相似度为

$$\mathrm{MGSSIM}(X,Y)=\frac{1}{T}\sum_{j=1}^{T}\mathrm{GSSIM}(x_j,y_j) \tag{6.50}$$

6.2.4 无参考图像质量客观评价

前面刻画图像质量的评价指标都必须有参照的标准图像，但是在实际应用中往往无法已知参考图像。因此，人们开始研究无参考图像质量评价方法，提出了一些评价指标，以解决在无参考图像情况下的图像质量评价问题。

1. 灰度平均梯度

灰度平均梯度（GMG）是通过计算图像各像素在水平和垂直方向上与相邻像素灰度差值来定义的，其计算公式为

$$\mathrm{GMG} = \frac{1}{(M-1)(N-1)}\sum_{i=1}^{M-1}\sum_{j=1}^{N-1}\sqrt{\frac{[g(i,j+1)-g(i,j)]^2+[g(i+1,j)-g(i,j)]^2}{2}} \tag{6.51}$$

GMG 能较好地表征图像的纹理细节变化和对比度，其值越大，表示图像质量越好。

2. 拉普拉斯模

拉普拉斯模(LS)是对图像各像素在 3×3 邻域计算其 8 邻域差分值，其计算公式为

$$\mathrm{LS} = \sum_{i=1}^{M-1}\sum_{j=1}^{N-1}\frac{1}{(M-2)(N-2)}|8g(i,j) - g(i-1,j) - g(i+1,j) - g(i,j-1) - g(i,j+1) - g(i-1,j-1) - g(i-1,j+1) - g(i+1,j-1) - g(i+1,j+1)| \tag{6.52}$$

图像纹理和边缘越清晰，图像像素在其邻域的灰度值差分值越大，计算得到的 LS 值就越大。

3. 半高全宽

天文观测领域常用半高全宽(FWHM)来评价目标观测图像的质量，FWHM 定义为目标成像光斑峰值与半峰值之间像素距离的两倍，FWHM 直接反映望远镜成像系统的角分辨率，FWHM 值越接近光学成像系统衍射极限，则表示天文观测图像质量越好。用相干长度 r_0(定义详见 4.3 节)表示的 FWHM 可定义为

$$\mathrm{FWHM} = 0.98\frac{\lambda}{r_0} \tag{6.53}$$

4. 无参考结构清晰度

在成像系统中，成像面上获得的图像可以认为是原始图像场景与成像系统的点扩散函数的卷积，其数学表达式为

$$I(x',y') = I_0(x,y) * h(x',y') \tag{6.54}$$

已经证明，在非相干成像条件下对于一般圆形孔径的成像系统，若不考虑像差的影响，点扩散函数为

$$h(x,y) = \left(\frac{2J_1(z_1)}{z_1}\right)^2 \tag{6.55}$$

式中：$J_1(x)$为第一类型的一阶贝塞尔函数；$z_1 = \frac{\pi D}{\lambda f r}$，$D$ 为物镜入瞳直径，f 为物镜焦距，λ 为窄带非相干光源的中心波长，r 是距平面光轴的径向距离，$r = \sqrt{x^2+y^2}$。

由于贝塞尔函数比较复杂，同时综合考虑像差等因素的影响，有学者提出了圆盘模型和高斯模型，其中高斯模型在实际应用中取得了较好的效果：

$$h(x,y) = \frac{1}{2\pi a^2}\exp\left(-\frac{x^2+y^2}{2a^2}\right) \tag{6.56}$$

式中：a 为点扩散函数分布的标准偏差的扩散参量，与模糊圆半径成正比。高斯模型的傅里叶变换即为系统的光学传递函数，数学表达式为

$$H(w,v) = \exp\left(-\frac{1}{2}\rho^2 a^2\right) \tag{6.57}$$

式中:$\rho=\sqrt{w^2+v^2}$。由此可见,光学成像系统相当于一个低通滤波器,且其截止频率与系统的离焦程度(图像的模糊程度)相关,即:系统离焦量越大,则截止频率越低,图像越模糊。因此,清晰图像比被模糊的图像有更丰富的细节信息,即高频分量,所以可以通过衡量图像包含高频信息的多少来评价图像的清晰程度。

在前述结构相似度评价的基础上,定义无参考结构清晰度(NRSS)。NRSS采用基于梯度信息的结构相似度,由于没有参考图像,原始图像本身即为待评价图像,即对原始图像进行低通滤波得到一幅参考图像,计算参考图像与待评价图像的结构相似度。显然,清晰图像由于包含大量高频信息,故经过低通滤波器之后损失成分多,得到的结构相似度就小,模糊图像刚好相反。这种方法很好地结合了成像系统的数学模型和SSIM评价方法的优点,其评价结果符合人类主观评价结果。NRSS的具体运算步骤如下。

(1) 为待评价图像构造参考图像。定义待评价图像为I,则参考图像I_r定义如下:$I_r=\mathrm{LPF}(I)$。实验表明,基于圆盘模型的均值滤波器和高斯模型的平滑滤波器都可以取得较好的效果,为了更好地与成像系统匹配,建议采用7×7大小,且$\sigma^2=6$的高斯平滑滤波器。在需要实时处理的工程应用中7×7均值滤波器并不会使评价效果下降很大。

(2) 提取图像I和I_r的梯度信息。由于人类判断图像是否清晰的标准主要来自于图像的边缘和轮廓,因此可以通过提取图像梯度信息来提取图像的边缘信息。梯度信息的提取采用Sobel算子,该模板分别提取水平和竖直方向的边缘信息,也刚好符合人眼关注这两个方向轮廓信息的特性。定义I和I_r的梯度图像分别为G和G_r。

(3) 找出梯度图像G中梯度信息最丰富的N个图像块。记为$\{x_i,i=1,2,\cdots,N\}$,对应的G_r中的对应块定义为$\{y_i,i=1,2,\cdots,N\}$。N值的大小直接影响评价结果,同时也影响算法运行的时间。一般情况下,可以估计图像主要边缘占的比例。

(4) 计算原始图像的无参考结构清晰度NRSS。先计算每个x_i与y_i的结构相似度$\mathrm{SSIM}(x_i,y_i)$,则图像的无参考结构清晰度定义为

$$\mathrm{NRSS}=1-\frac{1}{N}\sum_{i=1}^{N}\mathrm{SSIM}(x_i,y_i) \tag{6.58}$$

6.3 面目标图像复原

图像复原是根据建立的图像退化数学模型,利用先验信息及物理约束,沿着图像退化的逆过程进行复原,为后续图像分析及应用提供清晰的目标图像。不同于图像工程中的图像增强,图像复原试图恢复成像过程中丢失的图像信息,它考虑整个成像过程,且要求有一个系统的方法。

6.3.1 维纳滤波图像复原算法

逆滤波算法是一种简单实用、计算量较小的图像复原方法,也是应用最早的图像复原方法之一。对于式(6.33)描述的线性空间不变模型,忽略噪声的影响,如果已知系统

点扩展函数,可以直接计算复原图像的二维傅里叶变换:

$$\hat{F}(u,v)=\frac{G(u,v)}{H(u,v)} \tag{6.59}$$

由 $\hat{F}(u,v)$ 经过二维傅里叶逆变换即可得到估计图像 $\hat{f}(x,y)$,这就是直接逆滤波图像复原方法。如果考虑存在噪声的情况,式(6.59)变为

$$\hat{F}(u,v)=\frac{G(u,v)}{H(u,v)}-\frac{N(u,v)}{H(u,v)} \tag{6.60}$$

式(6.60)表明,由于噪声的频谱 $N(u,v)$ 是一个随机函数,且 $H(u,v)$ 是低通滤波器,在高频段的值很小,这样 $N(u,v)/H(u,v)$ 会变得很大,相当于放大噪声,使复原图像效果变差。图6.10是在高斯模糊情况下,直接逆滤波复原方法在无噪声和存在噪声(零均值、归一化方差为 $\sigma^2=0.001$)情况下的复原结果,复原结果受噪声影响严重。

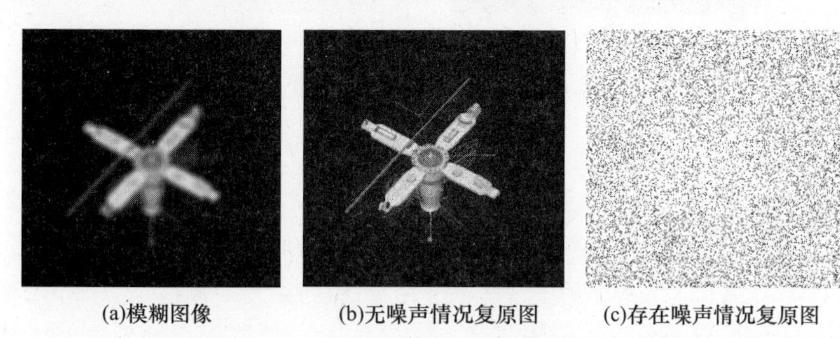

(a)模糊图像　(b)无噪声情况复原图　(c)存在噪声情况复原图

图6.10　噪声对直接逆滤波图像复原结果的影响

N. Wiener 在1942年首先提出一种线性图像复原方法,后来人们称为维纳滤波[37],其基本思想是寻找图像 $f(x,y)$ 的一种估计值 $\hat{f}(x,y)$,使得 $\hat{f}(x,y)$ 和 $f(x,y)$ 之间的均方误差 $e^2=E\{(f(x,y)-\hat{f}(x,y))^2\}$ 最小。假设图像噪声均值为零,且与图像不相关,可以推导出维纳滤波解为

$$\hat{F}(u,v)=\left[\frac{1}{H(u,v)}\frac{|H(u,v)|^2}{|H(u,v)|^2+S_{\mathrm{n}}(u,v)/S_{\mathrm{f}}(u,v)}\right]G(u,v) \tag{6.61}$$

式中:$S_{\mathrm{n}}(u,v)=|N(u,v)|^2$ 为噪声的功率谱;$S_{\mathrm{f}}(u,v)=|F(u,v)|^2$ 为原清晰图像的功率谱。如果噪声为零或噪声很小可忽略不计时,维纳滤波退化为逆滤波。然而,由于多数情况下原图像的功率谱是未知的,且噪声的功率谱往往也只是统计值,因此,利用式(6.61)不能直接进行图像复原。在这种情况下,表达式写成

$$\hat{F}(u,v)=G(u,v)\frac{H^*(u,v)}{|H(u,v)|^2+K} \tag{6.62}$$

式中:$K=S_{\mathrm{n}}(u,v)/S_{\mathrm{f}}(u,v)$ 为噪声与信号的功率之比;$H^*(u,v)$ 为 $H(u,v)$ 的共轭复数。根据式(6.62),只要辨识出系统的点扩展函数 $H(u,v)$,调整参数 K,就可以在频域计算出复原图像。式(6.62)表明,维纳滤波不存在极点,即当 $H(u,v)=0$ 时,式中分母至少等于 K,且 $H(u,v)$ 的零点也转换成维纳滤波的零点,对噪声有很好的抑制作用,维纳滤波的抗噪性能比直接逆滤波有显著提高。

由于实际应用中的图像噪声和信号功率不容易估计得到，K 值估计往往不准确。图 6.11(a)是采用运动模糊和高斯噪声(零均值、归一化方差为 $\sigma^2 = 0.001$)的退化图像，图 6.11(b)是 K 值估计不准确的维纳滤波结果，噪声对图像复原效果影响很大。因此，在采用维纳滤波对模糊图像进行复原时，最关键问题是 K 值的选取问题。

(a) 模糊和噪声图像

(b) K值估计不准的复原图像

图 6.11 维纳滤波对有噪声模糊图像的复原结果

定义图像复原的误差[1]为

$$E = \| g(x,y) - \hat{f}(x,y) * h(x,y) \|^2 \tag{6.63}$$

实验表明，在适当的 K 值范围内，图像复原误差 E 存在最小点，该点对应的 K 值即为 K 的最佳估计值。图 6.12(a)是图 6.11(a)所示图像的误差 - K 值($E-K$)计算结果，只要能确定曲线中误差最小值对应的 K，并代入式(6.62)，就可以得到最佳的维纳滤波解。图中曲线表明图像复原误差是关于 K 值的单峰二次型曲线，单峰寻优的解决方法可以采用黄金分割算法自动搜索 K 值，其具体步骤如下：

(1) 设置 K 值搜索区间 (a_0, b_0)，终止门限 $\delta > 0$(δ 决定 K 值的精度)；

(2) $c = 0.618$，设置插入点 $x_1 = b_0 - c \cdot (b_0 - a_0)$，$x_2 = a_0 + c \cdot (b_0 - a_0)$，分别计算 K 为 x_1、x_2 时的维纳滤波解，并计算对应的图像复原误差 Ex_1、Ex_2；

(3) 迭代搜索过程：

① 若 $|b_0 - a_0| < \delta$，搜索停止；

② 若 $Ex_1 = Ex_2$，则 $a_0 = x_1$，$b_0 = x_2$，搜索停止；

③ 若 $Ex_1 < Ex_2$，则 $b_0 = x_2$，$Ex_2 = Ex_1$，$x_2 = x_1$，$x_1 = b_0 - c \cdot (b_0 - a_0)$，计算 $K = x_1$ 的维纳滤波解及对应的图像复原误差 Ex_1；

④ 若 $Ex_1 > Ex_2$，则 $a_0 = x_1$，$Ex_1 = Ex_2$，$x_1 = x_2$，$x_2 = a_0 + c \cdot (b_0 - a_0)$，计算 $K = x_2$ 的维纳滤波解及对应的图像复原误差 Ex_2；

(4) 输出 $K = (a_0 + b_0)/2$。

针对图 6.11(a)的模糊和噪声图像，采用上述黄金分割法搜索使图像复原误差最小的 K 值，设置搜索区间为 $(0,1)$，$\delta = 10^{-8}$，经过 42 次迭代搜索，搜索到的 K 值为 0.0017，将该 K 值代入式(6.62)求解的维纳滤波复原图像如图 6.12(b)所示。因此，K 值准确估计时，维纳滤波能够克服噪声对直接逆滤波的影响，取得较好的图像复原效果。

6.3.2 NAS - RIF 图像复原算法

维纳滤波依据极小化均方误差来选择变换函数，在一定程度上克服了直接逆滤波的

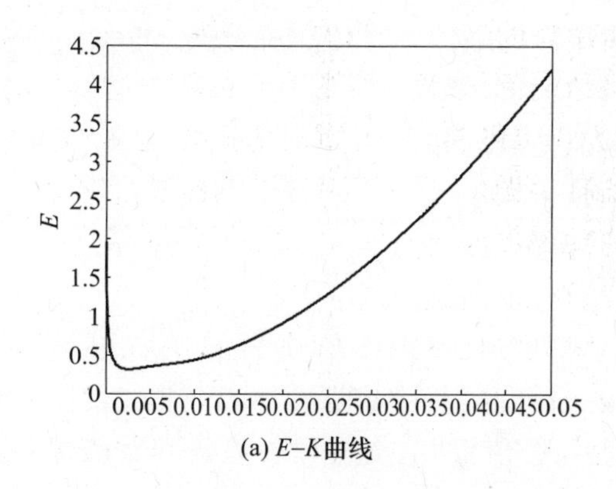

(a) E–K曲线

(b) K值准确估计的维纳滤波复原图像

图 6.12 维纳滤波 K 值的确定

缺点。但是,维纳滤波比较依赖图像的先验知识,如需要假设图像退化是一个广义平稳过程等,而实际应用中,这些先验知识很难获取。在无任何关于目标和光学系统先验信息情况下的图像复原称为图像盲复原。1998 年,Kundur 等人提出了非负有限支持域-递归逆滤波(NAS-RIF)图像盲复原算法,该方法不需要事先已知系统点扩展函数,而是以有限支持域先验信息为已知条件,并引入像素非负的物理约束,构建一个关于逆滤波器系数的具有凸特性的二次型代价函数,采用共轭梯度算法迭代求解逆滤波器系数,进而得到图像复原结果。NAS-RIF 算法结构简单,所需迭代次数较少,运算量小。

1. NAS-RIF 算法概述[72-73]

NAS-RIF 图像复原算法的基本思想是通过迭代寻找到一个有限冲激响应(FIR)滤波器,实现对退化图像的盲解卷积,其原理如图 6.13 所示。图中 $u(x,y)$ 是可调整系数的逆滤波器,退化图像 $g(x,y)$ 经过 $u(x,y)$ 逆滤波得到目标图像估计 $\hat{f}(x,y)$,引入约束限制条件将 $\hat{f}(x,y)$ 通过一个非线性滤波器,输出为 $\hat{f}_{NL}(x,y)$。图像 $\hat{f}_{NL}(x,y)$ 与 $\hat{f}(x,y)$ 之间的误差信号 $e(x,y)=\hat{f}(x,y)-\hat{f}_{NL}(x,y)$ 用于优化更新滤波器 $u(x,y)$ 的系数。经过多次迭代后,投影图像 $\hat{f}_{NL}(x,y)$ 收敛于一个稳定解。

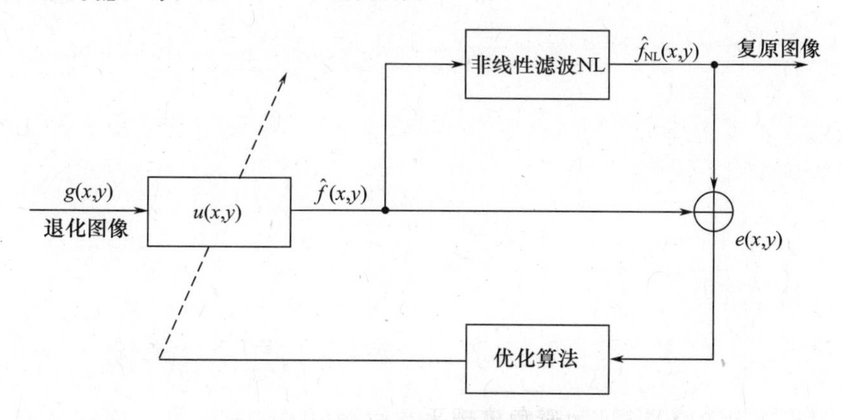

图 6.13 NAS-RIF 图像复原算法原理图

NAS-RIF 图像复原算法对目标真实图像和点扩展函数 PSF 作了以下假设[73]:

(1) 图像退化过程可以用线性空间不变模型来描述;

（2）目标边界及其整体均在 CCD 成像视场中；

（3）图像背景是全黑、全白或全灰，即均匀的背景；

（4）真实目标图像是非负的，且目标支持域已知；

（5）真实目标图像和 PSF 是不可卷积分解的；

（6）PSF 的逆存在，且 PSF 及其逆均为绝对可和的；

（7）当真实图像背景为全黑时，PSF 所有元素之和为正。

非线性滤波器实际上可以将多种物理约束和先验信息附加在逆滤波器上。在 NAS－RIF算法中，假设图像像素是非负的，且目标支持域是已知的。非线性滤波器对估计图像进行如下约束：将支持域内负像素的数值置零，支持域外像素的数值置为背景灰度值 L_B，其表达式为

$$\hat{f}_{NL}(x,y)=\begin{cases}\hat{f}(x,y) & \hat{f}(x,y)\geqslant 0 \text{ 且}(x,y)\in D_{sup}\\ 0 & \hat{f}(x,y)<0 \text{ 且}(x,y)\in D_{sup}\\ L_B & (x,y)\in \bar{D}_{sup}\end{cases} \tag{6.64}$$

式中：D_{sup} 为图像支持域内像素集合；$\bar{D}_{sup}$ 为支持域外像素集合；L_B 为图像背景灰度值。构造关于误差信号 $e(x,y)$ 的代价函数为

$$J(u)=\sum_{\forall(x,y)}[\hat{f}_{NL}(x,y)-\hat{f}(x,y)]^2 \tag{6.65}$$

因为考虑到当图像背景全黑时，如果设置滤波器 $u(x,y)$ 为全零，那么 $J(u)$ 为零，得到的目标图像估计为全黑，这种平凡解是没有意义的。因此，利用上述假设条件⑦，当图像背景全黑时，PSF 所有元素的系数和为正，即

$$\sum_{\forall(x,y)}h(x,y)=S_h>0 \tag{6.66}$$

可以推导出，$h(x,y)$ 的逆 $h_{inv}(x,y)$ 的系数和也为正，即

$$\sum_{\forall(x,y)}h_{inv}(x,y)=\frac{1}{S_h}>0 \tag{6.67}$$

因此，可以利用 PSF 的这一特性来约束逆滤波器 $u(x,y)$ 的系数，避免平凡解。通常取 $S_h=1$，对 $u(x,y)$ 作以下限制

$$\sum_{\forall(x,y)}u(x,y)=1 \tag{6.68}$$

那么，代价函数修改为

$$J(u)=\sum_{\forall(x,y)}[\hat{f}_{NL}(x,y)-\hat{f}(x,y)]^2+\gamma\left[\sum_{\forall(x,y)}u(x,y)-1\right]^2 \tag{6.69}$$

式中：γ 为图像背景为全黑时，为避免出现平凡解而引入的非负实参数。将式（6.64）代入式（6.69），得

$$J(u)=\sum_{(x,y)\in D_{sup}}\hat{f}^2(x,y)\left[\frac{1-\text{sgn}(\hat{f}(x,y))}{2}\right]+$$

$$\sum_{(x,y)\in\overline{D}_{\sup}}\left[\hat{f}(x,y)-L_B\right]^2+\gamma\left[\sum_{\forall(x,y)}u(x,y)-1\right]^2 \tag{6.70}$$

式中：sgn(·)为符号函数：

$$\operatorname{sgn}(x)=\begin{cases}1 & x\geqslant 0\\-1 & x<0\end{cases} \tag{6.71}$$

式(6.70)表明，修正后的代价函数三个惩罚项：第一个惩罚项是惩罚估计图像中支持域内的负像素点，以避免在迭代过程中图像像素逐步变为较大的负值；第二个惩罚项是惩罚估计图像支持域外不等于图像背景灰度的像素点；第三个惩罚项是为了避免平凡解而引入的惩罚，γ 参数仅在背景为全黑（即 $L_B=0$）时，不能取零值。Kundur 已经证明，式(6.70)构造的代价函数 $J(u)$ 是关于逆滤波器 $u(x,y)$ 的凸函数，采用最速下降、共轭梯度等优化迭代方法可以使其收敛到全局最小值。

2. NAS－RIF 算法实现步骤

NAS－RIF 算法是一类迭代式图像复原盲解卷积方法，其最大优点是不需要原始图像的先验知识和光学成像系统的 PSF 参数模型，图像复原过程是一个最小化凸集代价函数的迭代过程。

NAS－RIF 算法采用共轭梯度优化方法最小化代价函数，具体实现步骤如下。

1）定义及初始化设置

（1）逆滤波器 $u(x,y)$ 的尺寸为 $N_{xu}\times N_{yu}$；

（2）$u_k(x,y)$ 是第 k 次迭代中的 $u(x,y)$；

（3）$J(u_k)$ 是逆滤波器为 $u_k(x,y)$ 的代价函数；

（4）$\nabla J(u_k)$ 是 $J(u)$ 逆滤波器为 $u_k(x,y)$ 时的 $N_{xu}N_{yu}\times 1$ 梯度向量；

（5）$\langle\cdot,\cdot\rangle$ 表示内积运算；

（6）$\|\cdot\|$ 表示欧氏范数；

（7）$u(x,y)$ 初始化：

$$\begin{aligned}u_k^{\mathrm{T}}(x,y)&=\left[u_k(1,1),\cdots,u_k((N_{xu}+1)/2,(N_{yu}+1)/2),\cdots,u_k(N_{xu},N_{yu})\right]\\&=[0,\cdots,1,\cdots,0]\end{aligned}$$

（8）设置迭代终止门限：$\delta>0$。

2）迭代过程（k 为迭代次数）

（1）计算 $J(u_k)$，若 $J(u_k)\leqslant\delta$，则停止迭代；

（2）计算梯度向量 $\nabla J(u_k)$：

$$f_k(x,y)=u_k(x,y)*g(x,y)$$

$$\begin{aligned}\left[\nabla J(u_k)\right]_{j+(i-1)N_{xu},1}=\frac{\partial J(u_k)}{\partial u(i,j)}&=2\sum_{(x,y)\in D_{\sup}}\hat{f}_k(x,y)\left[\frac{1-\operatorname{sgn}(\hat{f}_k(x,y))}{2}\right]\times\\&g(x-i+1,y-j+1)+2\sum_{(x,y)\in\overline{D}_{\sup}}\left[\hat{f}_k(x,y)-L_B\right]\times\\&g(x-i+1,y-j+1)+2\gamma\left[\sum_{\forall(x,y)}u(x,y)-1\right]\end{aligned}$$

(3) 如果 $k=0, d_k=-\nabla J(u_k)$;否则

$$\beta_{k-1}=\frac{\langle \nabla J(u_k)-\nabla J(u_{k-1}), \nabla J(u_k)\rangle}{\|\nabla J(u_{k-1})\|^2}$$

$$d_k=-\nabla J(u_k)+\beta_{k-1}\cdot d_{k-1}$$

(4) 执行线性最小化,找到最佳步长 t_k 使得:$\forall t\in R, J(u_k+t_k\cdot d_k)\leqslant J(u_k+t\cdot d_k)$;

(5) 更新 FIR 滤波器:$u_{k+1}=u_k+t_k\cdot d_k$;

(6) 更新迭代次数:$k=k+1$。

3) 将估计图像 $\hat{f}(x,y)$ 通过非线性滤波器,输出 $\hat{f}_{\mathrm{NL}}(x,y)$,结束算法。

3. 改进的 NAS – RIF 图像复原算法

NAS – RIF 算法结构简单,运算量小,但存在一定的局限:①逆滤波器是高通滤波器,迭代复原过程中对噪声有明显的放大作用,并不适用于较低信噪比图像复原;②复原图像存在一定程度的平滑,损失了纹理和边缘等细节信息;③迭代算法容易发散,缺乏很好的收敛性和稳定性。因此,对 NAS – RIF 算法进行了以下改进:①在迭代之前引入总体变分自适应去噪预处理,提高退化图像信噪比;②在代价函数中加入保边缘的正则化项约束,在迭代过程中能尽量保持图像细节信息;③改进代价函数的形式,提高算法的稳定性能。

1) 总体变分自适应图像去噪[74]

图像去噪是图像处理领域的一个重要问题,其关键在于去除噪声的同时能保持图像的边缘和纹理等细节特征。通常情况下,在空间域内可以用邻域平均来降低噪声;在频率域可以采用各种形式的低通滤波器来降低噪声。均值滤波、中值滤波、维纳滤波等都是常用的图像去噪方法,但这些传统方法在平滑图像噪声的同时,也会使图像边缘和纹理变得模糊。1990 年,Perona 和 Malik 关于各向异性扩散的文章是偏微分方程图像处理领域中最具影响的论文之一,他们提出了著名的 P – M 扩散方程,并指出扩散程度应该同图像内容相联系,将图像处理转化为对偏微分方程的求解。随后,偏微分方程图像处理技术迅速发展,取得了诸多研究成果,在图像处理领域得到广泛的应用。1992 年,Rudin 和 Osher 提出了总体变分(TV)图像模型[75],通过构造图像的能量函数,并对能量函数最小化使得图像达到平滑状态。下面重点阐述一种总体变分自适应图像去噪方法,在平滑噪声的同时,很好地保留了图像的边缘和纹理特征。

设 $f(x,y)$ 是原图像,$g(x,y)$ 是含加性噪声的退化图像,$g(x,y)=f(x,y)+n(x,y)$,其中,$n(x,y)$ 为具有零均值,方差为 σ^2 的随机噪声。定义图像 $f(x,y)$ 的总体变分为

$$TV[f(x,y)]=\iint_{\Omega}|\nabla f(x,y)|\mathrm{d}x\mathrm{d}y \tag{6.72}$$

含噪声图像的总体变分要明显大于无噪声图像的总体变分。因此,图像去噪问题转化为最小化总体变分问题[76-77]。构造关于总体变分的能量泛函如下:

$$J[f(x,y)]=\iint_{\Omega}|\nabla f(x,y)|\mathrm{d}x\mathrm{d}y+\frac{\lambda}{2}\iint_{\Omega}(f(x,y)-g(x,y))^2\mathrm{d}x\mathrm{d}y \tag{6.73}$$

式中:λ 为调节抑制噪声与平滑程度的重要参数,它依赖于图像噪声水平,噪声越大,其取值要小一些;反之,取值则大一些。该模型的欧拉 – 拉格朗日方程为[78]

$$-\nabla\cdot\left(\frac{\nabla f(x,y)}{|\nabla f(x,y)|}\right)+\lambda(f(x,y)-g(x,y))=0 \tag{6.74}$$

式中,$-\nabla\cdot\left(\frac{\nabla f(x,y)}{|\nabla f(x,y)|}\right)$是控制模型的扩散性能,相应的扩散方程可以写为

$$\frac{\partial f(x,y)}{\partial t}=-\nabla\cdot\left(\frac{\nabla f(x,y)}{|\nabla f(x,y)|}\right)=\frac{1}{|\nabla f(x,y)|}f_{\xi\xi}(x,y) \tag{6.75}$$

其中:$f_{\xi\xi}(x,y)$为在像素(x,y)处垂直于图像梯度方向的二阶方向导数,且

$$f_{\xi\xi}(x,y)=\frac{f_{xx}(x,y)\cdot f_x^2(x,y)+2f_{xy}(x,y)\cdot f_x(x,y)\cdot f_y(x,y)+f_{yy}(x,y)\cdot f_y^2(x,y)}{|\nabla f(x,y)|^2} \tag{6.76}$$

由式(6.75)和式(6.76)可知,扩散方程是一个非线性各向异性扩散方程,总体变分最小化仅在图像边缘的切线方向扩散,而在梯度方向无扩散。事实上,在图像的各像素点处总存在一个边缘方向和一个梯度方向,但是在图像的平坦区域,得到的边缘方向并不一定真实存在,如果此时仅沿边缘方向扩散将导致平坦区域的噪声抑制不充分,甚至出现虚假边缘,产生阶梯效应。为克服阶梯效应,构造图像能量泛函[78]

$$J_G[f(x,y)]=\iint_{\Omega}|\nabla f(x,y)|^{p(x,y)}\mathrm{d}x\mathrm{d}y+\frac{\lambda}{2}\iint_{\Omega}(f(x,y)-g(x,y))^2\mathrm{d}x\mathrm{d}y \tag{6.77}$$

式中:定义$p(x,y)$为

$$p(x,y)=1+\frac{1}{1+|\nabla(G_\sigma * g(x,y))|^2} \tag{6.78}$$

式中:G_σ为高斯滤波器,$\sigma>0$,取值与图像信噪比有关;$*$表示二维卷积运算。$p(x,y)$取值范围在1~2之间,与图像在像素(x,y)处的梯度$|\nabla(G_\sigma * g(x,y))|$相关。在图像的边缘和纹理区,$|\nabla(G_\sigma * g(x,y))|$值很大,$p(x,y)$取值小,具有很好的边缘保持特性;在图像平坦区,$|\nabla(G_\sigma * g(x,y))|$值很小,$p(x,y)$取值大,具有较强的平滑特性。因此,该模型能根据图像各像素的梯度自适应地选取参数$p(x,y)$,在去除噪声的同时能保持良好的边缘和纹理特征。

相应地,总体变分自适应图像去噪模型的欧拉-拉格朗日方程为

$$-\nabla\cdot\left(\frac{\nabla f(x,y)}{|\nabla f(x,y)|^{2-p(x,y)}}\right)+\lambda(f(x,y)-g(x,y))=0 \tag{6.79}$$

已有许多数值计算方法来求解上述总体变分去噪模型的最小化问题,Rudin 等人提出了求解方程(6.79)的方法,将图像看作一个空间和时间函数。在数值计算过程中,一个显示时间演化方案,采用时间步长Δt,空间步长h,随着时间增长,能量泛函逐步减小,趋近于总体变分最小值。因此,在图像坐标系下,式(6.79)可采用如下数值解法。设空间步长$h=1,x_i=ih,y_j=jh,i,j=1,2,\cdots,N$;时间步长为$\Delta t,t_n=n\Delta t,n=0,1,2,\cdots,f^n(i,j)=f(x_i,y_j,t_n)$。则求解方程的迭代式为

$$f^{n+1}(i,j)=f^n(i,j)+\frac{\Delta t}{h}(\Delta_x+\Delta_y)-\Delta t\cdot\lambda\cdot[f^n(i,j)-g(i,j)] \tag{6.80}$$

式中:Δ_x、Δ_y分别为

$$\Delta_x = \frac{f^n(i+1,j) - f^n(i,j)}{\left[(f^n(i+1,j) - f^n(i,j))^2 + \frac{1}{4}(f^n(i,j+1) - f^n(i,j-1))^2 + 1\right]^{1-0.5p(x,y)}} - \frac{f^n(i,j) - f^n(i-1,j)}{\left[(f^n(i,j) - f^n(i-1,j))^2 + \frac{1}{4}(f^n(i-1,j+1) - f^n(i-1,j-1))^2 + 1\right]^{1-0.5p(x,y)}} \quad (6.81)$$

$$\Delta_y = \frac{f^n(i,j+1) - f^n(i,j)}{\left[(f^n(i,j+1) - f^n(i,j))^2 + \frac{1}{4}(f^n(i+1,j) - f^n(i-1,j))^2 + 1\right]^{1-0.5p(x,y)}} - \frac{f^n(i,j) - f^n(i,j-1)}{\left[(f^n(i,j) - f^n(i,j-1))^2 + \frac{1}{4}(f^n(i+1,j-1) - f^n(i-1,j-1))^2 + 1\right]^{1-0.5p(x,y)}} \quad (6.82)$$

在迭代式(6.80)中,每次迭代都使用了噪声图像 $g(x,y)$,它包含了原始图像的边缘和纹理特征,这就使得图像边缘和纹理不会随着迭代次数的增加而逐渐消失。

为了验证总体变分自适应去噪模型,分别采用中值滤波、维纳滤波、总体变分去噪以及总体变分自适应去噪等四种方法对卫星噪声图像进行去噪处理。图像噪声为零均值高斯噪声,归一化方差 $\sigma^2 = 0.20$,总体变分去噪和总体变分自适应去噪方法的迭代次数均为80次,其中总体变分自适应去噪方法采用的高斯滤波器尺寸为 7×7。图6.14是原清晰图像和各种去噪方法的结果对比,从图中的视觉效果可以看出,总体变分自适应去噪方法明显优于其他方法。

(a) 原图像　(b) 噪声图像　(c) 中值滤波图像
(d) 维纳滤波图像　(e) 总体变分去噪图像　(f) 总体变分自适应去噪图像

图6.14　各种方法的去噪结果对比图

2）保边缘正则化

为保持图像边缘和纹理细节信息，在 NAS – RIF 算法构造的代价函数中加入正则化惩罚项：

$$J_{\mathrm{R}}(f) = \iint_{\Omega} \varphi(|\nabla f|)\,\mathrm{d}x\mathrm{d}y \tag{6.83}$$

式中：∇f 是图像的梯度场；$\varphi(\cdot)$ 是正则化函数。在图像的平坦区域，梯度 $|\nabla f|$ 很小，应该有较大的平滑；在图像的纹理区域，梯度 $|\nabla f|$ 较大，应该在梯度方向不作平滑而在与梯度正交的方向仍然作平滑。因此，选择 $\varphi(\cdot)$ 是具有指数形式的函数[113]，即

$$\varphi(t) = \exp\left(-\frac{t^2}{2\sigma^2}\right) \tag{6.84}$$

考虑到图像支持域内每个像素点的四邻域，即

$$t = \hat{f}(x,y) - \hat{f}(x+\alpha, y+\beta) \tag{6.85}$$

(α,β) 取值为 $\{(-1,0),(+1,0),(0,-1),(0,+1)\}$，离散化的正则化惩罚项为

$$J_{\mathrm{R}}(\hat{f}) = \sum_{(x,y)\in D_{\mathrm{sup}}} \sum_{(\alpha,\beta)} \exp\left(-\frac{t^2}{2\sigma^2}\right) \tag{6.86}$$

构造完整的代价函数为

$$\begin{aligned} J(u) = &\sum_{(x,y)\in D_{\mathrm{sup}}} \hat{f}^2(x,y)\left[\frac{1-\mathrm{sgn}(\hat{f}(x,y))}{2}\right] + \sum_{(x,y)\in \overline{D}_{\mathrm{sup}}} [\hat{f}(x,y) - L_{\mathrm{B}}]^2 + \\ &\eta\left[\sum_{(x,y)\in D_{\mathrm{sup}}} \sum_{(\alpha,\beta)} \exp\left(-\frac{t^2}{2\sigma^2}\right)\right] + \gamma\left[\sum_{\forall (x,y)} u(x,y) - 1\right]^2 \end{aligned} \tag{6.87}$$

式中：η 为正则化参数。可以证明，式(6.87)表示的代价函数是关于 $u(x,y)$ 的二次型凸函数。代价函数关于 $u(x,y)$ 的梯度向量

$$\nabla J(u) = \left[\frac{\partial J}{\partial u(1,1)}, \frac{\partial J}{\partial u(1,2)}, \cdots, \frac{\partial J}{\partial u(N_{xu}, N_{yu})}\right] \tag{6.88}$$

式中：对逆滤波器 $u(x,y)$ 各系数的梯度根据下式计算：

$$\begin{aligned} \frac{\partial J(u)}{\partial u(i,j)} = &2\sum_{(x,y)\in D_{\mathrm{sup}}} \hat{f}(x,y)\left[\frac{1-\mathrm{sgn}(\hat{f}(x,y))}{2}\right] g(x-i+1, y-j+1) + \\ &\eta\left[\sum_{(x,y)\in D_{\mathrm{sup}}} \sum_{(\alpha,\beta)} \left(-\frac{2t}{\sigma^2}\right)\exp\left(-\frac{t^2}{2\sigma^2}\right)(g(x-i+1, y-j+1) - \right. \\ &\left. g(x-i+1+\alpha, y-j+1+\beta))\right] + \\ &2\sum_{(x,y)\in \overline{D}_{\mathrm{sup}}} \left[\hat{f}(x,y) - L_B\right] g(x-i+1, y-j+1) + 2\gamma\left[\sum_{\forall (x,y)} u(x,y) - 1\right] \end{aligned} \tag{6.89}$$

3）代价函数改进形式

由于图像复原算法是基于像素的运算，代价函数的计算值比较大，很容易发散导致

不收敛。为保证递归逆滤波迭代过程的收敛和稳定，采用函数 $\psi(x)=\ln(1+x)$ 对式(6.87)进行改进，该函数具有良好的单调性和平滑性[110]，改进后的代价函数为

$$J_{\mathrm{M}}(u)=\ln\left\{1+\sum_{(x,y)\in D_{\sup}}\hat{f}^2(x,y)\left[\frac{1-\operatorname{sgn}(\hat{f}(x,y))}{2}\right]+\sum_{(x,y)\in \overline{D}_{\sup}}\left[\hat{f}(x,y)-L_{\mathrm{B}}\right]^2+\right.$$

$$\left.\eta\left[\sum_{(x,y)\in D_{\sup}}\sum_{(\alpha,\beta)}\exp\left(-\frac{t^2}{2\sigma^2}\right)\right]+\gamma\left[\sum_{\forall(x,y)}u(x,y)-1\right]^2\right\} \tag{6.90}$$

改进后的代价函数 $J_{\mathrm{M}}(u)$ 对 $u(x,y)$ 的梯度向量为

$$\nabla J_{\mathrm{M}}(u)=\frac{1}{1+J(u)}\nabla J(u) \tag{6.91}$$

令 $\rho=1/(1+J(u))$，可以推导出第 k 次迭代的共轭系数 $\beta_{M_k}=\beta_k$，$d_{M_k}=-\rho\cdot\nabla J(u_k)+\beta_{k-1}\cdot d_{M_{k-1}}$。可见，改进后代价函数在每次迭代中的搜索方向保持不变，但搜索步长是可变的，在优化迭代过程中，搜索步长随着代价函数 $J(u)$ 的减小而变小，从而保证了代价函数的收敛性和稳定性。

4）实验结果分析

退化图像由大气随机相位屏进行数值模拟计算得到，假设大气相干长度 $r_0=0.1\mathrm{m}$，光学望远镜口径 $D_0=1.0\mathrm{m}$，探测光波波长 $\lambda=0.7\mu\mathrm{m}$。

目标图像采用海洋卫星图片，尺寸为 256×256，退化图像如图 6.15(a)所示。分别采用NAS－RIF图像复原算法和本节改进算法对湍流退化图像作复原处理，图 6.15(b)和(c)是两种方法复原结果对比，改进算法复原图像的目标轮廓和部分细节信息已基本恢复，可辨识目标星体、太阳能帆板、线状天线等组成部分。对比原图像可以计算复原图像的信噪比[111]，表 6.1 是两种算法复原图像的信噪比计算结果，相对于原 NAS－RIF 算法，改进算法复原图像的信噪比提升约 2.2dB。

(a) 海洋卫星退化图像

(b) NAS-RIF算法复原图像

(c) 改进算法复原图像

图 6.15　NAS－RIF 算法和改进算法对模拟退化图像复原结果比较

表 6.1　NAS－RIF 算法和改进算法复原图像的信噪比计算结果

评价指标	退化图像	NAS－RIF 算法	改进算法
信噪比/dB	4.86	6.54	8.78

6.3.3　最大似然估计图像复原算法

退化图像复原问题是解卷积的病态问题，它根据退化的观测图像来辨识系统的点扩

展函数并估计目标的理想图像。基于概率模型的随机图像复原方法是一类重要的解卷积方法，该方法以图像的先验统计模型为基础，根据贝叶斯原理来估计目标图像。

1. 基于贝叶斯推理的图像复原理论

贝叶斯推理在图像复原中的应用非常广泛，它与计算机视觉中使用的 Helmholtz 基本原理有密切联系。在视觉研究中，Helmholtz 假设[114]认为，人类视觉所感觉到的即是对现实世界信息形态的最佳猜测。从概率统计的角度看，图像复原应该是一个贝叶斯推理过程，它包括数据模型和图像先验模型两个部分，由能量泛函的最优化过程来实现最佳猜测。

在给定观测图像 $g(x,y)$ 的条件下，如何估计理想图像 $f(x,y)$？在概率统计理论中，图像复原就是求目标图像的贝叶斯最大后验概率，即求使 $P(f|g)$ 最大的 $f(x,y)$。根据贝叶斯公式

$$P(f|g)=\frac{P(g|f)P(f)}{P(g)} \tag{6.92}$$

式中：$P(f|g)$ 为真实目标图像 $f(x,y)$ 在给定退化图像 $g(x,y)$ 下的条件概率。由于观测图像 $g(x,y)$ 给定，分母 $P(g)$ 是常数，因此 $P(f|g)$ 的最大化问题就转化为最大化数据模型 $P(g|f)$ 与先验模型 $P(f)$ 的乘积；$P(f)$ 为真实目标图像应该满足什么样的性质，即图像的先验模型；$P(g|f)$ 为观测图像与理想图像之间的联系，与光学成像系统、成像条件等诸多因素有关。

基于贝叶斯推理的图像复原方法大致可以分为最大后验概率（MAP）图像复原和最大似然（ML）图像复原。MAP 图像复原是利用先验信息求使 $P(g|f)P(f)$ 最大的目标图像 $f(x,y)$，其最优化能量泛函为

$$\mathrm{MAP}(f)=\max_{\arg\{f\}}\{P(g|f)P(f)\} \tag{6.93}$$

ML 图像复原是求使条件概率 $P(g|f)$ 最大的目标图像 $f(x,y)$，其能量泛函为

$$\mathrm{ML}(f)=\max_{\arg\{f\}}\{P(g|f)\} \tag{6.94}$$

由式(6.93)和式(6.94)可以看出，MAP 图像复原和 ML 图像复原均是能量泛函的最大化问题。

1）基于高斯噪声模型的图像复原

如果图像噪声服从零均值高斯分布，其方差为 σ_n^2，根据高斯噪声模型，条件概率 $P(g|f)$ 描述为：

$$P(g|f)=\frac{1}{\sqrt{2\pi}\sigma_n}\exp\left[-\frac{(g-h*f)^2}{2\sigma_n^2}\right] \tag{6.95}$$

假设目标的先验模型 $P(f)$ 为常数，则式(6.94)等价为最小化下式

$$\hat{f}_{\mathrm{ML}}=\min_{\arg\{f\}}\left\{\frac{\|g-h*f\|^2}{2\sigma_n^2}\right\} \tag{6.96}$$

利用最速下降法对式(6.96)进行优化求解，其 Van Cittert 迭代公式为[89]

$$f^{n+1}=f^n+\gamma h^*(g-h*f^n) \tag{6.97}$$

式中：h^* 为 PSF 的转置，即 $h^*(x,y)=h(-x,-y)$，γ 为常数。

假设目标先验模型同样服从高斯分布，且目标方差为 σ_f^2，则基于高斯噪声模型的MAP 图像复原转化为维纳滤波

$$\hat{F}(u,v)=\frac{H^*(u,v)G(u,v)}{|H(u,v)|^2+\dfrac{\sigma_n^2}{\sigma_f^2}} \tag{6.98}$$

2）基于泊松噪声模型的图像复原

如果图像噪声服从泊松分布，条件概率 $P(g|f)$ 描述为

$$P(g|f)=\prod_{(x,y)}\frac{(f*h)^{g(x,y)}\exp(-f*h)}{g(x,y)!} \tag{6.99}$$

采用最大似然估计方法，结合带宽、支持域以及非负性物理约束，可以推导出目标图像的迭代求解公式。

3）最大熵图像复原

最大熵图像复原算法起源于信息论，是由 E. T. Jaynes 在 1957 年首先提出。在没有目标图像 $f(x,y)$ 任何先验信息的情况下，得到 $f(x,y)$ 概率的一种可能方式就是它的熵。如果知道它的熵是 E，则 $f(x,y)$ 发生的概率 $P(f)=\exp[-\alpha E(f)]$。最常用的熵函数为

$$E_f(f)=-\sum_{(x,y)}f(x,y)\ln[f(x,y)] \tag{6.100}$$

在高斯噪声情况下，图像复原通过最小化下面的代价函数来实现：

$$J(g)=\sum_{(x,y)}\frac{g-f*h}{2\sigma^2}+\alpha E_f(f) \tag{6.101}$$

最小化式(6.101)的计算结果依赖于熵的选择，且权重参数 α 影响图像复原结果的细节信息，α 值太大会使图像丢失信息，而 α 值太小会使算法出现不稳定、不收敛等问题。相对于传统的线性复原方法，最大熵图像复原方法的优点是不需要太多图像先验知识，缺点是非线性数值求解困难，计算量较大。

2. Richardson – Lucy 图像复原算法及其改进

Richardson 和 Lucy 分别独立地根据贝叶斯理论推导出图像复原的迭代公式[79-80]，后来称为 RL 图像复原算法，简称 RL 算法。RL 算法利用泊松概率统计模型对退化图像进行建模，并根据贝叶斯推理利用似然函数的最大化进行迭代求解，实现目标图像复原。

1）RL 算法描述

为表述方便，对目标图像和点扩展函数使用一维形式进行描述。定义目标图像亮度为 $\{f(x),x\in X\}$，PSF 为 $\{h(y|x),y\in Y\}$，则目标经光学系统成像后在瞳面像元位置 y 处的光亮度为

$$i(y)=f(x)*h(y|x)=\sum_{x\in X}f(x)h(y-x) \tag{6.102}$$

考虑到成像探测过程中会引入噪声，则目标图像在像元位置 y 处实际观测的光亮度值为

$$g(y)=i(y)+n(y) \tag{6.103}$$

利用泊松随机场对退化图像进行建模，目标观测图像像元的光亮度服从泊松分布。

因此,在给定目标$f(x)$和点扩展函数$h(y|x)$的条件下,$g(y)$是一个以$i(y|f,h)$为均值、服从泊松分布的随机变量,其概率表达式为

$$p\{g(y)|f,h\} = \frac{i(y)^{g(y)}\mathrm{e}^{-i(y)}}{g(y)!} \tag{6.104}$$

若图像各像元是相互独立的,则目标图像的联合概率分布为

$$p\{g(y_1,y_2,\cdots,y_n)|f,h\} = \prod_{y\in Y}\frac{i(y)^{g(y)}\mathrm{e}^{-i(y)}}{g(y)!} \tag{6.105}$$

对式(6.105)取自然对数,得到对数似然函数为

$$\ln p\{g(y_1,y_2,\cdots,y_n)|f,h\} = \sum_{y\in Y}\{-i(y)+g(y)\ln i(y)-\ln g(y)!\} \tag{6.106}$$

式(6.106)中的最后一项为常数,可舍去,则对数似然函数简化为

$$L(f,h) = -\sum_{y\in Y}\sum_{x\in X}h(y-x)f(x)+\sum_{y\in Y}(g(y)\ln\sum_{x\in X}h(y-x)f(x)) \tag{6.107}$$

根据贝叶斯推理,图像复原转化为式(6.107)表示的对数似然函数的最大化问题。为了最大化对数似然函数,将式(6.107)对$f(x)$求偏导数,并令其为零,得

$$\frac{\partial L(f,h)}{\partial f(x)} = -\sum_{y\in Y}h(y-x)+\sum_{y\in Y}g(y)\frac{h(y-x)}{\sum_{z\in X}h(y-z)f(z)} = 0 \tag{6.108}$$

假设目标经光学系统前后的光亮度能量保持不变,即目标图像总能量保持守恒,可认为 PSF 系数之和为1,由式(6.108)可得:

$$\sum_{y\in Y}g(y)\frac{h(y-x)}{\sum_{z\in X}h(y-z)f(z)} = 1 \tag{6.109}$$

如果已得到目标图像和 PSF 估计分别为$f^{(n)}(x)$、$h^{(n)}(x)$(n是迭代次数),则可建立关于目标图像的非线性迭代关系

$$f^{(n+1)}(x) = f^{(n)}(x)\cdot\sum_{y\in Y}g(y)\frac{h^{(n)}(y-x)}{\sum_{z\in X}h^{(n)}(y-z)f^{(n)}(z)} \tag{6.110}$$

同理,对目标图像$f(x)$事先做归一化处理,使其图像总能量为1,即$\sum_{x\in X}f(x)=1$。用式(6.110)对目标图像$f^{(n+1)}(x)$进行估计后,将式(6.107)对$h(x)$求偏导数并令其为零,可以建立关于 PSF 的迭代关系式:

$$h^{(n+1)}(x) = h^{(n)}(x)\cdot\sum_{y\in Y}g(y)\frac{f^{(n+1)}(y-x)}{\sum_{z\in X}h^{(n)}(z)f^{(n+1)}(y-z)} \tag{6.111}$$

利用式(6.110)、式(6.111)进行交替迭代求解,得到目标图像和点扩展函数的最大似然估计。RL 算法作为基于贝叶斯推理的图像复原方法,不需要任何关于目标图像和点扩展函数的先验信息,具有很大的实用价值,在航天、天文观测和医学成像等领域得到广泛的应用。

2) TV 正则化的双迭代 RL 图像复原算法[81]

RL 算法采用泊松随机场对短曝光图像进行建模,基于贝叶斯推理得到目标图像的

迭代公式,算法最终收敛于泊松统计的最大似然解。但是,RL 算法在迭代复原过程中对噪声有明显的放大作用,并不适用于较低信噪比图像的复原,也存在过度平滑现象。因此,考虑对 RL 算法进行了以下算法改进:①引入总体变分(TV)最小正则化约束,在抑制噪声的同时能最大限度保持图像细节信息;②在复原过程中对目标图像和点扩展函数进行内外循环的双重迭代,求得点扩展函数和目标图像的最大似然解。

(1) TV 正则化约束。

对 RL 算法进行总变分正则化是通过在式(6.107)附加关于目标图像和点扩展函数的总变分约束项并使其和最小化,其最大似然函数为

$$J(f) = -\sum_{y\in Y}\sum_{x\in X} h(y-x)f(x) + \sum_{y\in Y}\left(g(y)\ln\sum_{x\in X} h(y-x)f(x)\right) + \lambda_1\sum_{x\in X}|\nabla f(x)| + \lambda_2\sum_{x\in X}|\nabla h(x)| \tag{6.112}$$

式中:λ_1 和 λ_2 为大于零的正则化参数;“∇”为梯度运算。两个总变分项是避免过度平滑并保持图像细节的约束项。将式(6.112)对 $f(x)$ 求偏导数并令其为零,可得

$$\left[\sum_{y\in Y} g(y)\frac{h(y-x)}{\sum_{z\in X} h(y-z)f(z)}\right]\times\frac{1}{1-\lambda_1\nabla\cdot\left(\frac{\nabla f(x)}{|f(x)|}\right)} = 1 \tag{6.113}$$

式中:“$\nabla\cdot$”为散度运算。因此,TV 正则化 RL 算法关于目标图像的迭代公式为

$$f^{(n+1)}(x) = \left[\sum_{y\in Y} g(y)\frac{h^{(n)}(y-x)}{\sum_{z\in X} h^{(n)}(y-z)f^{(n)}(z)}\right]\times\frac{f^{(n)}(x)}{1-\lambda_1\nabla\cdot\left(\frac{\nabla f^{(n)}(x)}{|f^{(n)}(x)|}\right)} \tag{6.114}$$

同理,可以得到 TV 正则化 RL 算法关于点扩展函数的迭代公式

$$h^{(n+1)}(x) = \left[\sum_{y\in Y} g(y)\frac{f^{(n+1)}(y-x)}{\sum_{z\in X} h^{(n)}(z)f^{(n+1)}(y-z)}\right]\times\frac{h^{(n)}(x)}{1-\lambda_2\nabla\cdot\left(\frac{\nabla h^{(n)}(x)}{|h^{(n)}(x)|}\right)} \tag{6.115}$$

对式(6.114)、式(6.115)进行交替迭代求解,可以得到 TV 正则化的最大似然解。

(2) 双迭代求解。

在上述算法交替迭代求解过程中,每一轮循环对目标图像和点扩展函数的估计仅用了一次迭代,未能充分利用目标图像与点扩展函数的内在关系。因此,在算法迭代过程中,适当增加内循环迭代次数,形成 TV 正则化的双迭代 RL 图像复原算法,该算法具体的内循环迭代主要是如下两步:

① 假定已得到 $h^{(n)}(x)$、$f^{(n)}(x)$,求 $f^{(n+1)}(x)$ 时,进行如下 M_1 次迭代:

$$f_{(m+1)}^{(n+1)}(x) = \left[\sum_{y\in Y} g(y)\frac{h^{(n)}(y-x)}{\sum_{z\in X} h^{(n)}(y-z)f_{(m)}^{(n)}(z)}\right]\times\frac{f_{(m)}^{(n)}(x)}{1-\lambda_1\nabla\cdot\left(\frac{\nabla f_{(m)}^{(n)}(x)}{|f_{(m)}^{(n)}(x)|}\right)}$$

$$m = 1,2,\cdots,M_1 \tag{6.116}$$

② 假定已得到 $h^{(n)}(x)$、$f^{(n+1)}(x)$，求 $h^{(n+1)}(x)$ 时，进行如下 M_2 次迭代：

$$h_{(m+1)}^{(n+1)}(x) = \left[\sum_{y \in Y} g(y) \frac{f^{(n+1)}(y-x)}{\sum_{z \in X} h_{(m)}^{(n)}(z) f^{(n+1)}(y-z)} \right] \times \frac{h_{(m)}^{(n)}(x)}{1 - \lambda_2 \nabla \cdot \left(\frac{\nabla h_{(m)}^{(n)}(x)}{|h_{(m)}^{(n)}(x)|} \right)}$$

$$m = 1,2,\cdots,M_2 \tag{6.117}$$

式中：下标 m 表示内循环的迭代次数，完成设定的内循环次数后，进入外循环迭代。为避免计算量增大，可以适当减少外循环次数。

(3) 算法流程。

TV 正则化的双迭代 RL 图像复原算法流程如图 6.16 所示。首先对目标图像和 PSF 进行初始化估计为 $\hat{f}^{(0)}$ 和 $\hat{h}^{(0)}$，设置外循环最大迭代次数 N、图像估计内循环最大迭代次数 M_1、PSF 估计内循环最大迭代次数 M_2，然后根据式(6.116)和式(6.117)交替更新目标图像估计 $\hat{f}^{(n)}$ 和 PSF 估计 $\hat{h}^{(n)}$（$n=1,2,\cdots,N$），满足迭代收敛条件后，输出复原图像 $\hat{f}$ 和 PSF$\hat{h}$ 的估计结果。

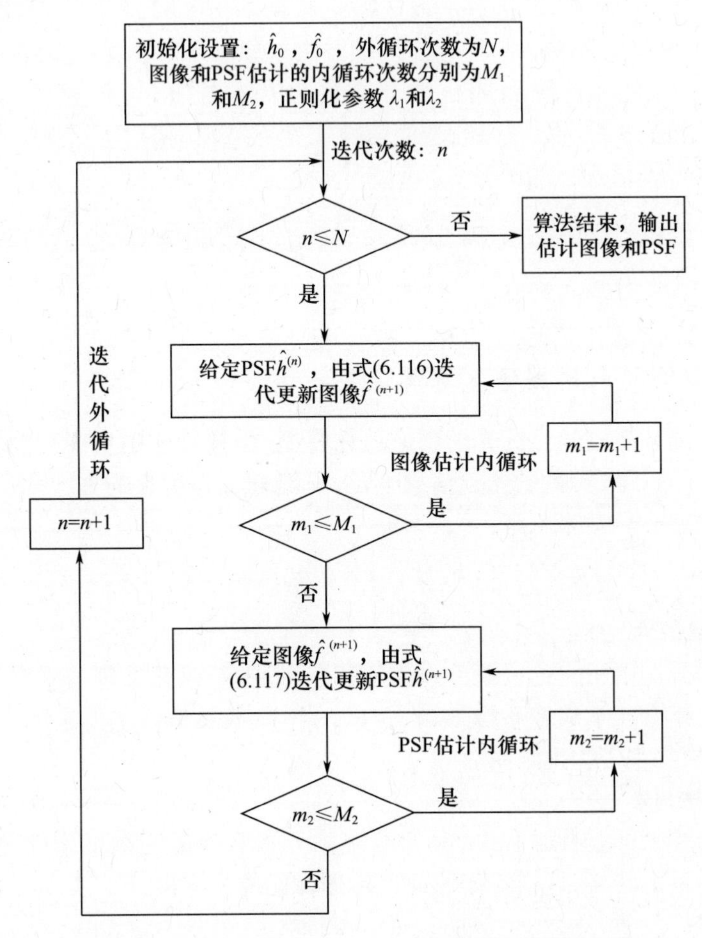

图 6.16 TV 正则化的双迭代 RL 图像复原算法流程图

3）实验结果及分析

采用模拟退化图像对TV正则化的双迭代RL图像复原算法进行了图像复原验证实验。假设大气相干长度$r_0=0.1\text{m}$，光学望远镜口径$D_0=1.0\text{m}$，探测光波波长$\lambda=0.7\mu\text{m}$。目标图像采用海洋卫星图片，尺寸为256×256，退化图像如图6.17(a)所示。

(a) 海洋卫星退化图像

(b) RL算法复原结果

(c) 改进算法复原结果

图6.17　RL算法和改进算法的复原结果比较

分别采用传统RL算法和所提出的TV正则化双迭代RL算法对退化图像作复原处理，其中RL算法迭代40次，改进算法取正则化参数$\lambda_1=0.02$，$\lambda_2=0.01$，内循环4次、外循环10次。图6.17(b)和图6.17(c)是两种方法复原结果对比，改进算法复原效果明显优于传统RL算法，目标轮廓和部分细节信息已基本恢复，可辨识目标的几何形状。表6.2是两种算法复原的目标图像的峰值信噪比计算结果，相对于原RL算法，改进算法复原的目标图像峰值信噪比约提升3.2dB。

表6.2　RL算法和改进算法复原结果的峰值信噪比计算对比

评价指标	退化图像	RL算法	改进算法
峰值信噪比/dB	12.326	15.812	19.102

6.3.4　基于条件约束的图像复原算法

根据6.2.1描述的空间目标光学图像退化模型，图像复原是从观测图像中得到原始目标图像，但由于点扩展函数的先验信息不足，只能通过盲解卷的方式来实现，通常是通过最小化以下的目标函数来求解：

$$J=\sum \| g(x,y)-f(x,y)*h(x,y) \|^2 \tag{6.118}$$

1. 约束限制条件

在图像复原算法中引入约束条件和物理背景，通过最优化处理技术可以增强解的收敛性和稳定性。结合光学成像系统参数，引入的约束限制条件主要是能量守恒约束、非负约束、带宽有限约束等物理限制。

1）能量守恒约束

在目标图像和PSF迭代过程中，对PSF施加元素和为1的约束条件，即对每次迭代估计进行单位能量的转换，这样就能保证目标图像的能量守恒。

2）非负约束

目标图像和PSF的初始估计为非负的，那么在每次迭代过程中的目标图像和PSF迭代结果不会出现负值情况，因此复原图像的像素非负约束自然能够得到保证。

3）带宽有限约束

根据光学衍射理论，光学系统 PSF 是频率带宽有限的低通滤波器，其截止频率即为系统带宽。最大似然估计算法中每次迭代估计的 PSF 在频域上是变化的，有可能出现超过光学传递函数的截止频率，如果 PSF 这些频率成分不加以限制，在迭代估计过程中自由扩展，将使复原图像产生伪信息或导致迭代估计陷入局部极值解，甚至使算法不收敛[37]。为避免这种情况，对每次迭代的 PSF 结果作带宽有限约束，以改进算法迭代估计结果的正确性和收敛性。

施加带宽有限约束条件的方法是在图像处理时通过对 PSF 的频率作像素范围限制来实现的，这就需要确定图像处理空间带宽约束和光学传递函数 OTF 截止频率的关系。如果光学系统观测的衍射光斑等于图像空间 PSF 的弥散斑，则此时 PSF 的最大频率等于 OTF 的截止频率。设光学系统口径为 D，其成像焦平面是 $N \times N$ 的 CCD 阵列探测单元，在对应的图像处理空间，若每个单元像素的尺寸为 N_μ，则理想光学系统的衍射艾里斑直径占有的 CCD 像素数目 N_d 为[82]

$$N_d = \left(\frac{2.44\lambda}{D}l\right)\frac{1}{N_\mu} \tag{6.119}$$

式中：l 为光学系统焦距；λ 为光波波长（可取中心波长或最小波长）。当用半径为 N/N_d 的等效入瞳限制时，图像单点像素成像的弥散直径近似等于光学孔径为 D 时理想光学系统衍射艾里斑在 CCD 成像单元的大小。由傅里叶光学理论，图像处理空间 PSF 的截止频率等于等效入瞳半径的 2 倍[13]。因此，PSF 的频域截止频率（即带宽）为

$$N_c = 2N/N_d = \left(\frac{D}{1.22\lambda l}\right)NN_\mu \tag{6.120}$$

如果已知光学系统参数，根据式（6.120）就能计算并确定图像处理空间的带宽有限约束，并将该约束条件引入图像复原算法，即在频率小于 N_c 范围内有效，频率大于 N_c 则为 0。

2. 目标函数迭代求解[83-84]

对目标原始图像 $f(x,y)$ 和点扩展函数 $h(x,y)$ 进行非负性约束，可通过以下换元来严格约束，令

$$f(x,y) = \phi^2(x,y) \tag{6.121}$$

$$h(x,y) = \frac{\chi^2(x,y)}{\sum \chi^2(x,y)} \tag{6.122}$$

则最小化目标函数求解可表示为[85]

$$\min J = \sum \left\| g(x,y) - \phi^2(x,y) * \frac{\chi^2(x,y)}{\sum \chi^2(x,y)} \right\| \tag{6.123}$$

同时，当目标在连续多帧成像中姿态近似不变的假设成立时，可通过建立如下目标函数进行多帧求解，以提升图像的复原质量：

$$\min J = \sum_k \left\| g_k(x,y) - \phi^2(x,y) * \frac{\chi_k^2(x,y)}{\sum \chi_k^2(x,y)} \right\| \tag{6.124}$$

式中：k 表示多帧图像的序号，对上述目标函数的迭代求解过程可通过共轭梯度法进行。

根据前面建立的空间目标图像复原的代价函数，将空间目标图像复原问题转化为求代价函数极值的问题。在约束最小二乘的基础上根据空间目标图像本身的特性加以限制，如果直接求解，则会关于图像矩阵运算量非常大。下面运用一种基于空间域共轭梯度法的盲目图像复原算法对该方程进行求解。常见的迭代算法有梯度下降法、牛顿法以及共轭梯度法等。其中梯度下降法最为简单，具有运算量小、适用范围广等特点；但是该算法收敛性不太理想，在接近极值时会反复震荡，收敛很慢。相对于梯度下降法，牛顿法在搜索方向上进行了改进，它利用二次导数直接寻找极值点。牛顿法的缺陷是要求函数的可微性，且矩阵运算时计算量大，在空间目标图像复原时很难得到实现。共轭梯度法具有比梯度下降法收敛性好、比牛顿下降法计算简便的优点，因此运用共轭梯度法来解决空间目标图像复原中的代价函数的极值问题。共轭梯度算法主要是利用上一次的搜索方向和本次出发点的负梯度进行组合来确定搜索方向和步长。

假定代价函数是一个二次正定函数：

$$J(\boldsymbol{W}) = \frac{1}{2}\boldsymbol{W}^{\mathrm{T}}\boldsymbol{Q}\boldsymbol{W} + \boldsymbol{a}\boldsymbol{W} + b \tag{6.125}$$

式中：$\boldsymbol{Q}$ 为一个正定矩阵，迭代过程中选取 λ_k 为最佳的步长，则有

$$Ju_k + \lambda_k d_k \leqslant Ju_k + \lambda d_k \qquad \forall \lambda > 0 \tag{6.126}$$

令 $\beta_{k-1} = \dfrac{\nabla J\ \boldsymbol{W}_k{}^{\mathrm{T}}\boldsymbol{Q}\boldsymbol{d}_{k-1}}{\boldsymbol{d}_{k-1}^{\mathrm{T}}\boldsymbol{Q}\boldsymbol{d}_{k-1}}$，可得 $\boldsymbol{Q}$ 的共轭向量组表示为

$$d_k = -\nabla J\ \boldsymbol{W}_k + \beta_{k-1} d_{k-1} \tag{6.127}$$

参数 β 一般可采用如下几种方法来确定。

（1）F－R 法则：

$$\beta_k = \frac{\| \nabla J\ \boldsymbol{W}_{k+1} \|^2}{\| \nabla J \boldsymbol{W}_k \|^2} \tag{6.128}$$

（2）P－R－P 法则：

$$\beta_k = \frac{\langle \nabla J \boldsymbol{W}_{k+1}, \nabla J \boldsymbol{W}_{k+1} - \nabla J \boldsymbol{W}_k \rangle}{\| \nabla J \boldsymbol{W}_k \|^2} \tag{6.129}$$

（3）C－W 法则：

$$\beta_k = \frac{\langle \nabla J \boldsymbol{W}_{k+1}, \nabla J \boldsymbol{W}_{k+1} - \nabla J \boldsymbol{W}_k \rangle}{\langle d_k, \nabla J \boldsymbol{W}_{k+1} - \nabla J \boldsymbol{W}_k \rangle} \tag{6.130}$$

（4）Dixon 法则：

$$\beta_k = \frac{\| \nabla J \boldsymbol{W}_{k+1} \|^2}{\langle d_k, \nabla J \boldsymbol{W}_k \rangle} \tag{6.131}$$

其中，第一种方法和第二种方法在实际应用中最为常见。特别是第一种方法具有计算简单、收敛性好等优点，因此可利用第一种方法来计算得到参数 β。

最优步长 λ_k 的确定是共轭梯度搜索的一个关键问题。一般可将该问题视为一个一维搜索的问题，故可假定一个一元函数 $\varphi(\lambda)$ 使其满足如下表达式：

$$\varphi(\lambda)=J(u_k+\lambda d_k) \tag{6.132}$$

如果 λ 是 $\varphi(\lambda)$ 的一个局部极小值点的话，而区间 $[a,b]$ 包含点 λ^*，则此区间可视为函数 $\varphi(\lambda)$ 的极小点 λ^* 的一个搜索空间。这样就可将最佳步长的选择转化为在空间 $[a,b]$ 内搜索到极小点 λ^* 的问题。

选择搜索空间内的点 g 作为极值点 g^* 的近似点，如果搜索空间越短，那么其误差也会越小。此时，问题转化为如何缩短搜索空间的问题。

设 $[a,b]$ 是一个搜索空间，则可在 $[a,b]$ 中任取两点 $\sigma<\tau$，因而有

(1) 如果 $\varphi(\sigma)<\varphi(\tau)$，则在 $[a,\tau]$ 区间内搜索；

(2) 如果 $\varphi(\sigma)\geqslant\varphi(\tau)$，则在 $[\sigma,b]$ 区间内搜索。

一维搜索的常用方法有：切线法、黄金分割法和斐波那契法。其中切线法具有运算简便的优点，其缺点是需要通过二阶求导来实现搜索，且要求函数可微。斐波那契法和黄金分割法则并不要求函数的可微性，只需知道插入点所对应的函数值即可，因此这两种方法的适用性更为广泛。相对于斐波那契法而言，黄金分割法具有插入点少，计算量小，算法简便等优势，所以本算法中将采用黄金分割法来确定最佳步长。该方法在搜索时，对称地插入两点 σ,τ 使得每次搜索空间长度恒为上一次搜索空间长度的0.618，即

$$\frac{\tau-a}{b-a}=\frac{b-\sigma}{b-a}=\alpha=\frac{\sqrt{5}-1}{2}\approx 0.618 \tag{6.133}$$

点 σ,τ 可以通过下式得到

$$\begin{cases}\sigma=b-\alpha(b-a)\\ \tau=a+\alpha(b-a)\end{cases} \tag{6.134}$$

综上所述，共轭梯度法中的最佳步长可用黄金分割法来确定，具体算法可参照6.3.1小节。

3. 图像复原实验分析

采用上述基于条件约束的图像盲复原方法，对目标退化图像进行复原处理，图6.18是两个目标退化图像复原前后的对比图。

由图6.18中的复原处理结果可以看到，通过对空间目标光学图像进行复原处理，滤除干扰噪声，对大气扰动造成的目标能量扩散进行集中和修正，可以有效增强图像细节，使目标成像更接近光学设备的极限衍射值，进一步提高图像的数据质量。由处理后的图像进行目标识别，比目标退化图像更易于发现目标的结构组成、姿态等特征信息。

6.4 面目标序列图像三维重建

基于图像三维建模技术是计算机视觉和计算机图像学技术相结合的一门新技术，它用物体的序列图像恢复物体的三维模型，是相机拍摄照片的逆过程。基于非定标图像重建方法不需要事先测定相机参数，利用一个普通相机自由移动拍摄的一组图像序列，经过计算就可以求得相机的内外参数并重建出景物的三维坐标，其优点是方便快速，因此

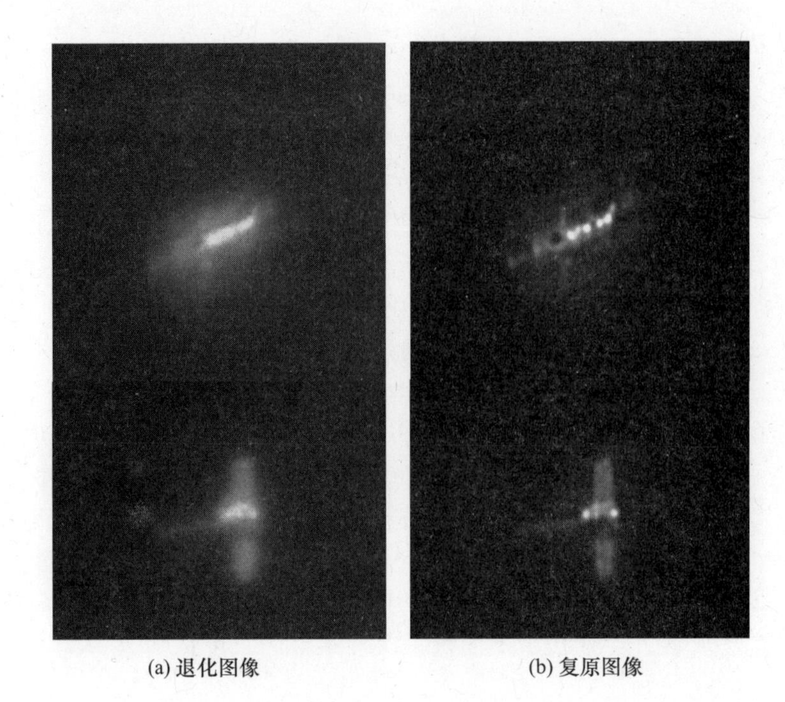

(a) 退化图像 (b) 复原图像

图 6.18 基于条件约束的图像盲复原结果比较

得到了学者广泛的研究。通过由非定标图像序列重建物体来进行非接触式测量，应用在空间目标观测上，对一些不能近距离接触的目标，就可以快速测量目标的三维结构和姿态运动特征，提高了侦察和监测的灵活性、准确性和安全性。

三维重建的核心是由图像间的二维关联匹配点计算其在三维空间中的坐标，目前的重建策略主要分为两类：基于迭代重建的方法和基于矩阵分解的整体重建方法，前者随着序列增长会存在累积效应，通常需要采用光束平差(Bundle Adjustment)法进一步优化，而后者采用基于相机成像投影的矩阵秩约束方法，使误差比较均匀地分布在整个图像序列中，运算便捷，并且在正交投影模型下推导出迭代求解的方法。因此，针对空间目标地基光学成像满足正交投影的条件，本节将主要介绍基于矩阵分解的三维重建方法。

6.4.1 相机成像模型及相关坐标系

1. 相机成像模型

相机通过成像透镜将三维场景投影到相机的二维像平面上，将相机模型近似为一个针孔相机，则相机成像原理可通过小孔成像近似。相关的坐标系包括相机坐标系、图像坐标系、像素坐标系和世界坐标系，如图 6.19 所示。

2. 坐标系

1）相机坐标系

相机成像的几何关系如图 6.19 所示，点 C 称为相机光心，X_C 轴和 Y_C 轴分别与图像坐标系的 x 轴和 y 轴平行，Z_C 轴与成像平面垂直，称为相机的光轴。光轴与成像平面的交点称为图像的主点 C_0，由点 C 与 X_C 轴、Y_C 轴、Z_C 轴组成的直角坐标系称为相机坐标系，CC_0 为相机焦距。

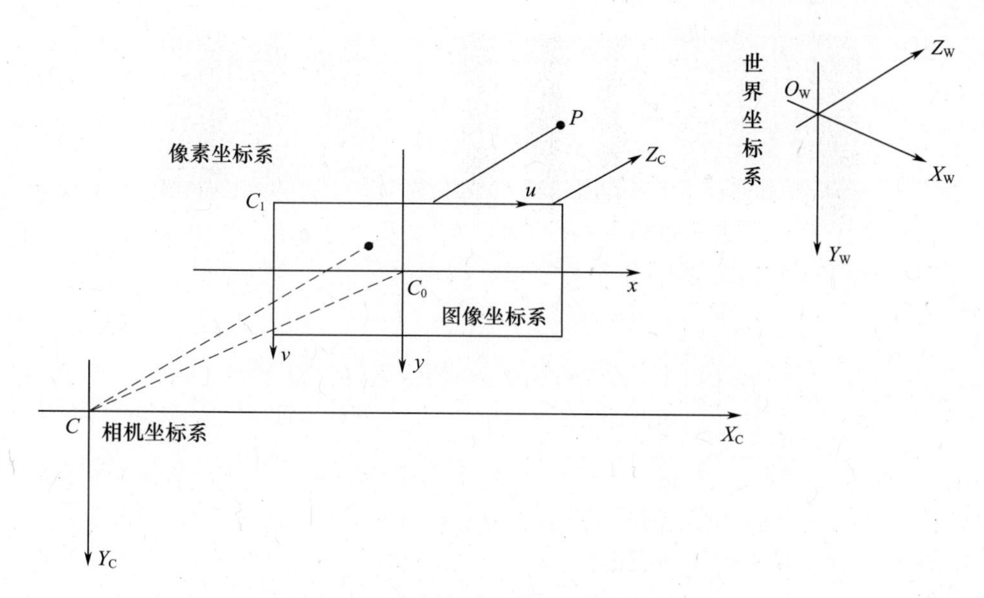

图 6.19 相机成像模型及相关坐标系

2）像素坐标系

相机数字图像是由离散的像素点组成的，用数学形式可以将其表示为一个二维数组，即像素矩阵，每一点对应的数值表示为该点的亮度值(即灰度)。像素坐标系是定义在像平面内的坐标系 C_1-uv，与图像的像素矩阵对应，其坐标原点位于像素矩阵的第1行第1列，u 轴位于第1行向右，v 轴位于第1列向下。每一个像素的坐标(u,v)由该像素在数组中的列数和行数组成，即(u,v)是以像素为单位的像素坐标系坐标。

3）图像坐标系

图像坐标系是定义在成像平面内(即相机光学系统的像方焦平面，即为测量 CCD 所在平面)的右手直角坐标系 C_0-xy，其原点定义在图像中心 C_0，x 轴、y 轴分别为图像的横、纵方向。若主点 C_0 在像素坐标系中的坐标为(u_0,v_0)，每个像素在 x 轴和 y 轴方向上的物理尺寸分别为 $\mathrm{d}x$ 和 $\mathrm{d}y$，则图像坐标系与像素坐标系的关系如下：

$$\begin{bmatrix} u \\ v \\ 1 \end{bmatrix} = \begin{bmatrix} 1/\mathrm{d}x & 0 & u_0 \\ 0 & 1/\mathrm{d}y & v_0 \\ 0 & 0 & 1 \end{bmatrix} \begin{bmatrix} x \\ y \\ 1 \end{bmatrix} \tag{6.135}$$

4）世界坐标系

在真实世界环境中还要选择一个参考坐标来描述相机和物体的位置，该坐标系称为世界坐标系。世界坐标系与相机坐标系之间的关系可以通过一定的旋转和平移操作进行相互转换，即世界坐标系下三维点坐标$\boldsymbol{P}^{\mathrm{W}}$ 到相机坐标系坐标$\boldsymbol{P}^{\mathrm{C}}$ 的转换关系为

$$\begin{bmatrix} \boldsymbol{P}^{\mathrm{C}} \\ 1 \end{bmatrix} = \begin{bmatrix} \boldsymbol{R} & \boldsymbol{t} \\ \boldsymbol{0}^{\mathrm{T}} & 1 \end{bmatrix} \begin{bmatrix} \boldsymbol{P}^{\mathrm{W}} \\ 1 \end{bmatrix} \tag{6.136}$$

根据坐标变换和相似关系，由式(6.135)和式(6.136)可得世界坐标系下三维点坐标 $\boldsymbol{P}^{\mathrm{W}}$ 转换为像素坐标系坐标(u,v)：

$$\begin{bmatrix} u \\ v \\ 1 \end{bmatrix} \cong \begin{bmatrix} x/\mathrm{d}x & 0 & u_0 \\ 0 & y/\mathrm{d}y & v_0 \\ 0 & 0 & 1 \end{bmatrix} \begin{bmatrix} f & 0 & 0 & 0 \\ 0 & f & 0 & 0 \\ 0 & 0 & 1 & 0 \end{bmatrix} \begin{bmatrix} \boldsymbol{R} & \boldsymbol{t} \\ \boldsymbol{0}^{\mathrm{T}} & 1 \end{bmatrix} \begin{bmatrix} \boldsymbol{P}^{\mathrm{W}} \\ 1 \end{bmatrix} \tag{6.137}$$

式中:“≅”表示按比值相等;f 为相机焦距,dx、dy 为相机 CCD 感应单元的物理尺寸;(u_0, v_0)为主点(即光轴垂直穿过图像平面的交点)的像素坐标;$\boldsymbol{R}$ 为联系世界坐标系与相机坐标系的 3×3 旋转矩阵;t 为相应的 1×3 平移向量。整理得

$$\begin{bmatrix} u \\ v \\ 1 \end{bmatrix} \cong \begin{bmatrix} f_x & 0 & u_0 \\ 0 & f_y & v_0 \\ 0 & 0 & 1 \end{bmatrix} [\boldsymbol{R} \quad \boldsymbol{t}] \boldsymbol{P}^{\mathrm{W}} = \boldsymbol{K}[\boldsymbol{R} \quad \boldsymbol{t}] \boldsymbol{P}^{\mathrm{W}} \tag{6.138}$$

式中:f_x、f_y 分别为 u 轴和 v 轴方向上的尺度因子;矩阵 $\boldsymbol{K}$、$[\boldsymbol{R} \quad \boldsymbol{t}]$ 分别描述相机的内、外参数矩阵,通常又称矩阵 $\boldsymbol{K}$ 为相机的四参数模型。但由于实际情况中存在误差使得坐标系产生偏斜,一般采用下述五参数模型:

$$\boldsymbol{K} \cong \begin{bmatrix} f_x & s & u_0 \\ 0 & f_y & v_0 \\ 0 & 0 & 1 \end{bmatrix} \tag{6.139}$$

式中:s 为描述坐标轴倾斜的畸变因子,一般较小。

6.4.2 对极几何和基础矩阵

立体视觉存在着对极几何关系,同一场景中不同摄像机坐标系下两幅图像对应点的约束关系称为极线几何约束。如图 6.20 所示,O_1 和 O_2 分别为两个相机的光心,其连线称为基线。基线与两个图像平面 Π、Π'的交点 e_1、e_2 称为极点。设$\boldsymbol{P}^{\mathrm{W}}$ 为三维空间中任意一点,m_1 和 m_2 分别为空间点$\boldsymbol{P}^{\mathrm{W}}$ 在两个相机成像平面的投影点。由空间点$\boldsymbol{P}^{\mathrm{W}}$ 和两个相机光心 O_1 和 O_2 所确定的平面称为极平面(即平面 Π''),极平面与图像平面的交线 l_1 和 l_2 称为极线,同一图像平面内所有极线都交于极点。

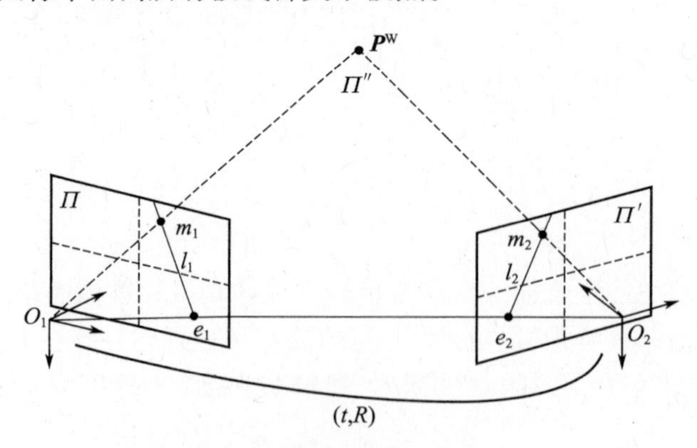

图 6.20 两视图对极几何关系

图 6.20 中,若已知空间点$\boldsymbol{P}^{\mathrm{W}}$ 在左边图像平面的投影为 m_1,则其在右图中的对应点 m_2 必然位于极线 l_2 上。同理,右边图像平面中的任一点 m_2 在左边图像中的对应点 m_1

也必然位于极线 l_1 上,这种约束称为极线约束。虽然利用极线约束并不能直接获得相应的对应点,但是却可以缩小对应点的搜索空间,即从二维平面缩小到一维的一条直线内,这对寻找匹配点比较有利。在数学上,极线约束几何关系可以用一个 3×3 的秩为 2 的矩阵 F 来表示,有

$$\boldsymbol{m}_2^{\mathrm{T}}\boldsymbol{F}\boldsymbol{m}_1 = 0 \tag{6.140}$$

式中:$\boldsymbol{F}$ 为基础矩阵,它具有以下重要性质:

(1) 矩阵 $\boldsymbol{F}$ 为奇异矩阵,秩为 2,自由度为 7;

(2) 若点 $\boldsymbol{m}_1$ 映射到点 $\boldsymbol{m}_2$ 的基础矩阵为 $\boldsymbol{F}$,点 $\boldsymbol{m}_2$ 映射到点 $\boldsymbol{m}_1$ 的基础矩阵为 $\boldsymbol{F}'$,则 $\boldsymbol{F}' = \boldsymbol{F}^{\mathrm{T}}$;

(3) 两个基点分别满足:$\boldsymbol{F}\boldsymbol{e}_1 = 0$,$\boldsymbol{F}^{\mathrm{T}}\boldsymbol{e}_2 = 0$;

(4) $\boldsymbol{m}_1$ 对应的极线 $\boldsymbol{l}_2 = \boldsymbol{F}\boldsymbol{m}_1$,$\boldsymbol{m}_2$ 对应的极线 $\boldsymbol{l}_1 = \boldsymbol{F}^{\mathrm{T}}\boldsymbol{m}_2$,或等价为 $\boldsymbol{m}_2^{\mathrm{T}}\boldsymbol{F}\boldsymbol{m}_1 = 0$;

(5) 对任意极线对应 $\boldsymbol{l}_1 \leftrightarrow \boldsymbol{l}_2$,必有 $\boldsymbol{l}_2 = \boldsymbol{F}[\boldsymbol{e}_1]_\times \boldsymbol{l}_1$,$l_1 = \boldsymbol{F}^{\mathrm{T}}[\boldsymbol{e}_2]_\times \boldsymbol{l}_2$($[\boldsymbol{e}]_\times$ 表示向量 $\boldsymbol{e}$ 的反对称矩阵)。

基础矩阵 $\boldsymbol{F}$ 是对极几何的代数表示,包含两幅图像之间的几何信息,精确地计算基础矩阵是三维重建的关键。

6.4.3　序列图像特征点提取与匹配

在三维重建中,特征检测是实现所有计算机视觉应用的基础,对于特征的表示一般可分为点、线和面。特征点是指在两幅图像或多幅图像中对比例、光照、旋转、平移等仿射变换保持一致性的一些点,比如两条线的交点、物体边缘线上的点、角点、图像中一些闭区域的中心点等。基于特征点的检测和匹配算法一直是计算机视觉和模式识别研究领域的热点,其局部特征在描述物体方面较其他特征有很大的优越性,鲁棒并可靠地提取特征点是一个关键步骤。常用的特征点检测方法如下。

(1) Harris 算法。

Harris 算法通过微分算子计算具有结构信息的 Harris 矩阵,并以特征值作为特征点的判断标准。该算法虽然在角点检测上具有较好的结果,计算简便,但易受图像旋转和光照的影响。

(2) SUSAN 算法。

SUSAN 算法以像素周围的灰度统计值大小作为角点的判断标准,具有方向无关性,但统计值与选择的模板有关,易受模板尺度选择的影响,并且在噪声条件下的检测效果不佳。

(3) SIFT 特征提取算法。

SIFT 特征是 D. G. Lowe 在 1999 年提出的,它是利用尺度空间不变性提取特征点,利用像素梯度计算相似方向,最后生成 128 维描述子,对平移、旋转、角度变换、亮度变换等多种图像变换具有更强的适应能力,但计算较为耗时。

(4) SURF 特征提取算法。

H. Bay,T. Tuytelaars 等提出的 SURF 方法是在旋转和比例缩放时能检测复杂特征点并保持鲁棒性的一个折衷方法。它保持了 SIFT 的良好特性,不但能大幅度地提高计算速

度，而且对匹配率也有很大的提高，可以减小计算基础矩阵时误差的累积。与 SIFT 算法相比，具有明显的速度优势，利用积分图像进行计算和相似性变换。依据 Hessian 矩阵特征向量的符号来寻找特征点，利用哈尔小波在邻域上的响应值来获取特征点的方向，最后生成 64 维的特征向量，并利用描述子之差的平方和来进行相似性度量。它的尺度空间不是变换图像的大小，而是变换滤波器的大小，而滤波器又可以用积分图像来计算，所以即使增大滤波器的尺寸计算速度也不会降低。

上述几种特征点检测算法各有优点，但是从总体看，SURF 算法综合性能最好，其在特征点检测的精度方面优于其他几类算法，在速度方面比 Harris 算法稍微好一些，但比 SIFT 算法有绝对的优越性，唯一的不足是特征点检测的数目比较少，这一点可以与其他的匹配算法联合，来获得更多的匹配点。因此，本小节重点阐述 SURF 算法和常用的光流法匹配算法。

1. SURF 检测子与描述子[117]

SURF 是一种对尺度、旋转不变的检测子和描述子，其最大特点是速度快、匹配精确，并且具有很好的鲁棒性，对光照、旋转、缩放等具有不变性。SURF 算法的主要策略有：用于图像卷积的积分图、基于 Hessian 矩阵的检测子、基于分布的描述子。

1）积分图像

积分图像是对原始图像的 x 和 y 进行积分得到的图像，即原始图像 $I(x,y)$ 经积分计算得到积分图像 $I_\Sigma(x,y)$。积分图像 $I_\Sigma(x,y)$ 表示的是 (x,y) 坐标左上方像素的灰度值总和。

积分图像计算好后被保存起来，每次计算时可以直接找到相应坐标的积分图像进行加减运算，并计算量与所要计算的面积大小无关。如图 6.21 所示，若要计算中间长方形的灰度值总和，只需要简单计算即可。不管该矩形窗口的大小是多少，均可以用积分图像的相应 A、B、C、D 点处的积分图像快速计算出来，图 6.21 中 Σ 区域所示的灰度总和为

$$\Sigma = A - B - C + D \tag{6.141}$$

设 A 点的坐标为 (x_1,y_1)，D 的坐标为 (x_2,y_2)，则

$$\Sigma = I_\Sigma(x_1-1,y_1-1) - I_\Sigma(x_1-1,y_2-1) - I_\Sigma(x_2,y_1-1) + I_\Sigma(x_2,y_2) \tag{6.142}$$

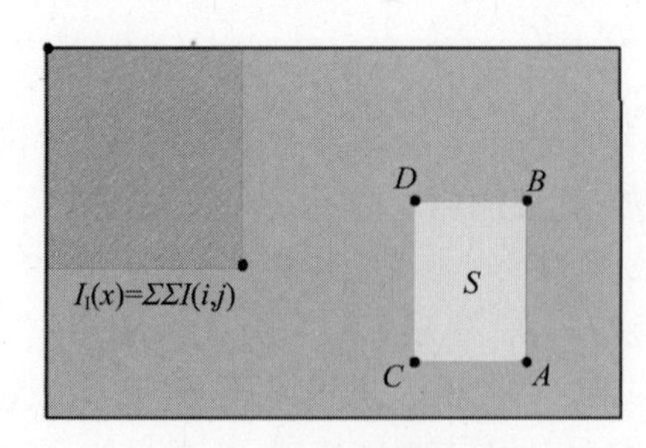

图 6.21 积分图像运算

SURF 算法性能的提高很大程度上是因为在 SURF 算法计算过程中，有很多地方用积分图像来替代其他形式的计算。SURF 算法跟 SIFT 算法的不同点在于，SURF 算法建立不同尺度空间是通过改变滤波器的大小来实现的，而不是改变图像的大小，而滤波器

的值也是用积分图像来计算出来的，所以对于任何大小的滤波器，计算时间都是一样的，这样可以在很大程度上提高计算速度。

2）尺度空间

在不同的应用背景中，所需图像的光滑程度是不同的，这要经过不同程度的图像光滑处理而得到，将光滑程度不同的图像组合起来就得到了尺度空间，它是滤波器的迭代。实现尺度变换时通常采用高斯卷积核，其定义为

$$G(x,y,\sigma)=\frac{1}{2\pi\sigma^2}\mathrm{e}^{-(x^2+y^2)/2\sigma^2} \tag{6.143}$$

式中：σ 为高斯正态分布的方差。

将一幅二维的图像与不同尺度的高斯卷积核进行卷积运算即可得到不同的尺度变换：

$$L(x,y,\sigma)=G(x,y,\sigma)*I(x,y) \tag{6.144}$$

式中：(x,y)为图像所有的像素坐标，L 为图像被平滑后的尺度空间；σ 为尺度空间因子，取较小值时表示该图像有较少的平滑，对应尺度空间也越小。大尺度空间对应于图像大体轮廓，小尺度空间对应于图像的细节描述。

3）箱式滤波器

SURF 算法采用积分图像和箱式滤波器来模拟高斯核进行图像平滑，箱式滤波器在计算卷积时用的是已经存储值的积分图像，跟图像大小没有关系，只需进行三次加减运算即可，大大提高了运算的速度。

箱式滤波器是对高斯卷积核的近似，用来对图像进行平滑。相邻尺度差与高斯二阶导数的大小有关，由第一层滤波器计算下一层滤波器的大小，为了保证滤波器的中心位于像素点 x 上，要对第一层的滤波器增加偶数个像素。这样滤波器的大小就增加了 6 像素，如果第一层为 9，则下一层滤波器的大小变为 15。由此可以推出滤波器尺度的计算公式为

$$\mathrm{size}=3+s\times5 \tag{6.145}$$

式中：s 为 σ 的倍数。例如 SURF 最底层滤波器的大小是 9×9，对应于高斯尺度 $\sigma=1.2$，下一层滤波器的大小为 $3+2\times1.2\times5=15$，再下一层滤波器的大小有 $3+3\times1.2\times5=21$。

以上是相邻层间滤波器的尺度关系，下面分析相邻组间滤波器的尺度关系。尺度空间相邻组间滤波器的大小呈等差数列，在第一组中，层与层的滤波器大小相差 6；第二组中，层与层的滤波器大小相差 12；同理，第三组中，相差 24；依次类推……。由于滤波器的尺度每次增加的数值越来越大，采样点的间隔也越来越大，计算速度和精度都得到了提高。滤波器相邻两组的尺度都有重复的部分，其目的是力图覆盖所有的尺寸，检测更多的特征点。但滤波器的组数不能无限制增多，组数越来越多，极值点就会越来越少，一般选取 3 作为最佳组数。

4）SURF 检测子的生成

SURF 特征点检测的过程如下：

（1）对原始图像进行高斯滤波器滤波并建立尺度空间。第一组第一层滤波器尺寸

为9,第二层为15,依次以等差6相加,且下一组的第一层为前一组的第二层,共三组。

(2)求解局部极值点。SURF算法在求解极值点时用的是快速Hessian矩阵检测,将原Hessian矩阵

$$\boldsymbol{H}(x,\sigma)=\begin{bmatrix}L_{xx}(x,\sigma),L_{xy}(x,\sigma)\\L_{xy}(x,\sigma),L_{yy}(x,\sigma)\end{bmatrix} \tag{6.146}$$

定义为

$$\boldsymbol{H}(x,\sigma)=\begin{bmatrix}D_{xx},D_{xy}\\D_{xy},D_{yy}\end{bmatrix} \tag{6.147}$$

式中:D_{xx}、D_{yy}、D_{xy}为箱式滤波器的值。

实验证明,大小为9×9的滤波器是对高斯核函数在$\sigma=1.2$处的近似。这种近似会产生误差,我们设定比例因子为ω,这样用滤波器近似高斯核函数和用比例因子纠正后,Hessian矩阵的行列式可以表示为

$$\det(\boldsymbol{H}_{\mathrm{ap}})=D_{xx}D_{yy}-(\omega D_{xy})^2 \tag{6.148}$$

$\det(\boldsymbol{H}_{\mathrm{ap}})$表示在点$X$处箱式滤波器的响应值,这样就可以用$\det(\boldsymbol{H}_{\mathrm{ap}})$进行极值点检测,同时可以求出矩阵的特征值,便于应用在以后的计算中。其中,比例因子ω的值通过下式计算:

$$\omega=\frac{|L_{xy}(1.2)|_{\mathrm{F}}|D_{yy}(9)|_{\mathrm{F}}}{|L_{yy}(1.2)|_{\mathrm{F}}|D_{xy}(9)|_{\mathrm{F}}}=0.912 \tag{6.149}$$

Hessian矩阵的行列式能够快速地判别函数是否有极值,并计算极值的多少。由于Hessian矩阵的行列式的值是由其特征值计算得到的,所以可根据行列式的符号(如正或负)来判断该点是否为极值点。若行列式为负,则两个特征值一正一负,符号不同,该点不是局部极值点;若行列式为正,则两个特征值全为正或者全负,可以确定该点是极值点。另外,Hessian矩阵具有很好的检测性能和计算精度。

在极值点的检测过程中,对点X上下两层中3×3×3邻域内共27个点进行比较,通过非极大点抑制来选取特征点。

(3)极值点精确定位。作为备选特征点,用箱式滤波器检测到的局部极值点还需要通过剔除对比度低的点来进行精确定位。由于相邻两层的尺度相差较大,为了精确定位极值点,需要对尺度空间进行插值。在精确定位过程中,滤波器函数$D(x,y,\sigma)$在局部极值点(x_0,y_0,σ)处的泰勒展开式为

$$D(x,y,\sigma)=D(x_0,y_0,\sigma)+\frac{\partial D^{\mathrm{T}}}{\partial X}X+\frac{1}{2}X^{\mathrm{T}}\frac{\partial^2 D}{\partial X^2}X \tag{6.150}$$

对式(6.150)求导并令其为零,得出精确的极值位置X_{m}:

$$X_{\mathrm{m}}=-\left(\frac{\partial^2 D}{\partial X^2}X\right)^{-1}\frac{\partial D}{\partial X} \tag{6.151}$$

要剔除对比度低的点,增强匹配的稳定性和抗噪声能力,计算出X_{m}坐标处的D_{xx}、D_{yy}、D_{xy}的值,得到$\det(\boldsymbol{H}_{\mathrm{ap}})$的值。

5）SURF 描述子的生成[118]

SURF 描述子以主方向上的特征描述来实现算法的方向不变性。首先确定主方向，其次在此方向上计算特征向量，具体操作如下：

（1）特征主方向。以特征点为中心选择半径 6s 的邻域范围，计算在 x,y 方向上的 Harr 小波响应值，以特征点为中心构造扇形滑动窗口，指定旋转弧度为步长，对窗口内的图像在 x,y 方向上的响应值进行统计，取最大值所对应的方向为主方向。

（2）特征向量在特征点为中心，边长为 20s 的邻域内，以 5s 为窗口尺寸滑动，统计 x，y 方向的 Harr 小波响应值并根据特征主方向进行旋转投影，结合响应值的绝对值，共生成 64 维特征向量。

2. 基于 SURF 的图像特征点跟踪

采用上述 SURF 算法对目标图像特征点进行检测和跟踪，单帧图像特征点检测结果如图 6.22 所示。图中实圆线表示所在特征点为"亮"点，即灰度值比周围高的点，虚线为"暗"点，即灰度值比周围低的点，各点所在圆半径大小表示特征点所在的特征尺度，圆半径线段表示特征点所在的特征方向，在尺度和方向上进行特征统计，使得特征满足旋转、平移和缩放不变性。

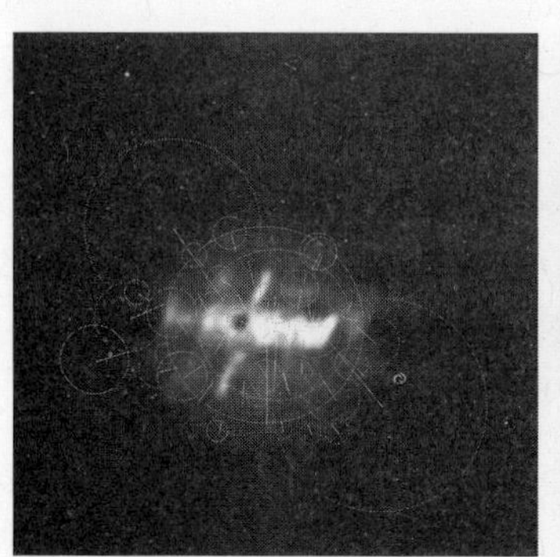

图 6.22　单帧特征点检测

对于序列图像，相邻帧图像的特征点检测和跟踪匹配结果如图 6.23 所示，表示特征点，在两帧中匹配的特征点用线连接。从图中主观上判断，各特征点在两帧得到基本正确的连接，验证了 SURF 算法的正确性。

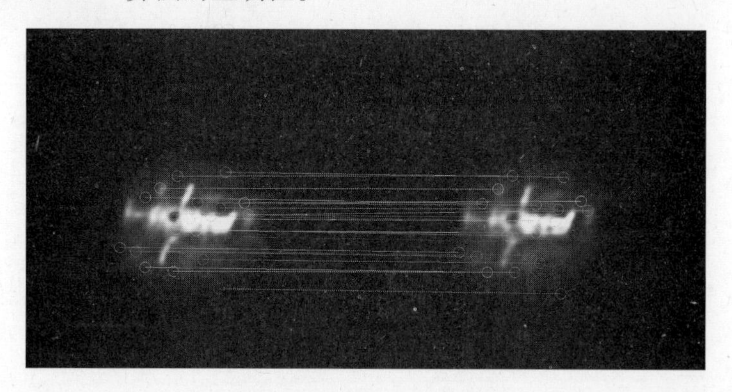

图 6.23　相邻帧特征点检测

在相邻帧两两匹配的情况下,可对目标序列图像的特征点进行匹配和跟踪,如图6.24所示,图中是相隔4帧之间的特征点跟踪结果,连接点在跟踪过程中可能会产生中断。因此,如何调整连接策略或是否通过迭代两两更新方式进行特征点的跟踪是需要重点解决的问题。

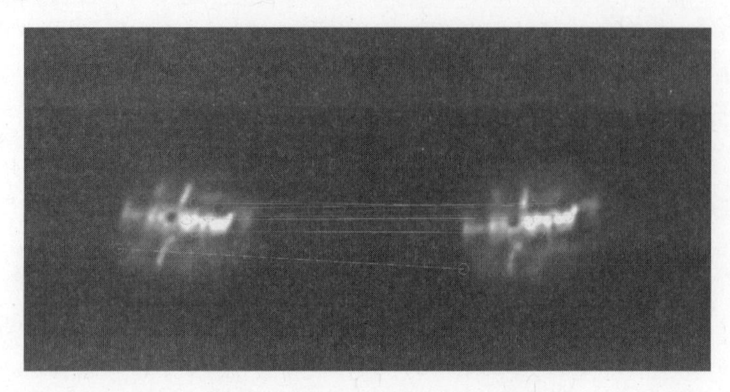

图6.24 序列图像特征点跟踪

图6.25是风云气象卫星图像的特征点检测,图6.26是序列图像的特征点跟踪结果。无论数据质量好坏,特征点的多帧长序列跟踪都难以得到完全保持,总会存在特征点丢失的情况,这一方面是因为空间目标视角变化或自身相对旋转产生的遮挡,另一方面也与特征检测与描述方法有关。由于图像对应特征点在图像序列中会产生特征漂移现象,无法对特征产生较为稳定的描述,导致了误差的产生和积累,这在实际应用过程中无法避免。但是相对于图像质量这个指标,由上述实验可以发现,图像质量越好,特征点持续保持时间就会越长,对后继目标点的三维重构将会更为有利。

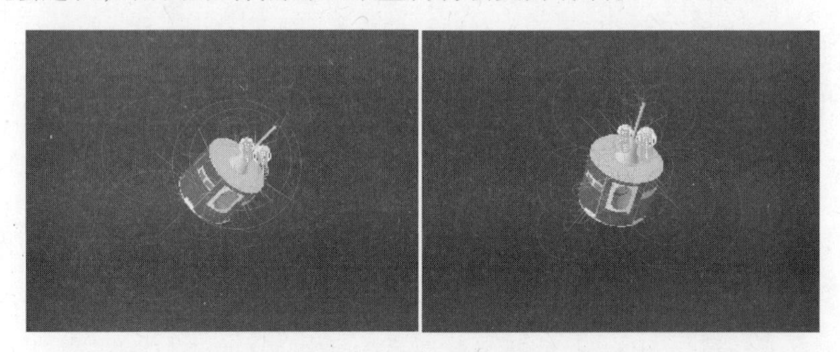

图6.25 风云气象卫星图像的特征点检测

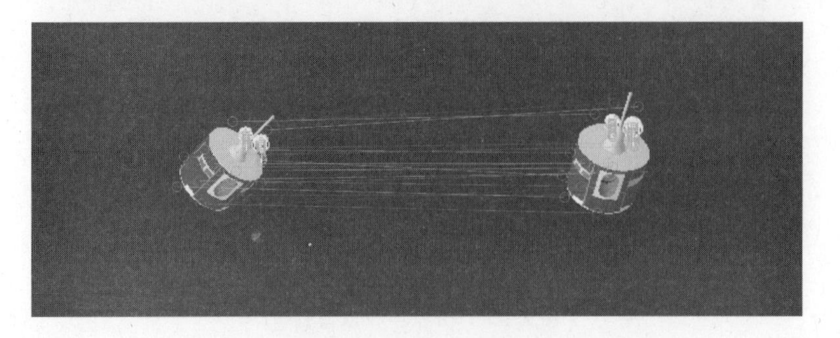

图6.26 风云气象卫星序列图像的特征点跟踪

3. LK 光流估计算法[119]

鉴于 SURF 特征点检测的数目比较少，为充分利用序列图像采样间隔短的优势，利用帧间灰度变化的平稳性作为前提，引入光流算法来加强对特征点帧间跟踪的稳定性。设序列图像用函数 $I(x,y,t)$ 表示，其中，(x,y) 为图像中像素点的位置，t 为图像在时序上的时刻（或帧序号），$I(x,y,t)$ 为 t 时刻图像 I 在位置 (x,y) 的像素灰度值。该像素点经过 $\mathrm{d}t$ 时刻后，运动到 $(x+\mathrm{d}x,y+\mathrm{d}y)$ 位置，灰度值可表示为 $I(x+\mathrm{d}x,y+\mathrm{d}y,t+\mathrm{d}t)$。基于短时间内像素灰度值不变的假设，则

$$I(x,y,t)=I(x+\mathrm{d}x,y+\mathrm{d}y,t+\mathrm{d}t) \tag{6.152}$$

设 v_x、v_y 为像素点 $u=(u_x,u_y)$ 在 x、y 方向上 t 时刻的运动速度，则 $\boldsymbol{v}=[v_x,v_y]^{\mathrm{T}}$ 为该像素的运动速度，也就是光流。假设 Ω 是以 u 为中心的一个小邻域，邻域的尺寸为 $(2w_x+1)\times(2w_y+1)$，w_x、w_y 取值一般为 2 ~ 7 个像素。$\boldsymbol{v}$ 的求解可以通过最小化目标函数获得

$$\varepsilon(\boldsymbol{v})=\varepsilon(v_x,v_y)=\sum_{x=u_x-w_x}^{u_x+w_x}\sum_{y=u_y-w_y}^{u_y+w_y}\left(I(x,y,t)-I(x+v_x,y+v_y,t+\mathrm{d}t)\right)^2 \tag{6.153}$$

对图像中的任意一个像素点 (x,y)，由 $I(x+\mathrm{d}x,y+\mathrm{d}y,t+\mathrm{d}t)$ 出发，将 $I(x+\mathrm{d}x,y+\mathrm{d}y,t+\mathrm{d}t)$ 用泰勒级数展开并忽略高阶项，得

$$I(x+\mathrm{d}x,y+\mathrm{d}y,t+\mathrm{d}t)=I(x,y,t)+\left(\frac{\partial I}{\partial x}\frac{\mathrm{d}x}{\mathrm{d}t}+\frac{\partial I}{\partial y}\frac{\mathrm{d}y}{\mathrm{d}t}+\frac{\partial I}{\partial t}\right)\mathrm{d}t \tag{6.154}$$

式中：$\frac{\mathrm{d}x}{\mathrm{d}t}$、$\frac{\mathrm{d}y}{\mathrm{d}t}$分别为 t 时刻该像素点在 x、y 方向上的运动速度，令

$$v_x=\frac{\mathrm{d}x}{\mathrm{d}t},v_y=\frac{\mathrm{d}y}{\mathrm{d}t} \tag{6.155}$$

$(v_x,v_y)^{\mathrm{T}}$ 即为该像素点在 t 时刻的光流场，其光流方程为

$$v_x\cdot\frac{\partial I}{\partial x}+v_y\cdot\frac{\partial I}{\partial y}+\frac{\partial I}{\partial t}=0 \tag{6.156}$$

令 $I_x=\frac{\partial I}{\partial x}$、$I_y=\frac{\partial I}{\partial y}$，分别表示图像的空域梯度，$I_t=\frac{\partial I}{\partial t}$表示图像序列的时域梯度，则

$$v_x\cdot I_x+v_y\cdot I_y+I_t=0 \tag{6.157}$$

式(6.157)的物理意义是，灰度的空间梯度与光流场的点积等于灰度对时间的变化率。这是光流基本约束方程，通过该方程求解光流场是一个病态问题，因为有 2 个变量，却只有 1 个方程。因此，必须对光流基本方程加以约束。Lucas 和 Kanade 认为同一运动物体局部区域内运动速度是平滑的，基于该约束假设，他们在 1981 年提出了 Lucas－Kanade 光流估计算法（即 LK 算法），是目前应用广泛、可靠性较高的光流估计算法之一。

LK 算法假设在一个小的空间邻域内像素点的光流场一致，因此在 Ω 邻域内光流的目标函数可转化为

$$E = \sum_{\Omega} (v_x I_x + v_y I_y + I_t)^2 \tag{6.158}$$

假设 Ω 邻域内有 n 个点，$(x_i, y_i) \in \Omega$，令

$$\nabla I = (I_x, I_y)^{\mathrm{T}} \tag{6.159}$$

$$\boldsymbol{A} = [\nabla I(x_1, y_1), \nabla I(x_2, y_2), \cdots, \nabla I(x_n, y_n)]^{\mathrm{T}} \tag{6.160}$$

$$\boldsymbol{I}_t = -[I_t(x_1, y_1), I_t(x_2, y_2), \cdots, I_t(x_n, y_n)]^{\mathrm{T}} \tag{6.161}$$

因此，

$$E = \|\boldsymbol{A}\boldsymbol{v} - \boldsymbol{I}_t\|^2 \tag{6.162}$$

令 $E = 0$，得

$$\boldsymbol{A}\boldsymbol{v} = \boldsymbol{I}_t \tag{6.163}$$

在式(6.163)两边乘上$\boldsymbol{A}^{\mathrm{T}}$，得

$$\boldsymbol{A}^{\mathrm{T}}\boldsymbol{A}\boldsymbol{v} = \boldsymbol{A}^{\mathrm{T}}\boldsymbol{I}_t \tag{6.164}$$

求解得到如下光流场：

$$\boldsymbol{v} = [\boldsymbol{A}^{\mathrm{T}}\boldsymbol{A}]^{-1}\boldsymbol{A}^{\mathrm{T}}\boldsymbol{I}_t \tag{6.165}$$

再令

$$\boldsymbol{G} = \boldsymbol{A}^{\mathrm{T}}\boldsymbol{A} = \begin{bmatrix} \sum_{\Omega} \boldsymbol{I}_x^2 & \sum_{\Omega} \boldsymbol{I}_x \boldsymbol{I}_y \\ \sum_{\Omega} \boldsymbol{I}_y \boldsymbol{I}_x & \sum_{\Omega} \boldsymbol{I}_y^2 \end{bmatrix} \tag{6.166}$$

$$\boldsymbol{b} = \boldsymbol{A}^{\mathrm{T}}\boldsymbol{I}_t \tag{6.167}$$

则

$$\boldsymbol{v} = \boldsymbol{G}^{-1}\boldsymbol{b} \tag{6.168}$$

式(6.168)即为标准的光流求解方程。Simoncelli 提出了用 $\boldsymbol{G}$ 的特征值来分析光流计算的可靠性。$\boldsymbol{G}$ 的特征值取决于图像局部空间梯度，只有当 $\boldsymbol{G}$ 的两个特征值都大于某个阈值 τ 时，计算的光流场才是可靠的。因此，在局部空间梯度接近于零的区域，$\boldsymbol{G}$ 行列式的值也接近于零而导致 $\boldsymbol{G}$ 不可逆，这时获得的光流是不准确的。在实际应用中，往往需要通过多次迭代计算才能获得准确的光流。

假设 $\boldsymbol{A}(x,y) = \boldsymbol{I}(x,y,t)$，$\boldsymbol{B}(x,y) = \boldsymbol{I}(x,y,t+td)$，$k$ 为迭代次数变量，$\boldsymbol{v}^{k-1}$为第 $k-1$ 次迭代完成后得到的光流，令 $\boldsymbol{v}^0 = [0,0]^{\mathrm{T}}$，而接下来讨论的重点是如何从 $\boldsymbol{v}^{k-1} = [v_x^{k-1}, v_y^{k-1}]^{\mathrm{T}}$ 获得$\boldsymbol{v}^k$。

令$\boldsymbol{B}_k$ 是在$\boldsymbol{v}^{k-1}$估计下得到的图像，即

$$\boldsymbol{B}_k(x,y) = \boldsymbol{B}(x + v_x{}^{k-1}, y + v_y{}^{k-1}) \quad \forall (x,y) \in \Omega \tag{6.169}$$

目标转化为计算$\boldsymbol{\eta}^k = \boldsymbol{v}^k - \boldsymbol{v}^{k-1} = [\eta_x^k, \eta_y^k]$，$\boldsymbol{\eta}^k$ 的目标函数为

$$\varepsilon^k(\boldsymbol{\eta}^k) = \varepsilon^k(\eta_x^k, \eta_y^k) = \sum_{\Omega} (\boldsymbol{A}(x,y) - \boldsymbol{B}_k(x + \eta_x^k, y + \eta_y^k))^2 \tag{6.170}$$

类似 Lucas - Kanade 光流基本方程的推导，可得

$$\boldsymbol{\eta}^k = \boldsymbol{G}^{-1}\boldsymbol{b}_k \tag{6.171}$$

$$b_k = \sum_{\Omega}\begin{bmatrix}\delta\boldsymbol{I}_k(x,y)\,\boldsymbol{I}_x(x,y)\\ \delta\boldsymbol{I}_k(x,y)\,\boldsymbol{I}_y(x,y)\end{bmatrix} \tag{6.172}$$

式中：$\delta\boldsymbol{I}_k(x,y)=\boldsymbol{A}(x,y)-\boldsymbol{B}_k(x,y),\forall(x,y)\in\Omega$。假设经过 K 次迭代光流能收敛，则光流迭代的结果可表示为

$$v = v^K = \sum_{k=1}^{K}\boldsymbol{\eta}^k \tag{6.173}$$

LK 光流算法的原理基于两个假设：

(1) $\mathrm{d}t$ 时间内，Ω 邻域的像素灰度值不变；

(2) Ω 邻域内的图像像素点具有一致的光流场。

假设(1)使光流跟踪算法适用于图像像素小位移的情况，一般情况下要求 $v_x \leqslant w_x$，$v_y \leqslant w_y$。从跟踪准确性方面考虑，为确保上述假设(2)的成立，希望 Ω 邻域的尺寸小一些。基于上述两点考虑，当视频帧间运动较大时，直接对原分辨率图像进行光流操作会导致结果较差，为此采用金字塔的计算策略，即通过对图像进行下采样，构成有若干层不同分辨率图像组成的金字塔，并使分辨率最低的那一层满足 LK 光流假设。

假设$\boldsymbol{I}^0=\boldsymbol{I}$ 表示第 0 层的图像，$n_x^0=n_x,n_y^0=n_y$ 表示图像的原始尺寸，可以通过$\boldsymbol{I}^{L-1}$计算$\boldsymbol{I}^L$，n_x^{L-1},n_y^{L-1} 表示第 $L-1$ 层的图像尺寸，n_x^L,n_y^L 表示第 L 层的图像尺寸，则

$$\begin{aligned}\boldsymbol{I}^L(x,y)=&\frac{1}{4}\boldsymbol{I}^{L-1}(2x,2y)+\frac{1}{8}(\boldsymbol{I}^{L-1}(2x-1,2y)+\boldsymbol{I}^{L-1}(2x+1,2y)+\boldsymbol{I}^{L-1}(2x,2y-1)+\\&\boldsymbol{I}^{L-1}(2x,2y+1))+\frac{1}{16}(\boldsymbol{I}^{L-1}(2x-1,2y-1)+\boldsymbol{I}^{L-1}(2x+1,2y+1)+\\&\boldsymbol{I}^{L-1}(2x-1,2y+1)+\boldsymbol{I}^{L-1}(2x+1,2y-1))\end{aligned} \tag{6.174}$$

且

$$n_x^L \leqslant \frac{n_x^{L-1}+1}{2} \tag{6.175}$$

$$n_y^L \leqslant \frac{n_y^{L-1}+1}{2} \tag{6.176}$$

设金字塔总共层数为 L_m+1，从 L_m 计算到第 $L+1$ 层获得的光流为$\boldsymbol{g}^L=[g_x^L,g_y^L]^{\mathrm{T}}$，则第 L 层光流可以表示为 $2(\boldsymbol{g}^L+\boldsymbol{d}^L)$，$\boldsymbol{d}^L=[d_x^L,d_y^L]^{\mathrm{T}}$。令 $\boldsymbol{A}(x,y)=\boldsymbol{I}(x,y,t)$，$\boldsymbol{B}(x,y)=\boldsymbol{I}(x,y,t+\mathrm{d}t)$，求解$\boldsymbol{d}^L$ 的目标函数则为

$$\boldsymbol{\varepsilon}^L(\boldsymbol{d}^L)=\boldsymbol{\varepsilon}^L(d_x^L,d_y^L)=\sum_{\Omega}(\boldsymbol{A}^L(x,y)-\boldsymbol{B}^L(x+g_x^L+d_x^L,y+g_y^L+d_y^L))^2 \tag{6.177}$$

金字塔 LK 算法的迭代流程如下，其中，$\boldsymbol{I}$ 表示视频序列的第 $t-1$ 帧，$\boldsymbol{J}$ 表示视频序列的第 t 帧。对于图像 $\boldsymbol{I}$ 上的像素点 $\boldsymbol{u}(x,y)$，通过上述金字塔 LK 算法，可以计算该像素点光流场 $\boldsymbol{d}=[d_x,d_y]^{\mathrm{T}}$。

(1) 计算图像 $\boldsymbol{I}$ 和 $\boldsymbol{J}$ 的多分辨率表示$\{\boldsymbol{I}^L\}$ 和$\{\boldsymbol{J}^L\}$，其中，$\boldsymbol{I}^0=\boldsymbol{I}$，$\boldsymbol{J}^0=\boldsymbol{J}$。

(2) 初始化第 m 层分辨率的光流$\boldsymbol{g}^m = [g_x^m, g_y^m] = [0,0]^{\mathrm{T}}$。

(3) $L = m \sim 0$,

① 计算像素点在第 L 层的位置 $\boldsymbol{u}^L = \frac{\boldsymbol{u}}{2^L} = [p_x, p_y]^{\mathrm{T}}$;

② 根据$\boldsymbol{I}^L$ 计算图像水平和垂直方向的梯度$\boldsymbol{I}_x, \boldsymbol{I}_y$;

③ 计算空间梯度矩阵 $\boldsymbol{G} = \sum_{\Omega} \begin{bmatrix} \boldsymbol{I}_x^2 & \boldsymbol{I}_x \boldsymbol{I}_y \\ \boldsymbol{I}_y \boldsymbol{I}_x & \boldsymbol{I}_y^2 \end{bmatrix}$;

④ 用 Newton - Raphson 迭代法计算光流,初始化$\boldsymbol{v}^0 = [0,0]^{\mathrm{T}}$,对于 $k = 1 \sim K$,

ⓐ 计算图像差异 $\delta \boldsymbol{I}_k(x,y) = \boldsymbol{I}^L(x,y) - \boldsymbol{I}^L(x + g_x^L + v_x^{k-1}, y + g_y^L + v_y^{k-1})$;

ⓑ 计算 $\boldsymbol{b}_k = \sum_{\Omega} \begin{bmatrix} \delta \boldsymbol{I}_k \boldsymbol{I}_x \\ \delta \boldsymbol{I}_k \boldsymbol{I}_y \end{bmatrix}$;

ⓒ 通过 $\boldsymbol{G}$ 和 $\boldsymbol{b}_k$ 计算得到:$\boldsymbol{v}^k = \boldsymbol{v}^{k-1} + \boldsymbol{G}^{-1} \boldsymbol{b}^k$;

k 循环结束;

⑤ 第 L 层获得的补充光流 $\boldsymbol{c}^L = \boldsymbol{v}^K$;

⑥ 估算 $L-1$ 层的光流 $\boldsymbol{g}^{L-1} = [g_x^{L-1}, g_y^{L-1}]^{\mathrm{T}} = 2(\boldsymbol{g}^L + \boldsymbol{c}^L)$;

L 循环结束。

(4) 最终计算得到的光流 $\boldsymbol{d} = \boldsymbol{g}^0 + \boldsymbol{c}^0$。

4. 基于 LK 的图像特征点跟踪

采用上述 LK 特征点跟踪方法,利用相邻帧间点区域的灰度相似性进行跟踪,有效提高了特征点跟踪的帧数,基本上实现了对长序列的数据提取。对图 6.24 中空间目标的 SURF 特征检测点,采用基于 LK 算法对特征点进行序列跟踪,长度与图 6.24 中显示的一致,如图 6.27 所示。

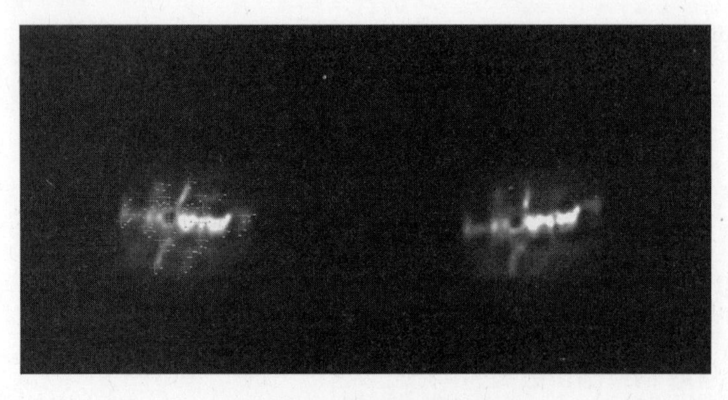

图 6.27 序列特征点检测

数据采用 SURF 检测子提取,共 45 个有效特征点,如图 6.27 所示,"+"表示当前存在的特征点,将这些检测点作为选择的初始特征点。

图 6.28 表示采用 LK 算法的特征点跟踪结果,"O"形表示起始点位置,虚线连线表示对应点在起始帧和当前帧的位置关系,图中表明 45 个特征点都得到有效跟踪,与图 6.24所示中仅有 7 个点能保持跟踪状态相比,采用 LK 算法具有明显的点跟踪稳定性。即便对于更长的序列,特征点依然具有良好的稳定跟踪效果,如图 6.29 所示,对整个序

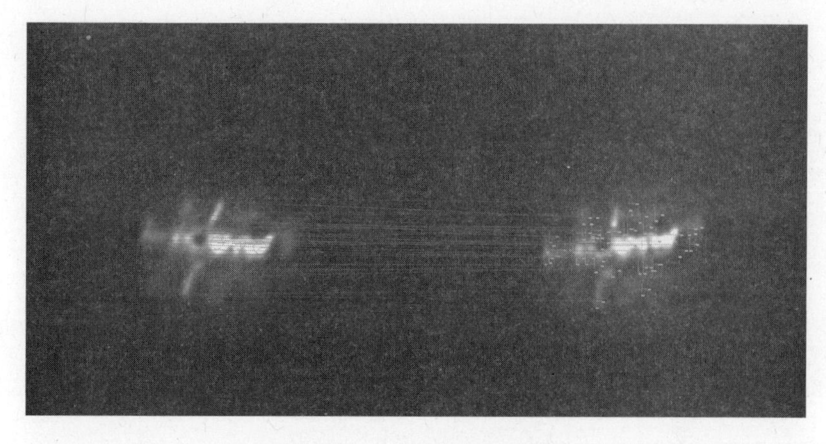

图 6.28　序列特征点跟踪

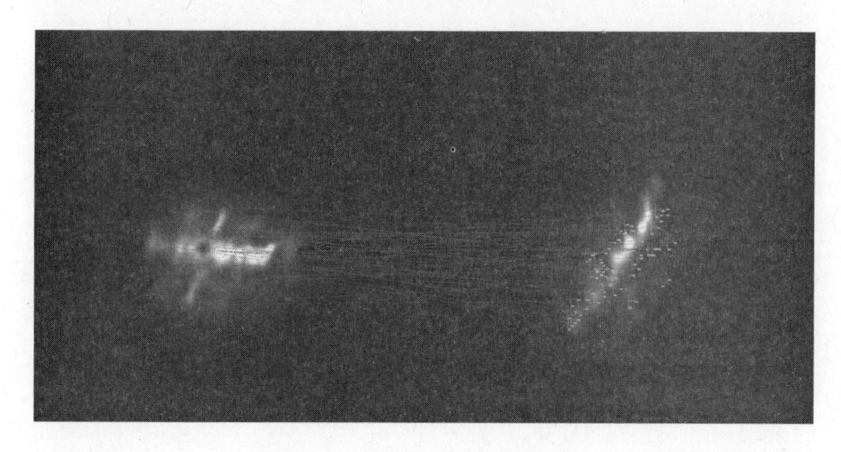

图 6.29　整序列特征点跟踪

列共 125 帧图像数据实现稳定的特征点跟踪。

采用 LK 算法对某空间目标观测数据进行特征点检测和跟踪处理，统一利用 SURF 检测点作为选择的起始检测点。如图 6.30 所示，对整个序列图像共 39 帧图像数据进行跟踪，处理结果如图 6.31 所示，起始特征点为 42，最终保持稳定跟踪为 29 个点，由于序列图像在成像过程中退化降质或成像视角等因素的影响，中间丢失了 13 个特征点。

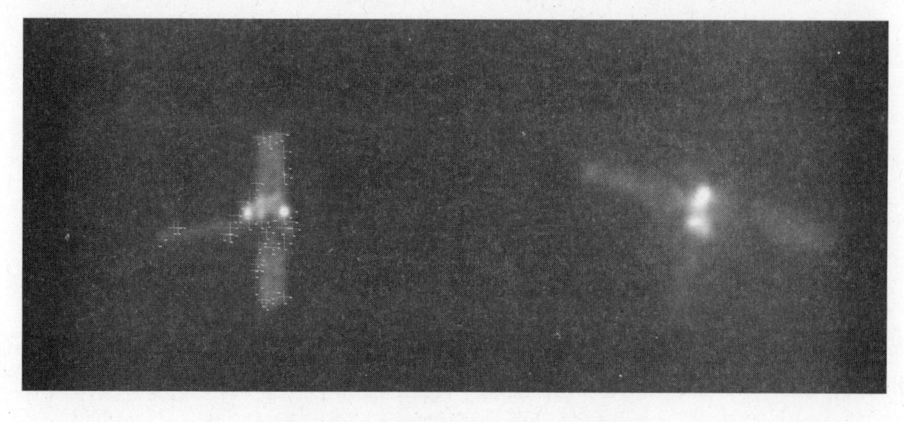

图 6.30　空间目标序列特征点检测

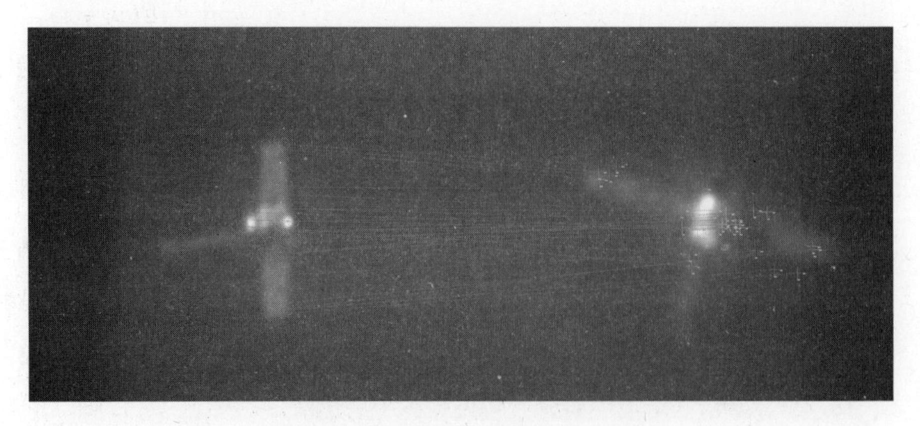

图 6.31　空间目标整序列特征点跟踪

6.4.4 基于因子分解的三维重建方法

目前的目标序列图像三维重建方法大都是合作式的，需要进行相机内外参数标定。本书讨论的三维重构对象是非合作空间目标，其难点在于：一是无法对相机进行精准的内外参数标定；二是目标序列图像不可能包括目标所有视角的信息。本小节重点讨论基于因子分解的三维重建方法，该方法将序列图像特征点用测量矩阵表示，加入各种条件约束后，将测量矩阵分解为运动矩阵和结构矩阵。其中，运动矩阵反映了不同图像的投影信息，包含了目标相对观测点的姿态旋转信息，而结构矩阵就体现了目标特征点的三维分布信息。Tomasi 和 Kanade 最先提出假定相机为正交投影模型[120]，利用因子分解的方法同时解出目标三维结构和相机运动，并获得了精确的重建结果，但该方法需要完整的观测矩阵构造，限制了在实际处理中的应用，本小节在该方法应用中加入了非完整观测矩阵下的迭代修正，使其更具实用性。

1. 因子分解

因子分解方法的输入信息是测量矩阵 $\boldsymbol{W}$，记录多帧图像跟踪特征点的图像坐标位置。假设 F 帧图像中有 P 个特征，(x_{fp}, y_{fp}) 代表 f 帧图像中 p 特征的图像点坐标位置，$\boldsymbol{W}$ 为 $2F\times P$ 矩阵，那么测量矩阵表示为

$$\boldsymbol{W}=\begin{bmatrix} x_{11} & \cdots & x_{1P} \\ \vdots & & \vdots \\ x_{F1} & \cdots & x_{FP} \\ y_{11} & \cdots & y_{1P} \\ \vdots & & \vdots \\ y_{F1} & \cdots & y_{FP} \end{bmatrix} \tag{6.178}$$

测量矩阵 $\boldsymbol{W}$ 每一列包含一个点的所有观测数据，每一行代表一帧图像观测到的 x 坐标或 y 坐标。设正交向量 $\boldsymbol{i}_f$、$\boldsymbol{j}_f$ 和 $\boldsymbol{k}_f$ 表示 f 帧图像的相机三维观测矢量，$\boldsymbol{i}_f$ 表示图像平面的 x 轴，$\boldsymbol{j}_f$ 是 y 轴。F 帧图像的所有 $\boldsymbol{i}_f$ 和 $\boldsymbol{j}_f$ 向量组成运动矩阵 $\boldsymbol{M}\in\mathbf{R}_{2F\times 3}$，则

$$\boldsymbol{M}=\begin{bmatrix}\boldsymbol{i}_1^{\mathrm{T}}\\ \vdots\\ \boldsymbol{i}_F^{\mathrm{T}}\\ \boldsymbol{j}_1^{\mathrm{T}}\\ \vdots\\ \boldsymbol{j}_F^{\mathrm{T}}\end{bmatrix} \tag{6.179}$$

特征点 p 在固定世界坐标系中用 S_p 表示,将原点取为所有特征点的质心。所有向量构成形状矩阵 $\boldsymbol{S}\in\mathbf{R}_{3\times P}$,可以得到

$$\boldsymbol{S}=[S_1 \quad \cdots \quad S_P] \tag{6.180}$$

且

$$\sum_{P=1}^{P} S_P = 0 \tag{6.181}$$

在正交投影情况下,有

$$\boldsymbol{W}=\boldsymbol{MS} \tag{6.182}$$

Tomasi 和 Kanade 指出 $\boldsymbol{W}$ 的秩最大为 3,这是由运动矩阵 $\boldsymbol{M}$ 和形状矩阵 $\boldsymbol{S}$ 的维数决定的。在此理论基础上,他们提出了用因子分解方法从 $\boldsymbol{W}$ 矩阵解出 $\boldsymbol{M}$ 和 $\boldsymbol{S}$ 矩阵。

因子分解方法主要分为两步。测量矩阵通过奇异值分解为两个秩为 3 的列矩阵。首先,通过奇异值分解将测量矩阵分解成两个三列的矩阵。假设在不失一般性的情况下,$2F\geqslant P$,对 $\boldsymbol{W}\in\mathbf{R}_{2F\times P}$进行奇异值分解,得到正交矩阵 $\boldsymbol{U}\in\mathbf{R}_{2F\times 3}$和 $\boldsymbol{V}\in\mathbf{R}_{3\times P}$,那么

$$\boldsymbol{W}=\boldsymbol{U\Sigma V}^{\mathrm{T}} \tag{6.183}$$

式中:$\boldsymbol{\Sigma}=\mathrm{diag}(\sigma_1,\sigma_2,\sigma_3)$,且 $\sigma_1\geqslant\sigma_2\geqslant\sigma_3>0$。实际上,$\boldsymbol{W}$ 的秩数不可能正好是 3,而是大约为 3。$\boldsymbol{W}$ 分解得到的奇异矩阵的前三列组成 U。同样,$\boldsymbol{\Sigma}$ 由前三个最大奇异值组成,$\boldsymbol{V}$ 由右边奇异矩阵的前三列组成。若

$$\hat{\boldsymbol{M}}=\boldsymbol{U} \tag{6.184}$$

$$\hat{\boldsymbol{S}}=\boldsymbol{\Sigma V}^{\mathrm{T}} \tag{6.185}$$

那么可以将 $\boldsymbol{W}$ 分解成

$$\boldsymbol{W}=\hat{\boldsymbol{M}}\hat{\boldsymbol{S}} \tag{6.186}$$

式中:$\hat{\boldsymbol{M}}\hat{\boldsymbol{S}}$ 为 $\boldsymbol{W}$ 最可能的秩为 3 的近似值。

左奇异向量覆盖 $\boldsymbol{W}$ 的列空间,右奇异向量覆盖 $\boldsymbol{W}$ 的行空间。$\boldsymbol{U}$(即运动空间)决定目标运动变化,$\boldsymbol{V}$(即形状空间)决定目标形状结构。秩理论认为每个子空间的维数最多为 3,分解方法的第一步是从高维输入空间找到这些子空间,并且这两个空间是对偶的,其中一个空间可以通过另一个空间计算。

式(6.186)的因子分解只有在仿射变换时才是唯一的。分解方法的第二步是找到 3×3的非奇异矩阵 $\boldsymbol{A}$,通过下面的公式求得 $\hat{\boldsymbol{M}}$ 和 $\hat{\boldsymbol{S}}$ 的度量空间解 $\boldsymbol{M}$ 和 $\boldsymbol{S}$:

$$\boldsymbol{M}=\hat{\boldsymbol{M}}\boldsymbol{A} \tag{6.187}$$

$$S = A^{-1}\hat{S} \tag{6.188}$$

注意 M 矩阵的 i_f 和 j_f 行必须满足下面条件

$$i_f^T i_f = j_f^T j_f = 1, i_f^T j_f = 0 \tag{6.189}$$

可以得到 $3F$ 个超定方程组：

$$\hat{i}_f^T L \hat{i}_f = 1 \tag{6.190}$$

$$\hat{j}_f^T L \hat{j}_f = 1 \tag{6.191}$$

$$\hat{i}_f^T L \hat{j}_f = 0 \tag{6.192}$$

式中：L 为对称矩阵，$L \in \mathbf{R}^{3\times3}$，即

$$L = AA^T \tag{6.193}$$

$\hat{i}_f$ 和 $\hat{j}_f$ 为矩阵 $\hat{M}$ 的行。设 $i_f^T = [i_{f1}, \ i_{f2}, \ i_{f3}]$，$j_f^T = [j_{f1}, \ j_{f2}, \ j_{f3}]$，且

$$L = \begin{bmatrix} I_1 & I_2 & I_3 \\ I_2 & I_4 & I_5 \\ I_3 & I_5 & I_6 \end{bmatrix} \tag{6.194}$$

那么方程组可以替换为

$$GI = c \tag{6.195}$$

式中：$G \in \mathbf{R}^{3F\times6}$，$I \in \mathbf{R}^6$ 和 $c \in \mathbf{R}^{3F}$ 分别表示为

$$G = \begin{bmatrix} g^T(i_1, i_1) \\ \vdots \\ g^T(i_F, i_F) \\ g^T(j_1, j_1) \\ \vdots \\ g^T(j_F, j_F) \\ g^T(i_1, j_1) \\ \vdots \\ g^T(i_F, j_F) \end{bmatrix}, \quad I = \begin{bmatrix} I_1 \\ \vdots \\ I_6 \end{bmatrix}, \quad c = \begin{bmatrix} 1 \\ \vdots \\ 1 \\ 0 \\ \vdots \\ 0 \end{bmatrix} \begin{matrix} \left.\vphantom{\begin{matrix}1\\ \vdots\\ 1\end{matrix}}\right\} 2F \\ \left.\vphantom{\begin{matrix}0\\ \vdots\\ 0\end{matrix}}\right\} F \end{matrix} \tag{6.196}$$

$$g^T(a_f, b_f) = [a_{f1}b_{f1}a_{f1}b_{f2} + a_{f2}b_{f1}a_{f1}b_{f3} + a_{f3}b_{f1}a_{f2}b_{f2}a_{f2}b_{f3} + a_{f3}b_{f2}a_{f3}b_{f3}] \tag{6.197}$$

通过对方程求逆运算，求解参数为

$$I = (G^T G)^{-1} G^T c \tag{6.198}$$

由向量 I 求出对称矩阵 L，L 特征值分解得出 A，矩阵 A 在运动空间仿射变换将 $\hat{M}$ 转换成 M，在形状空间将 $\hat{S}$ 转换成 S，这是分解法第二步的主要目的，最终通过这种度量转换得到运动矩阵 M 和形状矩阵 S，通过这两个矩阵可分别估算出目标的相对姿态变化和三维结构特征。

在实际处理过程中，图像数据点跟踪难以保证完整性，经常出现数据缺失的情况，即无法使测量矩阵 $\boldsymbol{W}$ 数据完整，则单纯由上所述秩理论的约束，不能实现对缺失数据的有效分解。在考虑成像满足正交投影模型的条件下，可进一步施加正交约束，实现对数据缺失情况下的因子分解，具体迭代计算步骤如下。

（1）初始化 $k=0$，并填充测量矩阵 $\hat{\boldsymbol{W}}_k$，设置标记矩阵 $\boldsymbol{D}$，$\boldsymbol{D}$ 的元素由 0 与 1 组成，当元素取值为 0 时，表明 $\hat{\boldsymbol{W}}_0$ 对应索引处数值无效，否则为有效；

（2）估计平移量 $\hat{\boldsymbol{t}}_k$，$\hat{\boldsymbol{t}}_k = \frac{1}{P}\sum_{p=1}^{P} \hat{\boldsymbol{W}}_{f,p}$，并去中心化，即 $\hat{\boldsymbol{W}}_{ck} = \hat{\boldsymbol{W}}_k - \hat{\boldsymbol{t}}_k$，$k=k+1$；

（3）根据因子分解方法分解矩阵 $\hat{\boldsymbol{W}}_{ck}$，得到估计的运动矩阵 $\hat{\boldsymbol{M}}_k$ 和形状矩阵 $\hat{\boldsymbol{S}}_k$；

（4）更新测量矩阵，$\hat{\boldsymbol{W}}_k = (\hat{\boldsymbol{M}}_k \times \hat{\boldsymbol{S}}_k + \hat{\boldsymbol{t}}_{k-1}) \cdot (1-\boldsymbol{D}) + \boldsymbol{W}_0 \cdot \boldsymbol{D}$，“ · ”表示矩阵点乘操作；

（5）迭代终止条件判断，若 $\| \hat{\boldsymbol{W}}_k - \hat{\boldsymbol{W}}_{k-1} \| < \varepsilon$，$\varepsilon$ 为设定的终止误差，则终止迭代；否则返回第(2)步。

2. 空间目标三维重建

1）多视角序列图像三维重建

采用上述因子分解三维重建算法，对 67 帧不同观测角度的风云卫星序列图像进行目标三维重建，部分序列图像如图 6.32 所示。

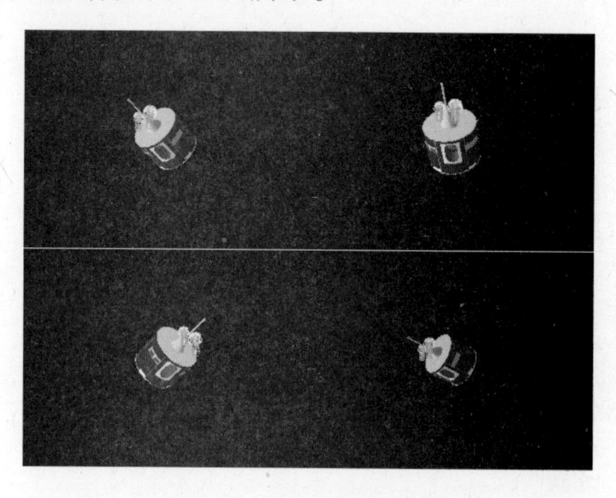

图 6.32　风云卫星序列图像

在测量误差服从高斯分布的前提下，若特征点能够匹配正确，特征点越多，则旋转矩阵的估计越准确，帧数越多，则目标的三维结构估计越准确。选择首帧目标区域点作为特征点，以增加特征点的数据量，减小跟踪误差对数据重构精度造成的影响，其特征点数据为 2512 个，如图 6.33 所示。

由于序列图像满足帧间缓变条件，采用 LK 算法进行点跟踪，整序列跟踪结果如图 6.34所示，特征点没有出现丢失情况。

将跟踪点图像坐标记录在测量矩阵中，并采用因子分解法对测量矩阵进行分解，同时计算度量矩阵，对空间坐标进行变换，最终得到仿射空间下的目标三维结构，如图 6.35 所示。

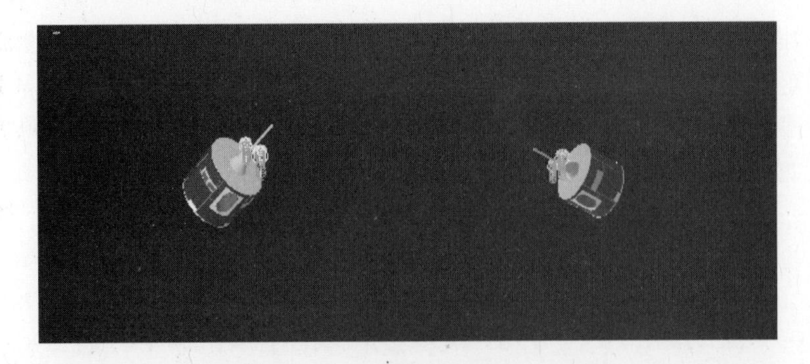

图 6.33 风云卫星图像特征点选择

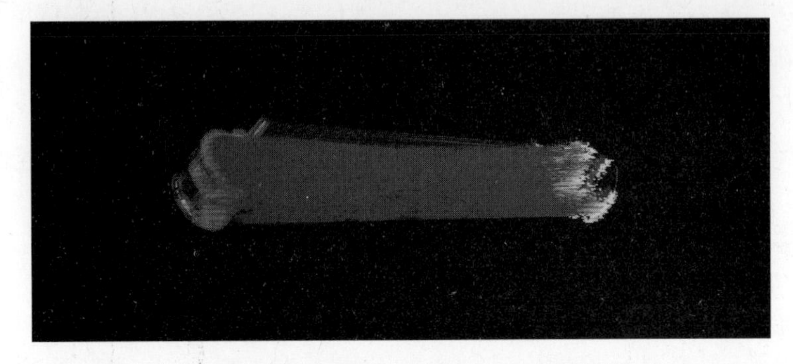

图 6.34 风云卫星图像特征点跟踪

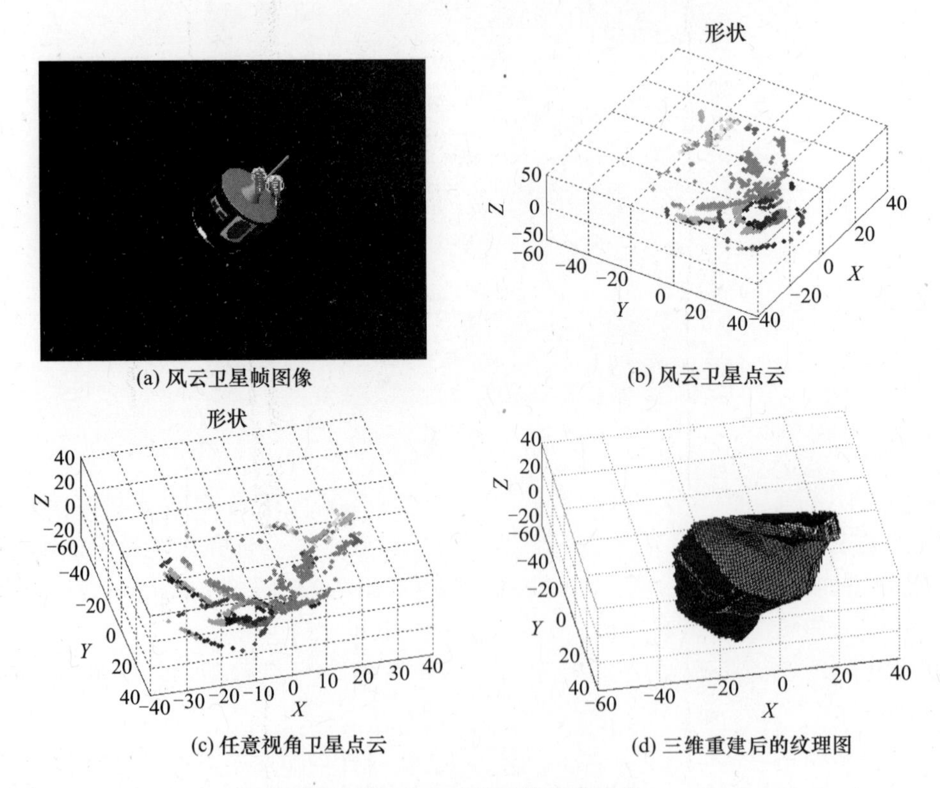

(a) 风云卫星帧图像

(b) 风云卫星点云

(c) 任意视角卫星点云

(d) 三维重建后的纹理图

图 6.35 风云卫星三维重建结果

图6.35(a)为其中一帧模拟观测图像,通过图6.34关联数据点进行三维重建,可得到该区域的三维结构信息,如图6.35(b)所示的卫星点云数据。图6.35(c)为三维空间下从另一个任意不同角度观测该区域的结果,可依稀直观看出目标的外围,并结合纹理图像贴图,初步实现了目标的三维重构,如图6.35(d)所示。

在目标三维重建过程中,可以利用重建数据对目标参数进行估计,图6.36是目标在不同帧成像的两个正交轴缩放尺度估计,对比图6.33,最后一帧中目标尺度缩放为第一帧的0.85,参数得到较为准确的估计。同时,以3、2、1的顺序用欧拉角来表示目标在空间三维的旋转情况,得到如图6.37所示的估计结果,从图中可以看出,在平行于投影面上的偏航角变化近80°,在另外两个平面上的滚动角和俯仰角也出现了旋转变化,该结果与仿真生成目标序列图像的过程基本一致,验证了方法的可行性。

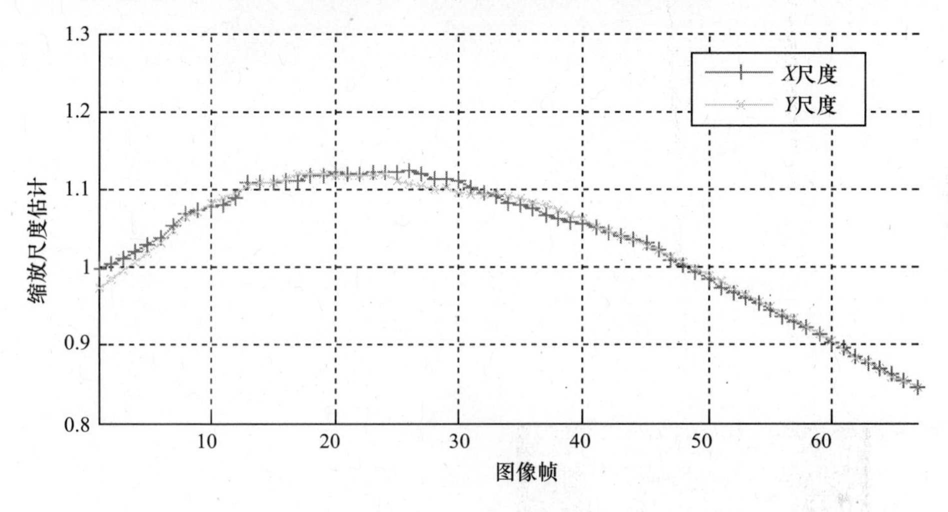

图6.36　缩放尺度估计

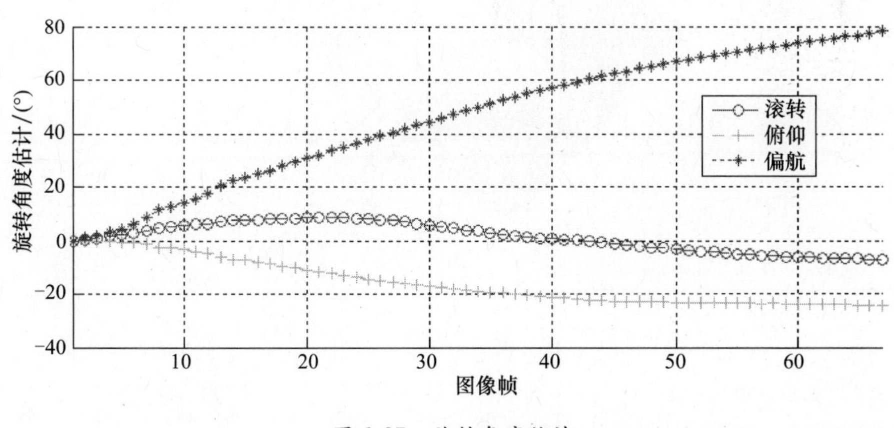

图6.37　旋转角度估计

进一步对三维重建的目标图像在仿射空间里进行三维尺寸测量,如图6.38所示,分别标注了底直径,圆柱体高及总高测量值,单位为像素,以底直径/总高、圆柱体高/总高作为比例的相应值分别约为0.47和0.38。

参照公开数据表示,真实风云卫星的三维数据为直径2.1m,高1.606m,总高度

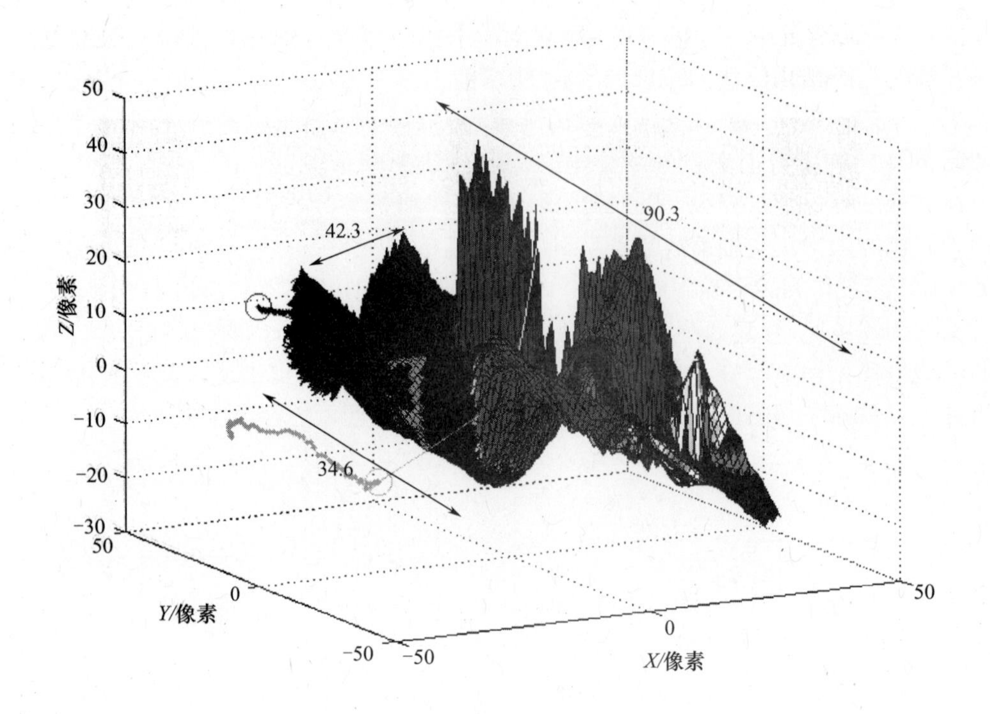

图 6.38 目标三维尺寸比例测量

图 6.39 实际风云卫星示意图

4.376m，如图 6.39 所示，相应比例约为 0.48 和 0.37，与上述重构目标的估计比例值很接近，验证了本小节三维重建方法的可行性和有效性。

2）基于数据缺失情况下的三维重构实验

在实际应用中，因目标旋转或自遮挡及点跟踪过程中出现的数据缺失问题，使得测量矩阵不完整，而影响基于因子分解的三维重构算法的运用。本小节基于流形分解改进的迭代重构方法对于数据出现缺失的情况，也能保证跟踪特征点的有效重构。序列图像数据采用图 6.32 所示的数据，采用与图 6.34 不一样的跟踪策略，使得点在跟踪过程中不断有新的特征点补充进入，并使特征点的跟踪采用双向误差校正，更为严格地控制点的跟踪有效性，得到的跟踪结果如图 6.40 所示。

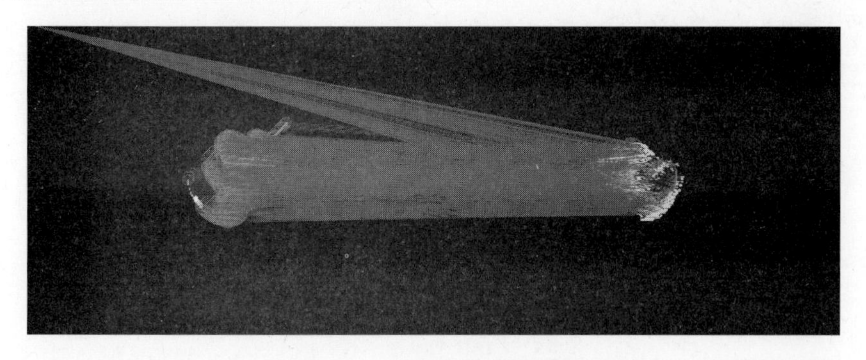

图 6.40　特征点的持续跟踪

图 6.40 中从左上角连上的点，表示不是从起始帧确定的跟踪点，而是在持续跟踪过程中新加入的特征点。起始帧检测点个数为 2512 个，有效跟踪点个数为 1407 个，丢失点数为 1105 个，中间过程新增点数为 821 个。相应的测量数据矩阵如图 6.41 所示。

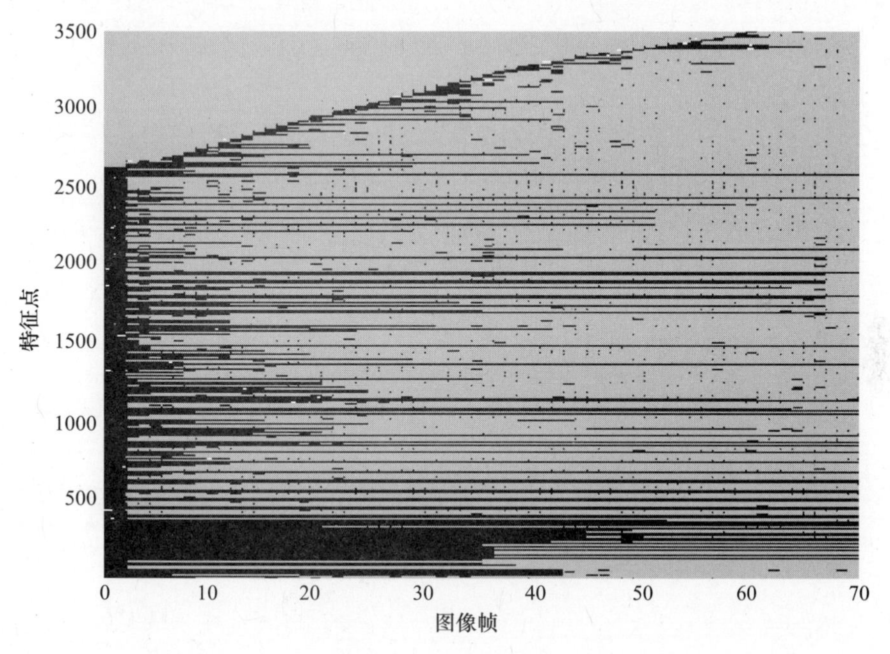

图 6.41　测量数据矩阵

图 6.41 中黑色表示为含有观测数据，空白底色表示无数据，整个测量矩阵为 3333 × 67，观测数据值个数为 142908，无效数据值个数为 80403，数据缺失达到 36%。原算法对数据不完备情况无法处理，应用改进算法对图 6.41 所示测量矩阵进行分解得到目标三维重构结果如图 6.42 所示。

估计得到的尺度变化曲线及旋转角度变化曲线分别如图 6.43 和图 6.44 所示，测量数据不完备的情况下，本小节三维重建算法依然能够对目标的三维特征参数进行有效估计。

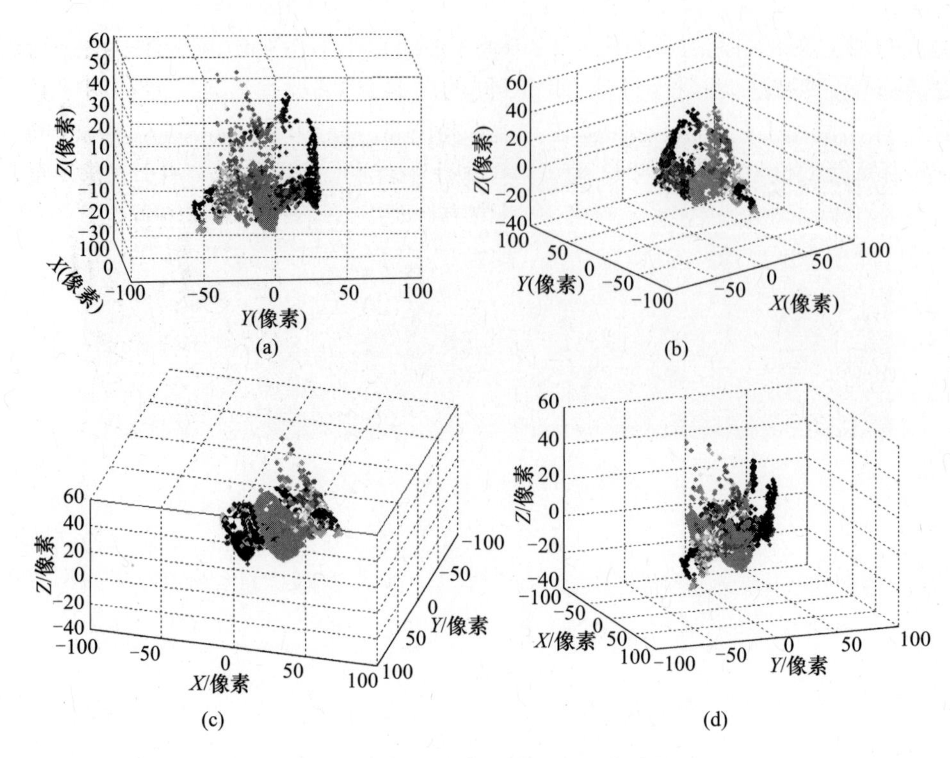

图 6.42 数据缺失下的目标三维重构

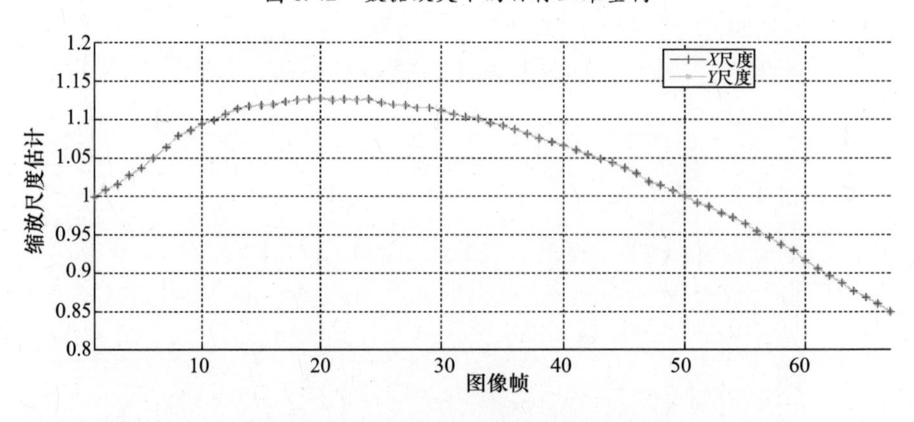

图 6.43 数据缺失下的目标尺度变化估计

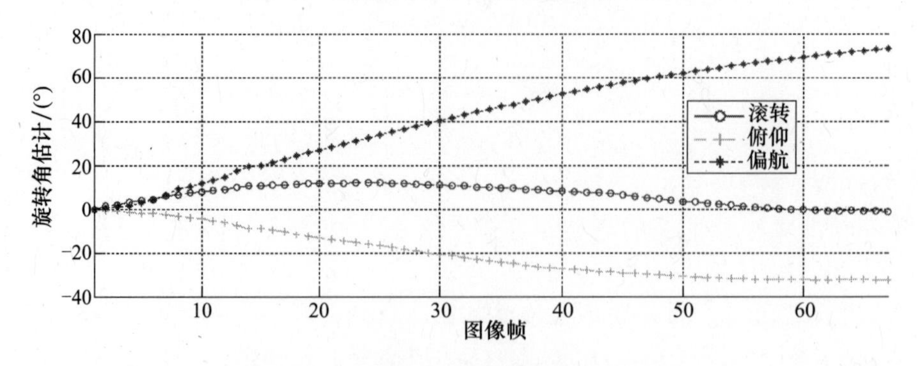

图 6.44 数据缺失下的目标旋转姿态估计

本小节重点对图像特征点检测跟踪和基于改进因子分解的三维重建方法进行研究，分别采用检测后跟踪和跟踪后检测两种不同的思路，对实际中连续记录的图像数据，可采用跟踪后检测的LK方法，能快速有效地保持特征点，但帧数不能过大，若遇到较长序列，可在中间通过检测后跟踪的SURF方法进行重新校正匹配，再采用LK进行跟踪，以降低长序列跟踪形成的误差累积。二维图像中目标的成像是目标在空间二维平面的投影，使得目标在不同成像角度生成的观测图像中进行尺寸测量，所得结果具有非唯一性，而通过目标的三维重建，在三维空间坐标系中，目标的尺寸测量将能被唯一确定，由于重构的同时，往往能恢复目标的相对姿态旋转矩阵，可有效反演空间目标在实际三维空间中的姿态情况。在多次仿真实验中发现，在仿射空间里，所研究的方法具有良好的目标三维重构能力，但同时对目标图像质量有较高要求，才能具备较高的重建和测量精度。

习　　题

1. 如何描述光学图像的退化过程？
2. 简述图像质量客观评价方法。
3. 空间目标光学图像复原的方法有哪些？
4. 图像特征点构造有哪些方法？
5. 什么是序列图像三维重建？三维重建的关键问题是什么？

第7章　空间目标光学特性分析

空间目标的光度和红外等光学特性不仅与目标本身的几何形状、尺寸、材质、姿态和结构组件有关,还与太阳、测站的位置关系、空间环境有关。本章重点介绍空间环境和空间目标光度、红外特性及其分析方法。

7.1　空间目标光学特性概述

7.1.1　空间环境

空间环境是指航天器在轨道上运行时所遇到的自然环境和人为环境。空间环境对航天器有着极其重要的影响,其中重力场、高层大气、太阳辐射影响航天器的轨道与寿命;地球磁场、高层大气、太阳辐射、重力梯度影响航天器的姿态;地球辐射带、太阳宇宙线、银河宇宙线、太阳辐射对航天器材料和涂层造成辐射损伤;空间碎片、微流星对航天器的光学镜头、机械结构造成损伤;原子氧能使航天器的材料和涂层形成化学损伤;磁层等离子体、太阳电磁辐射影响航天器表面电位;地球电离层影响航天器的通信和测控;太阳电磁辐射、冷黑环境、高层大气的真空环境会影响航天器的热状态。

1. 地球大气[121]

大气是影响近地航天器轨道运动和姿态控制的重要因素。地球大气中含有氮气、氧气、水蒸气、氩、二氧化碳、氖、氦、甲烷、氪、一氧化碳、二氧化硫、一氧化二氮、臭氧、氙、二氧化氮、氡及一氧化氮,还包括微量的氧原子、氮原子、氢原子、氢氧根及钙、锂、钠等。根据航天探测结果,按体积所占比例分别是:氮气占 78.8%,氧气占 20.9%,水蒸气占 0.1% ~0.8%,氩占 0.93%,二氧化碳占 0.03%,其余气体较少。大气中各成分的比例,在离地表 80km 的高度内基本不变,平均分子量为 28.96g/mol,由于风与湍流扩散的作用,各种成分均匀地混合在一起。在 120km 以上高空时,氧分子部分分解为氧原子;在 230km 以上氮分子开始分解为氮原子;320 ~1000km 存在氦层,氦层以上的质子层一直延伸到 64000km 高度。

1）大气密度

海平面上大气密度的标准值$\rho_0 = 1.225 \times 10^{-3} g/cm^3$。大气密度随高度而变化,当高度达到 165km 时,大气密度仅为海平面的十亿分之一。因此,航天器轨道的近地点一般选择在 160km 高度以上,以减小大气对航天器飞行的影响,增加它的运行寿命。

2）大气温度

大气温度代表单个分子的平均平动动能,热量则是所有分子的总动能。海平面上大气温度的标准值是 15℃(即 288.15K),航天器所处的环境有超高温大气(1000 ~200000K)和超低温的背景(仅 3K)。虽然大气温度极高,由于空气极为稀薄,航天器所受的总热量却极少,可见大气温度对航天器本体温度影响甚微,本体温度主要取决于辐射热交换的状态。

3) 大气压力

海平面上大气压力的标准值 $p_0 = 1\text{atm} = 1.01 \times 10^5\text{Pa}$,当高度增加时大气压力减小,换言之,随着高度的增加,真空度逐渐增加。

4) 地球大气的分层

1.1 节已阐述了空间的基本概念,地球大气由地面向上大致可分为对流层、平流层、中间层、热层和外逸层;按电离情况可分为非电离层和电离层;按成分可分为均匀层和非均匀层;按其他性质又可分出臭氧层、磁层和等离子层等。

2. 地球磁场与静电场[121]

地球和近地空间存在的磁场称为地磁场,它主要源于地球内部。地球的基本磁场为略有变形的偶极子磁场。在500km 高度处,磁场分布近似于偏心偶极子,磁场强度约为 2×10^4nT(赤道附近) ~6.7×10^4nT(极区),在南大西洋地区,地磁场对偏心偶极子磁场有较大的偏离,称南大西洋异常区。

地球表面带有 0.57×10^6C 的负电荷,面电荷密度为 $1.2 \times 10^{-9}\text{C/m}^2$。静电场的存在是产生雷电的原因。静电荷对航天器的设计、生产、测试和操作均有影响。

1) 地球磁场

地球是一个大磁体,有两个磁极(南极和北极),且两个磁极的位置不断变化,在1965年,地球北极位于北纬78.5°和西经69.8°,与地球自旋轴的偏角大约为11.5°。在磁极处,磁力线垂直地平面,平均磁场强度为63 ~68μT,磁力线与地平面平行。地球磁场伸向空间,可以近似看作是位于地球中心的磁偶极子的磁场。在3倍地球半径距离处偶极子场误差约为10%;在3~5倍地球半径范围内误差约为1%;在6倍地球半径以外,地球磁场不能近似为偶极子场。

经长期观测发现,地球磁场是经常变化的,可分为长期变化和短期变化:长期变化是以年为单位来计量的持久的微小磁场变化,需要几百年的时间才能看出显著变化,是地球内部原因引起的;短期变化是以秒、分、时来计量的,主要包括地磁的日变化和磁暴、磁亚暴等变化,这些变化是由于太阳风与地球磁场之间的相互作用和高空电离层变化等外部原因引起的。日变化是地球磁场一天当中的规则变化,其磁场任何分量的改变一般为当地磁场的几千分之一,且白天和夏季的变化比夜间和冬季要大。

磁暴和磁亚暴是不规则的磁场变化,是由太阳耀斑爆发引起的。磁暴几乎在全世界同时发生,开始阶段持续约1h,总磁场强度大约增加50nT,主要阶段持续时间约为数小时,总磁场强度降低500nT以上,最大的变化超过1000nT。磁场需2~3天才能恢复到磁暴前的水平。磁亚暴是1968年才建立起来的概念,“亚”是相对磁暴而言,磁亚暴扰动的强度及持续的时间尺度一般比磁暴小得多。

2) 地球静电场

地球表面带有 0.57×10^6C 的负电荷,面电荷密度为 $1.2 \times 10^{-9}\text{C/m}^2$。在地球表面可观测到的瞬时最大电场强度可达 10^3V/m。电场强度随高度增加而减小,在80km 高空,静电场就消失了,相当于地球表面和电离层间组成了一个电容为0.05F 的球面电容器。静电场的存在是产生雷电的原因,对航天器的设计、生产、测试和操作均有影响,应避免由静电荷引起的误动作、绝缘材料的击穿以及测量仪器的永久性损坏等。

3. 电磁辐射

空间环境的电磁辐射主要是太阳电磁辐射，宇宙中天体电磁辐射到达地球的能量只有太阳电磁辐射的1/8～1/10，太阳电磁辐射的范围自长波射线至短波X射线，其中约50%的总能量通量为可见光部分，99%集中在0.3～7μm波长范围内。太阳的电磁辐射同样与航天技术密切相关，它的研究对航天器的结构、能源、温控、姿态控制和无线电通信系统的设计以及轨道保持、材料与元器件的选择和人体防护均有重大意义。

4. 粒子辐射

空间环境的粒子辐射由两大类组成：一类是天然粒子辐射环境；另一类是高空核爆炸后所生成的核辐射环境。天然辐射粒子的主要成分是质子和电子，它们具有能量高、能谱宽、强度大的特点。

1）地球辐射带

地球磁层中存在高能带电粒子，这些带电粒子被地球磁场“捕获”，在地球周围空间充斥着大量的磁捕获粒子的区域称为地球辐射带。地球辐射带是自人造卫星上天以来一个很重要的发现，地球辐射带分为内辐射带和外辐射带，其结构如图7.1所示。

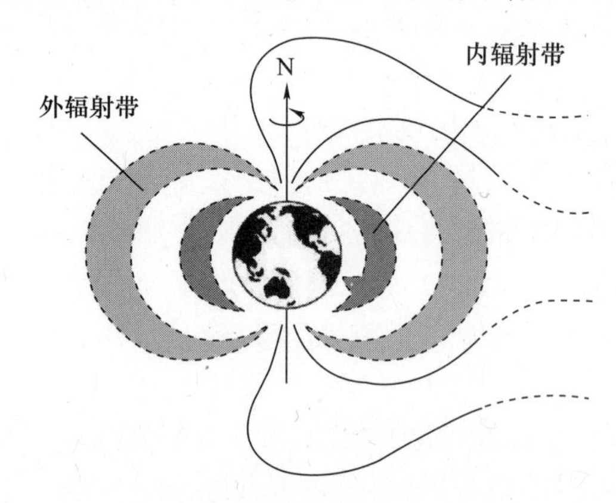

图7.1 地球辐射带结构示意图

内辐射带的空间范围，大约在赤道平面高度600～10000km左右，在子午平面内的纬度边界约为40°。高能量粒子的中心位置离地球近，低能量粒子的中心位置离地球远。外辐射带的空间范围延伸很广，从赤道平面高度10000km一直延伸到60000km，其中心位置在20000～25000km左右，纬度边界约55°～70°，其主要成分是电子。

2）太阳宇宙线

太阳宇宙线主要由质子（H^+）和α粒子（He^{++}）组成。这些粒子是在太阳耀斑爆发期间由太阳活动区发射出的高能带电粒子，人们把这种喷射高能带电粒子的现象称作太阳质子事件，质子事件的流强是随机的，所喷射出的粒子依能量大小不同，约数十分钟至数小时内先后到达地球空间，并持续数小时至数天。在地球空间，通常认为能量大于20MeV的质子对卫星会产生有害的影响。每次耀斑性质不一，质子事件的品质因数如强度、能谱及演变过程差异较大，所喷射出的流强可达百余倍之差。

太阳质子事件对在轨卫星的年剂量平均为数个至上百个戈瑞（Gy），特大的质子事件少（1个太阳周约2～3个），但总剂量大，对星上设备元器件的损伤严重，尤其对航天员空间活动的影响更大。

3）银河系宇宙线

银河系宇宙线由通量极低、能量极高的带电粒子组成，其成分为：大约85%是质子，13%是α粒子，2%是元素从锂到铁的原子核。这些粒子能量极高，但通量很低，其能量范围从40～10^{13}MeV。粒子通量与太阳活动有关，太阳黑子极小值时，通量为$4cm^{-2}\cdot s^{-1}$，太阳黑子极大值时，通量减少为$2cm^{-2}\cdot s^{-1}$。在地球同步轨道高度，太阳黑子极小时，银河系宇宙线的剂量率为$3.6\times10^{-4}d^{-1}$，太阳黑子极大时，剂量率为$2.4\times10^{-4}d^{-1}$。粒子的能量极高，它们使物质产生簇射现象，也可使存储器产生软错误。

4）高空核辐射环境

核爆炸时，巨大的能量在一个小的体积内释放出来，向外射出X射线、γ射线、裂变碎片、电子和中子，在爆炸区域形成了一个高密度的热等离子体。X射线和γ射线引起爆炸区的上层大气电离，中子以直线向外运动，在它们离开磁层以前就衰变成质子和电子。最后，带电粒子沿着磁力线做螺旋运动，一部分在爆炸后的最初几小时就沉降到上层大气中，另一部分则形成了长时间存在的辐射带。爆炸区所释放的高能电子也可能沿着磁力线运动，被磁场捕获形成极光。

等离子体形成了高温的磁空腔，它排斥地磁场，慢慢地膨胀，最后可膨胀到数千千米，引起显著的地磁扰动。如果爆炸发生在大气中，等离子体将被浮力推举到更高的高度。随着等离子体逐渐膨胀，内能密度逐渐减少，最后磁场又返回到等离子体内，此时磁空腔内包含的带电粒子就释放出来了。

在爆炸邻近的区域有很强的初始和延时的辐射。在爆炸区域内，地球大气的电离层效应主要是由X射线和γ射线引起的，因为将近一半的爆炸能量是以这种形式释放的。上层大气电离的增加将引起通信短波中断，长波相移。

5. 微流星及空间碎片

微流星体通常是指直径小于1mm、质量在1mg以下的固体颗粒，它们在太阳引力作用下运动，其相对于地球的平均速度为10～30km/s，最大速度可达72km/s。而空间碎片（空间垃圾）是人类航天活动在太空留下的人造物体。

1）微流星环境

天然的微流星一般分为零星微流星和雨流微流星（流星雨），通常情况下颗粒密度为$0.5g/cm^3$。太阳系中的一些流星雨运动轨迹和参数是已知的，航天器与这些流星雨的碰撞是可以预报的，而和不定期的流星相碰撞是随机的。宇宙空间的流星物质是截面为几十千米到几十分之一微米的固体物质，主要集中在100～400km的高度范围内。在高度10^3～10^6km范围，流星数量大大降低（下降1～5个数量级）。流星数量随流星质量减少而增加（呈指数分布），由于微流星体数量比大流星体多，因此航天器主要是遭受微流星体危害。

微流星又分石流星和铁流星两类。石流星占绝大多数，它同铁流星数量之比约为9∶1。石流星的密度为0.05～3 g/cm^3，铁流星平均密度为$8g/cm^3$。流星相对于地球的运动极限速度范围是11～73km/s，而微流星的平均速度在11～28km/s之间，在估计碰撞影响时，通常根据航天器在其轨道上的运行速度来估算微流星相对航天器的速度。作为保守的粗略计算微流星相对于航天器的平均速度为40km/s。

2）空间碎片

空间碎片主要来源于人造物体，其类型可分为 4 类：①航天器在发射或工作时丢弃的物体，包括镜头盖、包装装置、自旋机械装置、空燃料箱、有效载荷整流罩、抛掉的螺母、螺栓和载人活动期间丢弃的一些东西等；②消耗的和完整的火箭箭体；③不工作的（寿命已到）有效载荷；④其他各种碎片。

航天器在轨破碎是空间碎片的主要来源，是由航天器在轨爆炸或在轨碰撞所致。这些事件的原因包括：①有意破碎，把爆炸摧毁航天器作为卫星试验的一部分；②因运载火箭出现故障导致爆炸；③为了不让军事卫星落入敌对国家手中，有意摧毁发生故障的军事卫星。

空间碎片危害的主要表现：空间碎片与运行的人造卫星发生碰撞，毁坏卫星并威胁航天员的生命安全；光学系统的污染影响光学和射电天文学工作等。此外，空间碎片一旦坠落到地球上，还会造成生命财产的损失，有时还会发生放射性污染。

空间碎片与在轨卫星碰撞造成的破坏程度取决于空间碎片的质量和速度。一般来说，大于 0.01cm 的空间碎片对卫星的主要影响是表面凹陷和磨损，大于 0.1cm 的空间碎片会影响卫星结构，大于 1cm 的空间碎片会造成卫星严重损坏。尺寸大的碎片对卫星的危害就更大。此外，卫星在轨道上停留的时间越长，碰撞的概率也越大。而在低轨道上，寿命长的航天器遭遇撞击几乎是不可避免的。

在地球同步轨道上，卫星碰撞概率较之近地轨道就小得多了，这是因为：①在地球同步轨道上卫星的飞行速度要比近地轨道卫星低得多；②地球同步轨道距地面高度达 35786km，其周长约 224851km，两卫星若间隔 1°即相距 625km，卫星尺寸与两卫星之间的距离相比甚小；③各卫星并不是严格处在同一高度的地球同步轨道上，而在高度层次上各不相同，因而碰撞可能性极小；④各卫星轨道倾角也不是严格为 0°，而各自都有小角度的差别，使碰撞概率进一步降低。

但是，各国发射地球静止轨道卫星和地球观测卫星逐年增多，尤其是商业化的通信卫星发射更是频繁。这样，因燃料耗尽而失去控制的废弃卫星也在逐年增长，它们不能脱离地球同步轨道而继续漂移，对工作卫星造成的威胁也在逐年增大。

对于空间站，将面临中等尺寸空间碎片撞击的危险。这种尺寸的碎片直径多为 1~10cm，其危害性在于：①对于空间站的金属防护层来说，这些尺寸碎片太大无法使它们偏离空间站或失效；②对于地面雷达，这些碎片的尺寸又因太小而无法跟踪。

6. 无线电噪声

近地空间环境中存在着各种无线电噪声源，影响星地之间的无线电通信，具体包括地面热无线电噪声、大气热无线电噪声、电离层热无线电噪声、自然超低频无线电噪声、月球和行星无线电噪声、太阳无线电噪声、宇宙无线电噪声、人为无线电噪声即有意干扰无线电噪声等。对无线电噪声源本身的研究，是揭示宇宙奥秘的一种重要手段，具有重大的科学意义。

7. 空间微重力环境与空间真空环境

1）空间微重力环境

航天器不但要受到外界和本身的某些力的扰动，而且还受到某些微重力作用，其重力加速度相当于地面重力加速度的 $10^{-3} \sim 10^{-6}$。一般用 $g = 9.8\text{m/s}^2$ 来表示地面重力加速度，空间轨道上航天器的重力加速度值为 $10^{-3}g \sim 10^{-6}g$，这种环境称为微重力环境。

2）空间真空环境

大气笼罩着地球，占据空间并存在压力。海平面大气压力为101.325kPa，随着海拔高度的增加，大气压力和密度迅速下降，高空大气压力在90km处约为10^{-1}Pa，400km处约为4×10^{-6}Pa，800km处约为10^{-7}Pa，2100km处约为10^{-9}Pa。2000km高度以上压力随高度而下降的速度变缓，10000km处约为10^{-10}Pa。

在空间轨道运行的航天器，环境压力范围从高真空变化到极高真空，距地面数百千米的低轨道环境为高真空，距地面数千千米的中轨道环境为超高真空，距地面数万千米的高轨道环境为极高真空。

宇宙空间是理想的洁净真空，这时气体分子的热传导可以忽略，只有辐射热交换。空间真空环境对航天器的影响是多方面的，有由真空状态引起的空间真空效应，也有基于空间真空环境与其他环境共同引起的协同效应。

7.1.2　空间目标特性

空间目标与背景所呈现的特性是可探测和可识别参量的科学描述，归结为空间运动特性、电磁特性、光度特性、光谱特性、图像特性、信号特性等。空间运动特性是目标绕地飞行的轨道特征，用某个历元时刻的轨道根数或位置、速度来描述；电磁特性是目标反射雷达探测波的电磁波散射特性，与雷达视线方向、目标自身物理特性和姿态等因素有关；光度特性是目标对于可见光的反射特性；光谱特性是目标在不同光波波段反射或辐射特征随波长的分布；图像特性是空间目标高分辨率图像的图像特征；信号特性是空间目标辐射的电磁波信号特征，包括载频、调制方式及参数、编码方式及参数等外部信号特征和信号的语义特征。

7.2　空间目标光度信号分析

光度信号是一类重要的空间目标光学特性测量数据，它直接反映目标固有的光散射特性[122]。对空间目标反射太阳的可见光进行研究，得到目标的亮度并计算其星等数，并通过分析光度数据能够获得空间目标的尺寸、形状、工作状态等信息，可以有效地估计目标及其载荷的运行周期、姿态和工作状态。因此，空间目标光度特性是地基光电探测系统发现、跟踪和识别目标的重要依据。但是，如何有效地开展光度信号分析是目前空间目标监视领域的难题。本节在介绍光度测量理论与方法的基础上，着重研究空间目标光度信号在时域、频域以及变换域的分析方法，并将Hilbert－Huang变换应用于空间目标光度信号分析和识别，对仿真和实测光度信号序列进行分析实验和验证。

7.2.1　空间目标光度分析概述

人们早期对光的研究几乎全部局限在几何光学方面，很少涉及对光强度（光度）的测量。为了标识天体的亮度，以便在复杂星图、星表中认证恒星，人们开始研究星体的光度测量方法，并将其逐步引入空间目标监视领域[148]。国外关于空间目标光度的研究开始于20世纪60年代末，以美国为代表，他们通过试验积累有大量的空间目标光度测量数据，侧重于研究空间目标的物理建模、光谱分析和特征提取等方面[135]。1970年，美国学者 Nicodemus 最早提出双向反射分布函数的概念来描述目标表面材质的光学散射特性[150]。1986 年,美国的 SILC 试验使用分光计有效收集了关于卫星和火箭的分光数据,对空间目标的正常运行状态进行评估。1996 年,美国空军研究实验室(AFRL)对地球同步轨道目标进行了光度测量,Payne 等对地球同步轨道目标进行建模并开展了辐射特性仿真[107],但具体模型未公开发表。2001 年,K. Joergensen 等利用 AMOS 望远镜获取的光度信号对低轨卫星和地球同步轨道卫星的材质进行了辨识。2007 年,Jah M K 等根据卫星的光度信号和相位角对其状态和姿态参数进行了估计。2011 年,Chaudhary 等采用双重分析模型对三轴稳定点目标的指纹特征进行了分析。美国空军研究实验室提出了根据光谱的双向反射分布函数数据判断卫星在轨姿态的方法。

空间目标光度建模、分析技术的相关研究在国内起步较晚,其技术水平与国外相比有不少的差距。从公开文献来看,相关研究集中在空间目标光度信号的仿真及分析方面,研究机构有中国科学院光电技术研究所、哈尔滨工业大学、中国科学院软件所、航天科工集团 207 所和南京理工大学等单位[123]。但是,针对实际光度信号的分析研究还比较少。目前对空间目标光度信号仿真大多假设目标是单一的规则形状体或简单形状的组合体,然后结合黑体辐射理论和航天器轨道力学空间测量几何关系,模拟目标的光度变化信号。李晓燕等人从辐射理论出发,推导了柱形火箭体漫反射表面的地面照度计算公式,对其等效视星等进行了仿真计算[126]。谈斌等人针对类似柱状空间目标的视亮度计算问题,推导并建立了其光照有效反射面积和计算模型[127]。汪洪源等人根据目标结构与背景特性建立了空间卫星的几何模型和光照模型,并推导出入射到目标表面光线近似服从高次余弦散射分布,由此建立了目标散射特性的数学模型[128]。2013 年,陈思等人为解决空间目标光度识别中模板建立、姿态分析、度量等问题,提出了一种目标本体坐标系下的归一化光变函数来描述光度特性[138]。由于空间目标运动的调制作用,其光度变化呈现一定的周期性,通过时频域分析可以提取和分析光度信号的周期性特征,例如在时域可采用自相关法、方差分析法,在频域可采用谱窗分析法。张衡等人通过分析空间目标光度变化序列的自相关特性进行周期性判证,将周期提取问题转化成一个优化求解问题,并提出了一种新的峰值检测方法,可以有效判别空间目标的周期性,且周期提取的准确性也要优于传统的谱窗分析法[151]。周建华和白钊对空间目标光度信号的频域特性和模式识别方法开展了研究[152],他们将光度信号转换到傅里叶变换域,在不同频率子带构建光度信号的特征向量,并根据积累的已知类别数据构造出判别函数矩阵,通过判别规则完成未知类别光度数据的识别。

目前对空间目标光度特性的研究基本上集中在光度信号模拟仿真和光度信号分析识别两个方面。前者大多是通过各种理论推导,建立一个可以用数学解析式描述的简单结构体模型,一般假定目标为单一的反射特性(如漫反射体),然后根据目标模型和空间几何关系计算目标的反射强度,分析其光度变化情况。但是,由于空间目标实际形状及其各部分的反射特性十分复杂,很难建立目标数学解析式的反射模型,导致目标光度的仿真计算只能大致得出理想结构目标的光度变化范围。后者针对空间目标光度信号进行特征分析识别研究,但由于信号数据包含了天光背景及设备噪声等各种影响因素,需要准确分析产生光度变化特征与目标自身的关系。

7.2.2　空间目标光度测量方法

在天文光度学中，天体的亮度是以星等来表示的，最早是由古希腊天文学家依巴谷提出，他把自己编制星表中的1000多颗恒星按亮度强弱划分为6个等级。1850年，英国天文学家普森发现1等星要比6等星亮100倍，随后星等被量化和重新定义，相邻两个星等的目标亮度相差2.512倍。空间目标的光度（亮度）沿用了天体光度学中星等的概念，且其亮度一般是观测者从地球上观察空间目标的亮度度量值（即视星等），相当于光学中的照度。规定零等星的照度为2.65×10^{-4}lx，目标的视星等数值越低，表示目标越亮。例如，太阳的星等数为-26.7，满月的星等数是-12.8，人眼能看见最暗为6等星的目标。

1. 太阳辐射和大气消光

空间环境的可见光辐射源主要有太阳、各种恒星以及月亮反射的太阳光，由于恒星距离极其遥远，仅能构成天光背景干扰，因此不必考虑其作为目标的可见光辐射源。光测设备测量的空间目标光度变化与目标、太阳、观测平台三者之间的相对几何关系密切相关，影响因素主要包括太阳辐射、月球辐射及大气消光等，同时还与目标本身的材质、形状、姿态密切相关。在诸多影响因素中，对空间目标光度信号贡献最大的是太阳辐射，对光度测量影响最大的是大气消光。

1）太阳辐射及照度计算[135]

太阳辐射可认为是等效温度为5900K的黑体辐射，太阳半径R_s约为6.9599×10^5 km，太阳到卫星的距离L_{SA}约为1.496×10^8 km。在波长范围是$\lambda_1\sim\lambda_2$内，太阳辐射度为

$$M_{\lambda_1-\lambda_2}=\int_{\lambda_1}^{\lambda_2}\frac{c_1}{\lambda^5}\frac{1}{\exp(c_2/\lambda T_0)-1}\mathrm{d}\lambda \tag{7.1}$$

式中：λ为波长（μm）；T_0为太阳温度（K）；$c=2.99792458\times10^8$m/s，为光速；$h=6.62607015\times10^{-34}$J·s，$c_1=2\pi hc^2=3.7418\times10^{-16}$W·m^2，为第一辐射常数；$k=1.38\times10^{-23}$J/K，为波耳兹曼常数；$c_2=hc/k=1.4388\times10^{-2}$m·K，为第二辐射常数。

设太阳所发出的总辐射通量在空间方向上的分布是均匀的，则其光谱辐射强度为

$$I_{\text{sun}}(\lambda)=4\pi R_s^2M_{\text{sun}}(\lambda)/4\pi=R_s^2M_{\text{sun}}(\lambda) \tag{7.2}$$

对于像卫星一类的空间目标来说，可以认为太阳辐射是点源辐射。点源对微面元的照度与点源的发光强度成正比，与距离平方成反比，且与面元相对于辐射方向的倾角α有关，即

$$E=\frac{\mathrm{d}P}{\mathrm{d}A}=\frac{I\cos\alpha}{l^2} \tag{7.3}$$

太阳光辐射到空间目标表面的光谱辐射照度为

$$E_{\text{sun}}(\lambda)=\frac{I_{\text{sun}}(\lambda)}{L_{SA}^2}=\frac{R_s^2M_{\text{sun}}(\lambda)}{L_{SA}^2} \tag{7.4}$$

光照强度正比于光子数N，每个光子携带的能量ε为

$$\varepsilon=h\nu=\frac{hc}{\lambda}=1.9865\times10^{-19}\lambda^{-1} \tag{7.5}$$

式中：ν 为光子频率，即 $\nu=c/\lambda$。因此，根据光照强度可以计算光子数

$$N=\frac{E_{\text{sun}}}{\varepsilon} \tag{7.6}$$

通常将空间目标看作朗伯反射体，计算其在空间运行过程中的光度信号变化情况。

一般来说，在相同环境条件下，同等辐射强度（即同星等）的空间目标在光度测量设备上产生的辐射强度是一致的。空间目标光度特性测量正是基于该原理，利用已知星等的目标与待测量目标的辐射强度进行比较，得到待测目标的星等。

2）大气消光

大气消光是指大气对光辐射强度的衰减作用，在空间目标光度测量中会对星等值产生测量误差。例如，对零等星进行星等标定时所选择的定标恒星通常不在天顶，而是位于一定的俯仰角位置，因此必须考虑大气消光的影响。

对于地基光电望远镜测量系统来说，空间目标反射的太阳光要经过几千甚至数万千米的长距离大气传输。由于大气中气体分子及气溶胶等对目标反射光波的吸收和散射，只有部分光波能量透射，透射程度以透过率来表示。根据大气传输理论，常用的大气透过率计算公式为

$$\tau_z=\frac{1}{\tau_0^{\cos z+0.15\times(93.885-z)^{-1.253}}} \tag{7.7}$$

式中：$\tau_0=0.7355$，是在 0.38～0.76μm 可见光范围内与波长无关的垂直大气透过率；z 是空间目标的天顶角（单位取弧度），当 $z=1.5\text{rad}$（约 86°）时，由式（7.7）计算的大气透过率误差小于 0.1%。不同天顶距（相对于仰角 90°天顶）时大气消光对空间目标星等测量的误差计算公式为

$$xg=-2.5\times\lg\left(\frac{\tau_z}{\tau_0}\right) \tag{7.8}$$

根据式（7.7）和式（7.8），计算不同俯仰角 El 条件下大气透过率和大气消光误差的结果如表 7.1 所示。从表中可以看出，仰角越低，大气消光误差越大。

表 7.1 不同俯仰角的大气消光星等误差

El/(°)	大气透过率	大气消光误差/Mv	El/(°)	大气透过率	大气消光误差/Mv
85	0.7348	0.001	45	0.6478	0.138
80	0.7321	0.005	40	0.6203	0.185
75	0.7277	0.012	35	0.5856	0.247
70	0.7213	0.021	30	0.5413	0.333
65	0.7126	0.034	25	0.4838	0.455
60	0.7015	0.051	20	0.4078	0.640
55	0.6874	0.073	15	0.3059	0.953
50	0.6698	0.102	10	0.1714	1.582

2. 光度计测量光度

光度计测量空间目标光度特性的原理如图 7.2 所示。光度计采用光电倍增管（PMT）进行光度测量的方法是：光学系统汇聚空间目标反射的太阳光，经过滤光片和视

场光栏,PMT将透射光进行高压放大后,经光子鉴别器和计数器输出光子数量。其中,滤光片的作用是分档控制入射光的透过率,以适应不同亮度动态范围的目标;光度计分档设置不同的视场光栏,控制观测视场的大小,从而有效抑制背景的影响。为了保证光度计对暗弱目标测量时的分辨率,需扣除天空背景,即望远镜在跟踪目标测量后,沿实测目标轨迹回扫天空背景,光度计采集天光背景光度数据,在目标测量数据中扣除背景辐射的部分。

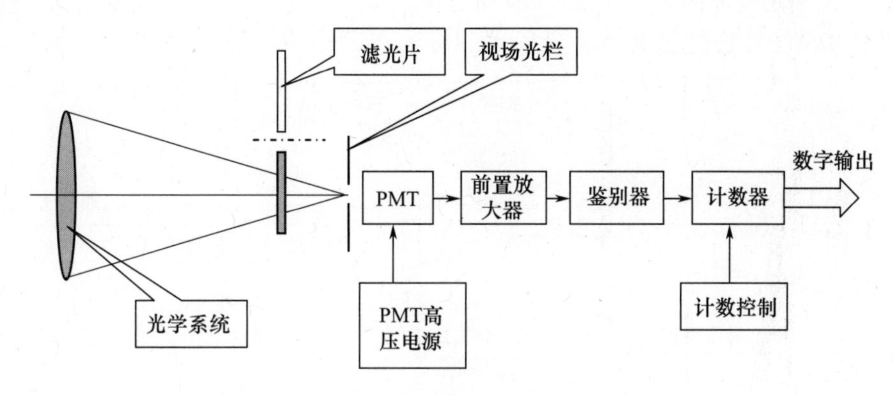

图7.2 光度计测量系统组成及原理

设 mv_a 和 mv_b 分别为目标 A 和目标 B 的星等,n_a 和 n_b 分别为目标 A 和目标 B 的光子数,则

$$mv_a = mv_b + 2.5 \times \lg\left(\frac{n_b}{n_a}\right) \tag{7.9}$$

式(7.9)表明,如果已知目标 B 的星等并测量得到其光子数,当光度计探测到目标 A 的光子数时,就可以根据公式计算出目标 A 的星等。由于光度测量设备是针对暗弱信号的精密测量,不同观测时间段受观测条件的影响很大,包括太阳相位角、大气湍流、云层厚度等影响因素,尤其是不同观测日期,同一个目标在相同观测条件下的光度测量信号的幅值绝对值相差很大。目标的实测光度是通过将直接测量的目标光子数、已知参考星的光子数及光度进行转换得到的。在实际应用中,光测设备测量得到的实际数据表征的是目标的相对亮度,从数值上并不能完全代表目标本身的实际光度。因此,一般要根据参考星的光子数进行实际光度的归算。

采用光度计测量光度需要注意以下三个问题:①空间目标反射的太阳光谱类型与G型恒星的光谱类型基本一致,因此选择G型恒星作为参考星;②在测量目标光度时,需要实时沿目标运动轨迹回扫天空背景,以便有效扣除天光背景;③为增大光度计动态测量范围,且避免光度计测量数据产生饱和现象,在测量过程中需要控制滤光片和视场光栏;④在跟踪过程根据恒星位置剔除恒星的光度测量数据。

3. CCD测量光度

对空间目标进行CCD成像并采用图像处理的方法可以实现对目标星等的测量。CCD光度测量系统的组成与光度计测量系统基本一致,只是减少了光度计软硬件及相关光学结构,其组成示意图如图7.3所示。空间目标的亮度是由太阳照射产生的,其照度在CCD靶面上表现为目标的亮度,且照度大小与它在CCD成像的灰度和呈线性关系。

利用 CCD 测量目标光度的过程是在跟踪目标的过程中记录图像信息，目标图像的灰度和代表该目标的照度，该轨道圈次任务跟踪测量结束后，沿目标运动轨迹进行天光背景回扫，并通过比对多颗星表中已知的零等参考星的图像，经过平均，得出零等星等对应的照度，并计算出目标的星等。考虑大气消光情况下的目标星等计算公式为

$$m = 2.5\lg\frac{G_0\tau_0}{G\tau_z} \tag{7.10}$$

式中：m 为需要计算的目标星等；G 为待测目标的灰度和；G_0 为标准零等星的灰度和。

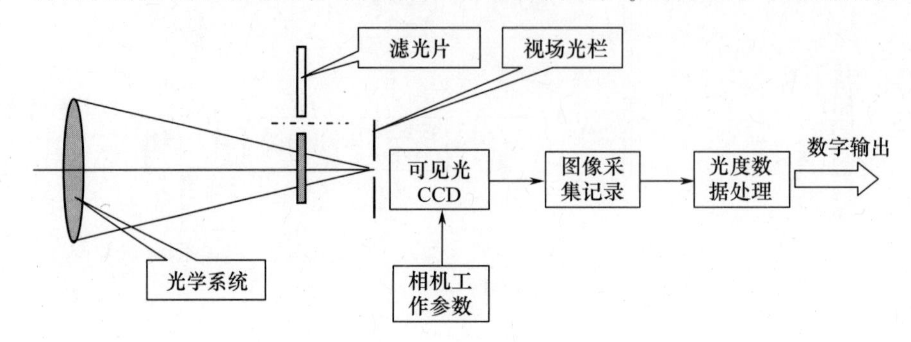

图 7.3 CCD 光度测量系统组成示意图

在利用 CCD 进行光度测量时，首先要对零等星进行灰度标定，其方法是通过测量多颗不同方位、不同仰角已知星等目标的灰度，利用式(7.11)计算出对应的零等星灰度，然后对这些零等星灰度求均值作为 G_0 的值[136]。这样，只要通过计算待测目标的灰度，即可利用式(7.10)计算出待测目标的星等。

$$G_0 = \frac{G\tau_z}{\tau_0} \times 10^{m/2.5} \tag{7.11}$$

CCD 测量光度需要注意以下三个问题：①计算零等星时尽量选取不同方位、不同俯仰位置的多颗 G 型恒星求灰度均值；②目标灰度不能饱和，需要将滤光片、视场光栏和积分时间调整合理，这些设置在计算零等星灰度时与测量未知目标过程中必须一致；③CCD对目标照度的响应必须是线性的。

实验资料表明，利用光度计和 CCD 测量空间目标光度的测量精度相当。光度计测量回扫时间较长，数据处理时间相对较长。CCD 测量方法相对比较简单，不需要专门的光度测量硬件，采用图像处理技术扣除天光背景的影响，其测量动态范围较宽，不仅可以在弱天光条件下进行光度测量，也可以在白天测定空间目标光度，还能通过采用光谱滤光片在感兴趣波段对目标进行光度测量。但 CCD 测量的采样频率相比光度计测量较低，采样频率一般不会超过 50Hz，且 CCD 测量有可能会出现过饱和现象，致使测量精度降低。

7.2.3 空间目标光度信号分析

空间目标光度作为一类重要的目标散射光学特性数据，是中高轨目标主要的识别途径，其信号是光测设备在一个目标弧段内记录的光度数据，是直接以各数据点采样时刻为自变量的光度 - 时间曲线。根据地基空间目标观测的几何位置关系，当空间目标与太

阳、测站之间的位置关系及目标本身姿态不同时,由于目标表面被照射、观测的区域随时间变化规律不同,即使是同一目标,其光变曲线也可能呈现完全不同的状态。再者,实际空间目标是多种部件单元的组合体,通常具有复杂的几何形状,不同材质的表面特性也有差异,当照射区域与观测区域重合位置不同时,由于材质、形状、部件遮挡等因素共同造成的复杂影响,即使太阳相位角不变,测量得到的空间目标光度值也可能发生明显变化。因此,如何分析空间目标光度信号并提取与目标固有特性相关联的光度特征是空间目标监视与识别领域的难题。

1. 光度信号的时域统计分析

影响光度信号的空间目标自身固有特性因素主要包括以下几个方面:①目标尺寸及其各部件单元表面材质;②目标形状和结构;③目标姿态控制方式(三轴稳定、自旋稳定等);④目标及其部件的旋转周期(变光)。空间目标的光度信号是一组随时间变化的一维幅度序列,由于观测条件受限,且受天光背景的影响,光度信号序列长度十分有限,信噪比较低。针对空间目标光度信号序列的时域统计分析主要包括标准化极大特征值、方差分析、自相关函数分析等方法。

1）标准化极大特征值

前面章节已经指出,空间目标的光度信号变化不仅与目标本身的几何尺寸、形状、表面反射率及其姿态有关,也与测站到目标的斜距、太阳相位角等因素相关。光度极大值是在观测空间目标过程中所能产生的最大光度,体现了目标本身固有特性及其轨道信息,可以作为目标的一个特征。但是,由于目标的每次观测弧段中,其斜距的变化范围很大,同一个目标的最大亮度因斜距的影响会有很大区别。因此,为了消除斜距对光度极大值的影响,采取的措施是将极大值进行标准化归算,定义标准化极大特征值的归算公式[135]为

$$E_{\mathrm{Bmsx}} = E_{\max} \times \left(\frac{R_{\mathrm{range}}}{1000}\right)^2 \tag{7.12}$$

式中:$E_{\max}$为目标该圈弧段的最大光度值;R_{range}为目标该圈弧段最大光度时刻的斜距。式(7.12)是根据目标照度与斜距的平方成反比的关系,将空间目标的光度归算到1000km斜距处的光度。

2）方差分析

方差分析方法是从空间目标光度序列中提取周期特征的重要方法,其基本步骤[139]如下:

(1) 假设空间目标光度序列$\{x_1, x_2, \cdots, x_n\}$的长度为$N$,具有长度为$l(2 \leqslant l < N/2)$的周期性,对序列数据作如下分解:

$$x_{ij} = x_{i+(j-1)l} \tag{7.13}$$

式中:$i = 1,2,\cdots,l$;$j = 1,2,\cdots,r$,$r = \lfloor N/l \rfloor$,r为不超过N/l的最大整数,则$1 \leqslant i + (j-1)l \leqslant N$。

(2) 分别计算下列统计量:

$$P = \frac{1}{N}\left[\sum_{i=1}^{l}\sum_{j=1}^{r} x_{ij}\right]^2 \tag{7.14}$$

$$Q = \frac{1}{r} \sum_{i=1}^{l} \left[\sum_{j=1}^{r} x_{ij} \right]^2 \tag{7.15}$$

$$R = \sum_{i=1}^{l} \sum_{j=1}^{r} x_{ij}^2 \tag{7.16}$$

(3) 计算组间误差平方和 S_A、组内误差平方和 S_e：

$$S_A = Q - P = r \sum_{i=1}^{l} (\bar{x}_i - \bar{x})^2 \tag{7.17}$$

$$S_e = R - Q = \sum_{i=1}^{l} \sum_{j=1}^{r} (x_{ij} - \bar{x}_i)^2 \tag{7.18}$$

式中：$\bar{x}_i = \frac{1}{r} \sum_{j=1}^{r} x_{ij}$；$\bar{x} = \frac{1}{N} \sum_{i=1}^{l} \sum_{j=1}^{r} x_{ij}$。

(4) 计算误差均方值，进行 F 检验：

$$\bar{S}_A = S_A/(l-1) \tag{7.19}$$

$$\bar{S}_e = S_e/(N-l) \tag{7.20}$$

$$F = \bar{S}_A/\bar{S}_e \tag{7.21}$$

设 α 为显著性水平，若 $F > F_\alpha$，则检验显著，即 l 为空间目标光度序列的一个整周期；若 F 检验不显著，则不能接受 l 为序列整周期的假定，改变 l 值再返回到第(1)步。

3）自相关函数分析

自相关函数分析方法的基本思想是利用空间目标的光度序列与其自身的滞后作相关运算，该方法可以用于提取周期序列的周期特征，这是因为周期序列的自相关系数具有与原序列一样的周期性，且在周期的整数倍时，自相关系数达到极大峰值。

由于空间目标光度序列长度未必是周期的整数倍，且采样值也不一定出现在不同周期内的同一位置，如果循环使用这些离散数据将引起较大误差，导致自相关函数峰值幅度不稳定。因此，对于长度为 N 的光度序列 $\{x_1, x_2, \cdots, x_n\}$，采用如下归一化自相关计算公式[140]：

$$d(k) = \frac{\sum_{i=1}^{r} (x_i - m_x)(x_{i+k} - m_x')}{\sqrt{\sum_{i=1}^{r} (x_i - m_x)^2} \sqrt{\sum_{i=1}^{r} (x_{i+k} - m_x')^2}} \tag{7.22}$$

式中：r 为不超过 $N/2$ 的最大整数，$r = \lfloor N/2 \rfloor$；$m_x = \frac{1}{r} \sum_{i=1}^{r} x_i$，$m_x' = \frac{1}{r} \sum_{i=1}^{r} x_{i+k}$，$k = 1, 2, \cdots, r$。

2. 光度信号的频域特性分析

空间目标光度信号序列的频域特性分析是通过傅里叶变换实现的，即利用谱窗分析方法得到信号序列的周期图，通过周期图的峰值来判定光度信号的频率特性。由于空间目标的光度信号序列长度有限，相当于对无限长的光度信号作矩形窗截断处理，信号的截断产生了能量泄漏，而采用 FFT 计算信号的频谱会产生栅栏效应。对于光度信号序列

$\{x_1, x_2, \cdots, x_n\}$,当用窗函数$w(n)$进行截断时,得到的截断信号为 $x_r(n)=x(n)w(n)$,根据频域卷积定理,截断信号的频谱为

$$X_T(\omega)=\frac{1}{2\pi}X(\omega)*W(\omega) \tag{7.23}$$

因此,信号被截断后,频谱为原信号频谱与窗函数频谱的卷积。

截断信号谱峰能量泄漏的形状由截断窗函数确定,它对当谱峰偏离栅栏位置时的谱峰估计值有很大影响。为提高谱峰估计精度,可以选用不同的窗函数对信号进行截断,对谱峰能量泄漏进行控制。表7.2是几种常见窗函数在窗长为N的性能参数比较,其中矩形窗的能量泄漏谱主瓣窄、旁瓣大,频率识别精度最高,但幅值识别精度最低;布莱克曼窗主瓣宽、旁瓣小,频率识别精度最低,但幅值识别精度最高。

表7.2 常见窗函数性能参数对比

窗函数	主瓣宽度	过渡带	旁瓣峰值衰减/dB	阻带最小衰减/dB
矩形窗	$4\pi/N$	$1.8\pi/N$	-13	21
三角窗	$8\pi/N$	$6.1\pi/N$	-25	25
汉明窗	$8\pi/N$	$6.6\pi/N$	-41	53
布莱克曼窗	$12\pi/N$	$11\pi/N$	-57	74

3. 基于Hilbert-Huang变换的光度信号分析

1) Hilbert-Huang变换(HHT)

在时频分析领域,人们先后提出了短时傅里叶变换、小波变换、Wigner-Ville分布等有效的信号分析方法。1998年,N. E. Huang等人提出了基于瞬时频率的经验模态分解(EMD)方法,并在此基础上发明了Hilbert-Huang变换[141]。HHT能自适应地将复杂信号分解成一系列有限数量的具有明确物理意义的单分量信号,从而得到瞬时频率及Hilbert谱,具有较高的时频分辨率,特别适合非平稳信号的时频分析[142]。

HHT分两步对信号进行处理:首先,用EMD方法获得有限数目的固有模态函数(IMF);然后,对分解得到的固有模态函数进行Hilbert变换,得到时频面的能量分布谱图和边际谱。

(1) 经验模态分解。

Huang提出了固有模态函数(IMF)的定义,即IMF满足如下两个条件[143]:第一,数据序列中极值点数量与过零点数量必须相等,或最多相差不能多于一个;第二,信号关于时间轴局部对称,即在任意时刻,信号局部极大值和局部极小值定义的包络平均值为零。IMF概念的提出使Hilbert变换定义的瞬时频率具有实际的物理意义。

EMD方法将复杂的多分量信号分解为一系列IMF的组合[142]。在分解过程中,基函数是直接从数据本身得到的,因此它有很强的自适应性。实际上,EMD是一个筛选过程,在一次次的迭代运算中将筛选算法施加于被分解信号上,迭代直到满足某种停止准则为止。

对于待分解信号$s(t)$,EMD的具体过程描述如下:

① 获取$s(t)$的所有极值点;

② 用三次样条曲线对极大值点、极小值点分别进行拟合,得到上包络曲线$e_{max}(t)$和$e_{min}(t)$;

③ 计算平均曲线 $m_1(t)=\frac{e_{\max}(t)+e_{\min}(t)}{2}$；

④ 从信号中将平均曲线去除，得到 $h_1(t)=s(t)-m_1(t)$；

⑤ 判断 $h_1(t)$ 是否满足 IMF 判决条件，如果不满足，则把 $h_1(t)$ 看作处理数据，重复①~④过程，其包络均值为 $m_{11}(t)$，则 $h_{11}(t)=h_1(t)-m_{11}(t)$；

重复该过程 k 次时，有 $h_{1k}(t)=h_{1k-1}(t)-m_{1k}(t)$，直至 $h_{1k}(t)$ 满足 IMF 条件为止，此时得到第一个 IMF 分量 $c_1(t)$：$c_1(t)=h_{1k}(t)$；

⑥ 将 $c_1(t)$ 从 $s(t)$ 中分离出来，得到一个去掉 $h_{1k}(t)$ 的残余信号 $r_1(t)$：$r_1(t)=s(t)-c_1(t)$；

⑦ 以 $r_1(t)$ 为原始信号，重复①~⑥过程，得到第二个 IMF 分量 $c_2(t)$，重复 n 次就可以得到 n 个 IMF 分量：

$$\begin{cases} r_2(t)=r_1(t)-c_2(t) \\ r_3(t)=r_2(t)-c_3(t) \\ \vdots \\ r_n(t)=r_{n-1}(t)-c_n(t) \end{cases} \tag{7.24}$$

当 $c_n(t)$ 或者 $r_n(t)$ 满足一定的终止条件时（通常使 $r_n(t)$ 为一常量或单调函数），EMD 分解结束。那么信号 $s(t)$ 就可以表示为 n 个 IMF 分量与一个残余信号 $r_n(t)$ 之和

$$s(t)=\sum_{i=1}^{n} c_i(t)+r_n(t) \tag{7.25}$$

上述步骤是 EMD 的分解过程，该过程分解得到的 IMF 分量都是平稳的。

(2) Hilbert 谱和边际谱。

对信号进行 EMD 分解可以得到各 IMF 分量，每一个分量 $c_i(t)$ 经 Hilbert 变换后得到的结果均能够反映信号真实的物理过程，可以很好地分析处理非平稳信号。对每一个分量 $c_i(t)$，求得其瞬时频率 $\omega_i(t)$，$s(t)$ 的 Hilbert 谱计算公式为[144]

$$H(\omega,t)=\sum_{i=1}^{n} c_i(t)\mathrm{e}^{\mathrm{j}\int\omega_i(t)\mathrm{d}t} \tag{7.26}$$

式(7.26)计算 Hilbert 谱时舍弃了残余分量 $r_n(t)$，因为 $r_n(t)$ 是一个常数或单调函数，频率较低，信息量较少，而我们关注更多的是信息量丰富的高频成分。Hilbert 谱的信号幅值可以表示为时间和瞬时频率的函数，其时频分布表示称为 Hilbert 谱，它能反映局部时间某个频率成分对信号的贡献度。

用 Hilbert 谱可进一步定义 $s(t)$ 的边际谱，即

$$H(\omega)=\int_{-\infty}^{+\infty} H(\omega,t)\mathrm{d}t \tag{7.27}$$

从统计学的角度来看，边际谱可以反映各频率成分的能量分布，这与傅里叶变换相似。由于瞬时频率定义为时间的函数，边际谱求出的能量值是局部的，因此它能更好地反映信号的局部特性。

2）HHT 分析流程

应用 Hilbert – Huang 变换对空间目标光度信号序列进行分析时，作如下改进：①对光度信号序列进行小波包预分解，避免 IMF 分量出现频带过宽的问题；②计算 EMD 分解后的各 IMF 分量与对应小波重构信号的相关系数，根据该系数去除虚假 IMF 分量。具体分析流程如图 7.4 所示。

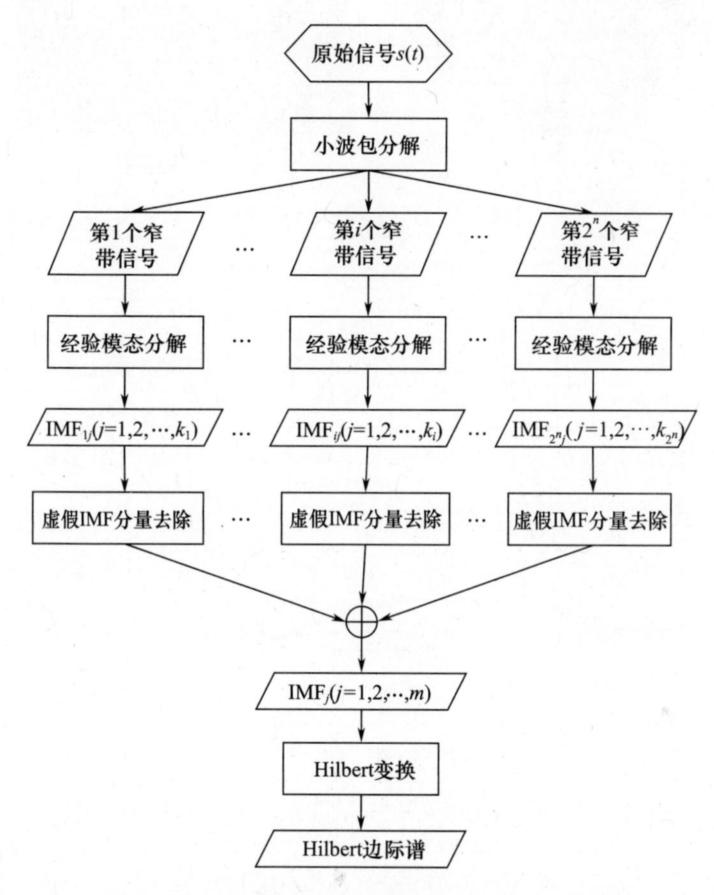

图 7.4　改进的 Hilbert – Huang 变换分析流程

4. 光度信号分析

1）光度信号序列仿真

光测设备对空间目标光度信号测量的仿真和模拟，涉及轨道力学理论、光度学、辐射度量等多学科领域。本小节结合 STK 8.0 和 Matlab 软件对空间目标的光度信号进行仿真，分为以下两个步骤[135]：①采用 STK 8.0 对空间目标的轨道和位置进行仿真，通过几何关系计算目标、太阳和测站在观测圈的时段内每一时刻的相对位置，从而获得瞬时太阳入射角、目标视角以及空间目标与测站的斜距；②根据空间目标各组成部件，建立目标反射模型，利用计算得到的太阳入射角、目标视角等参数根据 7.2.2 节中公式计算目标的光度。

（1）利用上述的空间目标光度信号仿真方法，对目标光度信号序列进行仿真计算。图 7.5(a)为卫星星体结构，图 7.5(b)为 STK 模型，表 7.3 为该卫星基本结构和轨道参数。

(a) 真实结构

(b) STK模型

图 7.5 卫星星体结构和模型

表 7.3 IRS1C 卫星轨道和结构参数

轨道参数					结构参数/m
轨道倾角/(°)	偏心率	半长轴/km	升交点赤经/(°)	近地点幅角/(°)	
98.626	0.0001096	7198	238.863	164.328	1.56×2.44×10.86

测站位置是北纬 43.87°,东经 125.30°,图 7.6 是该卫星仿真计算的光度信号序列。

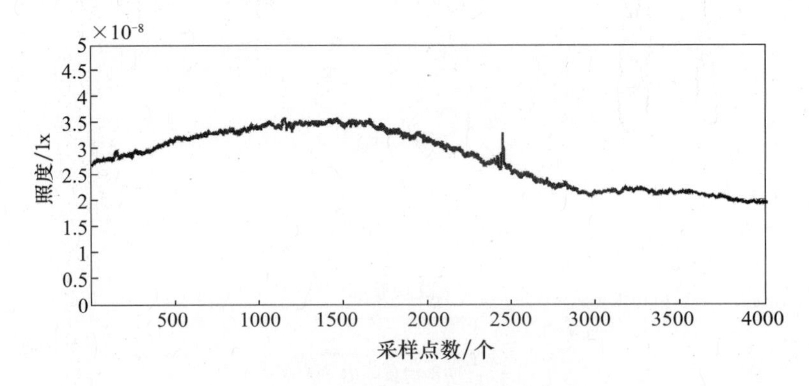

图 7.6 仿真计算的卫星光度信号序列

(2) 对周期性翻滚的火箭体进行光度信号序列仿真计算,其结构如图 7.7 所示,火箭体沿轨道运行方向绕主轴逆时针旋转,旋转周期为 10s,其轨道参数如表 7.4 所列。

图 7.7 火箭体模型

表7.4 火箭体的基本轨道参数

轨道倾角/(°)	偏心率	半长轴/km	升交点赤经/(°)	近地点幅角/(°)
97.942	0.0541404	7020	246.448	218.996

图7.8是仿真计算得到的火箭体光度信号序列。

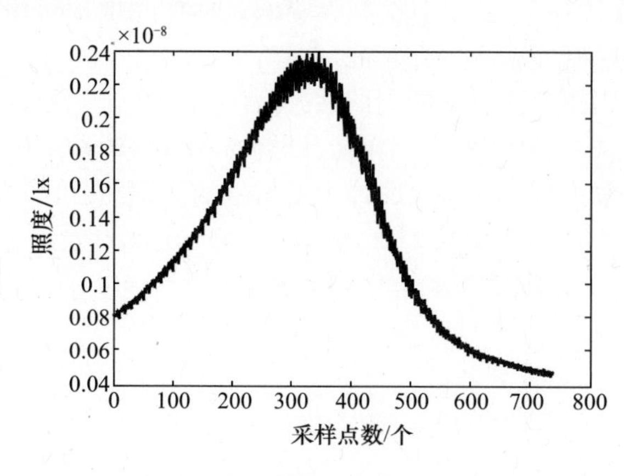

图7.8 火箭体的光度信号序列

(3)实测光度信号序列。图7.9是卫星的光度信号序列,采样频率为15Hz。

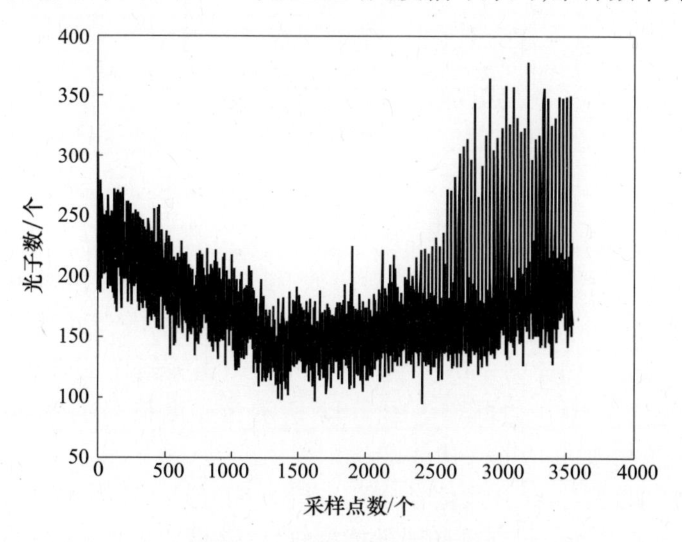

图7.9 卫星光度信号序列

2)光度信号的周期性判定与分析

空间目标分为正常工作的在轨卫星和废弃的失效卫星或碎片。正常工作的卫星都具有姿态控制系统,目前的姿态控制方法主要有自旋稳定姿态控制、三轴稳定姿态控制、重力梯度姿态控制以及磁力稳定姿态控制等方式,其中以自旋稳定方式和三轴稳定最为常见。自旋稳定目标一般是轴对称外型,利用目标绕对称轴旋转所获得的陀螺稳定性在惯性空间定向,以自转产生的旋转惯性稳定其姿态,属于一种被动稳定系统,其自旋惯性使目标旋转轴的方向在惯性坐标系中是保持恒定的。而三轴稳定目标的三个坐标轴相对于惯性空间位置和方向都是固定的,因此可以使特定的部件,如天线或光学设备对准指定目标。

采用三轴稳定姿态控制方式目标的光度变化曲线在太阳相位角最小区域明显增强，整个曲线呈现长周期单波峰特征[145]。失效卫星或碎片没有姿态控制和轨道控制能力，其在轨飞行表现为不规则的翻滚，光度变化随太阳相位角的变化无增大或减小的长周期趋势，而是短周期的无规律变化。因此，根据空间目标的光度信号序列，判定其变化周期可以分析目标的姿态控制方式及生存状况。

光度信号序列采用图 7.8 所示的周期性火箭体光度变化信号，仿真的火箭体是对称性结构，附带有对称结构的四个助推燃料桶，设置的旋转周期是 10s。选择矩形窗函数以获得较好的频率分辨率，图 7.10 是火箭体光度信号的频谱图，可以非常明显地看出该光度信号序列分别在 0.1Hz、0.2Hz、0.3Hz、0.4Hz 等四个频率点附近有谱峰。

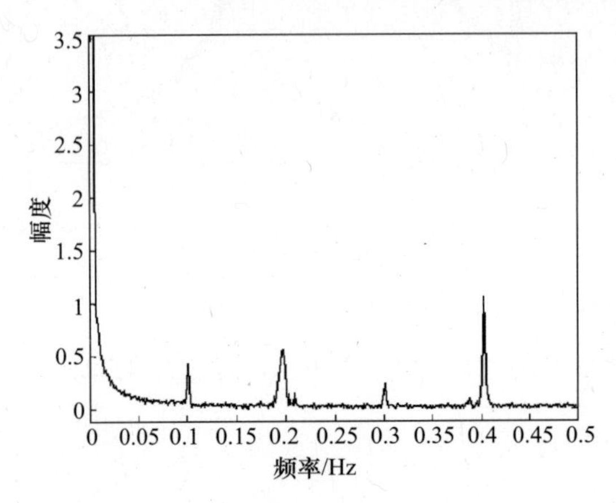

图 7.10 火箭体光度信号的频谱图

3）光度信号的 Hilbert 变换域分析

针对图 7.9 所示的卫星实测光度信号序列，根据图 7.4 所示改进 Hilbert – Huang 变换分析流程，选取 dmey 小波，设置 $n=2$，将光度信号分解为 4 个窄带信号，对每个窄带信号进行 EMD 分解，提取相应的 IMF 分量信号，并采用相关甄别的方法去除虚假 IMF 分量，计算光度信号的 Hilbert 边际谱。图 7.11 所示为光度信号的各阶 IMF 分量信号，图 7.12所示为光度信号的 Hilbert 边际谱。

从图 7.11 中可以看出，该光度信号分解出 7 阶 IMF 分量，Hilbert 边际谱图是信号能量在频率上的分布。该光度信号在低频段的能量较高，说明光度变化是一个慢过程，且分别在 0.7Hz、1.4Hz、2.8Hz、4.2Hz、6.5Hz 为中心频率处能量分布较为集中，说明该卫星在频域有较为明显的倍频现象，大约以 0.7Hz 作为基本频率，这是由于卫星的对称性结构，使其光度变化在频率域存在一定的周期性。光度信号的 Hilbert 边际谱反映了空间目标光度变化的非平稳过程，在分析过程中不会产生伪谐波分量，可以作为描述光度信号的特征。

7.3 空间红外特性分析

1800 年，英国天文学家赫歇尔（Herschel）在研究太阳七色光的热效应时发现了一种奇怪的现象。他用分光棱镜将太阳光分解成红色到紫色的单色光，依次测量不同颜色光

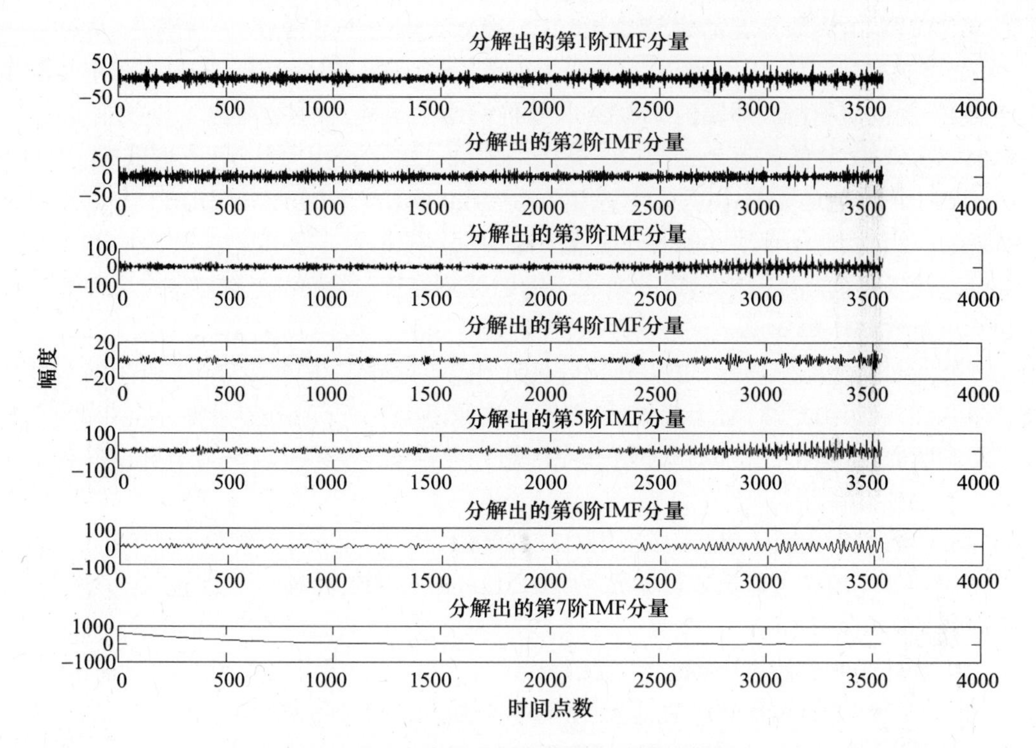

图 7.11 光度信号的各阶 IMF 分量信号图

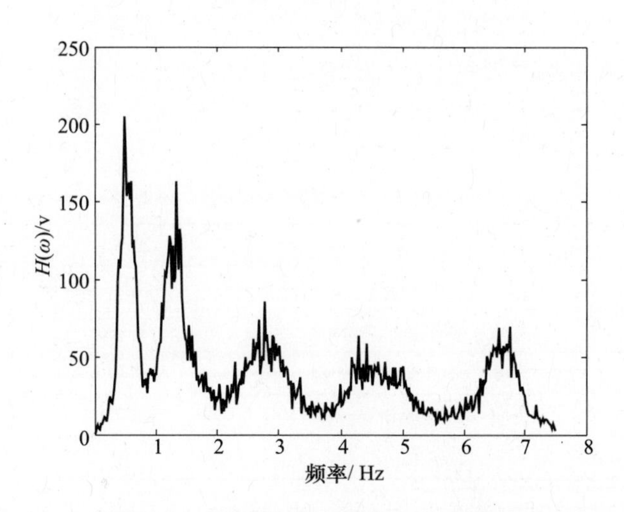

图 7.12 光度信号的 Hilbert 边际谱图

的热效应。当水银温度计移到红色光谱边界以外，人眼看不见有任何光线的黑暗区域时，温度反而比红光区域的温度更高。经反复试验证实，在红光外侧，确实存在一种人眼看不见的“热线”，后来称为红外线，也称红外辐射。

7.3.1 红外辐射特性及基本定律

红外线存在于自然界的任何一个角落，一切温度高于绝对零度的物体时时刻刻都在不停地辐射红外线。太阳是红外线的巨大辐射源，整个星空也是红外线辐射源，地球表面上,无论是高山大海还是森林湖泊,也在日夜不断地放射红外线。特别是,活动在地面、水面、空中和太空的坦克、舰船、飞机、卫星等,由于它们有高温部位,往往都形成强的红外辐射,这也使利用红外辐射来探测军事目标成为可能。研究表明,红外线是从物质内部发射出来的,物质的运动是产生红外线的根源。物质是由原子、分子组成的,它们按一定的规律不停地运动着,其运动状态也不断变化,因而不断地向外辐射能量,这就是热辐射现象。因此,红外辐射的物理本质是热辐射,其辐射量主要由物体的温度和材料本身决定。热辐射的强度及光谱成分取决于辐射体的温度,即温度这个物理量对热辐射现象起着决定性的作用。

红外线是一种电磁辐射,也具有与可见光相似的特性。例如,红外线也是沿直线传播,服从反射和折射定律,有干涉、衍射和偏振现象;同时它又具有粒子性,可以光子的形式发射和吸收,这些特性在试验研究中均得到充分证实。此外,红外线还有一些与可见光不一样的独有特性:

(1) 红外线对人眼不敏感,必须用对红外线敏感的红外探测器才能接收到;

(2) 红外线的光子能量比可见光小,如 10μm 波长的红外光子的能量大约是可见光光子能量的 1/20;

(3) 红外线的热效应比可见光要强得多;

(4) 红外线更易被物质吸收,但对于薄雾来说,长波红外线更容易通过。

在整个电磁波谱中,红外辐射波段范围是 0.76 ~ 1000μm,其最大特点是具有光热效应,能辐射热量,是光谱中最大的光热效应区。因此,红外光谱区含有比可见光谱区更丰富的内容。红外波段可划分为若干个子波段,不同专业领域的划分方法略有不同。目前较为常见的红外波段划分方法兼顾了工程应用、大气窗口、探测器响应等因素,将整个红外波段划分为近红外、短波红外、中波红外、长波红外和远红外 5 个波段,详见表 7.5。

表 7.5 红外辐射波段划分(常用)

名称	英文名	简称	波长范围/μm
近红外	near infrared	NIR	0.76 ~ 1.4
短波红外	short - wavelength infrared	SWIR	1.4 ~ 3.0
中波红外	mid - wavelength infrared	MWIR	3.0 ~ 8.0
长波红外	long - wavelength infrared	LWIR	8.0 ~ 15
远红外	far infrared	FIR	15 ~ 1000

红外线在大气中传播时,大气对某些波长的红外线产生强烈的吸收,使传播的能量受到损失,而对另外一些波长的红外谱线则吸收较少,透射率较高。大气对红外线吸收比较少的波段,称为“大气窗口”。大气的红外透射曲线如图 7.13 所示。例如,2.5 ~ 4μm 包含有 2 个大气窗口,在对目标进行红外探测时,可利用 1.8 ~ 2.7μm、3.0 ~ 4.0μm 两个大气窗口设计红外探测与识别系统。

近红外波段起始于人眼视觉响应的截止波长,即波长大于 0.76μm,按硅探测器响应的截止波长,可认为近红外波段终止于 1.1μm,但按大气窗口划分,近红外透射波长可延伸至 1.4μm 处的水汽吸收带,典型的近红外探测器有 InGaAs 等。

目标的红外辐射定律主要包括基尔霍夫定律、普朗克公式、维恩位移定律、斯特藩 -

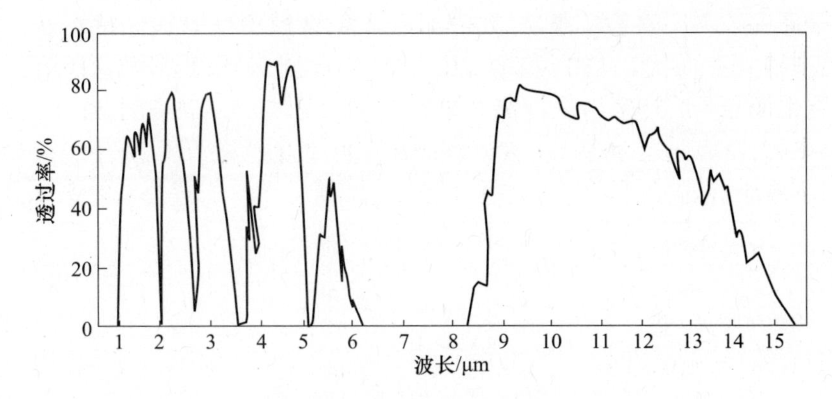

图7.13　大气红外透射曲线

波耳兹曼定律[154]。

1. 物体的辐射与吸收——基尔霍夫定律

任何物体都在不断吸收和发出辐射功率。当物体从周围吸收的功率恰好等于由于自身辐射而减小的功率时，便达到热平衡。辐射体可以用一个确定的温度 T 来描述。1859年，基尔霍夫(Kirchhoff)根据热平衡原理导出了关于热交换的基尔霍夫定律，即在热平衡时，所有物体在给定温度下，对某一波长来说，物体的发射本领和吸收本领的比值与物体自身的性质无关，对一切物体都是恒量。即使辐射度 $M(\lambda,T)$ 和吸收比 $\alpha(\lambda,T)$ 两者随物体不同且变化很大，但其比值对所有物体来说都是波长和温度的普适函数，即

$$\frac{M(\lambda,T)}{\alpha(\lambda,T)}=f(\lambda,T) \tag{7.28}$$

各种物体对外来辐射的吸收，以及它本身对外的辐射都不相同。吸收比 $\alpha(\lambda,T)$ 为被物体吸收的辐射通量与入射的辐射通量之比，$\alpha(\lambda,T)=1$ 的物体称为绝对黑体，即绝对黑体是能够在任何温度下，全部吸收任何波长的入射辐射的物体。自然界中，绝对黑体是没有的，吸收比总是小于1。

2. 黑体辐射的量子理论——普朗克公式

19世纪末期，普朗克推导了描述黑体辐射光谱分布公式(普朗克公式)，即黑体的光谱辐射度为

$$M(\lambda,T)=\frac{c_1}{\lambda^5}\frac{1}{e^{\frac{c_2}{\lambda T}}-1} \tag{7.29}$$

式中各参数见7.2.2节。普朗克公式代表了黑体辐射的普遍规律，其他黑体辐射定律可由它导出。例如，对普朗克公式进行微分，求出极大值，便可得到维恩位移定律；将普朗克公式从零到无穷大的波长范围进行积分，即可得到斯特藩－波耳兹曼定律。

3. 黑体辐射谱的移动——维恩位移定律

普朗克公式表明，当提高黑体温度时，辐射谱峰值向短波方向移动。维恩位移定律以简单形式给出了这种变化的定量关系。对于一定的温度，黑体的光谱辐射度有一个极大值，该极大值对应的波长为 λ_m。黑体温度 T 与 λ_m 之间满足下列关系：

$$\lambda_m T=b \tag{7.30}$$

式中：$b = 2898\mu m \cdot K$。维恩位移定律表明，黑体光谱辐出度对应的波长 λ_m 与黑体的绝对温度成反比，根据式(7.30)很容易计算出一些常见物体的辐射峰值波长，详见表7.6。

表7.6 常见物体的辐射峰值波长

物体名称	温度/K	峰值波长/μm	物体名称	温度/K	峰值波长/μm
太阳	6000	0.48	冰	273	10.61
熔铁	1803	1.61	液氧	90	32.19
熔铜	1173	2.47	液氮	77.2	37.53
飞机尾喷管	700	4.14	液氦	4.4	658.41
人体	310	9.35			

一般强辐射体50%以上的辐射能集中在峰值波长附近。因此，根据被测目标的温度，利用维恩位移定律可以选择红外探测系统的工作波段。例如，2000K以上的灼热金属，其辐射能大部分集中在3μm以下的近红外区或可见光区；人体皮肤的辐射波长范围主要在2.5～15μm，其峰值波长在9.5μm，其中，8～14μm波段的辐射能占人体总辐射能的46%，因此医用热像仪选择在8～14μm波段上工作；而温度低于300K的室温物体，有75%的辐射能集中在10μm以上的红外区。

4. 黑体的全辐射量——斯特藩-波耳兹曼定律

1879年，斯特藩通过实验得出：黑体辐射的总能量与波长无关，仅与绝对温度的四次方成正比。1884年，波耳兹曼综合热力学和麦克斯韦电磁理论，从理论上证明了斯特藩的结论，从而建立了斯特藩-波耳兹曼定律，其公式为

$$M = \sigma T^4 \tag{7.31}$$

式中：σ 为斯特藩-波耳兹曼常数，$\sigma = 5.67 \times 10^{-8} W/(m^2 \cdot K^4)$。该定律表明，当黑体温度有很小的变化时，就会引起辐射度的很大变化。例如，若黑体表面温度提高一倍，其在单位面积上单位时间内的总辐射能将增大16倍。利用斯特藩-波耳兹曼定律，容易计算黑体在单位时间内，从单位面积上向半球空间辐射的能量。例如在氢弹爆炸时，可产生高达 $3 \times 10^7 K$ 的温度，此时氢弹从 $1cm^2$ 表面辐射出的能量是它在室温下辐射能量的 10^{20} 倍，这些能量足以在1s内使 $2 \times 10^7 t$ 的冰水沸腾。

7.3.2 红外探测器分类

所有物体均发射与其温度和特性相关的热辐射，环境温度附近物体的热辐射大多位于红外波段。红外辐射占据相当宽的电磁波段(0.76～1000μm)，提供了物体丰富的客观信息。因此，如何对物体的红外信息进行探测和充分利用是人们追求的目标。红外探测正是以红外物理学为基础，研究和分析红外辐射的产生、传输及探测过程中的特征和规律，从而为对产生红外辐射的目标的探测与识别提供理论基础和试验依据。在实际应用中，红外探测能通过对各种物质、不同目标和背景红外辐射特性的研究，实现对目标及其周围环境进行深入的探测和识别。

将不可见的红外辐射转换成可测量信号的器件就是红外探测器，它是红外探测系统的核心部件，将接收到的红外辐射转变成体积、压力、电流等容易测量的物理量。一个完

整的红外探测器包括红外敏感元件、制冷器、前置放大器、光学元件等组件，构成一个结构紧凑的组合体。

根据探测器工作机理，可将红外探测器分为热探测器和光子探测器两大类。热探测器主要有热电阻型、热电偶型、高莱气动型和热释电型等几种形式，其主要优点是响应波段宽，可以在室温下工作，使用方便。热探测器一般不需制冷而易于使用、维护，可靠性好；光谱响应与波长无关，为无选择性探测器；且制作工艺相对简单，成本较低。但由于热探测器响应时间长、灵敏度低，一般只用于红外辐射变化缓慢的场合。光子探测器可分为外光电探测器和内光电探测器两种，其中内光电探测器又分为光电探测器和光电伏特探测器等。光子探测器的主要特点是灵敏度高、响应速度快以及响应频率高，但必须在低温下工作，且探测波段较窄。

1. 热探测器

热探测器是利用入射红外辐射引起敏感元件的温度变化，进而使其有关物理参数或性能发生相应的变化。通过测量相关物理参数或性能的变化便可确定探测器所吸收的红外辐射。热探测器是一种对一切波长的辐射都具有相同响应的无选择性探测器。

1）热敏电阻

热敏物质吸收红外辐射后，温度升高，阻值发生变化。阻值变化的大小与吸收的红外辐射能量成正比。利用此原理制作而成的红外探测器称为热敏电阻，热敏电阻常用来测量热辐射。

2）热电偶

将两种不同的金属或半导体细丝连成一个封闭环，当一个接头吸热后，其温度与另一个接头不同，环内就会产生电动势，这种现象称为温差电现象。利用温差电现象制成的感温元件称为温差电偶（也称热电偶）。用半导体材料制成的温差电偶比用金属温差电偶的灵敏度高，响应时间短，常用作红外辐射的接收元件。

将若干热电偶串联在一起就成为热电堆。在相同的辐照下，热电堆可提供比热电偶大得多的温差电动势，其应用更为广泛。

3）气体探测器

气体在体积保持一定的条件下吸收红外辐射后会引起温度升高、压强增大。压强增加的大小与吸收的红外辐射功率成正比，由此可测量被吸收的红外辐射功率。利用上述原理制成的红外探测器称为气体（动）探测器，高莱管就是常用的一种气体探测器。

4）热释电探测器

有些晶体，如硫酸三甘肽、钽酸锂和铌酸锶钡等，当受到红外辐照时，温度升高，在某一晶轴方向上能产生电压。电压大小与吸收的红外辐射功率成正比。利用该原理制成的红外探测器称为热释电探测器。热释电红外传感器在热辐射能量发生改变时，会产生电荷变化，从而探测红外辐射的变化，已被广泛应用于人体移动检测、被动红外防盗报警以及自动灯开关等。

2. 光子探测器

光子探测器是利用某些半导体材料在红外辐射的照射下，产生光子效应，使材料的电特性发生变化。通过测量电特性的变化，可以确定红外辐射的强弱。利用光子效应制成的探测器称为光子探测器。

1）光电子发射(外光电效应)器件

当光入射到某些金属、金属氧化物或半导体表面时,如果光子能量足够大,能使其表面发射电子。利用这种光电子发射制成的器件称为光电子发射器件,如光电管和光电倍增管。光电倍增管的灵敏度很高,时间常数较小(约几个纳秒),因此在激光通信中常使用特制的光电倍增管。大部分光电子发射器件只对可见光起作用。用于微光及远红外的光电阴极目前只有两种:一种是称作 S-1 的银氧铯(Ag-O-Cs),另一种是称作 S-20 的多碱(Na-K-Cs-Sb)光电阴极。S-20 光电阴极的响应长波限为 0.9μm,基本上属于可见光的光电阴极;S-1 光电阴极的响应长波限为 1.2μm,属近红外光电阴极。

2）光电导探测器

利用半导体的光电导效应制成的红外探测器称为光电导探测器,是目前种类最多、应用最广的一类光子探测器。光电导探测器可分为单晶型和多晶薄膜型两类。多晶薄膜型光电导探测器的种类较少,主要是响应于 1~3μm 波段的 PbS、响应于 3~5μm 波段的 PbSe 和 PbTe。单晶型光电导探测器,早期以锑化铟(InSb)为主,只能探测 7μm 以下的红外辐射,后来发展了响应波长随材料组分变化的碲镉汞($Hg_{1-x}Cd_xTe$)和碲锡铅($Pb_{1-x}Sn_xTe$)三元化合物探测器。利用上述材料可制成响应波段为 3~5μm 和 8~14μm 或更长的多种红外探测器,碲镉汞和碲锡铅在 77K 下对 8~14μm 波段红外辐射的探测率很高。因此,在 8~14μm 波段使用的主要是由$Hg_{1-x}Cd_xTe$ 和$Pb_{1-x}Sn_xTe$ 等三元化合物制成的光子探测器。

3）光伏探测器

利用光伏效应制成的红外探测器称为光伏探测器。如果在 P-N 结上加反向偏压,则结区吸收光子后反向电流会增加,这实际上就是光电二极管的光伏效应。

7.3.3 红外探测器的性能参数描述

红外探测器的性能可以用相应的性能参数来描述,一个红外探测系统根据其要完成的目标任务,设计好系统的性能指标后,才能选定合适的红外探测器。

1. 红外探测器的工作条件

由于红外探测器的性能参数与探测器的具体工作条件有关,在描述探测器的性能参数时,必须给出探测器的有关工作条件。

1）辐射源的光谱分布

许多红外探测器对不同波长辐射的响应率是不相同的,在描述探测器性能时,需要说明入射辐射的光谱分布。例如,在描述探测器的探测率时,一般都需注明是黑体探测率还是峰值探测率。

2）工作频率和放大器的噪声等效带宽

探测器的响应率与探测器的频率有关,而探测器的噪声与频率、噪声等效带宽有关。因此,在描述探测器的性能参数时,应给出探测器的工作频率和放大器的噪声等效带宽。

3）工作温度

许多探测器,特别是由半导体制成的红外探测器,其性能与它的工作温度密切相关。最为重要的几个工作温度为室温(295K 或 300K)、干冰温度(194.6K,它是固态 CO_2的升华温度)、液氮沸点(77.3K)、液氦沸点(4.2K)。此外,还有液氖沸点(27.2K)、液氢沸点

(20.4K)和液氧沸点(90K)。在实际应用中,可以将这些物质注入杜瓦瓶获得相应的低温条件,也可根据不同的使用条件采用不同的制冷器获得相应的低温条件。

4) 光敏面积和形状

探测器的性能与探测面积的大小和形状有关。虽然探测率 D 考虑到面积的影响而引入了面积修正因子,但实践中发现不同光敏面积和形状的同一类探测器的探测率仍存在差异。因此,在描述探测器性能参数时应给出它的面积。

5) 探测器的偏置条件

光电导探测器的响应率和噪声,在一定直流偏压(偏流)范围内随偏压线性变化,但超出这一线性范围,响应率随偏压的增加而缓慢增加,噪声则随偏压的增加而迅速增大。光伏探测器的最佳性能,有的出现在零偏置条件,有的却不在零偏置条件。这说明探测器的性能与偏置条件有关,因此,在描述其性能参数时应给出偏置条件。

2. 红外探测器的性能参数

红外探测器的性能由如下参数进行描述。

1) 响应率

探测器的信号输出均方根电压 V_s(或均方根电流 I_s)与入射辐射功率均方根值 P 之比,即透射到探测器上的单位均方根辐射功率所产生的均方根信号电压(或电流),称为电压响应率 R_V(或电流响应率 R_i)。

响应率表征探测器对辐射响应的灵敏度,是探测器的一个重要性能参数。若为恒定辐照,探测器的输出信号也是恒定的,此时的响应率称为直流响应率,以 R_0 表示。若为交变辐照,探测器输出交变信号,其响应率称为交流响应率,用 $R(f)$ 表示。

探测器的响应率通常有黑体响应率和单色响应率两种。黑体响应率以 $R_{V,BB}$(或 $R_{i,BB}$)表示。常用的黑体温度为500K,光谱(单色)响应率用 $R_{V,\lambda}$(或 $R_{i,\lambda}$)表示。

2) 噪声电压

探测器具有噪声,噪声与测量其放大器的噪声等效带宽 Δf 的平方根成正比。为了便于比较探测器噪声的大小,常采用单位带宽的噪声 $V_n = V_N/\Delta f^{1/2}$。

3) 噪声等效功率

入射到探测器上经正弦调制的均方根辐射功率 P 所产生的均方根电压 V_s 正好等于探测器的均方根噪声电压 V_N 时,这个辐射功率称为噪声等效功率(NEP),以 P_N 表示,即

$$P_N = P\frac{V_N}{V_s} = \frac{V_N}{R_V} \tag{7.32}$$

4) 探测率 D

P_N 基本上能描述探测器的性能,它是以探测器能探测到的最小功率来表示的,*NEP* 越小表示探测器性能越好。但是,在辐射能量较大的范围内,红外探测器的响应率并不与辐照能量强度呈线性关系,从弱辐照条件下测得的响应率不能外推出强辐照下应产生的信噪比。因此,引入探测率 D,它被定义为 P_N 的倒数,即

$$D = \frac{1}{P_N} = \frac{V_s}{PV_N} \tag{7.33}$$

式(7.33)表明,探测率 D 表示辐照在探测器上的单位辐射功率所获得的信噪比,探

测率 D 越大,表示探测器的性能越好,其单位为 W^{-1}。

(1) 光谱响应。

功率相等的不同波长的光波辐射照在探测器上所产生的信号 V_s 与辐射波长 λ 的关系称作探测器的光谱响应。通常采用单色波长的响应率或探测率对波长作图,随着波长的增加,探测器的探测率逐渐增大(但不是线性增加),到最大值时不是突然下降而是逐渐下降。探测率最大时对应的波长为峰值波长,用 λ_p 表示,将探测率下降到峰值波长对应值的50%处的波长称为截止波长,用 λ_c 表示,如图7.14所示。在一些文献中也有注明截止波长为下降到峰值响应的10%或1%处所对应的波长。

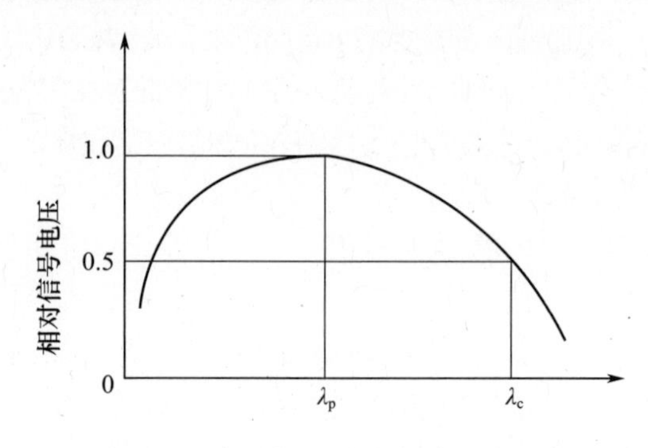

图7.14 光子探测器的光谱响应曲线

(2) 响应时间。

红外探测器响应时间(也称时间常数)表示探测器对交变辐射响应的快慢。由于红外探测器有惰性,对红外辐射的响应不是瞬时的,而是存在一定的滞后时间。探测器对红外辐射的响应速度有快有慢,用时间常数 τ 来区分。假定在 $t=0$ 时刻以恒定的辐射强度照射探测器,探测器的输出信号从零开始逐渐上升,经过一定时间后达到一个稳定值。若达到稳定值后停止照射,探测器的输出信号并不是立即降到零,而是逐渐降为零。这个上升或下降的快慢反映了探测器对辐射响应的速度。

红外探测器受辐照的输出信号随时间呈指数上升规律,即在某一时刻以恒定的辐射照射探测器,其输出信号按下式表示的指数关系上升到某一恒定值:

$$V_s(t)=V_0(1-e^{-t/\tau}) \tag{7.34}$$

式中:τ 为响应时间(时间常数)。当 $t=\tau$ 时,$V_s(\tau)=V_0(1-1/e)=0.63V_0$;去除辐照后输出信号随时间下降,$V_s(t)=V_0e^{-t/\tau}$,当 $t=\tau$ 时,$V_s(\tau)=V_0(1-1/e)=0.37V_0$。

由此可见,响应时间的物理意义是当探测器受到红外辐射照射时,输出信号上升到稳定值的63%时所需要的时间;或去除辐照后输出信号下降到稳定值的37%时所需要的时间。τ 越短,响应越快,从对辐射的响应速度方面考虑,τ 越小越好,然而对于光电导这类探测器,τ 越短,响应率也越低。

(3) 频率响应。

探测器的响应率随调制频率变化的关系称为探测器的频率响应。一定振幅的正弦调制辐射照射到探测器上,如果调制频率很低,输出的信号与频率无关,当调制频率升高,由于在光子探测器中存在载流子的复合时间或寿命,在热探测器中存在热惰性,响应跟不上调制频率的迅速变化,导致高频响应下降。大多数探测器的响应率 R 随频率 f 的

变化如同一个低通滤波器,可表示为

$$R(f)=\frac{R_0}{\sqrt{1+4\pi^2f^2\tau^2}} \tag{7.35}$$

式中:R_0 为低频时的响应率。

7.3.4 空间目标红外识别技术

对于卫星和弹道导弹等空间目标,红外探测识别的手段主要由以下三种方法[155]。

1. 温度及其变化率识别

目标的温度变化与其质量、形体存在着一定关系,不同的目标在飞行中具有不同的量值,其变化规律也有差异。因此,通过观测目标的温度及其变化率,可以推算出目标的质量、材料、结构特征、热容差异等。例如,对于导弹和诱饵弹的识别,由于采用了姿态控制等热源,再加之弹头质量较大,在同样的外部环境下,弹头的温度变化要比诱饵弹慢得多,所辐射的红外信号也比诱饵要强。

2. 辐射强度及其变化率识别

目标表面被认为是具有一定发射率的黑体,其辐射强度由表面温度和发射率决定,而发射率是由目标的材质、质量、表面涂层材料、壳体厚度等因素确定。通过测量目标的红外辐射强度及其变化率,可以推算目标材质、质量、表面涂层材料、壳体厚度等信息,并且将这些信息与温度特征联系起来可以计算出目标的有效辐射面积。

3. 红外成像识别

通过红外传感器对目标红外成像并进行信号处理,可以得到目标的灰度特性及变化,对目标的序列红外图像分析,可以得到目标的运动特征。例如,通过对目标在2个不同频段上进行双波段红外成像,可以提高飞行目标的探测能力。同样环境下,真弹头温度变化比假目标和诱饵变化慢,其红外图像灰度变化就较为平缓。此外,诱饵及假弹头、弹体碎片等在助推段末期分离抛射过程中,因各自质量的差异由动量守恒而产生的分离前后相对速度的变化;以及再入段初期,虽然各目标的速度基本相同,但受空气阻力和各自质量与形体的影响,再入减速特征差异明显,而弹头则因形状规则重心稳定,其运动相对平稳且速度最快。

习　题

1. 空间目标的光度信号如何测量?开展光度信号分析的方法有哪些?
2. 空间目标光度信号分析能获取目标的哪些信息?
3. 红外辐射波段通常是如何划分的?
4. 红外探测器是如何分类的?其性能参数有哪些?
5. 红外探测有哪些典型应用?

参考文献

[1] 王锋. 空间目标自适应光学特性分析与识别技术研究[D]. 郑州:信息工程大学,2014.

[2] 夏禹. 美国空间安全新思考与战略转变[J]. 航天电子对抗动态,2012,(73):1-5.

[3] 廖瑛,刘光明,文援兰. 空间非合作目标被动跟踪技术与应用[M]. 北京:国防工业出版社,2015.

[4] 蔡亚梅,方有培,汪立萍,等. 外军空间侦察卫星最新发展动态及其对抗技术研究[J]. 航天电子对抗动态,2012,(74):21-36.

[5] 夏禹. 国外空间态势感知系统的发展(上)[J]. 空间碎片研究与应用,2010,10(3):1-8.

[6] 夏禹. 国外空间态势感知系统的发展(下)[J]. 空间碎片研究与应用,2011,11(1):1-8.

[7] 王云萍. 美国天基红外导弹预警技术分析[J]. 光电技术应用,2019,34(3):1-7.

[8] 王卫杰,司文涛,王伟超,等. 美国军事航天技术发展现状及趋势[J]. 中国航天,2019(9):27-33.

[9] 空间目标编目数据[EB/OL]. [2020-06-01]. http://www. celestrak. com.

[10] 高文琦,等. 光学[M]. 南京:南京大学出版社,2000.

[11] 胡企千. 望远镜技术与天文测天[M]. 南京:东南大学出版社,2013.

[12] 谢敬辉,廖宁放,曹良才. 傅里叶光学与现代光学基础[M]. 北京:北京理工大学出版社,2007.

[13] Goodman J W. 傅里叶光学导论(第三版)[M]. 秦克诚,刘培森,陈家璧,等译. 北京:电子工业出版社,2006.

[14] 刘继芳. 现代光学[M]. 西安:西安电子科技大学出版社,2004.

[15] 解放军总装备部军事训练教材编委. 光电测量[M]. 北京:国防工业出版社,1999.

[16] 安毓英,曾晓东. 光电探测原理[M]. 西安:西安电子科技大学出版社,2014.

[17] 白廷柱,金伟其. 光电成像原理与技术[M]. 北京:北京理工大学出版社,2006.

[18] 吕俊伟,何友金,韩艳丽. 光电跟踪测量原理[M]. 北京:国防工业出版社,2009.

[19] 崔书华,胡绍林,柴敏. 光电跟踪测量数据处理[M]. 北京:国防工业出版社,2014.

[20] 中科院光电技术研究所. 精密观测光电望远镜培训资料[G]. 成都:中国科学院光电技术研究所,2001 年.

[21] 毛银盾,唐正宏,郑义劲,等. CCD 漂移扫描的基本原理及在天文上的应用[J]. 天文学进展,2005,23(4):304-316.

[22] 毛银盾,唐正宏,陶隽,等. 漂移扫描 CCD 用于地球同步轨道卫星观测的初步结果[J]. 天文学报,2007,48(4):475-487.

[23] 毛银盾. CCD 漂移扫描系统的建立及在同步卫星观测中的应用[D]. 北京:中国科学院研究生院,2007.

[24] 张会彦. 漂移扫描技术在 CAPS 定轨中的应用研究[D]. 北京:中国科学院研究生院,2011.

[25] 陈东,林建粦,马德宝. CCD 漂移扫描观测的模拟方法研究[J]. 信息工程大学学报,2010,11(3):312-316.

[26] 马德宝,林建粦,陈东. 旋转式 CCD 漂移扫描观测的控制模型研究[J]. 光电工程,2009,36(10):35-40.

[27] 于涌,毛银盾,李岩,等. 上海天文台 30 cm 旋转 CCD 漂移扫描望远镜的天体测量精度分析[J]. 中国科学院上海天文台年刊,2010(31):89-94.

[28] 殷兴良. 气动光学原理[M]. 北京:中国宇航出版社,2003.

[29] 饶瑞中. 光在湍流大气中的传播[M]. 合肥:安徽科学技术出版社,2005.

[30] 陈京元. 大气湍流间歇性及其对光波传播的影响[D]. 北京:中国工程物理研究院,2005.

[31] 周仁忠,阎吉祥. 自适应光学理论[M]. 北京:北京理工大学出版社,1996.

[32] 张晓芳,俞信,阎吉祥. 大气湍流对光学系统图像分辨力的影响[J]. 光学技术,2005,31(2):263-265.

[33] 周仁忠,阎吉祥,赵达尊,等. 自适应光学[M]. 北京:国防工业出版社,1996.

[34] 姜文汉. 自适应光学技术[J]. 自然杂志,2006,28(1):7-13.

[35] 贾鹏. 自适应光学系统的计算机模拟[D]. 南京:南京大学,2013.

[36] 姜文汉,张雨东,饶长辉,等. 中国科学院光电技术研究所的自适应光学研究进展[J]. 光学学报,2011,31(9):1-9.
[37] 耿则勋,陈波,王振国,等. 自适应光学复原理论与方法[M]. 北京:科学出版社,2010.
[38] Greenwood D P. Adaptive optics research at Lincon laboratory[R]. Lexington:The Lincon laboratory,1992.
[39] Hardy J W. Active Optics:a progress review[J]. Proc. SPIE,1991,1542:2-7.
[40] Hardy J W. Adaptive Optics for Astronomical Telescopes[M]. London:Oxford Press,1998.
[41] Tyson R K. Principles of Adaptive Optics[M]. 2nd. Salt Lake City:Academic Press,1998.
[42] 薛忠晋,杨敏,朱林泉. 自适应光学应用技术[J]. 仪器仪表学报 2008,29(4):107-110.
[43] 凯克望远镜[EB/OL]. [2020-05-01]. https://keckobservatory. org/about/telescopes-instrumentation/.
[44] 双子座望远镜. [EB/OL]. [2020-05-01]. http://www. gemini. edu/about/gemini-telescopes-science-and-technologies.
[45] 昴星团望远镜[EB/OL]. [2020-05-01]. https://www. naoj. org/jp/about/.
[46] E-ELT 望远镜[EB/OL]. [2020-05-01]. http://www. eso. org/sci/facilities/eelt/.
[47] TMT 望远镜[EB/OL]. [2020-05-01]. https://www. tmt. org/page/about#what-is-tmt.
[48] 自适应光学重点实验室. 自适应光学技术[R]. 成都:中国科学院光电技术研究所,2004.
[49] Rao Changhui,Jiang Wenhan. Progress on the 127-element adaptive optical system for 1. 8m telescope[J]. Proc. SPIE, 2008,7015:70155Y.
[50] 陈京元,和成,张定稳,等. 丽江观测站 1. 8 米望远镜自适应光学系统性能初步理论估计[J]. 天文研究与技术, 2013,10(3):308-320.
[51] 饶长辉,姜文汉,张雨东,等. 云南天文台 1. 2 米望远镜 61 单元自适应光学系统[J]. 量子电子学报,2006,23(3):295-302.
[52] 刘林. 航天器轨道理论[M]. 北京:国防工业出版社,2000.
[53] 张玉祥. 人造卫星测轨方法[M]. 北京:国防工业出版社,2007.
[54] 茅永兴. 航天器轨道确定的单位矢量法[M]. 北京:国防工业出版社,2009.
[55] Montenbruck O. 卫星轨道——模型、方法和应用[M]. 王家松,等译. 北京:国防工业出版社,2012.
[56] 吕振铎,雷拥军. 卫星姿态测量与确定[M]. 北京:国防工业出版社,2013.
[57] Curtis H D. 轨道力学[M]. 周建华,等译. 北京:科学出版社,2009.
[58] 陈磊,白显宗,梁彦刚. 空间目标轨道数据应用——碰撞预警与态势分析[M]. 北京:国防工业出版社,2015.
[59] 陈磊,韩蕾,白显宗,等. 空间目标轨道力学与误差分析. [M]. 北京:国防工业出版社,2010.
[60] 李恒年. 卫星机动轨道确定[M]. 北京:国防工业出版社,2013.
[61] 吴连大. 人造卫星与空间碎片的轨道和探测[M]. 北京:国防工业出版社,2011.
[62] Hoots F R,Roehrich R L. SPACETRACK REPORT NO. 3 Models for Propagation of NORAD Element Sets[J/OL]. Spacetrack Report,1980.
[63] Lanteri H,Theys C. Restoration of Astrophysical Images-The Case of Poisson Data with Additive Gaussian Noise[J]. EURASIP Journal on Applied Signal Processing,2005,15:2500-2513.
[64] Charalampidis D. Efficient Directional Gaussian Smoothers[J]. IEEE Geoscience and Remote Sensing Letters,2009,6(3):383-387.
[65] 林建粦. 漂移扫描星图小目标检测方法研究[D]. 郑州:信息工程大学,2013.
[66] Kumar J,Shunmugam M S. A new approach for filtering of surface profiles using morphological operations[J]. International Journal of Machine Tools and Manufacture,2006,46(3):260-270.
[67] 谢小甫,等. 一种针对图像模糊的无参考质量评价指标[J]. 计算机应用,2010,4(30):921-924.
[68] 李祚林,等. 面向无参考图像的清晰度评价方法研究[J]. 遥感技术与应用,2011,2(26):239-244.
[69] 杨春玲,等. 基于梯度的结构相似度的图像质量评价方法[J]. 华南理工大学学报,2006,34(9):22-25.
[70] 庄晓丽,陈卫红. 基于梯度幅度值的结构相似度的图像质量评价方法[J]. 计算机应用与软件,2009,26(10):222-224.
[71] 杨春玲,汪凡. 基于结构相似度的 CT 域图像质量评价方法[J]. 计算机工程,2010,36(14):190-192.

[72] Kundur D, Hatzinakos D. Blind image deconvolution[J]. IEEE Signal Processing Magazine. 1996, 13: 43 - 64.
[73] Kundur D, Hatzinakos D. A novel blind deconvolution scheme for image restoration using recursive filtering[J]. IEEE Trans. on Signal Processing. 1998, 46(2): 375 - 390.
[74] 王锋,张昆帆,孟凡坤,等. 一种基于总体变分的自适应图像去噪方法[J]. 测绘科学技术学报,2014,31(1): 49 - 52.
[75] Rudin L, Osher S, Fatemi E. Nonlinear total variation based noise removal algorithms[J]. Physica D, 1992, 60: 259 - 268.
[76] 扬农丰,吴成茂,屈汉章. 基于变分模型的混合噪声去噪方法[J]. 西安邮电大学学报,2013(1): 40 - 45.
[77] 胡学刚,张龙涛,蒋伟. 基于偏微分方程的变分去噪模型[J]. 计算机应用,2012(7): 1879 - 1881.
[78] 吴斌,吴亚东,张红英. 基于变分偏微分方程的图像复原技术[M]. 北京:北京大学出版社,2008.
[79] Richardson W H. Bayesian - based iterative method of image restoration[J]. J. Opt. Soc. Am, 1972, 62(1): 55 - 59.
[80] Lucy L B. An iterative technique for the rectification of observed images[J]. The Astronomical Journal, 1974, 79(6): 745 - 754.
[81] 王锋,张昆帆,王希云,等. TV 正则化的双迭代 RL 湍流退化图像复原算法[J]. 信息工程大学学报,2014, 15(2): 210 - 214.
[82] 陈波. 自适应光学图像复原理论与算法研究[D]. 郑州:信息工程大学,2008.
[83] MIURA N. Blind deconvolution under band limitation[J]. Optics Letters, 2003, 28(23): 2312 - 2314.
[84] 田雨,等. 基于帧选择和多帧降质图像盲解卷积的自适应光学图像恢复[J]. 天文学报,2008. 4(49): 455 - 461.
[85] 平振. 基于空间域共轭梯度法的空间目标图像复原技术研究[D]. 长春:长春理工大学,2012.
[86] 李强,沈忙作. 基于相位差方法的天文目标高分辨成像研究[J]. 天文学报. 2007, 48(1): 113 - 120.
[87] Lane R G, Bates R H T. Automatic multidimensional deconvolution of blurred ensembles[J]. Appl. Opt, 1987, 33: 2197 - 2205.
[88] Ayers G R, Dainty J C. Iterative blind deconvolution method and its applications. Optics Letters[J]. 1988, 3(7): 547 - 549.
[89] Lane R G. Blind deconvolution of speckle images[J]. J. Opt. Soc. Am. A, 1992, 9(9): 1508 - 1514.
[90] Jefferies S M, Christou J C. Restoration of astronomical images by iterative blind deconvolution. The Astrophysical Journal [J]. The Astrophsical Journal, 1993, 415: 862 - 874.
[91] Tsumuraya F, Miura N Baba N. Iterative blind deconvolution method using Lucy' s algorithm[J]. Astronomy and Astrophysics, 1994, 282(2): 699 - 708.
[92] Schulz J. Multiframe blind deconvolution of astronomical images[J]. J. Opt. Soc. Am. A, 1993, 10(5): 1064 - 1073.
[93] Ong C A, Chambers J A. An enhanced NAS - RIF algorithm for blind image deconvolution[J]. IEEE Trans, on Image Processing, 1999, 8(7): 988 - 992.
[94] Ng M K, Plemmons R J, Qiao S. Regularization of NAS - RIF blind image deconvolution[J]. IEEE Trans. on Image Processing, 2000, 9(6): 1130 - 1134.
[95] Chan T F, Wong C K. Total variation blind deconvolution[J]. IEEE Trans. on Image Processing. 1998, 7(3): 370 - 375.
[96] Mugnier L M, Conan J M, et al. Joint maximum a posteriori estimation of object and PSF for turbulence degraded images [C]. Proc. SPIE. 1998, 3459: 50 - 61.
[97] Mugnier L M, Fusco T, Conan J M. MISTRAL: a myopic edge - preserving image restoration method, with application to astronomical adaptive - optics - corrected long - exposure images[J]. J. Opt. Soc. Am. A, 2004, 21(10): 1841 - 1854.
[98] Erik F Y Hom. AIDA: an adaptive image deconvolution algorithm with application to multi - frame and three - dimensional data[J]. J. Opt. Soc. Am. A, 2007, 24(6): 1580 - 1600.
[99] Sheppard D G, Hunt B R, Marcellin M W. Iterative multiframe super - resolution algorithms for atmosphere turbulence - degraded imagery[J]. J. Opt. Soc. Am. A, 1998, 15(4): 978 - 992.
[100] Clifford M, Baioechi D, Welser I V. A sixty - year timeline of the Air Force Maui Optical and Supercomputing Site [R]. Rand Project Air Force Santa Monica CA, 2013.
[101] 张天序,洪汉玉. 基于估计点扩展函数值的湍流退化图像复原[J]. 自动化学报. 2003, 29 (4): 573 - 581.
[102] 洪汉玉,张天序. 基于各向异性和非线性正则化的湍流退化图像复原[J]. 宇航学报. 2004, 25(1): 5 - 11.
[103] 赵剡,张怡,许东. 基于总变分规整化的湍流退化图像复原 RL 算法[J]. 中北大学学报(自然科学版), 2007,

28(1):69 - 73.
[104] 黄建明,沈忙作. 基于总变分的湍流退化噪声图像盲反卷积复原[J]. 光学技术,2008,34(4):525 - 528.
[105] Chen Bo, Geng Zexun. Adaptive optics images joint deconvolution based on power spectra density of object and PSF [J]. Proc. SPIE,2007,6623:66230I01 - 66230I11.
[106] Chen Bo, Geng Zexun. Adaptive optics images deconvolution Using a modified Richardson - Lucy algorithm [J]. Proc. SPIE,2007,6722:67221801 - 67221809.
[107] 谢殿广. 自适应光学图像恢复的研究[D]. 长春:长春理工大学,2011.
[108] 庞建新. 图像质量客观评价的研究[D]. 安徽:中国科学技术大学,2008.
[109] Wang Zhou, Conrad B. Image quality assessment:from error visibility to structural similarity[J]. IEEE Transactions On Image Processing,2004,1 3(4):600 - 612.
[110] 刘宁,楼顺天. 一种改进的非负限定性支持域算法[J]. 西安电子科技大学学报,2007(2):246 - 249.
[111] 邹谋炎. 反卷积和信号复原[M]. 北京:国防工业出版社,2001 年.
[112] 冈萨雷斯. 数字图像处理(第二版)[M]. 阮秋奇,阮宇智,译. 北京:电子工业出版社,2003.
[113] 洪汉玉. 成像探测系统图像复原算法研究[D]. 武汉:华中科技大学,2005.
[114] Rafael Molina, Jorge Nunez, Javier Mateos. Image restoration in astronomy - a Bayesian perspective [J]. IEEE Trans. Signal Processing,2001,52(3):11 - 30.
[115] 罗林,王黎,程卫东,等. 天文图像多帧反解卷积收敛性的增强方法[J]. 物理学报,2006,55(12):6708 - 6715.
[116] 史廷彦,赵书斌. 基于不变矩和角点特征的目标识别[J]. 指挥控制与仿真,2008,30(2):32 - 34.
[117] 国飞飞. 基于 SURF 算法的多幅图像三维模型重建方法研究[D]. 北京:北京理工大学,2011.
[118] 李聪. 图像序列三维重建方法研究与实现[D]. 北京:清华大学,2014.
[119] 张聪炫. 基于单目图像序列光流的三维重建关键技术研究[D]. 南京:南京航空航天大学,2013.
[120] Tomasi C, Kanada T. Shape and Motion from Image Stream:a Factorization Method[R]. Pittsburgh:Carnegie Mellon Univ,1991:1 - 15.
[121] 张俊华,王锋,孟凡坤,等. 航天器轨道力学[G]. 信息工程大学,2008 年.
[122] 刘建斌,吴建. 空间目标的光散射研究[J]. 宇航学报,2006,27(4):802 - 805.
[123] 沈锋,姜文汉. 空间目标的地面光谱特性和星等估计[J]. 中国空间科学技术,1996,8(4):13 - 17.
[124] 李淑军,高晓东,朱耆祥. 空间翻滚目标的光度法识别[J]. 测试技术学报,2004,18:36 - 38.
[125] 李淑军,高晓东,朱耆祥. 带太阳能帆板的卫星光度特性分析[J]. 光电工程,2004,31(4):2 - 8.
[126] 李晓燕,高晓东,朱耆祥. 矢量法在计算空间目标地面照度中的应用[J]. 2003,30(4):28 - 30.
[127] 谈斌,姚东升,向春生. 类柱体空间目标的星等计算模型研究[J]. 光电工程,2008,35(7):7.
[128] 汪洪源,张伟,王治乐. 基于高次余弦散射分布的空间卫星可见光特性[J]. 光学学报,2008,8(3).
[129] Rykhlova L V. Near - Earth Astronomy, Institute of Astronomy, Russian Academy of Sciences[C], Moscow,1998:8 - 16.
[130] Kovalchuk, A N, Pinigin, G I, Shulga, A. B. Near - Earth Astronomy and Problems of Investigations of Small Bodies in the Solar System, Institute of Astronomy, Russian Academy of Sciences[C], Moscow,2000:361 - 371.
[131] Y Karavaev, R Kopyatkevich, M Mishina, et al. Astrophotometrical Observation of Artificial Satellites and study of The technical status of Parental Bodies of Space Debris at Geostationaryring. Proceedings of the 4th European Conference on Space Debris[C]. Darmstadt, Germany,2005.
[132] Payne T E, Gregory S A, Sanchez D J, et al. Color photometry of geosynchronous satellites using the SILC filters [J]. Proceedings of SPIE - The International Society for Optical Engineering,2001,4490:194 - 199.
[133] Payne T E, Gregory S A, Luu K. Electro - Optical Signatures Comparisons of Geosynchronous Satellites. Aerospace Conference,2006 IEEE[C], Big Sky, MT, USA,2006: 6 - 11.
[134] Payne T, Gregory S, Houtkooper N. Long Term Analysis of GEO Photometric Signatures,2003 Amos Technical Conference Proceedings[C], Hawaii, USA; 2003.
[135] 张亮亮. 空间目标光度特征研究[D]. 郑州:信息工程大学,2010.
[136] 魏敏,魏维. 基于 CCD 的空间目标光度测量方法研究[J]. 半导体光电,2012,33(5):752 - 755.
[137] 高昕,王建立,周泗忠,等. 空间目标光度特性测量方法[J]. 光电工程,2007,34(3):42 - 45.

[138] 陈思,黄建余,王东亚. 基于归一化光变函数的空间目标识别技术研究[J]. 飞行器测控学报,2013,32(3):273-280.

[139] 黄小红,姜卫东. 空间目标RCS序列周期性判定与提取[J]. 航天电子对抗,2005,21(2):29-30.

[140] 张衡,彭启民,吕文先,等. 基于亮度序列的空间目标周期性判证与提取[J]. 系统仿真学报,2009,21(2):418-521.

[141] Huang N E. The Empirical Mode Decomposition and the Hilbert Spectrum for Nonlinear and Non-stationary Time Series Analysis[J]. J. Proc. R. Soc. Lond. A,1998:903-995.

[142] 郭淑卿. EMD分解区域的数据研究[J]. 信号处理,2010,26(2):277-285.

[143] Peng Z K,Tse Peter W,Chu F L. An improved Hilbert - Huang transform and its application in vibration signal analysis[J]. Journal of Sound and Vibration,2005,(286):187-205.

[144] Peng Z K,Tse Peter W,Chu F L. A comparison study of improved Hilbert - Huang transform and wavelet transform Application to fault diagnosis for rolling bearing[J]. Mechanical Systems and Signal Processing,2005,(19):974-988.

[145] 门涛,徐蓉,刘长海,等. 光电望远镜暗弱目标识别算法及探测能力[J]. 强激光与粒子束,2013,25(3):587-593.

[146] 王永明,王贵锦. 图像局部不变性特征与描述[M]. 北京:国防工业出版社,2010.

[147] Kauppien H,Sepanen T. An experiment comparison of autoregressive and Fourier-based descriptors in 2D shape classification[J]. IEEE Trans on PAM I,1995,(2):201-207.

[148] 周彦平,舒锐,陶坤宇,等. 空间目标光电探测与识别技术的研究[J]. 光学技术,2007,33(1):68-73.

[149] 王国强,陈涛,王建立. 地基空间目标探测与识别技术[J]. 长春理工大学学报(自然科学版),2009,32(2):197-199.

[150] 韩意,孙华燕. 空间目标光学散射特性探究进展[J]. 红外与激光工程,2013,42(3):758-766.

[151] 张衡,彭启民 等. 基于亮度序列的空间目标周期性判证与提取[J]. 系统仿真学报,2009,21(2):418-420.

[152] 周建华,白钊. 光度信号的频域模式识别方法研究[J]. 光学精密工程,2002,10(4):346-353.

[153] 耿文东,杜小平,李智,等. 空间态势感知导论[M]. 北京:国防工业出版社,2015.

[154] 周世椿. 高级红外光电工程导论[M]. 北京:科学出版社,2014.

[155] 张合,江小华. 目标探测与识别技术[M]. 北京:北京理工大学出版社,2015.